AI驱动开发

企业级机器学习与自动化编程实战

AI-Assisted Programming for Web and Machine Learning
Improve your development workflow with ChatGPT and GitHub Copilot

克里斯托弗·诺林（Christoffer Noring）
安加利·贾因（Anjali Jain）
[美] 玛丽娜·费尔南德斯（Marina Fernandez） 著
艾谢·穆特鲁（Ayşe Mutlu）
阿吉特·焦卡尔（Ajit Jaokar）

姚文杰 邵帅 吴子龙 魏意铜 万学凡 译

机械工业出版社
CHINA MACHINE PRESS

Christoffer Noring, Anjali Jain, Marina Fernandez, Ayşe Mutlu, Ajit Jaokar: *AI-Assisted Programming for Web and Machine Learning: Improve your development workflow with ChatGPT and GitHub Copilot* (ISBN: 978-1835086056).

Copyright © 2024 Packt Publishing. First published in the English language under the title "AI-Assisted Programming for Web and Machine Learning: Improve your development workflow with ChatGPT and GitHub Copilot".

All rights reserved.

Chinese simplified language edition published by China Machine Press.

Copyright © 2025 by China Machine Press.

本书中文简体字版由 Packt Publishing 授权机械工业出版社独家出版。未经出版者书面许可，不得以任何方式复制或抄袭本书内容。

北京市版权局著作权合同登记　图字：01-2024-5047 号。

图书在版编目（CIP）数据

AI 驱动开发：企业级机器学习与自动化编程实战 / （美）克里斯托弗·诺林 (Christoffer Noring) 等著； 姚文杰等译 . -- 北京：机械工业出版社，2025.8. （智能系统与技术丛书）. -- ISBN 978-7-111-78720-4

Ⅰ . TP18

中国国家版本馆 CIP 数据核字第 20259L1Q20 号

机械工业出版社（北京市百万庄大街 22 号　邮政编码 100037）
策划编辑：王春华　　　　　　　　　　　　责任编辑：王春华　支彬茹
责任校对：孙明慧　杜丹丹　李可意　景　飞　责任印制：张　博
北京机工印刷厂有限公司印刷
2025 年 8 月第 1 版第 1 次印刷
186mm×240mm・29.5 印张・678 千字
标准书号：ISBN 978-7-111-78720-4
定价：139.00 元

电话服务	网络服务
客服电话：010-88361066	机 工 官 网：www.cmpbook.com
010-88379833	机 工 官 博：weibo.com/cmp1952
010-68326294	金 书 网：www.golden-book.com
封底无防伪标均为盗版	机工教育服务网：www.cmpedu.com

推荐序一
金融行业的 AI 赋能与数字化转型

在数字化浪潮席卷全球的时代，金融行业正经历着前所未有的变革。作为一名在金融行业深耕多年的管理者，我深刻感受到数字化转型对行业发展的深远影响，AI 技术对金融领域的赋能亦大有可为。这本书不仅为技术开发者提供了宝贵的指导，也为金融行业的管理者带来了深刻的启示。

金融作为经济的核心，其数字化发展一直是行业关注的焦点。近年来，随着大数据、云计算、AI 等技术的飞速发展，金融行业的数字化转型加速推进。从风险评估到客户服务，从投资决策到运营管理，AI 技术正全方位重塑金融行业的生态。本书通过丰富的案例和实用的技巧，展示了 AI 助手如何在 Web 开发、机器学习和数据科学等领域提升开发效率和质量。这不仅为金融行业的技术团队提供了强大的工具，也为管理者提供了全新的视角，让我们看到了技术与业务深度融合的无限可能。

书中提到的 GitHub Copilot 和 ChatGPT 等 AI 助手，正在成为金融行业团队数字化转型的重要推手。通过这些工具，开发者能够更高效地编写代码、优化算法，从而加速金融产品的创新和迭代。在风险评估方面，AI 助手可以帮助用户深入分析海量数据，快速识别潜在风险点；在客户服务中，智能客服和聊天机器人能够提供 24 小时不间断的咨询，提升客户体验；在投资决策上，机器学习模型可以分析市场趋势，为投资策略提供数据支持。将 AI 助手应用于这些应用场景不仅提高了金融业务的效率，还增强了金融企业的竞争力。

金融行业的数字化转型不仅是技术的升级，更是业务与技术的深度融合。书中强调了提示策略对于产出结果的重要性，这在金融行业同样适用。管理者需要学会如何提出精准的问题，引导技术团队利用 AI 助手实现业务目标。通过有效的沟通和协作，技术团队能够更好地理解业务需求，设计开发符合金融行业规范和监管要求的解决方案。这种业务与技术的融合，不仅能够提升金融企业的运营效率，还能够推动金融创新，为客户提供更加个性化、智能化的服务。

随着 AI 技术的不断进步，金融行业的智能化水平将不断提高。通过阅读本书，我们可以更好地理解 AI 技术如何赋能业务，推动企业数字化转型。让我们携手共进，继续精彩旅程。

宣然，迅策科技股份有限公司创始人兼总裁

推荐序二
AI 赋能航空运行安全：中导航的创新实践

作为航空运行的重要支持者，中航材导航技术有限公司（以下简称中导航）始终致力于通过技术创新提升航空安全和运行效率。本书为我们提供了一个全新的视角，展示了 AI 技术如何为软件开发和数据管理赋能，这与中导航的发展战略不谋而合。

书中深入探讨了 AI 助手在编程和数据分析中的应用，并通过丰富的案例和实用的提示策略，为技术团队提供了宝贵的指导。书中详细介绍了如何通过 AI 助手（如 GitHub Copilot 和 ChatGPT）优化开发流程、提高代码质量、加速数据分析和模型构建，这些内容为技术团队带来了新的启发和实践方向。

在中导航，我们深知技术在推动业务创新中的关键作用。通过引入 AI 辅助编程，我们不仅提升了软件开发效率，还优化了数据分析和决策支持系统。例如，在电子飞行包（EFB）中，我们利用 AI 助手快速生成代码，建立数字化手册体系，从而提升产品质量和用户体验，降低运行风险。同时，在数据生产方面，我们与 AI 深度集成，能够大幅降低数据作业人员的工作负荷，提升数据质量。特别是在 AIP 数据分析、NOTAM 处理方面，AI 助手展现了强大的自然语言处理能力。

中导航的技术团队对本书中的 AI 实践有着深刻的理解和积极的应用。在日常工作中，开发人员通过 AI 助手生成代码片段，快速搭建系统架构，优化算法逻辑，显著缩短了开发周期。在数据分析领域，团队利用 AI 助手快速处理和分析海量数据，为业务决策提供了更有力的支持。书中提到的提示策略也为中导航的技术团队带来了新的启发，例如，通过精准的提示词，我们能够更高效地与 AI 助手互动，生成更符合业务需求的代码和分析结果。

本书不仅展示了 AI 技术在软件开发和数据管理中的广泛应用，还强调了技术与业务深度融合的重要性。作为一家科技公司，我们将继续深化 AI 技术的应用，探索更多创新场景，推动航空行业的数字化转型。祝开卷有益。

王林军，中航材导航技术有限公司总经理

推荐序三
小鱼易连的技术创新与 AI 实践

企业的发展离不开技术的创新与应用，小鱼易连作为云视频通信领域的领军企业，始终致力于通过前沿技术为客户提供高效、稳定、安全的视频通信解决方案。本书不仅为技术开发者提供了宝贵的指导，也为小鱼易连的技术团队带来了全新的视角和实践思路，进一步推动了我们在 AI 领域的探索与创新。

在数字化转型的浪潮中，AI 技术逐渐成为企业提升竞争力、优化用户体验的重要手段。本书详细介绍了 AI 助手在 Web 开发、机器学习和数据科学等领域的应用，这与技术团队的发展方向不谋而合。通过引入 AI 技术，我们不仅能够提升视频通信的智能化水平，还能为客户提供更加个性化、高效的服务。

书中提到的 GitHub Copilot 和 ChatGPT 等 AI 助手，为团队提供了开发支持。在实际工作中，我们利用这些工具优化了代码编写流程，提升了研发效率。例如，在开发智能会议助手时，我们通过 AI 助手生成了高效的代码模块，快速实现了会议内容的智能分析和总结功能。这不仅节省了开发时间，还提升了产品的智能化水平，为用户带来了更好的体验。

此外，书中强调的提示策略也为技术团队带来了新的启发。在 AI 实践中，我们学会了如何通过精准的提示词与 AI 助手进行高效互动。通过这种业务与技术的深度融合，我们在云视频领域的竞争力得到了进一步提升。我们的技术团队还积极探索 AI 技术在视频通信中的创新应用。例如，在视频会议中引入智能语音识别和翻译功能，通过 AI 助手快速生成代码并优化算法，实现了多语言实时翻译，打破了跨国会议中的语言障碍，提升了会议的效率。

我们相信，技术能够推动商业变革。未来，小鱼易连将继续深化 AI 技术的应用，探索更多创新场景，为客户提供更加优质、高效的云视频通信服务，这也是我们这些技术工作者不变的初心。感谢作译者提供这样一本好书，祝阅读愉快。

王飞，小鱼易连 CEO

推荐序四
AI 开启智能芯片新时代

作为深耕半导体行业二十余年的技术实践者,我有幸见证了行业从 500nm 到 3nm 制程的工艺跃迁,也见证了 AI 算力需求指数级增长对芯片架构的颠覆性重塑。当前,万亿参数大模型的涌现正推动算力基建进入新纪元——这不仅要求芯片在 PPA(性能、功耗、面积)维度持续突破,更催生了 "AI for Chip" 与 "Chip for AI" 的双向技术共振。

本书深入探讨了如何利用 AI 助手(如 GitHub Copilot 和 ChatGPT)提升编程效率、优化代码质量和加速模型构建。这些技术对于半导体行业的研发工作具有重要意义,比如在数据分析方面,AI 技术能够处理海量的制造和测试数据,提取有价值的信息,优化生产流程。在机器学习模型的构建和优化中,AI 助手提供了强大的支持,使半导体企业能够更精准地预测市场趋势和优化产品性能。从芯片设计的自动化到制造过程的智能优化,从质量检测的精准化到供应链管理的智能化,AI 技术正在全方位赋能半导体行业。

书中系统阐释的 AI 编程范式,可以在半导体领域衍生出非常多的创新维度:

1. AI 赋能的芯片架构设计

- 基于 Transformer 的智能 EDA 工具链,正在重构 RTL 设计流程:通过大模型驱动的电路特征提取,可实现模块级功耗预测误差小于 5%;利用强化学习优化布局布线,使芯片面积利用率提升 18% 的同时,降低时序违例风险。
- 存算一体架构的突破性探索,正依托 AI 进行内存访问模式建模,在 3D-NAND 与 HBM 异构集成中实现计算密度的 2.7 倍提升。

2. AI 加速的芯片验证革命

- 传统验证流程占芯片开发周期 60% 以上的困局正在被打破:基于神经网络的智能覆盖率收敛系统可动态生成高价值测试向量,使验证效率提升 40%。
- 迁移学习赋能的跨工艺节点缺陷预测,在 5nm 向 3nm 迁移中成功规避 12 类潜在 DFM(可制造性设计)风险,缩短 tape-out 周期达 25%。

3. AI 驱动的算力基础设施迭代

- 面对大模型训练所需的 10^{19}FLOPS 级算力洪流,Chiplet 架构通过 AI 进行多芯粒互连优化,在硅中介层上实现带宽密度 4.8Tbit/(s·mm²) 的突破。
- 光子计算芯片借助 AI 进行非线性光学效应补偿,使波导损耗降低至 0.03dB/cm,为下一代 AI 超算奠定物理基础。

4. AI 支持的市场趋势预测

在 AI 大模型的赋能下，基于历史数据的训练大模型 AI 助手可以提供强大的支持，使半导体企业能够在纷繁复杂的环境下更精准地预测市场趋势。

人们对技术发展的追求是无止境的。我们所从事的行业在 AI 的赋能下，正朝着更高效、更智能、更环保的方向迈进。随着 AI 技术的不断进步，我们相信，芯片将变得更加智能，能够自主学习和适应环境变化；制造过程将更加自动化和智能化，生产效率和产品质量将进一步提高；AI 与半导体的深度融合将催生出更多创新应用，改变我们的生活方式。

在这场 AI 与半导体深度融合的浪潮中，作为躬身入局的实践者，我们认为这本书恰逢其时，它为芯片工程师提供了从 AI 辅助编程到智能系统构建的方法论，更进一步揭示了"工艺－算法－架构"协同优化的技术哲学。值得关注的是，这场变革正在重塑产学研协作生态。清华大学类脑计算研究中心"天机芯"项目，正好印证了书中的 AI 驱动的验证框架应用于类脑芯片开发。通过构建神经网络计算的行为级 AI 智能体，使脉冲神经网络的硬件映射验证周期大幅缩短，功耗效率达到业界标杆水平。

我很高兴能和我在清华大学的同学们再次携手共学，我们不仅是同窗好友，更是志同道合的伙伴，这份相识与相知的情谊让我深感温暖。

萧刚军，珠海一微半导体股份有限公司董事长

推荐序五
AI 与网络安全，智能时代新纪元

AI 已经成为推动技术进步和社会发展的核心力量，从软件开发到安全防护，AI 的应用正深刻改变着我们的工作和生活方式。作为一名长期关注 AI 技术发展的从业者，我有幸见证了 AI 在软件行业和安全领域的飞速发展，也深知其对行业的深远影响。

AI 在软件行业的应用已经从理论走向实践，成为提升开发效率、优化代码质量和加速创新的关键技术。GitHub Copilot 和 ChatGPT 等 AI 助手的出现，标志着软件开发进入了一个新的时代。这些工具能够根据开发者的提示词自动生成代码片段、提供优化建议，甚至帮助解决复杂的编程问题。通过 AI 辅助编程，开发者可以将更多的精力集中在创新和业务逻辑上，而不是重复性的代码编写工作上。这不仅提高了开发效率，还降低了开发门槛，使更多人能够参与软件开发。

在网络安全领域，AI 的应用正在重塑攻防格局，这带来了新的挑战和不确定性。从攻击者的角度来看，AI 技术的引入显著提升了网络攻击的自动化水平。例如，深度伪造技术已被用于社交工程攻击，自动化漏洞挖掘工具能够在数小时内发现传统方法需要数月才能识别的漏洞。此外，攻击者利用 AI 生成的恶意代码和钓鱼邮件，能够绕过部分传统安全检测机制。从防守方的角度来看，AI 技术在威胁检测、情报分析以及安全运营方面展现了巨大潜力。然而，AI 基础设施本身已成为攻击目标。从训练数据污染到模型窃取，攻击者正在利用 AI 系统的脆弱性发起新型攻击。这要求网络安全专家必须结合 AI 基础设施的特性，设计针对性的防御机制，如加强数据验证、引入对抗训练等。"网络安全的本质在于对抗，对抗的本质在于攻防两端能力的较量"，网络安全必须拥抱 AI 的发展，跑赢攻击者，才能及时发现并有效解决各类安全风险。

本书为读者提供了全面而深入的 AI 实践指南。全书不仅详细介绍了 AI 助手在软件开发中的应用，还通过丰富的案例和实用的提示策略，展示了如何将 AI 技术融入实际开发过程。书中涵盖了从 Web 开发到数据科学再到机器学习的多个领域，为读者提供了一个完整的 AI 应用框架。通过阅读本书，我们可以快速掌握 AI 助手的使用方法，提升开发效率，同时也能深入了解 AI 技术在不同领域的应用前景。谢谢凯捷中国的各位专家精心翻译了这样一本佳作，助力我们拥抱 AI 技术，开启智能时代的新篇章。

李晨，椰子树信息技术有限公司联合创始人

推荐序六
AI 时代的领航与赋能

在 AI 飞速发展的今天，我们正站在技术革新的浪潮之巅。作为 AI 领域的领航者，我们深知技术的力量与潜力，也理解需要将这些力量转化为推动行业发展的强大动力。本书不仅展现了 AI 技术在软件开发领域的实际应用，更独辟蹊径，为洞察 AI 发展趋势提供了崭新视角。作者深入探讨了 AI 助手在编程、数据分析和机器学习中的应用，通过丰富的案例和实用的提示策略，为读者展示了 AI 技术如何赋能传统开发流程。书中介绍了 GitHub Copilot 和 ChatGPT 等工具的具体使用方法，还通过详细的步骤和代码示例，帮助读者快速上手并应用这些技术。这种以实践为导向的内容设计，使得本书不仅适合初学者，也适合那些希望在 AI 领域深入探索的专业人士。

在 AI 的发展趋势中，本书的内容与面壁智能的业务特点不谋而合。面壁智能作为一家专注于 AI 技术的公司，始终致力于通过创新的技术解决方案推动行业的发展。我们深知 AI 技术在提升开发效率、优化数据分析和加速模型构建中的关键作用。本书中提到的 AI 助手，如 GitHub Copilot 和 ChatGPT，正是我们日常工作中不可或缺的工具。它们不仅可以帮助我们快速生成高质量的代码，还通过智能提示和优化建议，提升了开发团队的整体效率。

感谢本书的作译者，他们不仅在技术上有深厚的积累，更在知识传播上展现了极大的热情和专业性。通过清晰的讲解和实用的案例，本书成功地将复杂的 AI 技术转化为易于理解和应用的知识，这对于推动 AI 技术的普及和应用具有重要意义。未来，面壁智能也将继续深化 AI 技术的应用，探索更多创新场景，推动行业的 AI 转型。

李大海，面壁智能 CEO

译者序
拥抱 AI，开启数字化转型的新征程

在当今数字化浪潮席卷全球的背景下，AI 已经成为推动各行业变革的核心力量。能获机械工业出版社盛情邀约，由我们团队担纲本书译者，将这样一部佳作呈献给国内读者，我深感荣幸。这是一本极具前瞻性和实用性的图书，不仅详细介绍了 AI 助手在 Web 开发、机器学习和数据分析中的应用，还通过丰富的案例和实用的提示策略，帮助读者快速上手并应用这些技术。书中涵盖了从基础的 HTML 和 CSS 开发到复杂的机器学习模型构建等多个领域，适合不同层次的读者。

全书不仅展示了 AI 技术在软件开发中的应用，还为其未来发展提供了新的视角。AI 不仅是一种创新的思维方式和工具，更能帮助企业优化业务流程，提升用户体验。通过自动化和智能化手段，AI 能够解决传统方法难以应对的复杂问题，为企业带来显著的效益。在与很多企业的 CIO 和 CTO 交谈的过程中，我们发现随着技术的不断进步，AI 的应用场景将更加广泛和深入。未来，AI 技术将与云计算、大数据、物联网等技术深度融合，形成更加智能化的生态系统。例如，AI 与云计算的结合将使企业的计算资源更加灵活高效，AI 与物联网的结合将实现设备的智能化管理和预测性维护。

随着 AI 技术的广泛应用，数据隐私、算法偏见等伦理问题将受到更多关注。因此，AI 伦理和可持续发展问题也将成为未来的重要议题。企业在技术应用中应秉持"科技向善"的理念，注重伦理与可持续性，确保 AI 技术的健康发展。本书不仅展示了 AI 技术的实用性，还强调了开发者在 AI 应用中的责任和伦理考量，这对于推动 AI 技术的可持续发展具有重要意义。

凯捷中国数字化团队正在积极应用 AI 技术提升工程效率，并与客户一起探讨创新的业务场景。例如，团队通过 AI 助手优化开发流程，提升代码质量和开发效率，同时利用 AI 技术优化数据分析和模型构建，为客户提供更加精准的业务洞察。在此，我要对本书的其他译者和凯捷数字化团队表示衷心的感谢。我们希望能将这本书的精髓准确地传达给国内读者。凯捷数字化团队在 AI 领域的深入研究和实践，亦为本书的内容增添了更多应用价值。团队成员不仅在技术上有深厚的积累，更在传播知识和推动行业发展上展现了极大的热情和专业性。我们希望将这些力量转化为推动技术发展的强大动力，让 AI 扎根业务、生长未来。

在撰写这篇译者序的过程中，我有幸与几位来自清华大学 EMBA 2022 级的同学携手合作。他们在学术领域的卓越成就令人瞩目，在专业精神和团队协作方面的表现更是令人钦佩。他们的智慧与热情不仅为本书的出版注入了新的活力，更为我们在 AI 领域的探索与实践提供了宝贵的指导和灵感。希望大家和我们一样，向更多的国内读者推荐这本好书。祝开卷有益。

万学凡，凯捷中国数字化团队总经理

前　言

本书适合谁

本书的目标读者是 Web 开发、机器学习和数据科学领域内至少有 1～3 年经验的专业人士，特别是那些希望通过使用 GitHub Copilot 和 ChatGPT 等 AI 助手来提高工作效率的人群。本书旨在通过展示如何在不同问题领域利用 AI 助手来增强你的能力。书中不仅介绍了 AI 助手的整体功能，还就如何进行有效提示以获得最佳效果提出了建议。

本书涵盖的内容

第 1 章探索如何开始使用大语言模型，以及它们如何为许多人（不仅仅是 IT 工作者）带来范式转变。

第 2 章解释本书贯穿始终的提示策略，还提供了一些有效提示所选 AI 工具的指导原则。

第 3 章解释如何使用我们选择的两款 AI 助手——GitHub Copilot 和 ChatGPT，涵盖从安装到如何开始使用它们的全过程。

第 4 章重点构建电子商务应用的前端（这是贯穿全书的主题）。

第 5 章继续开发电子商务应用，尤其关注 CSS，以确保应用外观更加吸引人。

第 6 章通过 JavaScript 为电子商务应用注入动态互动效果。

第 7 章解决了应用需要适应不同设备类型（无论是较小的移动屏幕、平板计算机还是台式机屏幕）的问题。本章重点关注响应式设计。

第 8 章介绍了应用程序要实际运行，就需要有一个由能够读写数据和持久化数据的代码组成的后端。因此，本章重点关注为我们的电子商务应用构建 Web API。

第 9 章详细讲述了如何训练机器学习模型以及如何通过 Web API 公开该模型，以便所有拥有浏览器或能使用 HTTP 的客户端都可以访问电子商务应用。

第 10 章主要讨论了大多数开发人员如何在已有代码的基础上进行日常工作和维护，而非创建新项目。因此，本章的重点在于维护代码的各个方面，如处理错误、优化性能、执行测试等。

第 11 章使用评论数据集学习如何洞察数据的分布、趋势、相关性等。

第 12 章查看与第 11 章相同的评论数据集，这次将进行分类和情绪分析。

第 13 章预测客户年度支出金额，并通过回归创建相应的预测模型。

第 14 章重点探讨如何基于 Fashion-MNIST 数据集构建 MLP 模型，继续围绕通用的电子商务主题展开。

第 15 章深入探讨 CNN 模型的构建。

第 16 章重点关注聚类和 PCA。

第 17 章详细介绍了如何使用 GitHub Copilot 进行机器学习，并与 ChatGPT 进行对比展示。

第 18 章构建回归模型。该章同样使用 GitHub Copilot。

第 19 章专注于通过 GitHub Copilot 来进行回归分析。不同之处在于，这里我们使用文本文件中已有的注释作为提示词，而非之前那样在聊天界面中输入提示词。

第 20 章专注于充分利用 GitHub Copilot 提高效率。如果你想掌握 GitHub Copilot，那么这一章必读。

第 21 章探讨了 AI 领域的未来发展方向——智能体。智能体能根据高级目标自主行动，从而更高效地协助你。如果你对未来趋势感兴趣，这一章绝对值得一读。

第 22 章总结使用 AI 助手工作的重要经验，以此结束本书。

本书目标

- 介绍使用自然语言进行编程的新范式。
- 提供开始使用 AI 助手的工具。
- 教授提示工程，特别是展示一套提示策略（参见第 2 章）和一些合理的实践案例（参见第 8 章）。

我们确信，凭借这些工具、提示策略和实践案例，你将能够高效且负责任地使用 AI 助手，进而提升工作质量和生产力。

如何充分利用本书

如果你在每个领域都已经参与了几个项目，并非完全的初学者，那么这本书将为你带来更多收益。本书重点在于优化你现有的开发工作流程。如果你完全是 Web 开发、数据科学或机器学习方面的新手，我们建议你参考 Packt 的其他书籍。请参阅下方链接获取推荐书籍。

- https://www.packtpub.com/en-us/product/html5-web-application-development-by-example-beginners-guide-9781849695947
- Oliver Theobald 的 *Machine Learning with Python: Unlocking AI Potential with Python and Machine Learning* (https://www.packtpub.com/en-US/product/machine-learning-with-python-9781835461969)

本书的编写方式是，先向你展示建议你编写的提示词，再展示所选 AI 工具的输出结果。

- 紧随 Web 开发的章节，我们建议安装 Visual Studio Code。本书有章节专门介绍如何

- 安装 GitHub Copilot 并加以利用。Visual Studio Code 的安装指南请参见 `https://code.visualstudio.com/download`。
- 对于机器学习的章节，建议使用 ChatGPT 解决大多数问题，可以通过 Web 浏览器访问。我们推荐使用 Notebook，以便通过多种工具查看。有关 Notebook 设置的详细说明，请访问 `https://code.visualstudio.com/docs/datascience/jupyter-notebooks`。
- 使用 GitHub Copilot 需要登录 GitHub 账户。请参考 `https://docs.github.com/en/copilot/quickstart` 进行 GitHub Copilot 的设置。

下载示例代码文件与彩色图像

本书的代码包及部分任务答案托管在 GitHub 上，网址为 `https://github.com/PacktPublishing/AI-Assisted-Software-Development-with-GitHub-Copilot-and-ChatGPT`。我们还提供了其他丰富的图书和视频目录中的代码包，网址为 `https://github.com/PacktPublishing/`。

此外，我们还准备了一份 PDF 文件，包含本书所有截图和图表的彩色版本。你可以在 `https://packt.link/gbp/9781835086056` 下载。

排版约定

本书使用了一些排版约定。

`CodeInText`：表示文本中的代码词、数据库表名、文件夹名、文件名、文件扩展名、路径名、虚拟 URL、用户输入和 X（原 Twitter）用户名。例如："现在已经创建了 `product.css` 并包含上述内容，我们可以在 HTML 文件中包含该 CSS 文件。"

粗体：表示新术语、重要词或你在屏幕上看到的词。例如，菜单或对话框中的词会以这种方式出现在文本中："**创建新用户**：应该可以创建一个新用户。"

> 警告或重要提示会这样显示。

> 提示和技巧会这样显示。

关于作者

Christoffer Noring 在微软担任高级布道师，专注于应用程序开发和人工智能领域。他不仅是谷歌开发者专家，还在全球范围内进行了 100 多场演讲。此外，他还是牛津大学云模式和人工智能方面的导师。他同时也是 Angular、NgRx 和 Go 编程著作的作者。

Anjali Jain，一位在伦敦工作的人工智能和机器学习专家，拥有超过 20 年的职业经验。她目前担任 Metrobank 的数据架构师，专为金融行业提供人工智能、数据、架构、数据治理和软件开发方面的专业知识。她拥有电气工程学士学位，还获得了 TOGAF 9.1 和 ITIL 2011 Foundation 认证。作为牛津大学的高级人工智能和机器学习导师，Anjali 分享着各种前沿的技术知识。

Marina Fernandez 是一位专注于金融风险管理的数据科学和 Databricks 顾问。她担任牛津大学学术团队的高级人工智能和机器学习导师及客座讲师。拥有 20 年职业生涯的她，参与了各大业务领域的大型企业系统开发，经验涵盖电子商务、在线学习、软件安全、商品交易、风险管理系统及监管报告等。Marina 获得了牛津大学软件工程硕士学位，并且持有微软认证专家和认证 Scrum 大师等专业认证。

Ayşe Mutlu 是一位数据科学家，专注于 Azure AI 和 DevOps 技术。她常住伦敦，主要使用 Microsoft Azure 框架（Azure DevOps 和 Azure Pipelines）构建和部署机器学习和深度学习模型。她热爱用 Python 编程，并积极为 Python 开源项目贡献力量。

Ajit Jaokar 是 FeynLabs 的数据科学家，专注于为复杂应用程序构建人工智能原型。同时，他还担任牛津大学人工智能课程的主任。除此之外，Ajit 为世界未来学会工作，是牛津大学工程科学系的访问学者，并在伦敦经济学院、马德里理工大学和哈佛大学肯尼迪政府学院教授人工智能课程。Ajit 在牛津大学和他的公司中，从事基于跨学科人工智能的工作，涉及数字孪生、量子计算、元宇宙、农业技术和生命科学领域。他的教学内容基于他在人工智能和网络物理系统方法论上的实际研究经验。

关于审校者

Maxim Salnikov 是一位常住奥斯陆的技术和云社区爱好者。他拥有超过 20 年的 Web 开发经验，通过在全球开发者活动中演讲和提供培训，分享他在 Web 平台、云计算和人工智能方面的丰富知识。白天，Maxim 在支持欧洲公司开发云计算和人工智能解决方案方面发挥着重要作用，是微软公司开发人员生产力业务的领导者。晚上，他还常常为挪威最大的 Web 和云开发社区举办活动。Maxim 热衷于探索和尝试生成式人工智能的可能性，包括 AI 辅助开发。为了分享见解并与全球志同道合的专业人士建立联系，他创办并组织了提示工程大会，这在全球范围内尚属首次。

Şaban Kara 是一名精通人工智能和机器学习的软件工程师，毕业于盖布泽技术大学的电子工程专业。在他的职业生涯中，他开发了多个 NLP 项目，还深入研究了各种基于概率统计的机器学习算法。Şaban 因对 LLM 和 LangChain 模型的浓厚兴趣而知名。他的工作主要集中在提高这些模型的自发学习能力上。他的职业生涯始于 TUBITAK。如今，他在一家私人公司专注于开发 LLM 的机器学习算法，并致力于制作具有自主学习能力的人工智能。

我要特别感谢我的家人、朋友和同事。他们的支持是这个项目成功的关键。

目　　录

推荐序一
推荐序二
推荐序三
推荐序四
推荐序五
推荐序六
译者序
前言

第1章　欢迎进入 AI 助手新世界 ……… 1
1.1　导论 ……… 1
1.2　ChatGPT 的发展历程：从自然语言处理到大语言模型 ……… 1
　　1.2.1　大语言模型的兴起 ……… 2
　　1.2.2　GPT 模型 ……… 2
　　1.2.3　大语言模型的优势 ……… 3
1.3　新范式：使用自然语言编程 ……… 3
1.4　编程语言的演进 ……… 4

第2章　提示策略 ……… 5
2.1　导论 ……… 5
2.2　你的身份 ……… 5
2.3　如何有效提示 ……… 6
2.4　针对 Web 开发领域的提示策略 ……… 13
　　2.4.1　分解问题：Web 库存管理系统 ……… 13
　　2.4.2　将前端问题分解为功能 ……… 13
　　2.4.3　为每个功能生成提示词 ……… 14
　　2.4.4　确定 Web 开发领域的提示策略 ……… 14
2.5　针对数据科学领域的提示策略 ……… 15
　　2.5.1　分解问题：预测销售额 ……… 15
　　2.5.2　将数据科学问题分解为步骤 ……… 15
　　2.5.3　为每个步骤生成提示词 ……… 16
　　2.5.4　确定数据科学领域的提示策略 ……… 16
2.6　验证结果 ……… 17
　　2.6.1　通过提示词验证 ……… 17
　　2.6.2　经典验证 ……… 18
2.7　总结 ……… 19

第3章　行业工具：AI 助手介绍 ……… 20
3.1　导论 ……… 20
3.2　了解 Copilot ……… 20
　　3.2.1　Copilot 如何知道要生成什么 ……… 21
　　3.2.2　Copilot 的功能和局限性 ……… 21
　　3.2.3　设置和安装 ……… 21

3.2.4	开始使用 Copilot ……… 22	4.7	任务 …………………… 41
3.2.5	任务 …………………… 23	4.8	挑战 …………………… 41
3.2.6	答案 …………………… 23	4.9	测验 …………………… 41
3.2.7	挑战 …………………… 24	4.10	总结 …………………… 42
3.2.8	参考文献 ……………… 24		

第 5 章　使用 CSS 和 Copilot 为应用程序添加样式 …………… 43

3.3　了解 ChatGPT ………………… 24
  3.3.1　ChatGPT 如何工作 …… 25
  3.3.2　ChatGPT 的功能和局限性 …………………… 25
  3.3.3　设置和安装 …………… 25
  3.3.4　开始使用 ChatGPT …… 26
3.4　总结 ……………………………… 28

第 4 章　使用 HTML 和 Copilot 构建应用程序的外观 …………… 29

4.1　导论 ……………………………… 29
4.2　业务问题 ………………………… 30
  4.2.1　问题领域 ……………… 30
  4.2.2　功能分解 ……………… 30
  4.2.3　提示策略 ……………… 31
4.3　页面结构 ………………………… 31
4.4　为页面结构构建添加 AI 辅助 … 32
  4.4.1　第 1 条提示词：简单提示词以及辅助 AI 助手 …… 32
  4.4.2　第 2 条提示词：添加更多上下文 ……………………… 33
  4.4.3　第 3 条提示词：接受提示建议 …………………… 34
4.5　挑战：改变提示词内容 ………… 37
4.6　用例：构建电子商务网站前端 … 37
  4.6.1　登录页面 ……………… 37
  4.6.2　产品页面 ……………… 38
  4.6.3　剩余页面 ……………… 40

5.1　导论 ……………………………… 43
5.2　业务问题 ………………………… 43
5.3　问题和数据领域 ………………… 44
5.4　功能分解 ………………………… 44
5.5　提示策略 ………………………… 44
5.6　CSS ……………………………… 45
  5.6.1　第一个 CSS ……………… 45
  5.6.2　按名称分类的 CSS …… 47
5.7　任务 ……………………………… 48
5.8　用例：为电子商务应用程序添加样式 …………………………… 48
5.9　挑战 ……………………………… 50
5.10　测验 …………………………… 50
5.11　总结 …………………………… 51

第 6 章　使用 JavaScript 添加行为 … 52

6.1　导论 ……………………………… 52
6.2　业务问题 ………………………… 52
6.3　问题和数据领域 ………………… 52
6.4　功能分解 ………………………… 53
6.5　提示策略 ………………………… 53
6.6　添加 JavaScript ………………… 54
  6.6.1　JavaScript 的作用 …… 54
  6.6.2　向页面添加 JavaScript … 54
  6.6.3　添加 JavaScript 库/框架 … 55
6.7　挑战 ……………………………… 56

6.8	用例：添加行为	57
	6.8.1 改进输出结果	59
	6.8.2 添加 Bootstrap	61
	6.8.3 添加 Vue.js	64
6.9	任务	67
6.10	总结	67

第 7 章 使用响应式 Web 布局支持多个视口 … 69

7.1	导论	69
7.2	业务问题	70
7.3	问题和数据领域	70
7.4	功能分解	70
7.5	提示策略	70
7.6	视口	71
	7.6.1 媒体查询	71
	7.6.2 何时调整以适应不同的视口并使其响应	71
7.7	用例：使产品库具有响应性	74
7.8	任务	78
7.9	挑战	79
7.10	总结	79

第 8 章 构建具有 Web API 的后端 … 80

8.1	导论	80
8.2	业务问题	80
8.3	问题和数据领域	81
8.4	功能分解	81
8.5	提示策略	81
8.6	Web API	82
	8.6.1 应该选择哪种语言和框架	82
	8.6.2 规划 Web API	82

8.7	使用 Python 和 Flask 创建 Web API	82
	8.7.1 步骤 1：创建新项目	83
	8.7.2 步骤 2：安装 Flask	84
	8.7.3 步骤 3：创建入口点	84
	8.7.4 步骤 4：创建 Flask 应用程序	84
8.8	用例：电子商务网站的 Web API	85
	8.8.1 步骤 1：为电子商务网站创建 Web API	86
	8.8.2 步骤 2：返回 JSON 而不是文本	87
	8.8.3 步骤 3：添加读写数据库的代码	88
	8.8.4 步骤 4：改进代码	94
	8.8.5 步骤 5：为 API 编写文档	99
8.9	任务	103
8.10	挑战	103
8.11	总结	103

第 9 章 用 AI 服务增强 Web 应用程序 … 104

9.1	导论	104
9.2	业务问题	104
9.3	问题和数据领域	105
9.4	功能分解	105
9.5	提示策略	105
9.6	创建模型	105
9.7	制订计划	106
	9.7.1 导入库	107
	9.7.2 读取 CSV 文件	108

9.7.3	创建测试数据集和训练数据集	108
9.7.4	创建模型	109
9.7.5	模型效果	109
9.7.6	预测	110
9.7.7	将模型保存为 .pkl 文件	111
9.7.8	在 Python 中创建 REST API	112
9.8	将模型转换为 ONNX 格式	113
9.9	在 JavaScript 中加载 ONNX 模型	114
9.9.1	在 JavaScript 中安装 onnxruntime	114
9.9.2	在 JavaScript 中加载 ONNX 模型	114
9.10	任务	115
9.11	测验	115
9.12	总结	115

第 10 章 维护现有代码库 116

10.1	导论	116
10.2	提示策略	116
10.3	不同的维护类型	116
10.4	维护过程	117
10.5	解决一个漏洞	117
10.5.1	识别问题	118
10.5.2	实施更改	119
10.6	添加新功能	120
10.6.1	识别问题并找到需要更改的函数	121
10.6.2	实施更改，添加新功能和测试	122
10.7	提高性能	123
10.7.1	大 O 表示法计算	125
10.7.2	测试性能	125
10.8	提高可维护性	126
10.8.1	识别问题	128
10.8.2	添加测试并降低更改风险	128
10.8.3	实施更改并提高可维护性	133
10.9	挑战	135
10.10	更新现有的电子商务网站	135
10.11	任务	143
10.12	测验	143
10.13	总结	143

第 11 章 使用 ChatGPT 进行数据探索 144

11.1	导论	144
11.2	业务问题	144
11.3	问题和数据领域	145
11.4	功能分解	145
11.5	提示策略	146
11.5.1	策略 1：TAG 提示策略	146
11.5.2	策略 2：PIC 提示策略	147
11.5.3	策略 3：LIFE 提示策略	147
11.6	使用免费版 ChatGPT 对亚马逊评论数据集进行数据探索	147
11.6.1	功能 1：数据加载	147
11.6.2	功能 2：数据检查	150
11.6.3	功能 3：汇总统计	153
11.6.4	功能 4：分类分析	155
11.6.5	功能 5：评分分布可视化	157
11.6.6	功能 6：时间趋势分析	159

XXI

11.6.7 功能 7：评论文本分析⋯ 161
11.6.8 功能 8：相关性分析⋯ 163
11.7 使用 ChatGPT-4o 对亚马逊评论数据集进行数据探索⋯⋯⋯ 165
11.8 任务⋯⋯⋯⋯⋯⋯⋯⋯⋯ 170
11.9 挑战⋯⋯⋯⋯⋯⋯⋯⋯⋯ 170
11.10 总结⋯⋯⋯⋯⋯⋯⋯⋯⋯ 171

第 12 章 用 ChatGPT 构建分类模型⋯⋯⋯⋯⋯⋯⋯⋯⋯ 172
12.1 导论⋯⋯⋯⋯⋯⋯⋯⋯⋯ 172
12.2 业务问题⋯⋯⋯⋯⋯⋯⋯ 172
12.3 问题和数据领域⋯⋯⋯⋯ 173
12.4 功能分解⋯⋯⋯⋯⋯⋯⋯ 173
12.5 提示策略⋯⋯⋯⋯⋯⋯⋯ 174
　12.5.1 策略 1：TAG 提示策略⋯ 174
　12.5.2 策略 2：PIC 提示策略⋯ 175
　12.5.3 策略 3：LIFE 提示策略⋯⋯⋯⋯⋯⋯⋯⋯⋯ 175
12.6 使用免费版 ChatGPT 构建情绪分析模型，精准分类亚马逊评论⋯ 175
　12.6.1 功能 1：数据预处理和特征工程⋯⋯⋯⋯⋯⋯⋯⋯ 175
　12.6.2 功能 2：模型选择和基线训练⋯⋯⋯⋯⋯⋯⋯⋯ 181
　12.6.3 功能 3：模型评估和解释⋯⋯⋯⋯⋯⋯⋯⋯ 183
　12.6.4 功能 4：处理不平衡数据⋯⋯⋯⋯⋯⋯⋯⋯ 189
　12.6.5 功能 5：超参数调优⋯ 191
　12.6.6 功能 6：尝试特征表示方法⋯⋯⋯⋯⋯⋯⋯⋯ 193

12.7 使用 ChatGPT-4 或 ChatGPT Plus 构建情绪分析模型，精准分类亚马逊评论⋯⋯⋯⋯⋯⋯⋯⋯⋯ 198
　12.7.1 功能 1：数据预处理和特征工程⋯⋯⋯⋯⋯⋯⋯⋯ 198
　12.7.2 功能 2：模型选择和基线训练⋯⋯⋯⋯⋯⋯⋯⋯ 201
　12.7.3 功能 3：模型评估和解释⋯⋯⋯⋯⋯⋯⋯⋯ 202
　12.7.4 功能 4：处理不平衡数据⋯⋯⋯⋯⋯⋯⋯⋯ 204
　12.7.5 功能 5：超参数调优⋯ 205
　12.7.6 功能 6：尝试特征表示方法⋯⋯⋯⋯⋯⋯⋯⋯ 207
12.8 任务⋯⋯⋯⋯⋯⋯⋯⋯⋯ 209
12.9 挑战⋯⋯⋯⋯⋯⋯⋯⋯⋯ 209
12.10 总结⋯⋯⋯⋯⋯⋯⋯⋯⋯ 209

第 13 章 使用 ChatGPT 构建客户消费的回归模型⋯⋯⋯⋯⋯⋯ 210
13.1 导论⋯⋯⋯⋯⋯⋯⋯⋯⋯ 210
13.2 业务问题⋯⋯⋯⋯⋯⋯⋯ 211
13.3 问题和数据领域⋯⋯⋯⋯ 211
13.4 功能分解⋯⋯⋯⋯⋯⋯⋯ 212
13.5 提示策略⋯⋯⋯⋯⋯⋯⋯ 212
　13.5.1 策略 1：TAG 提示策略⋯ 212
　13.5.2 策略 2：PIC 提示策略⋯ 213
　13.5.3 策略 3：LIFE 提示策略⋯ 213
13.6 使用免费版 ChatGPT 构建简单线性回归模型⋯⋯⋯⋯⋯⋯⋯ 213
　13.6.1 功能 1：逐步构建模型⋯ 213
　13.6.2 功能 2：应用正则化技术⋯⋯⋯⋯⋯⋯⋯⋯⋯ 223

13.6.3 功能3：生成合成数据集以增加复杂性 ………… 227	14.6.1 功能1：构建基线模型 …………………… 249
13.6.4 功能4：为合成数据集生成一步到位的开发模型的代码 ………… 229	14.6.2 功能2：为模型添加层 …………………… 262
	14.6.3 功能3：尝试不同的批量大小 ………………… 265
13.7 使用 ChatGPT Plus 构建简单线性回归模型 ………… 231	14.6.4 功能4：尝试不同的神经元数量 …………… 267
13.7.1 功能1：逐步构建模型 … 231	14.6.5 功能5：尝试不同的优化器 ………………… 268
13.7.2 功能2：应用正则化技术 ………………………… 237	14.7 任务 ………………………………… 271
13.7.3 功能3：生成合成数据集以增加复杂性 ………… 241	14.8 挑战 ………………………………… 271
13.7.4 功能4：为合成数据集生成一步到位的开发模型的代码 ………… 243	14.9 总结 ………………………………… 271
13.8 任务 ……………………………… 245	第15章 使用 ChatGPT 为 CIFAR-10 构建 CNN 模型 ……………… 272
13.9 挑战 ……………………………… 245	15.1 导论 ………………………………… 272
13.10 总结 …………………………… 245	15.2 业务问题 …………………………… 272
	15.3 问题和数据领域 ………………… 273
第14章 使用 ChatGPT 为 Fashion-MNIST 数据集构建 MLP 模型 ……………………………… 246	15.4 功能分解 …………………………… 274
	15.5 提示策略 …………………………… 274
14.1 导论 ……………………………… 246	15.5.1 策略1：TAG 提示策略 … 275
14.2 业务问题 ………………………… 246	15.5.2 策略2：PIC 提示策略 … 275
14.3 问题和数据领域 ………………… 247	15.5.3 策略3：LIFE 提示策略 … 275
14.4 功能分解 ………………………… 248	15.6 使用免费版 ChatGPT 构建可以准确分类 CIFAR-10 图像的 CNN 模型 ………………………… 275
14.5 提示策略 ………………………… 248	15.6.1 功能1：构建基线模型… 275
14.5.1 策略1：TAG 提示策略 … 248	15.6.2 功能2：为模型添加层… 282
14.5.2 策略2：PIC 提示策略 … 249	15.6.3 功能3：引入 dropout 正则化 ………………………… 288
14.5.3 策略3：LIFE 提示策略 … 249	15.6.4 功能4：实现批量归一化 ………………………… 292
14.6 使用免费版 ChatGPT 构建可以准确分类 Fashion-MNIST 图像的 MLP 模型 ……………………… 249	

XXIII

15.6.5 功能 5：尝试不同的优化器 ⋯⋯⋯⋯⋯⋯⋯⋯ 297
15.6.6 功能 6：应用 DavidNet 架构 ⋯⋯⋯⋯⋯⋯⋯⋯ 299
15.7 任务 ⋯⋯⋯⋯⋯⋯⋯⋯⋯⋯ 309
15.8 挑战 ⋯⋯⋯⋯⋯⋯⋯⋯⋯⋯ 309
15.9 总结 ⋯⋯⋯⋯⋯⋯⋯⋯⋯⋯ 309

第 16 章 无监督学习：聚类和 PCA ⋯ 310
16.1 导论 ⋯⋯⋯⋯⋯⋯⋯⋯⋯⋯ 310
16.2 功能分解 ⋯⋯⋯⋯⋯⋯⋯⋯ 310
16.3 提示策略 ⋯⋯⋯⋯⋯⋯⋯⋯ 311
16.4 电子商务项目的客户细分 ⋯⋯⋯⋯ 311
16.4.1 数据集概述 ⋯⋯⋯⋯⋯⋯ 311
16.4.2 在无监督学习模型开发过程中添加 AI 辅助 ⋯⋯⋯ 311
16.5 电子商务项目的产品聚类 ⋯⋯⋯⋯ 327
16.5.1 初始提示词：设置语境 ⋯ 327
16.5.2 加载和预处理数据 ⋯⋯ 329
16.5.3 特征工程和文本数据预处理 ⋯⋯⋯⋯⋯⋯⋯⋯⋯ 330
16.5.4 选择聚类算法 ⋯⋯⋯⋯ 339
16.5.5 特征缩放 ⋯⋯⋯⋯⋯⋯ 339
16.5.6 应用聚类算法 ⋯⋯⋯⋯ 340
16.5.7 解释簇和可视化结果 ⋯ 348
16.5.8 为产品分配类别以及评估和改进 ⋯⋯⋯⋯⋯⋯⋯⋯ 352
16.6 对该用例提示词的反思 ⋯⋯⋯⋯⋯ 356
16.7 任务 ⋯⋯⋯⋯⋯⋯⋯⋯⋯⋯ 356
16.8 总结 ⋯⋯⋯⋯⋯⋯⋯⋯⋯⋯ 356

第 17 章 使用 Copilot 进行机器学习 ⋯ 357
17.1 导论 ⋯⋯⋯⋯⋯⋯⋯⋯⋯⋯ 357

17.2 集成开发环境里的 Copilot Chat ⋯⋯⋯⋯⋯⋯⋯⋯⋯⋯ 357
17.3 数据集概述 ⋯⋯⋯⋯⋯⋯⋯ 358
17.4 数据探索步骤 ⋯⋯⋯⋯⋯⋯ 359
17.5 提示策略 ⋯⋯⋯⋯⋯⋯⋯⋯ 359
17.6 初始数据探索提示词 ⋯⋯⋯ 360
17.7 步骤 1：数据加载 ⋯⋯⋯ 361
17.8 步骤 2：数据检查 ⋯⋯⋯ 363
17.9 步骤 3：汇总统计 ⋯⋯⋯ 366
17.10 步骤 4：分类分析 ⋯⋯⋯ 367
17.11 步骤 5：评分分布可视化 ⋯ 369
17.12 步骤 6：时间趋势分析 ⋯⋯ 370
17.13 步骤 7：评论文本分析 ⋯⋯ 371
17.14 步骤 8：相关性分析 ⋯⋯⋯ 374
17.15 步骤 9：其他探索性分析 ⋯ 376
17.16 任务 ⋯⋯⋯⋯⋯⋯⋯⋯⋯ 384
17.17 总结 ⋯⋯⋯⋯⋯⋯⋯⋯⋯ 384

第 18 章 使用 Copilot Chat 进行回归分析 ⋯⋯⋯⋯⋯⋯⋯⋯⋯⋯⋯ 385
18.1 导论 ⋯⋯⋯⋯⋯⋯⋯⋯⋯⋯ 385
18.2 回归 ⋯⋯⋯⋯⋯⋯⋯⋯⋯⋯ 386
18.3 数据集概述 ⋯⋯⋯⋯⋯⋯⋯ 386
18.4 提示策略 ⋯⋯⋯⋯⋯⋯⋯⋯ 387
18.4.1 初始提示词 ⋯⋯⋯⋯⋯ 387
18.4.2 探索性数据分析 ⋯⋯⋯ 390
18.4.3 数据分割 ⋯⋯⋯⋯⋯⋯ 394
18.4.4 构建回归模型 ⋯⋯⋯⋯ 395
18.5 评估模型 ⋯⋯⋯⋯⋯⋯⋯⋯ 400
18.6 任务 ⋯⋯⋯⋯⋯⋯⋯⋯⋯⋯ 403
18.7 总结 ⋯⋯⋯⋯⋯⋯⋯⋯⋯⋯ 403

第19章 使用 Copilot 建议进行回归分析 ········ 404

19.1 导论 ········ 404
19.2 数据集概述 ········ 404
19.3 提示策略 ········ 405
19.4 在 Copilot 的帮助下开始编程 ··· 405
 19.4.1 步骤1：在 Copilot 的帮助下导入库 ········ 405
 19.4.2 步骤2：加载并探索数据集 ········ 406
 19.4.3 步骤3：将数据分为训练集和测试集 ········ 412
 19.4.4 步骤4：构建回归问题 ··· 414
 19.4.5 步骤5：训练模型 ······ 414
 19.4.6 步骤6：评估模型性能··· 414
19.5 任务 ········ 415
19.6 总结 ········ 416

第20章 利用 Copilot 提高效率 ······ 417

20.1 导论 ········ 417
20.2 代码生成和自动化 ········ 417
 20.2.1 Copilot 的活动编辑器 ··· 418
 20.2.2 Copilot Chat ········ 418
20.3 Copilot 命令 ········ 419
 20.3.1 创建 Notebook ········ 420
 20.3.2 创建项目 ········ 422
20.4 调试和排除故障 ········ 423
20.5 代码审查和优化技术 ········ 426
20.6 工作空间 ········ 430
20.7 Visual Studio Code 查询 ········ 432
20.8 终端 ········ 433
20.9 任务 ········ 433
20.10 挑战 ········ 433
20.11 测验 ········ 433
20.12 总结 ········ 434

第21章 软件开发中的智能体 ········ 435

21.1 导论 ········ 435
21.2 什么是智能体 ········ 435
21.3 简单智能体与使用 AI 的智能体 ········ 436
21.4 简单智能体 ········ 436
 21.4.1 简单智能体不是一个优秀的对话者 ········ 436
 21.4.2 通过调用工具和大语言模型提升对话质量 ········ 437
 21.4.3 对话智能体的架构 ······ 437
 21.4.4 关于 LLM 工具调用的更多信息 ········ 438
 21.4.5 使用工具为 GPT 添加功能 ········ 438
21.5 高级对话 ········ 440
 21.5.1 构建高级对话模型 ······ 442
 21.5.2 高级对话的伪代码 ······ 442
21.6 自主智能体 ········ 444
21.7 任务 ········ 444
21.8 挑战 ········ 445
21.9 测验 ········ 445
21.10 总结 ········ 445
21.11 参考文献 ········ 446

第22章 结论 ········ 447

22.1 本书回顾 ········ 447
22.2 主要结论 ········ 448
22.3 未来趋势 ········ 448
22.4 写在最后 ········ 448

第 1 章

欢迎进入 AI 助手新世界

1.1 导论

2022 年 11 月，ChatGPT 席卷全球。随着时间的推移，ChatGPT 势头强劲，逐渐发展成一种被广泛接受的工具。最终，数百万人积极地将 ChatGPT 纳入工作流程中，利用它生成见解、总结文本、编写代码等。

ChatGPT 的到来改变了许多人的工作流程，而且它在快速理解大量文本、撰写电子邮件等方面显现出明显的优势。阅读完本书后，希望你能快速掌握 **ChatGPT** 或 **GitHub Copilot** 等 AI 工具，从而提高效率。这正是本书的使命：不仅教你如何使用这两种 AI 工具，还教你如何在各个领域应用它们。

ChatGPT 不是凭空出现的，因此在使用 AI 助手解决问题之前，让我们先回顾一下 ChatGPT 的发展历程。

1.2 ChatGPT 的发展历程：从自然语言处理到大语言模型

为了解诸如 ChatGPT 这样的由**大语言模型（LLM）**驱动的 AI 工具的发展历程，要先了解**自然语言处理（NLP）**的相关知识。

自然语言处理是计算机科学、人工智能和计算语言学的一个研究领域。它关注计算机和人类语言之间的交互，以及如何对计算机进行编程以处理和分析大量自然语言数据。自然语言处理是一个非常有趣的领域，并已被广泛应用，比如：

- **语音识别**：如果你拥有一部智能手机，你可以与 Siri 或 Alexa 等语音助手进行交互。
- **机器翻译**：提到机器翻译，浮现在你脑海中的可能是谷歌翻译，它能自动将一种语言转换为另一种语言。
- **情绪分析**：了解社交媒体等领域的用户情绪。公司经营者希望了解品牌在人们心中的形象；电子商务经营者希望快速了解产品评价以提高销售量。
- **聊天机器人和虚拟助手**：在 ChatGPT 出现之前，你可能已经在网页上见过聊天机器人和虚拟助手了。它们可以回答一些简单问题，以确保你能快速得到一些简单问题的答案，它们还能提供比常见问题解答页面更自然的体验，等等。
- **文本摘要**：当提到文本摘要时，你的脑海中可能会浮现出搜索引擎。当你使用 Bing、Google 等搜索引擎时，它们能够汇总页面并在搜索结果页面中显示摘要以及指向该页面的链接。作为用户，你可以更好地了解应该点击哪个链接。
- **内容推荐**：这是另一个被广泛应用于各个行业的重要领域。电子商务经营者使用它来展示你可能感兴趣的产品，Xbox 使用它来推荐你可以玩和购买的游戏，视频流媒体服务使用它来显示接下来你可能想观看的内容。

总的来说，自然语言处理使企业和用户都受益匪浅。

1.2.1 大语言模型的兴起

那么，自然语言处理是如何发展到大语言模型的呢？最初，自然语言处理采用了基于规则的系统和统计方法。虽然这些方法在某些任务中表现出色，但在人类语言处理上的效果却不尽如人意。

自从我们将深度学习（机器学习的一个子集）应用于自然语言处理后，情况有了明显改善。我们获得了循环神经网络（RNN）、递归神经网络和基于转换器的模型等，这些模型能有效地从数据中学习模式，显著提升了自然语言处理的性能。基于转换器的模型奠定了大语言模型的基础。

大语言模型是一种基于转换器的模型，它们可以生成类似人类生成的文本。并且，与自然语言处理模型不同，大语言模型擅长各种任务，而无须特定的训练数据。你可能会问，这是怎么实现的呢？答案在于它们改进了架构、计算能力大幅提高和数据集庞大。

大语言模型的理念是，只要有足够多的数据、足够强的算力和足够大的神经网络，就可以学习做任何事情。这是我们对计算机编程方式的范式转变。我们没有编写代码，而是编写提示并让模型完成其余的工作。

1.2.2 GPT 模型

虽然存在众多类型的大语言模型，但本书将重点放在 GPT 上，本书所选的工具就是基于这种类型的大语言模型（即使 GitHub Copilot 使用的是被称为 Codex 的特定子集）。在过去几年中，OpenAI 开发了几种不同版本的 GPT 模型，具体如下：
- GPT-1：第 1 版，采用转换器架构，拥有 1.17 亿个参数。
- GPT-2：该模型有 15 亿个参数，能够生成连贯且相关的文本。
- GPT-3：该模型有 1750 亿个参数，相较其前身更为强大，具有回答问题、生成小说甚至编写代码等功能。
- GPT-4：据说该模型有 1.76 万亿个参数。

参数数量决定了模型对连贯文本和文本细节的理解能力。但需要注意，模型越大，训练它所需的计算资源就越多。
- ChatGPT 前段时间切换到了 GPT-4，与 GPT-3 相比差异很大。

1.2.3 大语言模型的优势

现在，我们已经对大语言模型的产生和发展有了更深入的理解。那么，究竟是什么让大语言模型表现得如此出色？有哪些经典案例能说明我们确实应该使用基于大语言模型的 AI 助手呢？

由于大语言模型更大、更先进，因此它们在某些领域明显优于传统的自然语言处理模型：

- **上下文理解**：大语言模型不仅能够理解邻近的输入内容，还可以根据对话的上下文做出回应。
- **小样本学习**：执行同样的任务，大语言模型通常只需要几个例子就能产生正确的响应结果。这与自然语言处理模型形成了鲜明对比，因为后者通常需要使用大量特定于任务的训练数据才能正常执行。
- **性能**：在翻译、问答和总结等领域，大语言模型比传统自然语言处理模型的表现更为优异。

值得注意的是，大语言模型并非完美无缺，它们确实会生成错误的响应结果，有时甚至会编造答案（也称为"幻觉"）。不过，阅读完这本书后，你会看到使用基于大语言模型的 AI 助手的优势，并且你会觉得使用它利大于弊。

1.3 新范式：使用自然语言编程

使用基于大语言模型的 AI 助手带来的最大的改变可能在于，你可以仅使用自然语言与它们交互，而无须学习编程语言即可获得所需的响应结果。这一变化构成了与 AI 交互的新范式。我们无须使用特定语言来编写应用程序、进行数据检索，也不需要制作图像、演示文稿等，而是通过提示词来高层次地表达我们的需求。

以下是一些当前可以使用提示词轻松完成的任务示例：

- **编程**：通过提示词，你可以表达你想要构建的应用程序或你希望对代码进行的修改。
- **图像生成**：以前需要设计师或艺术家设计图像，现在你可以通过提示词生成图像。
- **视频生成**：有一些 AI 助手，一旦你给出提示词，它们就会生成视频，且其中的虚拟形象会根据需求读出你输入的文本。
- **完成文本任务**：基于大语言模型的 AI 助手能够完成生成电子邮件、总结大量文本、撰写招聘广告，以及任何你能想象到的与文本相关的任务。

以上提到的所有应用领域都清晰地显示，基于大语言模型的 AI 工具不仅对程序员和数据科学家有益，对许多不同职业的人也同样有用。

难点和局限性

目前一切都是完美的吗？AI 助手还不能完全替代你，它应该被视为一个"思考伙伴"。微软甚至将公司的 AI 助手称为"副驾驶"，而你显然是设定方向的主驾驶。这些工具可以在几秒钟内生成文本和其他形式的内容，但你需要验证其正确性。通常，AI 助手给出的第一个响应结果是需要反复迭代的。好消息是，重新给出指令只需要几秒钟。

关于 AI 助手，需要特别关注的一点是，你对某个主题越熟悉，你可以提出的问题就越智能，你获得的响应结果就越正确。

1.4 编程语言的演进

纵观历史，编程经历了一系列变化和范式转变：
- 在 19 世纪 40 年代，Ada Lovelace 为分析机编写了第一个算法。她被认为是第一位计算机程序员，也是第一个意识到机器不仅可以用于纯粹计算，还能有其他应用的人。
- 在 20 世纪 40 年代，第一批可编程计算机诞生。在这些计算机上可以通过打孔卡进行编程。Harvard Mark I 就是一台这样的计算机，它被用于计算炮弹的轨迹。此外还有 Bombe，它在二战期间被用来破解恩尼格玛密码，为盟军赢得战争发挥了重要作用。
- 20 世纪 50 年代，第一批高级编程语言诞生。在这个时期，FORTRAN、LISP、COBOL 和 ALGOL 诞生了。其中一些语言人们至今仍在使用，特别是在银行系统、科学计算和国防领域中。
- 20 世纪 70 年代，第一批面向对象的编程语言诞生了，有 SmallTalk、C++ 和 Objective-C。除了 SmallTalk 之外，另外两种语言如今还被广泛使用。
- 20 世纪 90 年代，第一批函数式编程语言诞生，有 Haskell、OCaml 和 Scala。这些语言的优势在于鼓励不可变性和纯函数，这使得推理和测试更加容易。
- 21 世纪初，第一批声明式编程语言诞生，包括 SQL、HTML 和 CSS。声明式编程语言用于描述你想达成的目标，而不是具体的实现方式。
- 21 世纪 10 年代，首批低代码和无代码平台诞生。这些平台向更广泛的受众开放代码，并允许任何人（无论技术背景如何）构建应用程序。
- 21 世纪 20 年代，首批自然语言 AI 助手诞生。只要你能写出一个句子，就能编写代码。

总之，编程经历了一系列的变化和范式转变。以提示为先的编程是最新的范式转变，掌握这种技术将是保持未来竞争力的关键。

展望未来

如果说过去的变化和范式转变需要数年或数十年，那么现在只需要数月甚至数周。我们正在以极快的速度迈向一个新世界。

我们的发展速度比以前更快，这或许让我们感到兴奋。但我们应谨慎行事，要意识到滥用这些工具存在风险。

但更重要的是，认清其中的机遇。正如 Alan Kay 曾经说过的："预测未来的最佳方式就是去创造它。"

第 2 章

提示策略

2.1 导论

在上一章中,我们介绍了 AI 随时间发展的历程,解释了从**自然语言处理(NLP)到大语言模型(LLM)**的演变,以及后者如何成为 AI 助手中的基础机器学习模型。要使用这些 AI 助手,你需要输入自然语言提示词。为了确保你以有效的方式"提示",制订策略至关重要,这也是本章的核心目标。

进行有效"提示"的方法在业界通常称为"提示策略"或"提示工程"。这不是通常意义上的工程实践,更像是一种艺术形式,AI 助手的使用者发现了效果良好的模式和实践方式。本书作者根据这些发现展开了研究,并在本书中对其在全栈 Web 开发和数据科学领域的应用进行了详细的说明。本书可为 Web 开发人员或数据科学家提供帮助,旨在通过描述如何使用 AI 助手尽可能地解决你所在领域的问题,从而提升你的能力。

本章是全书的核心部分,所教授的方法将在后续章节中用详细的示例加以说明。因此,请将本章视为指南,它能提供你在未来章节中解决全栈 Web 开发和数据科学特定问题时所需使用的理论和思想。

本章涵盖以下内容:
- 提供一种使用提示词解决问题并验证解决方案的策略。
- 用数据科学和全栈 Web 开发的例子来说明这一策略。
- 确定编写提示词的基本原则。

2.2 你的身份

作为数据科学或全栈 Web 开发领域的读者和从业者,你对自己的专业非常熟悉。了解你的专业意味着你掌握了解决问题的工具和技巧。此时,你正在查看 AI 助手,意识到它是通过自然语言（即所谓的提示词）来控制的。你可能还没有意识到，这不仅仅是写一个提示词然后得到答案那么简单。AI 助手是用大量文本语料库训练的，因此它在生成文本内容和回应提示词方面非常灵活。正因为这种灵活性，理解如何编写有效和高效的提示词显得非常重要。

2.3 如何有效提示

提示词是 AI 工具的输入项。根据你想要达到的目标，你需要针对场景调整你的提示词。因此，如何"提示"至关重要。如果提示词太模糊，你就无法得到所需的结果。如果使用提示词来生成公司口号，那么就不能使用相同的提示词来为应用程序生成代码。相反，在数据科学这样的学科中，应该按照特定顺序来执行任务，提示词应反映要完成的任务，以及在需要时执行任务的步骤。

要想成功达到目标，你需要的是一种方法、一种策略，它通常可以用于提高 AI 助手的效率。此外，这样的策略应该足够具体，以便为选定的问题域提供"最佳实践"。如上文所述，我们专门为该领域的全栈 Web 开发和数据科学制订了一种提示策略。

在宏观层面上，我们提出了使用 AI 助手来解决一般问题的指南。无论将提示词应用于哪个问题领域，这个指南都是适用的。

（1）**分解问题**以便深入理解。在此指南中，可能包含几个步骤，如下所示：
- **理解问题**：对于任何问题，重要的是要准确理解问题的定义和范围。例如，我们需要构建一个机器学习模型来预测销售额，还是构建一个网页来跟踪库存？这个问题包含两个不同的方向，它们需要的方法也不同。
- **识别问题的各个部分**：问题通常很复杂，有许多需要解决的部分。例如，如果要构建一个机器学习模型来预测销售额，那么需要识别数据、构建模型、进行训练和评估。这些部分中的每一个都可以分解成更小的部分。找到问题的正确细节层次后，就可以开始通过编写提示词解决问题了。
- **将问题分解为更小的部分**：如果需要，将问题分解为更小、更易于管理的部分。
- **识别和理解数据**：特别是对于机器学习，识别要使用的数据集、它包含什么以及它的结构至关重要。在 Web 开发中，数据也起着核心作用，但我们的目标通常是确保能够以对用户有用的方式读取、写入和呈现数据。

（2）**生成适当级别的提示词**。一旦你完全理解了问题，就应该有一个任务列表，并且对于每个任务，你应该能够编写并运行解决所述任务的提示词。

（3）**验证解决方案**。和不使用 AI 助手时一样，验证在构建系统或应用程序的过程中至关重要。验证的传统方法包括编写测试、测试各种组件组合，以及让用户尝试各个部分。使用提示词也不例外。大语言模型的一个缺点在于，它们可以生成与问题不相关的文本，或者以不太理想的方式解决问题。因为你依赖的是最终生成代码的提示词，所以验证解决方案以确保其正确且相关变得尤为重要。

下文将深入探讨每个选定的全栈 Web 开发和数据科学领域的提示策略。

提示技巧

在指导 AI 助手时，有一些非常实用的技巧能帮助你充分利用它的优势。我们通常建议为 AI 助手提供足够的上下文信息，以下模式可以更具体地说明这一建议：

- 任务－行动－指南提示模式
- 角色－指令－上下文提示模式
- 探索性提示模式
- 学习－改进－反馈－评估提示模式

1. 任务－行动－指南提示模式

任务－行动－指南（Task-Action-Guideline）提示模式简称 TAG 提示模式。为了解释此模式的工作原理，我们会分解各个部分，并展示带有响应结果的示例提示词：

意图：指示 AI 助手理解决什么任务、采取什么行动以及遵守什么指导方针。

- **任务**（T）：清楚地定义 AI 需要完成的任务。
- **行动**（A）：指定 AI 完成任务应该采取的步骤或行动。
- **指南**（G）：提供 AI 在执行任务时应遵循的所有规则、约束或指导原则。

示例：

［提示］

任务：生成有关气候变化的最新新闻文章摘要。

行动：

1）搜索最近有关气候变化的新闻文章。
2）选择相关性和可信度最高的文章。
3）用 3~4 句话总结文章的要点。

指南：

1）确保摘要简洁准确。
2）避免使用术语，保持语言简单易懂。
3）在摘要末尾标注文章来源。

［提示结束］

［提示响应］

摘要：BBC 新闻最近的一篇文章强调过去 10 年全球气温的上升非常惊人。科学家警告，如果持续当前上升趋势，我们将可能面临前所未有的气候事件。文章突出了要通过国际合作应对气候变化的迫切需求。［来源：BBC 新闻］

这种模式有助于确保 AI 助手理解任务、知道要采取的步骤并遵守所有特定的指导原则，从而获得更准确和有用的输出结果。

[响应结束]

Web 开发的提示示例如下所示：

[提示]

任务：使用 Node.js 和 Express 为简单的博客应用程序开发 RESTful API。

行动：

1）设置新的 Node.js 项目。
2）创建 Express 服务器。
3）为博客文章的 CRUD 操作定义路由。
4）实现用于 JSON 解析和错误处理的中间件。
5）使用 Mongoose 连接到 MongoDB。
6）为 API 端点编写测试。

指南：

1）确保项目设置清晰明了。
2）提供简洁准确的代码示例。
3）避免使用过于复杂的术语，保持语言简单易懂。
4）在代码中包含注释以解释各个步骤。

[提示结束]

2. 角色 – 指令 – 上下文提示模式

角色 – 指令 – 上下文（Persona-Instruction-Context）提示模式简称 PIC 提示模式。以与前一种模式相同的方式描述此模式，我们先定义它，然后是示例提示词和示例响应结果。

意图：指示 AI 助手应扮演的角色，应执行的命令，并提供足够的上下文，以便生成准确的响应结果。

- **角色（P）**：定义 AI 在响应时应体现的角色或角色特征。
- **指令（I）**：指定 AI 应该执行的任务或行动。
- **上下文（C）**：提供相关背景信息或上下文，以帮助 AI 理解情况并生成适当的响应结果。

示例：

[提示]

角色：假设你是一位友好且知识渊博的旅游向导。

指令：

1）推荐巴黎的三个必游景点。
2）简要描述每个景点。
3）建议访问每个景点的最佳时间。

上下文：用户首次计划前往巴黎旅行，对历史遗迹和当地文化充满了浓厚的兴趣。

[提示结束]

[提示响应]

作为一名友好且知识渊博的旅游向导，我非常乐意为你推荐巴黎的三个必游景点：

1）**埃菲尔铁塔**：在这一地标性建筑物上，你可以欣赏到城市的壮丽景色。建议在清晨或傍晚参观，以避开人群并欣赏迷人的日出或日落。

2）**卢浮宫**：卢浮宫拥有包括《蒙娜丽莎》在内的数千件艺术品，是历史和文化的宝库。建议在工作日早上参观，以避开人群。

3）**蒙马特**：这个迷人的社区以其艺术历史和充满活力的街道生活著称。建议傍晚时分去参观，漫步于宁静的小巷中，然后在当地咖啡馆享用一顿悠闲的晚餐。

祝你在巴黎旅行愉快！

［响应结束］

这种模式能确保 AI 助手以正确的角色进行响应，遵循具体指令，并根据上下文提供相关且有帮助的回复。

以下是 Web 开发的此类提示示例：

［提示］

角色：假设你是一位友好且知识渊博的软件开发导师。

指令：

1）设置新的 Node.js 项目。

2）创建 Express 服务器。

3）为博客文章的 CRUD 操作定义路由。

4）实现用于 JSON 解析和错误处理的中间件。

5）使用 Mongoose 连接到 MongoDB。

6）为 API 端点编写测试。

上下文：该用户是 Web 开发的初学者，需要为博客应用程序构建他的第一个 RESTful API。他需要明确的、分步的指导和代码示例。

［提示结束］

3. 探索性提示模式

你可能会遇到这样的情况：自己不需要从头到尾构建项目，或者你只想构建一小部分，然后评估响应结果。在这些情况下，你的提示词本质上需要更具探索性。提示词如下所示：

［提示］

清洗数据。

［提示结束］

此处的假设是打开一个 Notebook，其中包含已获取数据的现有代码。或者，对于 Web 开发者来说，可能是这样的：

［提示］

为产品列表添加 CSS。

［提示结束］

这种模式的提示词通常较为简短，并且包含上下文（来自现有代码或其他方式），开发人员很少会涉及下一步行动。

4. 学习－改进－反馈－评估提示模式

学习－改进－反馈－评估（Learn-Improvise-Feedback-Evaluate）提示模式简称 LIFE 提示模式。这种模式与 TAG 和 PIC 提示模式一样，有助于构建问题，并为你进一步优化解决方案提供一个良好的开端。

- **学习（L）**：强调需要通过各种分析技术（从基本统计到复杂的相关性和时间分析）来理解数据的重要性。
- **改进（I）**：根据初步发现调整分析。例如，如果某些产品类别显示出不寻常的趋势，就在这些领域做深入分析。
- **反馈（F）**：
  - 分享代码和模型输出以获得反馈，确保有效的学习和理解。
  - 采纳建议和批评以改进模型和方法。
  - 提供错误信息以排除故障并解决问题。
- **评估（E）**：运行 ChatGPT 提供的代码以确保准确性和有效性。

此模式的示例提示词如下所示：

[提示]

项目标题：构建基于 Web 的搜索结果页面。请给出建议的步骤和代码。

目标：创建一个动态、交互式的搜索结果页面，能够根据用户的查询内容高效显示和过滤搜索结果。步骤：

- **学习**：理解有效显示搜索结果的重要性，分析用户交互数据以识别关键指标，如点击率、在结果页面上的平均停留时间和用户满意度分数。利用基本统计技术、相关性分析和时间分析等各种分析技术，深入了解用户行为和偏好。
- **改进**：基于初步发现，调整搜索结果页面以突出最相关的结果。例如，如果用户频繁点击某些类型的结果，就优先显示这些结果。实现诸如筛选、排序选项、分页等功能，以提升用户体验。
- **反馈**：与同行或导师共享代码和搜索结果页面以获取反馈。这将有助于确保正在进行有效的学习和理解。结合他们的建议来优化搜索结果页面并改进功能。提供错误：记录开发过程中遇到的错误，例如，数据检索问题或显示问题。排查并解决问题，从解决问题的过程中学习以提高技能。
- **评估**：运行 ChatGPT 提供的代码，以确保其准确性和有效性。将搜索结果页面的性能与真实世界中的数据和用户反馈进行比较来验证效果，并进行必要的调整以提高准确性和用户满意度。

[提示结束]

得到的提示响应如下所示：

[提示响应]

分解这些步骤并提供一些代码片段来构建动态、交互式的搜索结果页面。

- **项目标题**：构建基于 Web 的搜索结果页面。

- **目标**：创建动态、交互式的搜索结果页面，可根据用户的查询内容高效显示和过滤搜索结果。

步骤：

学习：

- **理解有效显示搜索结果的重要性**：
  - 分析用户交互数据以确定关键指标，如点击率、在结果页面上停留的平均时间和用户满意度分数。
  - 使用各种分析技术（基本统计数据、相关性分析和时间分析等）来深入了解用户行为和偏好。

改进：

- **根据初步发现调整搜索结果页面**：
  - 根据用户交互数据突出显示最相关的结果。
  - 通过筛选、排序选项和分页等功能提升用户体验。

反馈：

- **与同行或导师分享你的代码和搜索结果页面以获得反馈**：

整合他们的建议，完善搜索结果页面并改进功能。

- **记录开发过程中遇到的所有错误**：

排查并解决这些问题，从解决问题的过程中学习以提高技能。

评估：

- **运行 ChatGPT 提供的代码以确保其准确性和有效性**：

通过将搜索结果页面的性能与真实世界中的数据和用户反馈进行比较来验证效果。进行必要的调整以提高准确性和用户满意度。

代码片段：

HTML 结构：

```html
<!DOCTYPE html>
<html lang="en">
<head>
    <meta charset="UTF-8">
    <meta name="viewport" content="width=device-width, initial-scale=1.0">
    <title>Search Results Page</title>
    <link rel="stylesheet" href="styles.css">
</head>
<body>
    <div class="search-container">
        <input type="text" id="search-input" placeholder="Search...">
        <button onclick="performSearch()">Search</button>
    </div>
    <div class="results-container" id="results-container"></div>
    <script src="script.js"></script>
```

```
</body>
</html>
```

CSS 样式：

```css
/* styles.css */
body {
    font-family: Arial, sans-serif;
}

.search-container {
    margin: 20px;
}

.results-container {
    margin: 20px;
}

.result-item {
    border: 1px solid #ccc;
    padding: 10px;
    margin-bottom: 10px;
}
```

JavaScript 功能：

```javascript
// script.js
function performSearch() {
    const query = document.getElementById('search-input').value;
    const resultsContainer = document.getElementById('results-container');
    resultsContainer.innerHTML = ''; // Clear previous results

    // Simulate search results
    const results = [
        { title: 'Result 1', description: 'Description for result 1' },
        { title: 'Result 2', description: 'Description for result 2' },
        { title: 'Result 3', description: 'Description for result 3' },
    ];

    results.forEach(result => {
        const resultItem = document.createElement('div');
        resultItem.className = 'result-item';
        resultItem.innerHTML = `<h3>${result.title}</h3><p>${result.description}</p>`;
        resultsContainer.appendChild(resultItem);
    });
}
```

附加功能：
- **过滤和排序**：添加下拉菜单或复选框来对结果进行过滤和排序。
- **分页**：实现分页功能以处理大量结果。
- **错误处理**：添加错误处理功能来管理数据检索或显示的问题。

这将为你开始构建基于 Web 的搜索结果页面打下坚实的基础。如果你需要进一步的帮助或更详细的代码示例，请随时告诉我！

［响应结束］

5. 选择哪种模式

选择哪种模式视具体情况而定。若需要从头到尾解决有明确定义的问题，并希望通过 AI 助手完成"繁重的工作"，则可选 TAG、PIC 和 LIFE 提示模式。若想处理现有代码库或尝试多种方法与步骤，选择探索性提示模式更合适。我们一般建议尝试所有模式，看看哪种模式最适合解决你的问题。

2.4 针对 Web 开发领域的提示策略

应用 2.3 节中介绍的不同模式，逐步制订提示策略。

2.4.1 分解问题：Web 库存管理系统

以 Web 开发中的"库存管理"为例，看看 AI 助手能否理解这个一般性问题。要"管理"库存，你需要读取和写入数据。通常，你在此系统/应用程序中可能会扮演不同的角色，从管理员到普通用户都会涉及。你可能还需要考虑此系统如何与其他系统配合，例如，当你将该系统与其他系统集成时，要考虑它由哪些部分组成以及如何组成。

这个领域看起来似乎非常简单，因此让我们继续了解它由哪些部分组成。

在宏观层面上，我们理解了系统应该做什么。但是要解决这个问题，我们需要将其分成更小的部分，在 Web 开发中通常需要以下组件：

- **前端**：前端是用户与系统交互的部分，负责给用户展示数据并接收用户输入的内容。
- **后端**：系统的这一部分可以与前端通信。后端负责从数据库中读取和向数据库中写入数据。在更复杂的系统中，可能有不同的前端和不同的应用程序与后端进行通信。
- **数据库**：数据库是系统中存储数据的部分。它是一个数据存储工具，如关系数据库（SQL 或 PostgreSQL）。数据库负责以高效且易于读写的方式存储数据。
- **报告**：通常有一个报告部分用于提供见解。它从数据存储中获取数据，并且可能需要转换数据以使其从报告角度来看更具可读性。

2.4.2 将前端问题分解为功能

虽然这样的概览对我们有帮助，但还不足以使我们有能力编写提示词。我们需要进一步细分，通常按功能来细分。此时，前端功能的进一步细分可能如下所示：
- **登录**：用户需要登录系统。
- **退出**：用户需要从系统退出。
- **查看库存**：用户需要查看库存。
- **添加库存**：用户需要添加库存。
- **删除库存**：用户需要删除库存。
- **更新库存**：用户需要更新库存。

2.4.3 为每个功能生成提示词

此时，它的粒度已经足以让我们开始编写提示词了。以第一个功能"登录"为例，看看如何开始编写提示词。

可使用 ChatGPT 或 GitHub Copilot 等工具（我们将在第 3 章中详细介绍使用方法）开始编写提示词，如下所示：

[提示]

创建一个让用户登录系统的登录页面。

[提示结束]

这可能是有效的，但遗漏了许多上下文信息，比如具体需求、不需要的内容、所使用的技术以及用户体验等。

请尝试通过添加更多上下文来改进提示词：

[提示]

创建包含用户名和密码字段的登录页面。它应该有一个用于创建用户的链接和一个登录按钮，页面要在垂直和水平方向上居中，并且能在手机和平板计算机上运行良好。它应该用 React 来编写并使用 Material UI 库。

[提示结束]

2.4.4 确定 Web 开发领域的提示策略

正如你目前所看到的，我们将问题分解为更小、更易于管理的部分，并就如何解决特定功能问题给出了一些提示词。那么，既然我们对库存管理示例有了更多的了解，那么我们在"提示策略"方面究竟有什么建议呢？

首先，应意识到我们的策略将取决于上下文。因为我们正在进行 Web 开发，所以需要使用该领域的关键词，以及适合特定领域的库和架构。以下是我们建议你使用的一些指南：

- **提供上下文——字段**：登录页面可以简单到只有用户名和密码字段。然而，大多数页面都有更多字段，如密码确认字段、重置密码的链接、创建新用户的字段等。根据你的需求，你可能需要非常详细的上下文。
- **指定方式——设计和技术选择**：登录页面可以通过多种方式进行设计。如今，针对平板计算机、移动设备、大屏幕等不同设备对页面进行优化是很常见的。对于技术选择，Web 开发有很多选择，从 React、Vue 和 Angular 等框架到纯 HTML 和 CSS，你可以根据项目需要进行具体指定。
- **迭代**：不同的工具对同一提示词的反应不同。本书将介绍如何使用 GitHub Copilot 和 ChatGPT 等工具。每个工具都有自己的优点和缺点，并且可能会提供不同的结果。尝试通过添加逗号、冒号等分隔符初始化提示词，或尝试重新措辞。
- **注意上下文**：在使用 ChatGPT 和 GitHub Copilot 等工具时，需要顾及预先存在的上下文。对于 ChatGPT，这意味着你需要持续进行提示和响应；而对于 GitHub Copilot，这意味着它不仅可以看到你在打开的文件中写入的内容，还可以看到整个工作区（如果你允许）。工具对提示词进行响应时会查看上下文并决定要生成的内容。了解上下文很重要，如果你没有得到所需的响应结果，请尝试更改上下文。在 ChatGPT 中，可以开始新的对话；在 GitHub Copilot 中关闭打开的文件，开始写入空白文件。

2.5 针对数据科学领域的提示策略

对数据科学类问题做一个类似于我们对 Web 开发类问题所做的思想实验。使用我们提出的"分解问题"和"生成提示词"指南，就像 2.4 节一样，得出一些关于该领域的一般结论，并将这些结论作为针对数据科学领域的提示策略提出。

2.5.1 分解问题：预测销售额

假设我们正在构建一个机器学习模型来预测销售额。我们首先需要了解系统应该做什么。不过，为了解决这个问题，我们需要将其分成更小的部分，在数据科学领域通常需要以下组件：
- **数据**：数据是系统内存储信息的关键部分。它可能源自多个渠道，如数据库、网络端点、静态文件等。
- **模型**：模型从数据中学习并生成尽可能精准的预测。进行预测时，需要输入数据，模型会生成一个或多个输出作为预测结果。
- **训练**：训练是系统中训练模型的部分。通常有一部分数据作为训练数据，一部分作为样本数据。
- **评估**：为确保模型按预期工作，需要对其进行评估。评估是指获取数据和模型并生成一个分数，以指示模型的性能。
- **可视化**：可视化是指通过图表提供对业务有用的见解。这部分至关重要，因为它是业务中最直观的部分。

2.5.2 将数据科学问题分解为步骤

此时，问题级别太高，无法开始编写提示词。建议对各个步骤进行进一步细分：
- **数据**：数据部分有许多步骤，包括收集数据、清洗数据和转换数据。步骤分解如下所示：

1）**收集数据**：需要从某个地方（如数据库、网络端点或静态文件）收集数据。
2）**清洗数据**：需要对数据进行清洗，即删除与主题无关的数据、去除重复项等。
3）**转换数据**：需要将数据转换为模型所需的格式。
- **训练**：类似于数据部分，训练过程也包含多个步骤。步骤分解如下所示：
1）**拆分数据**：需要将数据分为训练数据和样本数据，其中训练数据用于模型训练，样本数据用于模型评估。
2）**训练模型**：需要对模型进行训练。所谓训练，即使用训练数据让模型进行学习。
- **评估**：评估部分通常是单一步骤，但可以进一步分解。

2.5.3 为每个步骤生成提示词

数据科学问题的分解看起来与 Web 开发问题略有不同。我们不是识别"添加库存"类的功能，而是使用"收集数据"类的功能。

但是，我们应在正确的级别上编写提示词，因此我们以"收集数据"功能作为示例：

[提示]
从 `data.xls` 中收集数据，然后利用 pandas 库将其导入 DataFrame 中。
[提示结束]

上述提示词既具有普遍性又具有具体性。它在"收集数据"方面是普遍的，但在指定使用特定库甚至数据结构（DataFrame）方面却是具体的。使用更简单的提示词完全有可能完成上述步骤，如下所示：

[提示]
从 `data.xls` 中收集数据。
[提示结束]

此处的差异可能来自使用的工具是 ChatGPT 还是 GitHub Copilot 等。

2.5.4 确定数据科学领域的提示策略

首先，确定与 Web 开发示例中类似的原则：
- **提供上下文——文件名**：CSV 文件可以有名称。重点是指定具体文件名。
- **指定方式——库**：有很多方法可以加载 CSV 文件，但常用的是 pandas 库。还有其他库可供使用，例如，在 Java、C# 和 Rust 中，库的名称可能不同，需要有相应的解决方案。
- **迭代**：对提示词进行迭代，改写它，并添加逗号、冒号等分隔符。
- **注意上下文**：在 Notebook 中工作时，之前的单元格内容可供 GitHub Copilot 使用；在 ChatGPT 中，之前的对话则可供参考，等等。

可以看出，这个策略与 Web 开发问题的提示策略非常相似。这里也列出了"提供上下文""指定方式""迭代"和"注意上下文"，最大的区别在于细节。但是，还有一种替代策略适用于数据科学问题，那就是长提示词。尽管我们已经将数据科学问题分解为步骤，但我们不需要为每个步骤编写提示词。解决方法可能是在长提示词中表达你想要执行的所有内容。提示词如下所示。

[提示]

要预测文件 `data.xls` 中的销售额，请使用 Python 和 pandas 库。步骤如下所示：
- 收集数据
- 清洗数据
- 转换数据
- 拆分数据
- 训练模型
- 评估

[提示结束]

请参阅后续章节中有关数据科学和机器学习的示例，可能会同时使用较短的提示词和较长的提示词。你可以自行确定要使用的方法。

2.6 验证结果

此策略最重要的部分是验证结果的正确性，即 AI 助手创建的文本和代码是否正确。有两种常规方法可以验证我们的结果：

- **通过提示词进行验证**：编写质疑特定结果的提示词。这可能是在验证过程开始时采用的好策略，这一策略寻找的是 AI 助手响应不一致的情况。
- **经典验证**：经典验证技术因问题领域不同而有所不同，但在宏观层面上，主要是测试代码、比较输出结果，并依赖你和同事的知识来验证结果。

AI 工具并不知道自己在做什么。它们提供的响应可能取决于其训练库。在任何时候，你都应该意识到这一点，并依靠你的专业知识来验证结果。

下文将探讨各种验证方法。

2.6.1 通过提示词验证

使用提示词既可以生成问题解决方案，也可以验证结果。以我们前面提到的登录页面为例，编写如下所示的提示词：

[提示]

创建一个包含用户名和密码字段的登录页面，它应该有一个用于创建用户的链接和一个登录按钮。它应该在垂直和水平方向上居中，并且能在手机和平板计算机上运行良好。它应该用 React 来编写并使用 Material UI 库。

[提示结束]

为了验证结果，可以编写如下提示词：

[提示]

给定下面的代码，它会做什么？

```
.login {
  <!-- should include CSS to center horizontally and vertically and be responsive -->
  @media (min-width: 768px) {
    <!-- should include CSS to center horizontally and vertically and be respon-
sive -->
  }
}

<div class="login">
  <TextField id="username" label="Username" />
  <TextField id="password" label="Password" />
  <Button variant="contained" color="primary">
    Login
  </Button>
</div>
```

[提示结束]

应用程序可以查看你提供的代码并意识到你不需要提示词即可推断代码的功能，甚至还能发现代码中缺少用于实现响应的 CSS 代码。但这里的重点是，通过编写提示词，你可以让 AI 助手通过提问告诉你代码的作用。

以这种方式使用提示词对输出结果提出疑问是验证结果的第一步。但是，这还不够，还需要依赖经典的验证技术。

2.6.2 经典验证

如何验证结果取决于问题域。在 Web 开发中，可使用各种不同的工具和技术。

- **测试**：通过端到端测试或前端测试，可以验证代码是否按预期工作。通常，这种类型的测试涉及使用编程方法（如使用 Selenium 之类的工具）来模拟用户与网页的交互。
- **手动测试**：可以通过在浏览器中打开网页并与其交互来手动测试网页。这是适合在验证过程开始时使用的好方法。除了交互之外，还要根据要求检查网页外观是否正确。
- **代码审查**：审查代码并查看它看起来是否正确。这是适合在验证过程开始时使用的好方法。它不仅允许你验证结果，还允许你的同行验证结果。
- **工具**：工具可以测试各种不同的场景，如可访问性、性能等。这些工具很可能是开发过程的一部分。

进行数据科学研究，可能依赖于上述所有方法，但也可能使用其他方法。常见的其他方法包括以下几种。

- **单元测试**：使用单元测试来验证代码是否按预期工作。
- **集成测试**：使用集成测试来验证代码是否按预期工作。
- **结果验证**：这种类型的验证是指将分析或模型的结果与已知结果或基准进行比较。

- **交叉验证**：这种类型的验证意味着将数据拆分为训练数据和样本数据，在训练数据上训练模型，然后在样本数据上评估模型。这是适合在验证过程开始时使用的好方法。

2.7 总结

本章提供了使用提示词来解决问题并验证结果的策略。

你已经看到了如何将 Web 开发问题和数据科学问题分解为更小的部分，这些部分可以通过提示词来解决。我们还确定了编写提示词的一些基本原则。

最后，本章探讨了如何使用提示词和经典验证技术来验证结果。

希望你在查阅如何解决 Web 开发或数据科学中的问题时，能够重新回顾这一章。

提示不仅仅是编写提示词并获得回复那么简单。本书将介绍如何在各个领域使用这些原则来解决问题。阅读时，尝试输入这些提示词，根据自身需求进行调整，看看会发生什么。

下一章将进一步探索本书选择的两位 AI 助手，即 GitHub Copilot 与 ChatGPT。

第 3 章

行业工具：AI 助手介绍

3.1 导论

如果你希望自己编写的代码或文本组织良好且可读，那么你需要一定的时间。但是，如果你能有一个工具可以帮助你更快、更轻松地编写代码，那会怎样呢？这就是 GitHub Copilot 和 ChatGPT 的真正意义所在。

在开始使用 AI 助手之前，最好全面了解它的功能和局限性。你需要了解它可以做什么，不能做什么，或者至少要了解该工具在哪些方面表现不佳。

本章涵盖以下内容：
- 了解 GitHub Copilot 和 ChatGPT 的功能以及它们的工作原理。
- 了解 GitHub Copilot 的功能和局限性。
- 安装 GitHub Copilot。
- 通过 GitHub Copilot 补全代码。

3.2 了解 Copilot

结对编程是指（通常是两个）开发人员一起工作，他们通常是在同一个屏幕前工作，结对有时也称为"配对"。GitHub Copilot 可以被视为"AI 配对程序员"，它可以帮助你编写代码，使你能够更快地完成更多工作。它基于 OpenAI 的 Codex 模型，这是一个在公开可用的源代码和自然语言上训练的新 AI 系统。但实际上，它的功能已经超越了这一点。在本书的其余部分，我们将 GitHub Copilot 简称为 Copilot。Copilot 会在编辑器中直接输出建议的整行代码或整个函数。

3.2.1 Copilot 如何知道要生成什么

Copilot 的理念是，它从你和其他人编写的代码中学习，并使用这些知识在你输入要求时输出建议的代码行。

Copilot 的工作原理是什么？它使用机器学习来构建你和其他人编写的代码的模型，并为你建议接下来使用的最佳文本。其中有两个重要的部分，即经过训练的模型和内存上下文。该模型在 GitHub 的公共存储库上进行训练，上下文是它在运行时通过查看你的文件组装的。它使用上下文和底层模型为你提供文本建议。Copilot 使用以下方法来构建上下文（即它会结合自身的内存计算能力以及已训练的模型来给出建议）：

- **活动文件**：正在处理的代码。
- **注释**：Copilot 使用注释来理解代码上下文。
- **打开的文件和工作空间**：它不仅查看当前活动文件中的代码，还查看工作空间中其他文件的代码。
- **导入语句**：即使是导入语句也会被纳入 Copilot 的建议中。
- **底层模型及其训练数据**：训练基础由 GitHub 公共存储库中的代码构成。

3.2.2 Copilot 的功能和局限性

那么，Copilot 能做什么呢？它能做很多事情，如下所示：

- **代码补全**：Copilot 可以补全代码行。
- **代码生成**：Copilot 可以生成整个函数。
- **测试、注释和文档生成**：Copilot 可以生成测试、注释和文档。
- **建议改进**：Copilot 可以对代码改进提出建议。改进可以有多种形式，从更好的变量名称，到更好的函数编写方法，再到更好的组织代码方法，Copilot 都可以提出建议。
- **翻译代码**：Copilot 能够将代码从一种编程语言转换为另一种编程语言，比如将 Python 代码翻译成 JavaScript 代码。
- **回答问题**：Copilot 可以解答与代码相关的问题。例如，它可以说明一个函数的作用或一个变量的用途，还能解答该领域的问题，比如"什么是机器学习？"。

3.2.3 设置和安装

如何开始使用 Copilot？可以在 Visual Studio、Visual Studio Code、GitHub Codespaces 以及 GitHub 的基于网络的编辑器等多个平台和编辑器中使用 Copilot。本章以 Visual Studio Code 为例。

安装 Copilot

要安装 Copilot，需要在 Visual Studio Code 中安装 GitHub Copilot 扩展，并允许访问。以下内容将细致地回顾这些步骤（如官方 Copilot 文档页面所述）。

可以从 Visual Studio Code Marketplace 或 Visual Studio Code 中安装 Visual Studio Code 的 GitHub Copilot 扩展。以后者为例：

1）在 Visual Studio Code 的扩展——GitHub Copilot 选项卡中，选择安装。

2）如果你之前尚未在 GitHub 账户中授权 Visual Studio Code，系统会提示你在 Visual Studio Code 中登录 GitHub。

3）如果你之前已在 GitHub 上为账户授权了 Visual Studio Code，GitHub Copilot 将自动获得授权。

4）如果你没有收到授权提示，请选择 Visual Studio Code 窗口底部面板中的铃铛图标。

5）在浏览器中，GitHub 将请求 GitHub Copilot 所需的必要权限。要批准这些权限，请选择授权 Visual Studio Code。

6）要确认身份验证，请在 Visual Studio Code 对话框中选择打开。

如果在使用 Copilot 时遇到任何问题，请参阅 https://docs.github.com/en/copilot/getting-started-with-github-copilot。

3.2.4　开始使用 Copilot

如何开始使用 Copilot？如果你已经安装了 Copilot 并且 Visual Studio Code 窗口的右下角有一个 Copilot 图标，那么你就可以开始了。

关于如何开始使用，建议如下：

1）在 Visual Studio Code 中，新建一个名为 `app.js` 的文件。

2）在文件顶部输入以下文本作为注释，然后按 Enter 键：

```
//Express web api with routes products and customers
```

3）等待几秒钟，应该会看到 Copilot 的建议，如下：

```
const express = require('express');
```

> 如果没有出现任何内容，请尝试按 Ctrl+Space 键触发建议或开始输入代码的开头，即 `const`，并等待建议出现。

4）必须按 Tab 键才能接受建议。此时，Copilot 可以继续生成代码。为确保如此，请按 Enter 键并观察 Copilot 为你生成的更多代码。重复按 Enter 键和 Tab 键以接受建议，直到获得类似于以下内容的代码：

```
const app = express();

app.get('/products', (req, res) => {
  res.send('products');
});

app.get('/customers', (req, res) => {
  res.send('customers');
});
```

```
app.listen(3000, () => {
  console.log('Server listening on port 3000');
});
```

5)恭喜,你刚刚用 Copilot 编写了第一行代码。可以随意尝试 Copilot,并尝试在代码中间添加注释,看看会发生什么。此外,请尝试改变提示词并看看会发生什么。

3.2.5 任务

作为任务,请你改进 Copilot 生成的代码。建议如下:
- 为 Web API 的根路径添加路由。
- 为特定产品添加路由。
- 为其中一个路由添加文档。

3.2.6 答案

可能的答案如下所示:

```
const express = require('express');

app = express();

// add default route
app.get('/', (req, res) => {
  res.send('Hello world');
});

app.get('/products', (req, res) => {
  res.send('products');
});
// document route
/**
 * Get a product by id
 * @param {number} id - The id of the product
 */
app.get('/products/:id', (req, res) => {
  res.send(`product with id ${req.params.id}`);
});

app.get('/customers', (req, res) => {
  res.send('customers');
});

app.listen(3000, () => {
  console.log('Server listening on port 3000');
});
```

3.2.7 挑战

看看你能否为其中一个路由添加测试。

下一章将更详细地探讨如何使用 Copilot。要想熟练地使用 AI 助手，需要了解它的工作原理以及如何使用它。有一项与很好地使用这些工具相关的技能，它被称为提示工程。提示工程是编写提示词的艺术，它不仅能让 AI 助手理解你的意图，还能让 AI 助手产生令你满意的输出结果。这不仅仅是写注释，提示工程可以指示 AI 助手解决某件事，对其应用某种形式的推理等。下一章将介绍本书的中心主题——提示工程。

3.2.8 参考文献

- Copilot 登录页面：`https://github.com/features/copilot`。
- Copilot 文档：`https://docs.github.com/en/copilot/getting-started-with-github-copilot`。

3.3 了解 ChatGPT

ChatGPT 是由 OpenAI 开发的一个特定版本的 GPT 模型，旨在模拟人类对话。它在对话中生成类似人类产出的文本的能力非常出色，能够处理各种话题。它可以在 `chat.openai.com` 上免费获得，具有 ChatGPT Plus 高级选项（也称为 GPT-4），可以起草文章、生成艺术创作提示和编写程序代码。高级版本提供了增强的功能，例如，视觉和音频的输入和输出处理、文件上传、代码运行、使用精选 Python 库的数据可视化以及可定制的 GPT 功能。

只需访问 `chat.openai.com` 并创建 OpenAI 账户即可访问 ChatGPT。它还可以作为 Android 和 iOS 的应用程序使用。图 3.1 展示了 OpenAI 的产品。更多详细信息，请访问官方网站（`https://openai.com/`）。

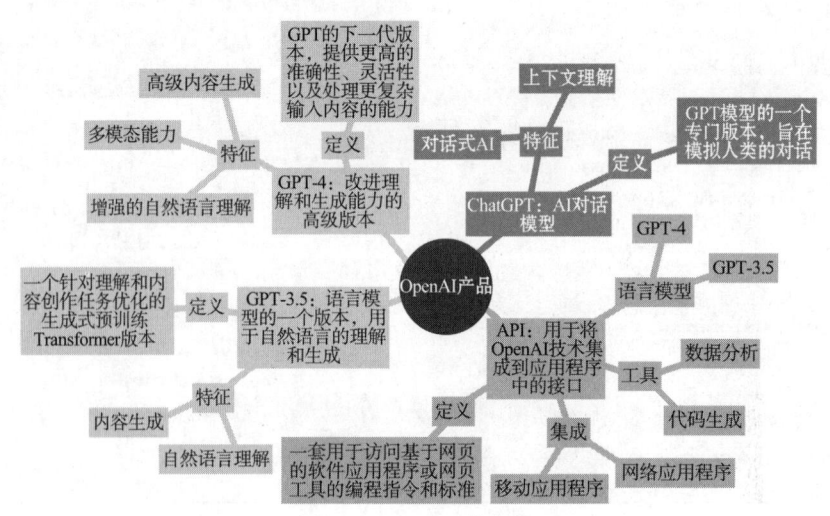

图 3.1 OpenAI 的产品

3.3.1 ChatGPT 如何工作

ChatGPT 与 Copilot 在代码导向方法上类似,但在自然语言处理方面,ChatGPT 擅长内容生成,能够挑战传统搜索引擎。它在文章写作和文本概括等任务中表现出色。ChatGPT 的回复质量在很大程度上取决于它收到的提示词。

ChatGPT 利用广泛的训练数据(包括书籍、网站和各种文本源)实现全面的语言理解。

它采用复杂的机器学习算法(例如,基于 Transformer 架构的深度学习神经网络),来预测准确且上下文相关的文本响应。

ChatGPT 通过先进技术提升其上下文理解能力,以此实现智能地解释和回应不同的对话线索。这种方法反映了 Copilot 中使用的代码原则,并在这里进行了调整,以适应细致入微的、类人的文本交互。

3.3.2 ChatGPT 的功能和局限性

ChatGPT 的功能包含:
- **内容创作**:生成创意内容,包括营销材料、博客文章、故事和诗歌。
- **教育性解释**:提供复杂主题的详细解释,用于教育目的。
- **编程协助**:协助开发人员进行代码优化、错误调试和算法设计。
- **学习辅助**:作为在线学习的伙伴,提供实时帮助和概念澄清。
- **对话式 AI**:利用自然语言交互增强虚拟助手和聊天机器人的用户体验。

ChatGPT 的局限性和问题包含:
- **准确性问题**:ChatGPT 可能会生成具有不准确事实或偏差的响应,也称为幻觉。这些输出结果通常源于 AI 模型的固有偏差、缺乏对现实世界的理解或训练数据限制。换句话说,AI 系统"幻想"出了它尚未明确训练的信息,导致响应不可靠或有误导性。因此,用户应始终验证和确认响应,而不应盲目使用它们。
- **伦理影响**:引发对 AI 生成内容被滥用于欺诈活动或有害信息收集的担忧。
- **就业影响**:引发对 AI 在某些行业取代人类工作的担忧。
- **安全风险**:可能被用于网络钓鱼、创建恶意软件和进行网络犯罪活动。
- **数据隐私**:引发对使用大量互联网数据进行训练影响用户隐私的担忧。
- **消息上限**:在编写本书时,GPT-4 被限制为 3 小时内最多提供 40 个响应。
- **代码执行的 Python 库有限**:ChatGPT 的代码解释器和高级数据分析功能使用的库集有限,主要包括机器学习库,但对深度学习所需的其他库(如 Keras 或 TensorFlow)支持不足。

3.3.3 设置和安装

设置和安装 ChatGPT 涉及以下几个步骤:
1)创建 OpenAI 账户:前往 OpenAI 网站,注册一个新账户。

2）API 访问：开发人员需要在 OpenAI 平台上申请，才能获得 API 使用权限。

对非开发人员来说，要使用 ChatGPT，只需访问 ChatGPT 网站或者安装 Android 或 iOS 应用程序，并使用 OpenAI 账户登录即可。一般用途不需要安装。更多详细步骤和信息，请参阅 OpenAI 的官方文档和网站。

3.3.4　开始使用 ChatGPT

一旦登录 ChatGPT 网页端的 OpenAI 账户，就可以了解 AI 工具的窗口了。以下是有关内容的详细信息：

- **新对话和隐藏侧边栏按钮**：在屏幕左侧，"New chat"按钮可用于随时开始新的对话。它在没有上下文的情况下创建了新的讨论。还有一个隐藏侧边栏的选项。
- **聊天历史记录**：左侧边栏可以让你访问之前的对话。你可以编辑聊天标题、共享聊天历史记录或删除它。或者，你可以关闭聊天历史记录功能。
- **账户**：单击左下方你的姓名以访问账户信息，包括设置、注销、帮助和常见问题解答。如果你没有 ChatGPT Plus，则会在此处看到升级按钮。
- **提示词**：问题或提示词会出现在聊天窗口的中间，并伴有账户照片或首字母。
- **ChatGPT 的响应**：ChatGPT 的回复会在左侧显示 logo。在右侧有复制、点赞和点踩选项。你可以将文本复制到剪贴板以便在其他地方使用，并对响应准确性提供反馈。
- **重新生成响应**：如果遇到问题或对产生的答案不满意，点击重新生成响应。它会根据最新提示词生成新的回复。
- **文本区域**：可以输入提示词和问题。
- **ChatGPT 版本**：在文本区域下方有细则，包括免责声明："ChatGPT 可能会犯错误。请检查重要的信息。"请注意，ChatGPT 模型版本的显示已停止。

图 3.2 说明了此情况。

在左上角，如果你拥有高级版本，则可以看到你能访问的 GPT 模型。

底部是你之前的对话。

如果你有高级版本，则可以从下拉列表中选择 GPT-4 以及插件。

如果希望将配置应用于所有新对话，甚至可以在配置文件级别设置自定义指令，如图 3.3 所示。

提示词

用 ChatGPT 编写第一个提示词。

只需要用自然语言提出问题，并像与人类交谈一样与它交谈，它就会开始与你分享它的知识。

图 3.2　选择不同版本的 ChatGPT

图 3.3　ChatGPT 自定义指令

[提示]

你能否用要点形式向我解释一下机器学习的过程？

[提示结束]

你应该会看到类似于图 3.4 中的响应。请注意，响应永远不会相同，你不会每次都得到完全相同的文本。

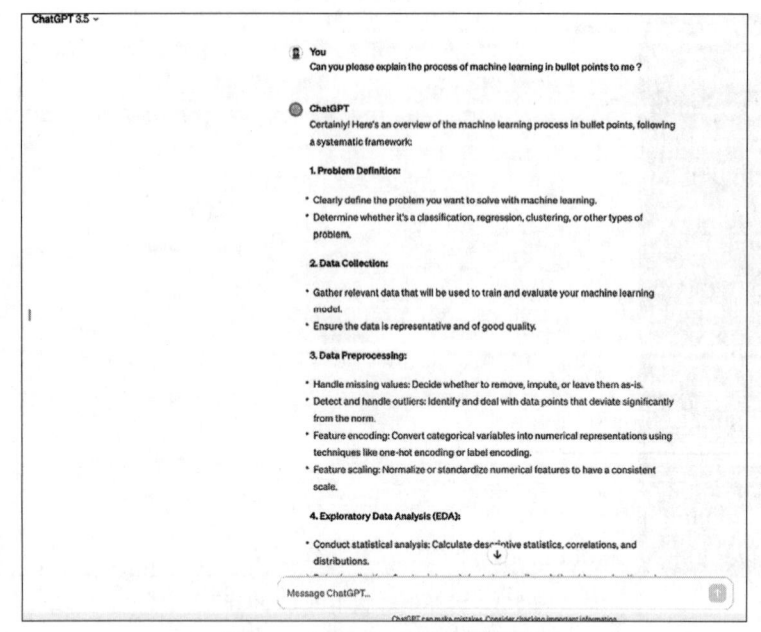

图 3.4　ChatGPT 问答屏幕截图

3.4　总结

本章深入探讨了 GitHub Copilot 与 ChatGPT，详细介绍了它们的概念、工作原理以及使用方法。

我们还研究了它们的一些功能和局限性。

最后，我们学会了如何安装和使用它们。我们还给出了一些使用提示词的建议。

第 4 章

使用 HTML 和 Copilot 构建应用程序的外观

4.1 导论

构建 Web 应用程序需要使用 HTML 进行标记、使用 CSS 进行样式设计、用 JavaScript 实现交互功能。

从 1990 年代使用静态页面构建 Web 应用程序到现在使用框架构建大型应用程序，我们已经走过了漫长的道路。无论你使用的是框架还是库，它们都建立在相同的基础上，即 HTML、CSS 和 JavaScript。

为使用这三种标记语言和编程语言解决问题，我们可以使用 AI 助手。在给定文本输入的情况下，使用 AI 助手不仅仅是生成文本那么简单，你还需要了解试图解决的问题领域的工作知识。对于 HTML、CSS 等标记语言，了解"工作知识"意味着你应该知道如何构建网页或使用 CSS 配置样式。简而言之，你应该知道如何完成手头的任务，AI 助手可以让你更快、更高效。

> 本章提到的提示词的输出结果可能会因训练数据、打开的文件以及之前输入的内容不同而有所不同。

你将在本书的不同章节中看到我们将如何遵循特定方法：首先讨论我们想要解决的业务问题，而 Web 开发或数据科学只是帮助我们解决问题的方法。其次，我们将重点关注这个问题，这个问题取决于我们是 Web 开发人员还是数据科学家。再次，将我们的问题分成更小、更易于管理的不同部分。最后，我们将推荐一种对这种特定类型的问题很有效的提示策略。

本章涵盖以下内容：
- **生成基本的 HTML**：GitHub Copilot 可以生成多种类型的代码，包括 HTML。
- **应用提示技巧**：可以使用不同的技巧来获得所需的内容。

4.2 业务问题

电子商务是一个非常有趣的领域。这个领域有很多问题需要解决。例如，提供允许用户购买物品的技术平台，即需要构建各种解决方案来接受付款、提供产品以及建立支持运输等服务的物流系统。

如果你从数据的角度来看这项业务，你会发现你需要分析客户行为，以确保你拥有正确数量的产品库存、正确的产品价格等。简而言之，电子商务是一个有趣的领域，这一话题将贯穿全书。

4.2.1 问题领域

本章主要聚焦于 Web 开发人员的角色，接下来我们来探讨一下 Web 开发人员在电子商务领域中可能会遇到的各种问题。通常，作为 Web 开发人员，你需要解决两到三类主要角色的问题：
- 客户及其可采取的所有行动，如浏览产品、购买产品、管理账户等。
- 电子商务应用背后的公司需进行后台办公。在此，需确保技术解决方案到位，使员工能够完成管理库存、查看产品信息、管理支付方案等事项。
- 从数据的角度来看，作为 Web 开发人员，需要确保可以在产品、采购订单和客户信息等领域存储和更新数据。

4.2.2 功能分解

为解决这一领域的问题，并将其分解为可以编写提示词的内容，我们再次关注之前提到的角色：客户和后台员工。我们将问题分解为以下可以构建的功能。

首先，从客户角色和主要领域"身份验证"开始，将其分解为客户应能够执行的任务。功能如下所示：
- **登录**：用户应该能够登录。
- **退出**：用户应该能够退出。
- **创建新用户**：应该可以创建新用户。
- **更新密码**：现有用户应该能够更新密码。
- **重置密码**：如果用户忘记了密码，应该能够以安全的方式重置密码。

现在，我们拥有了一组针对特定领域"身份验证"的功能，并且我们更好地理解了我们应该支持的不同功能。请按照这种方式进一步细化你的问题，并将上述列表作为你在使用 AI 助手前需要达到的详细程度的范例。

你现在可以输入类似这样的提示词来尝试解决我们上面确定的第一个功能：

[提示]

生成一个登录页面，内含用户名、密码和确认密码字段，以及一个登录按钮。

[提示结束]

作为 Web 开发人员，在开始开发之前，你通常已经将问题域分解为功能了，例如，如果你使用 Scrum 这样的开发方法，则甚至可以将这些称为"用户故事"。

对于 Web 开发，可以从三个不同层面来看待这个问题：前端、后端和数据层（通常是存储数据的数据库）。本章的其余部分重点关注 AI 助手的前端，后面的章节将关注电子商务示例的其他层面。

4.2.3 提示策略

那么，我们如何选择提示策略？提示策略是什么意思？我们的策略在于如何进行提示。我们会为每个功能写一条提示词还是多条简短的提示词？这关系到如何使用选择的 AI 助手（GitHub Copilot），以及如何将提示词输入工具中。

在 GitHub Copilot 中，有两种主要的编写提示词的方法，要么使用聊天功能，要么直接在文本文件中输入注释或代码。本章将使用后一种方法，即直接在文本文件中输入。一般认为这两种方法都有效，但根据我们的经验，在解决问题时，这两种方法会有一定的差异。

既然我们选择了 GitHub Copilot 方法，那么如何使用提示词呢？本节选择了一种提示策略，即输入较短的提示词，在本书第 2 章中称其为"探索性提示模式"。在输入代码时，让 GitHub Copilot 建立其运行时的上下文并从代码中进行学习。

在下一节中，我们将展示如何在打开的文本文件中开始生成标记代码。在本章的结尾，你将了解我们如何重新审视电子商务用例。

4.3 页面结构

网页是用 HTML 定义的，所有页面都由一个称为**文档对象模型（DOM）**的树形结构组成。DOM 包含以下部分：

```
<html>
  <head>
  </head>
  <body>
  </body>
</html>
```

此时，你可以看到页面的标记语言是由组件组成的。顶部组件需要分层布局，其中 HTML 是具有内部节点 HEAD 和 BODY 的根。我们在 HEAD 节点中定义样式、搜索引擎指令、页面标题等内容，并在 BODY 组件中放置我们希望显示的内容。

4.4 为页面结构构建添加 AI 辅助

我们怎样利用 GitHub Copilot 来实现这一目标呢？通常，Web 应用会有一个 `index.html` 文件作为应用的入口。在页面中创建一个注释 `<!--my comment-->`。你需要将 `my comment` 替换为你的提示词。那么，你应该在这个位置输入什么？答案是为 GitHub Copilot 提供足够的上下文，以便它生成合适的响应内容。

> GitHub Copilot 不仅基于其训练模型构建运行时的上下文，还基于 `.js` 或 `.html` 等文件扩展名，以及你所在目录中打开或关闭的文件中的文本来构建上下文。这些上下文决定了应根据你键入的提示词生成哪些文本。

4.4.1 第 1 条提示词：简单提示词以及辅助 AI 助手

下文尝试在一个打开的文本文件中写入第一条提示词。

> 如果你想在阅读本文时尝试以下提示词，请创建 `index.html` 页面。提示词是你写的注释。注释应使用为所选文件类型指定的注释格式，即使用 `<!-- -->` 在 HTML 页面中进行注释，使用 `//` 在 JavaScript 文件中编写注释。

你可以尝试在页面顶部添加作为 HTML 注释的提示词：

[提示]

创建一个带有标题和列表的页面。

[提示结束]

```
<!-- 创建一个带有标题和列表的页面 -->
```

在这种情况下，这条提示词生成了另一条提示词：`<!-- 列表应包含 3 个项目 -->`。

乍一看，这可能显得令人费解。为什么 GitHub Copilot 会输出另一个注释？原因在于 AI 助手经过了代码和注释的训练。在这种情况下，GitHub Copilot 基于其训练数据给出了最可能的回复。

那么，如何得到 HTML 标记语言作为响应呢？答案是输入 HTML，这样就为 GitHub Copilot 缩小了范围。文本文件中的代码如下所示：

```
<!-- create a page with a title and list -->
<HTML
```

GitHub Copilot 生成的代码应类似于以下输出结果：

[提示响应]

```
<html lang="en">
```

[响应结束]

如果继续按 Enter 键并用 Tab 键接受建议，将会生成越来越多的代码。最终得到的输出结果如下所示：

第 4 章　使用 HTML 和 Copilot 构建应用程序的外观　　33

[提示响应]

```html
<!-- create a page with a title and list -->
<html lang="en">
<head>
    <title>My First Page</title>
</head>
<body>
    <h1>My First Page</h1>
    <ul>
        <li>First item
        <li>Second item
        <li>Third item
    </ul>
</body>
</html>
```

[响应结束]

4.4.2　第 2 条提示词：添加更多上下文

删除到目前为止的所有内容，添加一条新的提示词。本小节旨在使你理解如何写出更好的提示，并提供更多的上下文信息，从而产生更好的输出结果。

尝试编写第二条提示词，其中包含更多上下文，并使其类似于以下文本：

[提示]

创建一个页面，包含标题和列表。每个项目需具备以下要素：标题、描述以及完成情况。

[提示结束]

> 请注意，我们现在说列表由项组成，并且每个项都有单独的字段。那么，这条提示词的输出结果是什么？与之前一样，使用 Enter 键生成提示响应，使用 Tab 键接受 GitHub Copilot 提供的完成内容。

[提示响应]

```html
<!-- create a page with a title and list, each item should have fields title, description and completed -->
<html>
<head>
    <title>Todo List</title>
</head>
<body>
    <h1>Todo List</h1>
    <ul>
        <li>
            <h2>Item 1</h2>
            <p>Item 1 description</p>
```

```html
            <p>Completed: <input type="checkbox" checked></p>
        </li>
        <li>
            <h2>Item 2</h2>
            <p>Item 2 description</p>
            <p>Completed: <input type="checkbox"></p>
        </li>
    </ul>
</body>
</html>
```

[响应结束]

AI助手能够猜出我们正在尝试构建所谓的"待办事项应用程序",这是一种常见的应用程序类型,我们可以在其中记录需要完成的任务。它还能为标题生成标题组件h2、为描述生成p组件以及为已完成字段生成复选框。通过添加更多上下文,AI助手能够提供更好的输出结果。

4.4.3 第3条提示词:接受提示建议

目前,我们已经了解了这两条提示词之间的差异。那么,如果添加更多的上下文会发生什么呢?

[提示]

创建一个带有页眉、主体部分和页脚的页面。使用深色主题。

[提示结束]

此时,输出结果包含更多注释(建议),如果你通过按下Enter键(以获取新建议)和Tab键(以接受完成内容)来接受其中的几条注释,则文本文件现在应该包含类似于以下的输出内容:

> 也可以通过继续输入来拒绝建议。

[提示响应]

```html
<!-- create a page with header, main part and footer use dark theme -->
<!-- header should have a navigation with 3 links -->
<!-- main part should have 3 sections with some text and images -->
<!-- footer should have 3 columns with some text and images -->
<!-- use flexbox for layout -->
<!-- use css variables for colors -->
<!-- use css variables for font sizes -->
<!-- use css variables for paddings and margins -->
<!-- use css variables for font family -->
<!-- use css variables for border radius -->
<!-- use css variables for border width -->
<!-- use css variables for border color -->
<!-- use css variables for background color -->
```

[响应结束]

GitHub Copilot 能够提供你意想不到的提示词，如用于导航、图像和 CSS 变量的提示词。如果此时输入 `<html`，你会看到如下输出结果：

[提示响应]

```html
<!-- create a page with header, main part and footer use dark theme -->
<!-- header should have a navigation with 3 links -->
<!-- main part should have 3 sections with some text and images -->
<!-- footer should have 3 columns with some text and images -->
<!-- use flexbox for layout -->
<!-- use css variables for colors -->
<!-- use css variables for font sizes -->
<!-- use css variables for paddings and margins -->
<!-- use css variables for font family -->
<!-- use css variables for border radius -->
<!-- use css variables for border width -->
<!-- use css variables for border color -->
<!-- use css variables for background color -->
<html>
<head>
    <title>06.6 solution</title>
    <link rel="stylesheet" href="style.css">
</head>
<header>
        <nav>
            <a href="#">Home</a>
            <a href="#">About</a>
            <a href="#">Contact</a>
        </nav>
</header>
<body>
    <main>
        <section>
            <h1>Section 1</h1>
            <p>Lorem ipsum dolor sit amet consectetur adipisicing elit. Quisquam, voluptatum.</p>
            <img src="https://picsum.photos/200/300" alt="random image">
        </section>
        <section>
            <h1>Section 2</h1>
            <p>Lorem ipsum dolor sit amet consectetur adipisicing elit. Quisquam, voluptatum.</p>
            <img src="https://picsum.photos/200/300" alt="random image">
        </section>
        <section>
            <h1>Section 3</h1>
```

```
                <p>Lorem ipsum dolor sit amet consectetur adipisicing elit. Quisquam,
voluptatum.</p>
                <img src="https://picsum.photos/200/300" alt="random image">
            </section>
        </main>
        <footer>
            <div>
                <h1>Column 1</h1>
                <p>Lorem ipsum dolor sit amet consectetur adipisicing elit. Quisquam,
voluptatum.</p>
                <img src="https://picsum.photos/200/300" alt="random image">
            </div>
            <div>
                <h1>Column 2</h1>
                <p>Lorem ipsum dolor sit amet consectetur adipisicing elit.
Quisquam, voluptatum.</p>
                <img src="https://picsum.photos/200/300" alt="random image">
            </div>
            <div>
                <h1>Column 3</h1>
                <p>Lorem ipsum dolor sit amet consectetur adipisicing elit. Quisquam,
voluptatum.</p>
                <img src="https://picsum.photos/200/300" alt="random image">
            </div>
        </footer>
```

[响应结束]

在浏览器中查看此输出结果，它应该显示多个项目，项目包括标题、描述和图像，如图 4.1 所示（由于这些图像是随机的，因此你看到的内容会有所不同）。

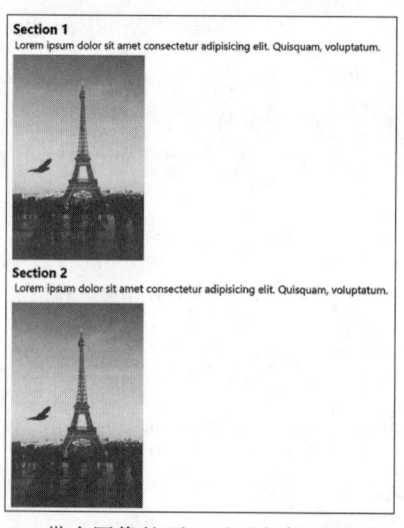

图 4.1 带有图像的页面（不包括页眉和页脚）

作为一名 Web 开发人员，可以将这个输出结果视为一个不错的起点，后续可通过添加样式使其更具吸引力。

4.5 挑战：改变提示词内容

可通过添加或删除上下文来改变输出结果。建议你尝试改变提示词内容，以添加表格、表单，设置多列布局等。

4.6 用例：构建电子商务网站前端

现在，我们已经了解了如何使用 GitHub Copilot 创建 HTML 标记语言，我们现在将其用于更具挑战性的项目：电子商务网站。它应该是一个包含以下部分的网站：
- 登录页面
- 用户创建页面
- 用于将产品添加到购物车的产品页面
- 显示你打算购买的产品的购物车页面
- 显示你的购物车内容、支付信息表单和配送地址表单的结账页面
- 允许编辑产品的管理页面

让我们从这些页面开始，因为它们在电子商务网站上很常见。

4.6.1 登录页面

对登录页面的要求是用户可以输入用户名和密码，并且有一个验证你凭据的按钮。或者，你可以添加用于创建用户的链接以及重置密码的链接。

请在 login.html 页面顶部添加如下提示词作为注释：

[提示]

```
<!-- a page with input fields user name and password and a login button and links
to create a user and link for if you forgot your password, should look good for
mobile and desktop -->
```

[提示结束]

> 可能需要开始键入 <html> 才能完成生成过程。此外，请确保关闭除当前文件之外的所有文件，以确保 AI 助手不会被可能打开的其他文件分散注意力。

输出结果如下所示：

[提示响应]

```
<html>
<head>
```

```
        <title>Login</title>
        <link rel="stylesheet" href="css/login.css">
</head>
<body>
        <div class="container">
            <div class="login">
                <h1>Login</h1>
                <form action="login.php" method="post">
                    <input type="text" name="username" placeholder="Username" required="required" />
                    <input type="password" name="password" placeholder="Password" required="required" />
                    <button type="submit" class="btn btn-primary btn-block btn-large">Login</button>
                </form>
                <a href="register.php">Create User</a>
                <a href="forgot.php">Forgot Password</a>
            </div>
        </div>
```

[响应结束]

呈现的内容如图 4.2 所示。

图 4.2　登录页面

4.6.2　产品页面

在此页面上，我们希望用户能查看可以购买的产品列表、每个产品的详细信息，它应包含"添加到购物车"按钮。为此，创建一个 products.html 页面并向其提供以下提示：

```
<!-- list of products as div elements where each item has fields text, link to detail page, random image, description and "add to cart button"  -->
```

输出结果如下所示：

[提示响应]

```
<!-- list of products as div elements where each item has fields text, link to detail page, random image, description and "add to cart button"  -->
<html>
<head>
    <title>Products</title>
```

```html
        <link rel="stylesheet" href="css/products.css">
    </head>
    <body>
        <div class="container">
            <div class="products">
                <h1>Products</h1>
                <div class="product">
                    <div class="product-image">
                        <img src="https://picsum.photos/200/300" alt="product image">
                    </div>
                    <div class="product-text">
                        <h2>Product 1</h2>
                        <p>Lorem ipsum dolor sit amet consectetur adipisicing elit. Quisquam, voluptatum.</p>
                        <a href="product.php">View Product</a>
                        <button type="submit" class="btn btn-primary btn-block btn-large">Add to Cart</button>
                    </div>
                </div>
                <div class="product">
                    <div class="product-image">
                        <img src="https://picsum.photos/200/300" alt="product image">
                    </div>
                    <div class="product-text">
                        <h2>Product 2</h2>
                        <p>Lorem ipsum dolor sit amet consectetur adipisicing elit. Quisquam, voluptatum.</p>
                        <a href="product.php">View Product</a>
                        <button type="submit" class="btn btn-primary btn-block btn-large">Add to Cart</button>
                    </div>
                </div>
                <div class="product">
                    <div class="product-image">
                        <img src="https://picsum.photos/200/300" alt="product image">
                    </div>
                    <div class="product-text">
                        <h2>Product 3</h2>
                        <p>Lorem ipsum dolor sit amet consectetur adipisicing elit. Quisquam, voluptatum.</p>
                        <a href="product.php">View Product</a>
                        <button type="submit" class="btn btn-primary btn-block btn-large">Add to Cart</button>
                    </div>
                </div>
                <div class="product">
```

```html
                <div class="product-image">
                    <img src="https://picsum.photos/200/300" alt="product image">
                </div>
                <div class="product-text">
                    <h2>Product 4</h2>
                    <p>Lorem ipsum dolor sit amet consectetur adipisicing elit. Quisquam, voluptatum.</p>
                    <a href="product.php">View Product</a>
                    <button type="submit" class="btn btn-primary btn-block btn-large">Add to Cart</button>
                </div>
            </div>
        </div>
    </div>
</body>
</html>
```

[响应结束]

其应呈现如图 4.3 所示的内容。

图 4.3　产品页面

4.6.3　剩余页面

请自行完成剩余页面的制作。请记得为每个页面创建专属的 HTML 文件，并在页面顶部添加提示词注释。

1）用户创建页面

以下给出了建议的提示词：

```
<!-- a page with fields username, password, repeat password and create button -->
```

2）购物车页面

以下给出了建议的提示词：

```
<!-- a page showing a list of items in a basket, each item should have title,
price, quantity, sum and buttons to increase or decrease quantity and the page
should have a link to "checkout" at the bottom  -->
```

3）结账页面

以下给出了建议的提示词：

```
    <!-- a checkout page containing a section for payment info with a credit card
and a section below for shipping address  -->
```

4）管理页面

以下给出了建议的提示词：

```
<!--
a section that's a list of products, each item has fields title and price, quantity,
should also have an action for adding a new product, remove a product -->
```

4.7 任务

请创建一个简历网站。你可以自由决定向 GitHub Copilot 提供什么样的上下文，但首先要创建一个 index.html 文件和一个 HTML 注释 `<!--my prompt-->`。

请记住你所学到的技巧。

> **编写提示词**
> 编写一条提示词，然后在下一行开始输入代码/标记语言来帮助你的 AI 助手。按下 Enter 键生成响应，使用 Tab 键接受建议的文本。通过重写、添加或更改提示词以获取理想结果。

4.8 挑战

对已经创建好的简历，请通过添加色彩来进一步提升它的吸引力。你会如何编写提示词来实现这一点？

4.9 测验

请完成以下问题，以检验你是否已经掌握了关键概念：

（1）你发送给 AI 助手的文本称为：

a. 文本
b. 指令
c. 提示词

（2）AI 助手根据以下内容构建上下文：

a. 你键入的内容
b. 你输入的内容、文件扩展名，以及工作目录中打开和关闭的文件
c. 你键入的内容和文件扩展名

4.10 总结

本章讲解了如何利用 GitHub Copilot 生成 HTML 标记语言，同时探讨了运用提示技巧及为提示词添加上下文的方法。在学习这些提示技巧时，我们发现，你提供给 AI 助手的上下文越多，AI 助手的输出效果就越佳。随着页面内容的增加，你也将在这个过程中逐渐积累更多的上下文。

此外，我们开始研究一个用例——构建电子商务网站。这是我们在接下来的章节中仍会继续构建的用例。

下一章将继续探讨 Web 开发问题，不过重点将放在 CSS 和样式设计上。你会发现，与本章相同或类似的提示技巧同样可以应用于 CSS。

第 5 章

使用 CSS 和 Copilot 为应用程序添加样式

5.1 导论

精心设计的应用程序样式能显著提升用户体验。经过深思熟虑的样式设计需要适配多种设备、巧妙使用图形以及拥有对比度极佳的颜色。

CSS 样式设计是一个大话题，这里不会详细展开。不过，我们将介绍如何使用它。像上一章一样，我们将利用 AI 助手来生成代码。你会看到如何使用基于注释的提示词来生成代码，同时还会学习一种新技术，即仅利用文件的上下文来生成代码。你还将了解如何继续构建电子商务项目并为其添加样式。

本章涵盖以下内容：
- **生成 CSS**：GitHub Copilot 能够生成样式。我们将介绍 AI 助手如何通过查看文本文件中的其他代码以及基于 CSS 注释来生成 CSS。
- **应用提示策略**：可以使用不同的策略来获取所需的内容。
- **为电子商务项目添加 CSS**：从电子商务项目中挑选几个页面，展示样式设计的优势。

5.2 业务问题

就像第 4 章一样，我们将继续在电子商务领域工作并解决其中许多有趣的问题。由于本章重点讨论 CSS 的可视化，你可能想知道它与业务的联系是什么。糟糕的用户体验，或者设计不当、无法在桌面设备以外的设备上运行或无法满足客户访问需求的网站，可能会让你付出代价，因为客户可能会选择你的竞争对手。

5.3 问题和数据领域

本章继续探讨电子商务业务领域，且专门探讨列出客户打算购买的产品的购物车页面。因此，我们要使用的数据就是产品数据，我们需要考虑如何展示与产品相关的详细数据（如数量和总价），以便客户可以决定购买什么产品和购买多少产品。这些考虑因素应该反映在你所选择的设计中。

5.4 功能分解

在第 4 章中，我们选择确定一个问题领域，即"身份验证"，并将其分解为特定的功能。让我们回顾一下其功能细分是什么样的。在那之后，我们将看看是否需要改变它，使其更加侧重设计。其功能列表如下所示：

- **登录**：用户应该能够登录。
- **退出**：用户应该能够退出。
- **创建新用户**：应该可以创建新用户。
- **更新密码**：现有用户应该能够更新他们的密码。
- **重置密码**：如果用户忘记了密码，应该能够以安全的方式重置密码。

上面的列表构成了网站需要支持的功能列表。然而，从设计的角度来看，我们需要考虑适配不同设备或支持无障碍访问等问题。因此，假设实现第一个功能的提示词可能需要进行如下调整：

[提示]

生成登录页面。它应该包含用户名、密码和确认密码字段，以及一个登录按钮。它还应该通过工具提示和 ARIA 键支持无障碍访问，以便用户只使用键盘和鼠标就能操作。

[提示结束]

我们不仅关心我们需要什么 UI 组件（如输入框和按钮），还关心它如何工作。

建议把你即将构建的 Web 应用拆分为多个区域，再将每个区域细化为功能，以便更轻松地编写提示词。

5.5 提示策略

我们在第 4 章中提到，你既可以使用 GitHub Copilot 的聊天模式，也可以在文件内部输入代码，建议你同时使用这两种方法。至于如何提示，建议你编写较短的提示词，并根据需要添加上下文。这样你可以依赖 GitHub Copilot 的工作方式以及它基于其底层模型运行、打开目录中的内容和打开文件等行为构建运行时的上下文。你还会看到提示策略的另一面，它是否有效不取决于提示词是长还是短，而是取决于特定的 AI 工具的工作方式。本章将使用第 2 章中提到的"探索性提示模式"进行举例。

5.6 CSS

CSS，即层叠样式表，用于设计 HTML 页面的外观。它包含多种结构，可供你改变字体、大小、颜色和布局等组件。

> 要按照下面提到的提示词操作，建议你创建一个 `product.css` 文件，或者可以等到本章后面的"任务"部分再创建，这取决于你的安排。

5.6.1 第一个 CSS

要利用 AI 助手，我们可以在 CSS 文件中放置 CSS 类型的注释，就像处理代码一样，例如：

```css
.product {
  /* apply padding and margin */
  padding: 10px;
  margin: 10px;
}
```

> 如前一章所述，注释样式因文件类型而异。HTML 注释样式为：`<!-- -->`。CSS 注释使用 `/**/`，而 JavaScript 既可以使用 CSS 样式的注释，也可以使用 `//`。本章会处理 CSS 文件，因此将使用 `/**/`。

在 GitHub Copilot 中，可以不断按下 Enter 键，再按 Tab 键，来生成和接受新的建议，而无须输入新的提示词。AI 助手会基于最初输入的提示词和文件中已有的代码提供相关建议。

这对上面的 CSS 文件的影响是，一旦我们输入第一个 CSS 注释，就可以继续按 Enter 键和 Tab 键，AI 助手将生成通常与内外边距一起使用的 CSS 属性。以下输出结果是按下 Enter 键和 Tab 键并依赖打开文件的上下文得到的结果。

以下为 `product.css` 的示例：

```css
.product {
  /* apply padding and margin */
  padding: 10px;
  margin: 10px;
  /* apply border */
  border: 1px solid #ccc;
  /* apply border radius */
  border-radius: 5px;
  /* apply background color */
  background-color: #fff;
  /* apply box shadow */
  box-shadow: 0 0 5px #ccc;
```

```
    /* apply display */
    display: inline-block;
    /* apply width */
    width: 200px;
    /* apply text align */
    text-align: center;
    /* apply text decoration */
    text-decoration: none;
    /* apply color */
    color: #333;
}
```

既然 product.css 已使用上述内容创建完成,我们可以将所述 CSS 文件包含在 HTML 文件中。切换到所述 HTML 文件(如果你正在继续输入,请创建 index.html 文件),然后在新文件的结尾添加以下提示词:

[提示]

包含 product.css 的页面。

[提示结束]
[提示响应]

```html
<!-- page that includes product.css -->
<!DOCTYPE html>
<html lang="en">
<head>
    <meta charset="UTF-8">
    <title>Product</title>
    <link rel="stylesheet" href="product.css">
</head>

<body>
    <div class="product">
        some text
        <div class="product__image">
            <img src="https://via.placeholder.com/200x200" alt="Product Image">
        </div>
        <div class="product__info">
            <h2 class="product__name">Product Name</h2>
            <p class="product__description">Lorem ipsum dolor sit amet consectetur adipisicing elit. Quisquam, voluptatum.</p>
            <p class="product__price">$9.99</p>
            <button class="product__buy">Buy</button>
        </div>
    </div>
</html>
```

[响应结束]

它不仅能正确添加一个包含 product.css 的链接标签，还可生成适合产品的 HTML。

输出结果如图 5.1 所示。

图 5.1 产品 CSS 显示产品图片、标题和描述

5.6.2 按名称分类的 CSS

目前，我们已经添加了一条注释来生成建议。但还有另一种方法可以为 CSS 文件生成建议：创建一个空的 CSS 类，比如 .product，并将光标放入其中，然后使用 Enter 键和 Tab 键，查看 Copilot 生成的内容，直到你满意为止。

关于如何开始创建 CSS 文件，如下所示：

```
.product {

}
```

现在将光标放在大括号 {} 内，并对你想要获得建议的每一行使用 Enter 键和 Tab 键。

最终结果如下：

［提示响应］

```
.product {
  display: flex;
  flex-direction: column;
  align-items: center;
  justify-content: center;
  width: 100%;
  margin: 0 auto;
  padding: 0 0 50px 0;
  background-color: #f5f5f5;
}
```

［响应结束］

5.7 任务

本章要求你将创建一个图库应用程序。该图库应显示 10 张图像，每行 5 张图像。使用你在第 4 章中学到的内容生成 HTML 文件和单独的 CSS 文件。

> 使用占位符作为关键字来获取图像。

> HTML 文件应添加对生成的 CSS 文件的引用，以正确应用 CSS。

5.8 用例：为电子商务应用程序添加样式

既然已经完成了创建 CSS 文件和 HTML 文件的任务，那么你应该能更好地了解如何编写提示词以及如何生成和接受 GitHub Copilot 的建议。现在让我们回顾一下本章的开头，我们讨论了业务问题、问题和数据领域。现在，我们将继续解决该领域的问题，但将重点放在了 CSS 的可视化上。

我们将继续使用第 4 章的用例：电子商务网站。我们将专注于购物车页面，并将其余页面留给你自己编写。

购物车页面

为了设计购物车 HTML 页面的样式，我们创建了一个 `basket.css` 文件，然后观察在 `basket.html` 文件中引入了哪些 CSS 类。其代表性代码片段如下所示：

```
<div class="container">
    <div class="basket">
        <h1>Basket</h1>
        <div class="basket-item">
            <div>
                <h2>Product 2</h2>
                <p>Price: 200</p>
                <p>Quantity: 2</p>
                <p>Sum: 400</p>
            </div>
```

以上代码中给出了 `basket` 和 `basket-item` 这两个类名。接下来，请在 `basket.css` 中创建 CSS 类：

从空白的 `basket.css` 开始，输入 `.basket`。重复使用 Enter 键和 Tab 键，然后会得到类似于以下的输出结果。如果对输出结果感到满意，请输入 `}` 以结束 CSS 类。

[提示响应]

```css
.basket {
    width: 100%;
    height: 100%;
    display: flex;
    flex-direction: column;
    align-items: center;
    padding: 20px;
}
```

[响应结束]

要创建 basket-item 类，请输入 .basket-item 并重复使用 Enter 键和 Tab 键。与之前一样，如果对此 CSS 类生成的 CSS 属性数量感到满意，请输入 }。现在，你应该已经生成了类似于以下文本的 CSS 输出结果：

```css
.basket-item {
    width: 100%;
    height: 100%;
    display: flex;
    flex-direction: row;
    align-items: center;
    padding: 20px;
    border-bottom: 1px solid #ccc;
}
```

继续查看 HTML 文件，我们会发现另一个值得注意的代码片段：

```html
<div class="basket-item-buttons">
    <button type="submit" class="btn btn-primary btn-block btn-large">+</button>
    <button type="submit" class="btn btn-primary btn-block btn-large">-</button>
</div>
```

使用与以前相同的提示技术，输入 CSS 类的名称（.basket-item>.basket-item-buttons）并重复使用 Enter 键和 Tab 键来生成以下文本：

```css
.basket-item > .basket-item-buttons {
    display: flex;
    flex-direction: column;
    align-items: center;
    justify-content: center;
    margin-left: auto;
}

.basket-item-buttons button {
    margin: 5px;
    /* set width, large font size, business color background */
    width: 50px;
    font-size: 20px;
```

```
background-color: #f5f5f5;
border: 1px solid #ccc;
border-radius: 4px;
}
```

> 可能需要单独输入 .basket-item-buttons 按钮类，并像以前一样重复使用 Enter 键和 Tab 键。

在浏览器中查看应用 CSS 的效果，你应该会看到类似于图 5.2 外观的内容。

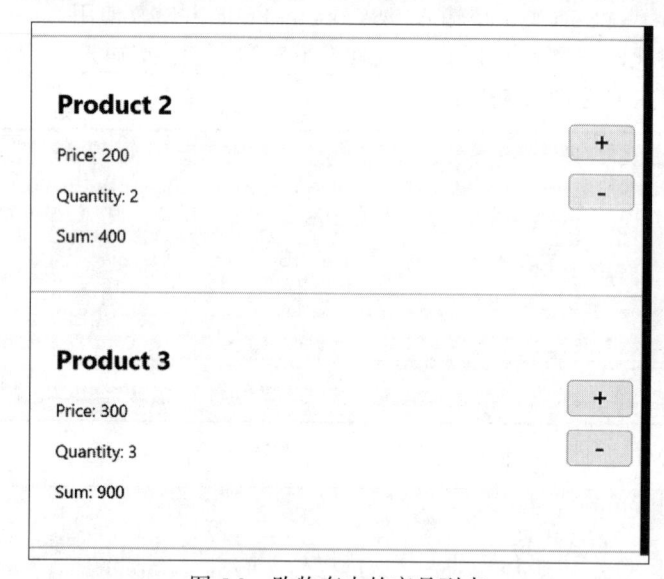

图 5.2 购物车中的产品列表

5.9 挑战

如何更改提示词以创建购物车页面的深色主题版本？

5.10 测验

如何使用 AI 助手生成 CSS？
a. 在 CSS 文件中创建注释
b. 创建一个类并将光标放置在该类中
c. a 和 b 都可以

5.11 总结

本章探讨了如何使用 AI 助手来生成 CSS。你会发现，前几章介绍的那些提示技巧，同样可以应用于 CSS。

此外，我们介绍了如何以两种不同的方式生成文本，一种是在文件顶部或我们需要获得帮助的区域附近放置注释，另一种是将光标放置在 CSS 类中并让它根据 CSS 类的名称生成 CSS。

下一章将展示如何使用 JavaScript 为应用添加行为。你将看到，从提示词的角度来看，JavaScript 与 HTML 和 CSS 类似。然而，你仍然需要理解你试图解决的底层问题。

第 6 章

使用 JavaScript 添加行为

6.1 导论

网页可以只由 HTML 和 CSS 组成，但要想实现交互性，需要使用 JavaScript。

JavaScript 既可以实现单一功能（如将表单提交到后端），也可以实现复杂功能（如利用 Vue.js 或 React.js 等框架构建**单页应用程序**（SPA））。但无论如何，都需要编写代码，并在 HTML 中引用该代码或代码文件。

Copilot 可以帮助你完成常见任务（例如，将脚本组件添加到 HTML 中）和高级任务（例如，将 Vue.js 等 JavaScript 框架添加到你的 Web 应用程序中）。

本章涵盖以下内容：
- 使用提示词生成 JavaScript，为应用程序添加行为。
- 为电子商务应用程序添加交互性。
- 引入 JavaScript 框架（如 Vue），从而为之后的学习奠定坚实的基础。

6.2 业务问题

本章将继续研究电子商务领域。前几章介绍了如何使用 HTML 在各个页面上布局所需信息并识别此过程中所需的页面。本章添加了缺失的组件——JavaScript，它是所有工作的关键。JavaScript 将帮助你为应用程序添加交互功能和读写数据功能。

6.3 问题和数据领域

本节需要解决以下几个问题：

- **数据流**：如何在应用程序中添加代码以便用户读取和写入数据？
- **处理用户交互**：用户希望与应用程序产生交互。你需要配置用户想要使用的网站部分并确保其正常工作。部分用户交互需要读取或写入数据，因此需要弄清楚何时会出现这种情况，并将用户交互与数据流"连接"起来。
- **数据**：所需处理的应用程序的部分不同，数据之间也有相应的差异。例如，在购物车页面，当用户希望结账时，该页面需要处理产品数据和订单，以便用户购买产品、商家将产品运送到选定的地址。

6.4 功能分解

至此，我们已经了解了相关的业务领域以及可能遇到的大致问题类型，那么如何将问题分解为具体功能呢？前面的章节已经介绍过如何创建购物车页面，但问题的关键在于如何实现具体功能，我们不再只是创建购物车页面，我们需要使该页面发挥现实的作用。因此，可以将购物车页面问题分解为以下功能：

- 从数据源读取购物车信息
- 呈现购物车信息
- 将产品添加到购物车
- 调整购物车中特定产品的数量
- 从购物车中移除产品
- 支持结账，将用户带到订单页面，并要求用户提供购买信息和配送信息

电子商务网站由许多页面组成。因此，建议在处理特定页面时对每个页面进行类似的功能分解。

6.5 提示策略

提示策略取决于你所选择的 AI 工具、其工作原理以及提示方式。本章选择的 AI 工具是 GitHub Copilot，并将主要关注其编辑器内的体验，即在打开的文件中键入提示词。方法如下：

- **行内注释**：直接在打开的文件中写入提示词。可通过这种方式在文件顶部添加提示词，或在让 AI 助手构建特定代码块的地方添加其他辅助提示词。
- **聊天**：本章未过多地展示这种方法，但建议使用聊天的方式来进行比较，查找特定信息或有关如何实现某些内容的建议。

本书建议同时采用两种提示方式，一是在编辑器内直接使用提示词，二是在聊天窗口中输入提示词。两种方法各有优缺点。本章将使用第 2 章中提到的"探索性提示模式"进行举例。

6.6 添加 JavaScript

在网页中添加 JavaScript 主要有两种方法：
- 在 `head` 元素中使用 `script` 组件：在现有的 HTML 页面（如名为 `index.html` 的文件）添加一个 `script` 组件。

```html
<!-- Alt1 -->
<script>
//JavaScript here
</script>
```

- 指向独立文件：在已有文件（`my-javascript-file.js`）中编写自己的 JavaScript：

```html
<!-- Alt2 -->
<script src="my-javascript-file.js"></script>
```

6.6.1 JavaScript 的作用

最初，将 JavaScript 添加到浏览器中时，它会起到添加交互性的作用。如今，JavaScript 通常作为 Vue.js、React 和 Angular 等应用程序框架的一部分发挥着更广泛的作用。在此类框架中，开发人员现在可以通过声明方式定义模板，在 JavaScript 的帮助下，这些模板可以转换为静态 HTML，并添加事件处理以响应用户交互。最终，所有这些都会被发送到浏览器中呈现。

6.6.2 向页面添加 JavaScript

接下来将展示如何通过以下提示词向页面添加 JavaScript：

［提示］

创建带有 `script` 组件的网页。

［提示结束］

我们最终得到一个包含 `script` 组件的网页。注意，提示词是作为注释被添加到页面顶部的。通过这种方式，GitHub Copilot 知道如何对文本进行补全：

［提示响应］

```html
<!-- create web page with a script tag -->
<html>
<head>
    <title>My First Web Page</title>
</head>
<body>
    <script>
        alert("Hello World!");
    </script>
</body>
</html>
```

[响应结束]

在本例中，调用了 `alert("Hello World!")` 代码，即显示一个带有文本 "Hello World!" 的对话框。

6.6.3 添加 JavaScript 库 / 框架

6.6.3 节中示例的适用性可能没有那么强，本小节将举一个常用的例子，例如，添加 Vue.js 这类的框架。要构建一个包含大量交互功能和不同页面的大型应用程序，就要添加 Vue.js 这类的框架；为保证构成过程的条理性，并帮助其他开发人员进行工作，需要添加 Vue.js 这类的框架。

[提示]

添加 Vue 3。

[提示结束]

这次，我们将自己置于 `header` 组件中。请查看下面 `head` 组件中的 HTML 注释，以便用作 GitHub Copilot 中输入的提示词。

```
<head>
<!-- add Vue 3 -->
</head>
```

输入此提示词会产生以下响应：

[提示响应]

```
<script src="https://unpkg.com/vue@next"></script>
```

[响应结束]

可通过添加要求设置入口点的提示词，轻松构建此内容（大多数 SPA 框架都会采用入口点，即应用程序将呈现的元素）：

[提示]

添加 Vue 3 入口点。

[提示结束]

产生以下代码：

[提示响应]

```
<!-- add Vue 3 entry point -->
<div id="app">
    <h1>{{ message }}</h1>
</div>
```

[响应结束]

将光标置于导入 Vue.js 的 `script` 组件下方将导致 AI 助手生成提示词，说明了应添加哪些代码以进一步设置 Vue.js。仅仅将脚本添加到 Vue.js 是不够的，还需要一些其他代码。

幸运的是，通过如下所示的光标放置方法，GitHub Copilot 可以从现有的 HTML 注释

（提示词）中了解缺少的代码，并将在光标所在位置建议添加该代码（如果未显示 Copilot 建议，请尝试按 Space 键或 Enter 键）：

[提示]
未给出提示词
[提示结束]
[提示响应]

```
<script src="https://unpkg.com/vue@next"></script>
<!-- below is rendered by just placing cursor here -->
<script>
   //create Vue 3 instance
    const app = Vue.createApp({
        data() {
            return {
                message: 'Hello World!'
            }
        }
    })
    //mount Vue 3 instance to DOM element
    app.mount('#app')
</script>
```

[响应结束]

> 值得再次强调的是，GitHub Copilot 有足够的上下文来生成更多建议，只需使用 Tab 键和 Enter 键，而无须提供额外的提示词。

在浏览器中运行此代码会返回"Hello World!"，这是预期的结果。此代码包含引用和配置所需的最低限度内容，因此它非常有效：
- 引用 Vue.js 的 `script` 组件。
- 创建一个应用实例，该实例还定义了一个带有 `message` 属性的 `data` 函数。
- 调用 `mount()` 方法，确保对标识的 HTML（`id = app`）进行插值，并将 HTML 组件替换为 `message` 属性的值。

> 在构建高级的 Vue.js 项目时，请使用 Vue CLI，而不是上述方法。对于较小的概念验证，这种方法或许是可行的。

6.7 挑战

这两种方法的难点在于在 Copilot 中添加一个增加计数器的按钮。可使用以下提示词：

[提示]
添加一个递增计数器的按钮。

[提示结束]

建议将光标放在 HTML 标记中 id="app" 的 <div> 元素所在的位置。

6.8 用例：添加行为

对于电子商务用例，本节以产品的购物车页面为例。本节将模拟调用后台获取数据，并将数据放置在名为 cart.json 的文件中，该文件的结构如下：

```
{
  "cart": [

  ]
}
```

上面的 JSON 内容描述了一个带有 cart 属性的数组类型的 JSON 对象（由 {} 定义），由方括号 [] 表示。

事实上，可使用 AI 助手来生成我们所需的数据。为此，本节将创建一个名为 cart.json 的文件，并使用以下结构和提示词：

```
{
  "cart": [

    //item with id name , quantity and price, total = quantity * price
  ]
}
```

请注意，提示词带有 id name、quantity and price、total=quantity*price 的提示词。运行结果如下：

```
{
    "id": "1",
    "name": "item1",
    "quantity": "1",
    "price": "10",
    "total": "10"
},
{
    "id": "2",
    "name": "item2",
    "quantity": "1",
    "price": "20",
    "total": "20"
},
{
    "id": "3",
    "name": "item3",
```

```
    "quantity": "1",
    "price": "30",
    "total": "30"
}
```

> 在尝试用 Copilot 生成更多 JSON 代码时，可以添加带有 // 的注释。但如果你对输出结果感到满意，则应将其删除。

下文需要创建一个文件 app.js，用于调用此 JSON 文件并最终进行呈现。建议使用上一章中的 basket.html 文件。如下所示：

```
<!-- a page showing a list of items in a basket, each item should have title,
price, quantity, sum and buttons to increase or decrease quantity and the page
should have a link to "checkout" at the bottom  -->
<html>
<head>
    <title>Basket</title>
    <link rel="stylesheet" href="css/basket.css">

</head>
<body>
    <div class="container">
        <div id="basket" class="basket">
        </div>
    </div>
    <!-- add app.js  -->
    <!-- add app.js, type javascript -->

    <script src="js/app.js"></script>
</body>
</html>
```

可通过在 body 组件的末尾添加提示词来添加 app.js：

[提示]

添加 app.js。

[提示结束]

[提示响应]

```
<!-- add app.js  -->
<script src="js/app.js"></script>
```

[响应结束]

在 app.js 中添加以下提示词：

[提示]

读取 cart.json，将其中内容呈现为 div 元素，插入 ID 为 basket 的元素中。为每个条目添加 CSS 类 basket-item。

［提示结束］

其结果类似于：

［提示响应］

```
fetch('cart.json')
  .then(response => response.json())
  .then(data => {
      let basket = document.getElementById('basket');
      data.forEach(item => {
          let div= document.createElement('div');
          div.classList.add('basket-item');
          div.innerHTML = item.name;
          basket.appendChild(div);
      });
  });
```

［响应结束］

上面的代码定位到 ID 为 basket 的 HTML 元素，然后继续遍历数组数据。对于数据中的每个元素，将创建一个 div 类型的新 HTML 元素，并且在该元素中：

- 添加 CSS 类 basket-item。
- 赋予其 innerHTML 属性以 name 属性的值。
- 在父元素 basket 中添加该特定元素。

将代码的 forEach 部分调整为 data.cart.forEach，以根据 JSON 文件的外观进行调整（如果 JSON 表示中具有 description 属性而不是 name 属性，则应反映在 JavaScript 代码中，等等）。不过，生成的输出结果并不多，只有三个标题：

```
item1
item2
item3
```

6.8.1 改进输出结果

为了改进输出结果，将采取以下措施：
为项目上呈现的每个属性添加 CSS 类：

```
.basket-item >div{
  margin: 5px;
  /* 25% width */
  width: 25%;
}
```

你并不总是需要键入提示词来获得上述响应。有时，键入 .basket-item 就足够了，并且建议使用 Tab 键接受 CSS。不过，在编写此内容时，请确保你位于 style 组件或 .css 文件中。

在 JavaScript 代码中添加提示词，确保每个项目属性都呈现为独立的 div 元素：

[提示]

// 读取 cart.json 并将内容作为 div 元素呈现到 ID 为 basket 的元素中，同时为每个项目添加 CSS 类 basket-item。

[提示结束]

[提示响应]

```
fetch('cart.json')
.then(response => response.json())
.then(data => {
    let basket = document.getElementById('basket');
```

[响应结束]

此时，上述提示词已成功调用 fetch 方法从 cart.json 文件中获取数据。然后，它继续将检索到的数据转换为 JSON 格式，并确定要呈现 JSON 响应的 HTML 元素：

```
    // render name, quantity, total and price for each item in separate div elements
    data.cart.forEach(item => {
        let div = document.createElement('div');
        div.classList.add('basket-item');

        // 1) render name as separate child div element
        let name = document.createElement('div');
        name.innerHTML = item.name;
        div.appendChild(name);

        // 2) render quantity, price and total as separate child div elements,
        add header and value for each element on this format, header: value
        let quantity = document.createElement('div');
        quantity.innerHTML = `Quantity: ${item.quantity}`;
        div.appendChild(quantity);
        let price = document.createElement('div');
        price.innerHTML = `Price: ${item.price}`;
        div.appendChild(price);

        let total = document.createElement('div');
        total.innerHTML = `Total: ${item.price * item.quantity}`;
        div.appendChild(total);

        basket.appendChild(div);
    });
```

在代码的这一部分中，添加了有关要从 JSON 内容中读取哪些字段（名称、数量等）的上下文。从代码中可以看到，这个提示词反映了在生成的代码中，并且每个字段都有自己的 div 元素和描述性文本：

```
    // 3) calculate total price for all items and render it as separate div ele-
ment, display as Total price: value
    let totalPrice = document.createElement('div');
    totalPrice.innerHTML = `Total price: ${data.cart.reduce((total, item) => to-
tal + item.price * item.quantity, 0)}`;
    basket.appendChild(totalPrice);

});
```

此提示词提供了将某些字段（价格、数量）相乘以生成该行的总价的具体指令。与此同时，可以看到如何调用 reduce 以计算购物车中产品的总价。

最终结果如图 6.1 所示。虽然仍不完美，但它更接近我们的预期了。

图 6.1 显示名称、价格和总价的购物车

6.8.2 添加 Bootstrap

上一小节展示了如何为购物车页面添加基本的 CSS。然而，为了真正改善购物车页面的外观，需要添加 Bootstrap 这样的 CSS 框架。Bootstrap 被全世界的许多团队使用，它可以提供"卡片""菜单"等多种类型的内容，从而帮助我们快速地构建应用程序。

要添加 Bootstrap，需要在 head 元素中放置一个提示性注释，如下所示：

［提示］

添加 Bootstrap。

［提示结束］

［提示响应］

```
<!-- add bootstrap-->
  <link rel="stylesheet" href="https://stackpath.bootstrapcdn.com/bootstrap/4.5.2/
```

```
css/boots trap.min.css">
</head>
```

[响应结束]

此时，我们已将Bootstrap添加到了Web应用程序中，但需要使用它的一个类。上文在讨论Bootstrap及其内容类型时，我们提到了"卡片"的概念，这种布局呈现效果很好。

要生成卡片，请在网页上给出如下提示词：

[提示]

创建一个包含名称、价格、数量和总价字段的卡片。

[提示结束]

结果如下所示：

[提示响应]

```
<!-- Create a card with the fields name, price, quantity and total -->
<div class="card">
    <div class="card-body">
        <h2 class="card-title">Product 1</h2>
        <p class="card-text">Price: 100</p>
        <p class="card-text">Quantity: 1</p>
        <p class="card-text">Sum: 100</p>
        <button type="submit" class="btn btn-primary btn-block btn-large">+</button>
        <button type="submit" class="btn btn-primary btn-block btn-large">-</button>
    </div>
</div>
```

[响应结束]

上面的结果将提示词作为HTML注释放在打开的文本文件中，并通过Tab键接受了Copilot的建议。

好的！我们已经有了顺利的开始，已将Bootstrap添加到Web应用程序中，还使用Copilot创建了可以使用的HTML卡片示例。下一步是更改JavaScript代码。

为了更改JavaScript代码，我们将为Copilot提供比平时更多的上下文，即：

[提示]

```
// template:
// <div class="card">
//     <div class="card-body">
//         <h2 class="card-title">Product 1</h2>
//         <p class="card-text">Price: 100</p>
//         <p class="card-text">Quantity: 1</p>
//         <p class="card-text">Sum: 100</p>
//         <button type="submit" class="btn btn-primary btn-block btn-large">+</button>
//         <button type="submit" class="btn btn-primary btn-block btn-large">-</button>
```

```
//     </div>
// </div>

// for each item in cart.json, render name, quantity, total, use template above
```

[提示结束]

代码如下所示：

[提示响应]

```
data.cart.forEach(item => {
 // target element with id basket
 let basket = document.getElementById('basket');

 let div = document.createElement('div');
 div.classList.add('card');
 basket.appendChild(div);

 let divBody = document.createElement('div');
 divBody.classList.add('card-body');
 div.appendChild(divBody);

 let name = document.createElement('h2');
 name.classList.add('card-title');
 name.innerHTML = item.name;
 divBody.appendChild(name);

 let price = document.createElement('p');
 price.classList.add('card-text');
 price.innerHTML = `Price: ${item.price}`;
 divBody.appendChild(price);

 let quantity = document.createElement('p');
 quantity.classList.add('card-text');
 quantity.innerHTML = `Quantity: ${item.quantity}`;
 divBody.appendChild(quantity);

 let total = document.createElement('p');
 total.classList.add('card-text');
 total.innerHTML = `Total: ${item.price * item.quantity}`;

 let buttonPlus = document.createElement('button');
 buttonPlus.classList.add('btn', 'btn-primary', 'btn-block', 'btn-large');
 buttonPlus.innerHTML = '+';
 divBody.appendChild(buttonPlus);

 let buttonMinus = document.createElement('button');
```

```
buttonMinus.classList.add('btn', 'btn-primary', 'btn-block', 'btn-large');
buttonMinus.innerHTML = '-';
divBody.appendChild(buttonMinus);
});
```

[响应结束]

在 JavaScript 和 HTML 之间来回切换有些复杂。因此，许多开发人员选择使用 JavaScript 框架。在该框架中，他们可以使用模板来增强 HTML，并向其中添加指令，就像你使用 Vue.js 等框架时所做的那样。

6.8.3 添加 Vue.js

上述方法不是很好，因此下文将介绍如何使用 JavaScript 来创建 HTML 元素，并在 JSON 响应中对它们进行填充。我们正在寻找一种更简洁的方法。但是，由于我们一直在使用 Copilot，因此它"记住"了我们正在处理购物车类型的数据，并且我们正在处理的文件 `basket.html` 有助于为 Copilot 提供额外的上下文。下面的内容看上去有点神奇，但这实际上是 Copilot 在与你合作时在内存中建立了上下文的结果。

> 假如你刚刚开始使用 Visual Studio Code，可能需要更详细的提示词。

添加 JavaScript 框架听起来变化很大，但事实并非如此。下文将逐步展示所需的更改。

首先，在 `basket.html` 文件中插入 Vue.js 的支持文件，并在 `BODY` 组件的末尾加入以下提示词：

[提示]

添加 Vue 3。

[提示结束]
[提示响应]

```
<!-- add Vue 3 -->
<script src="https://unpkg.com/vue@next"></script>
```

[响应结束]

接下来，创建 Vue 应用的代码。

[提示]

为 Vue 3 添加 Bootstrap 代码。

[提示结束]

结果代码如下：

[提示响应]

```
<!-- add bootstrap code for Vue 3 -->
<script>
let app = Vue.createApp({
```

```js
data() {
    return {
        basket: [
            {
                id: 1,
                name: 'Product 1',
                price: 100,
                quantity: 1
            },
            {
                id: 2,
                name: 'Product 2',
                price: 200,
                quantity: 2
            },
            {
                id: 3,
                name: 'Product 3',
                price: 300,
                quantity: 3
            },
            {
                id: 4,
                name: 'Product 4',
                price: 400,
                quantity: 4
            }
        ]
    }
},
methods: {
    increaseQuantity(index) {
        this.basket[index].quantity++;
    },
    decreaseQuantity(index) {
        if (this.basket[index].quantity > 0) {
            this.basket[index].quantity--;
        }
    }
},
computed: {
    total() {
        let total = 0;
        for (let i = 0; i < this.basket.length; i++) {
            total += this.basket[i].price * this.basket[i].quantity;
        }
```

```
            return total;
        }
    }
});

app.mount('#basket');
</script>
```

[响应结束]

> 请记住关于 Copilot 内存中上下文的内容。Copilot 会记住到目前为止我们提到的所有关于购物车字段的内容，并且它还会查看名为 basket.html 的文件。

最后，需要说明如何呈现这个应用程序：

[提示]

在 Vue 应用中呈现购物车。

[提示结束]

[提示响应]

```html
<!-- render basket from Vue app -->
<div v-for="(item, index) in basket" class="basket-item">
    <div class="basket-item-text">
        <h2>{{ item.name }}</h2>
        <p>Price: {{ item.price }}</p>
        <p>Quantity: {{ item.quantity }}</p>
        <p>Sum: {{ item.price * item.quantity }}</p>
    </div>
    <div class="basket-item-buttons">
        <button type="submit" class="btn btn-primary btn-block btn-large" @click="increaseQuantity(index)">+</button>
        <button type="submit" class="btn btn-primary btn-block btn-large" @click="decreaseQuantity(index)">-</button>
    </div>
</div>
```

[响应结束]

购物车如图 6.2 所示。

> 在浏览器中运行该页面时，你会发现可通过 "+" 和 "-" 按钮来增加或减少产品的数量。

必须确保 Vue 应用程序能够使用 BootstrapCSS 库。此时，可通过修改生成 HTML 的提示词来解决这个问题：

[提示]

在 Vue 应用中呈现购物车。
[提示结束]
将其更改为带有 Bootstrap 相关上下文的提示词，如下所示：
[提示]
使用 Bootstrap 和 card 类，在 Vue 应用中呈现购物车。
[提示结束]
产生的效果如图 6.3 所示。

图 6.2　使用 Vue.js 显示的购物车　　　　图 6.3　HTML 中的购物车

6.9　任务

创建产品列表页面。该页面应显示产品列表。每个产品都应该有一个添加按钮，用于将产品添加到购物车中。购物车应显示为页面右上角的购物车图标，单击该图标时应显示购物车中的产品数量和总价。

> 运用你所学到的知识，编写一条提示词来创建页面，添加 JavaScript 等。可自行决定是使用 Vue.js 还是仅使用普通的 JavaScript。

6.10　总结

本章展示了如何在网页中添加 JavaScript。这是一项常见任务，可以通过两种方式完成：一种是在 `head` 元素中加入 `script` 组件，另一种是链接到一个独立的文件。

本章进一步扩展了前几章中的用例，为其添加了一些行为功能。我们首先展示了如何使用 JavaScript 生成 HTML，但这种方法略显笨拙。随后，我们提出了使用 Vue.js 等 JavaScript 框架来简化管理。

本章还介绍了如何添加 Vue.js 等 JavaScript 框架。添加 JavaScript 框架的具体方式因框架而异，但我们通常建议添加带有"设置"、"初始化"等的提示词，以确保不仅可以添加 `script` 组件，还能添加触发设置过程并使所选框架可供使用的代码。

下一章将展示如何为应用程序添加响应式设计，以适应不同的设备和视口。由于许多用户可能在使用小屏幕的移动设备，因此下一章将不再假定所有用户都在使用大屏幕的台式计算机。

第 7 章

使用响应式 Web 布局支持多个视口

7.1 导论

构建网页有一定的难度,因为这不仅需要使用 HTML、CSS 和 JavaScript 来制作页面以执行所设定的任务,还需要确保大多数用户都可以访问这些页面。此外,无论设备是 PC、平板计算机还是移动终端,都需要确保页面呈现效果良好,因此需要考虑屏幕大小、设备方向(横屏或竖屏),以及像素密度等一系列问题。

有许多不同的技术可以确保网页在多种设备上看起来都很美观,但这一切都始于制订一个设计策略,即根据用户使用的设备为用户提供完美的体验。一旦制订了设计策略,就应着手实施。

你需要做出一些选择,比如,如果内容以列的形式呈现,那么应有多少列?其他内容(如内边距和外边距)应该如何表现?内容应该居中还是左对齐?内容应该垂直堆叠还是水平堆叠?是否有应在移动设备上隐藏的内容?可以看出,有很多选项会影响你所需使用的提示词。

在处理网页布局时,可以使用 AI 助手。面对大量需要记住的信息,你可以让 AI 助手记住所有这些细节以便于你进行查找,还可以利用 AI 助手来给出不同的设计方案。

本章涵盖以下内容:
- 解释视口和媒体查询等技术术语。
- 应用不同的技术来优化不同视口的呈现效果。
- 利用 Copilot Chat 功能优化代码。这是 GitHub Copilot 提供的另一种模式:它是一个聊天窗口,你可以在其中输入提示词并获得响应。这种体验类似于使用 ChatGPT 等 AI 工具的体验。

7.2 业务问题

本章将继续讨论前几章中讨论的电子商务用例。构建功能的前提是假设用户会从不同的设备上与网站进行交互，并且体验必须良好，否则他们将访问竞争对手的网站。

7.3 问题和数据领域

市面上有许多不同的设备：平板计算机、手机、小型到大型的桌面屏幕。它们的像素密度也有所不同。这不仅仅是缩小或放大网站以适应新设备的问题，你可能需要设计完全不同的体验，以更好地适应特定设备的视觉风格。此外，还有许多其他问题。例如，如果假设设备有限制（例如，它可以同时处理的下载数量以及它可能具有的网络速度有限），那么你希望将多少内容发送到这种较小的设备？通常，具有宽分辨率的台式机可以与互联网高效连接。但移动设备可能只能连到 3G 网络或是更差的网络，因此你需要通过减少图形资源的需求、缩小 JavaScript 包的体积等方式来适应这种情况。

7.4 功能分解

前几章我们给出了一种方法来确定所需实现的功能。这些功能与读写数据无关，更多地是确保设计和交互在优先考虑的设备上能够运行良好。因此，可能会有如下功能细分：

- 应该在横屏模式下以双列形式呈现购物车页面。
- 竖屏模式：
  - 应该在竖屏模式下以单列形式呈现购物车页面。
  - 应该在屏幕底部显示操作菜单。
  - 应该隐藏某些功能，如 X、Y、Z（假设 X、Y、Z 在屏幕更宽的桌面上可用）。这一要求的要点是，必须"重新思考"移动体验与桌面体验的区别、哪些功能是体验的核心，以及哪些是只有在有足够的屏幕空间时才会显示的功能。
  - 应该支持 iPhone、Android 手机等移动设备，并在视觉上吸引用户。
- 应该能够在 3G 网络中在 1 秒内呈现页面。

这些功能多数与用户体验相关，而与数据领域的关系较小。

7.5 提示策略

此处的提示策略与前几章的一样，采用混合方法，既可以在编辑器内体验，也可以在打开的文本文件中添加提示词，以在 Copilot 中调出聊天窗口。可以根据你的判断灵活使用这些方法。

在提示词方面，应包含足够的上下文，以使 Copilot 知道它需要为特定设备提供哪些设计建议。因此，它应该能够从上下文中推断分辨率、像素密度和其他细节，这些会影响它即将生成的建议。本章将使用第 2 章中提到的"探索性提示模式"进行举例。

7.6 视口

只需要开发在 PC 上看起来不错的网页的日子已经一去不复返了。如今，网页可以在多个不同的设备上呈现，并且它需要在所有设备上看起来都不错，否则客户就可能会浏览其他内容。

了解如何构建网页的第一步是熟悉一些关键概念。需要了解的第一个概念是视口。视口是用户可见页面的一部分。视口和窗口之间的区别在于，视口是窗口的一部分。

使用的设备（例如，桌面屏幕或移动终端）不同，视口的大小也会有所不同。可编写代码以适应不同大小的屏幕，即创建"响应式"页面。

7.6.1 媒体查询

我们将根据设备类型来处理不同尺寸的屏幕，那么如何编写代码来确保视觉界面根据用户使用的设备尺寸进行调整呢？

答案是利用一种称为媒体查询的结构。媒体查询是 CSS 中的一个逻辑块，用于识别特定条件，并在所述条件为真时应用特定 CSS。

想象一下，如果有下面这样的代码，那么这基本上就是媒体查询的工作方式：

```
if(page.Width > 1024px) {
  // render this UI so it looks good for desktop
} else {
  // render this UI to look good for a mobile device
}
```

以下是一个媒体查询的例子：

```
body {
  background: blue;
}

@media (max-width: 600px) {
    body {
        background-color: lightblue;
    }
}
```

以上代码标识了一个条件，即如果视口当前最多为 600 像素宽（对于大多数移动设备来说都是如此），则将背景色设置为浅蓝色。

这个例子可能有点牵强：当用户使用移动终端时，为什么会想要不同于普通桌面的背景颜色？用户不需要这样的设计，但上面的示例可以让你了解媒体查询如何识别视口的大小以及如何在视口满足特定条件时应用特定的 CSS。

7.6.2 何时调整以适应不同的视口并使其响应

使用响应式设计的一个关键原因在于，你的布局在桌面屏幕上看起来很棒，但对移动设备来说可能太宽了。例如,假设你有一个网页,左侧有菜单,右侧有主区域,如图 7.1 所示。
如果尝试在移动设备上查看此页面,显示效果可能不太理想。其呈现效果如图 7.2 所示。

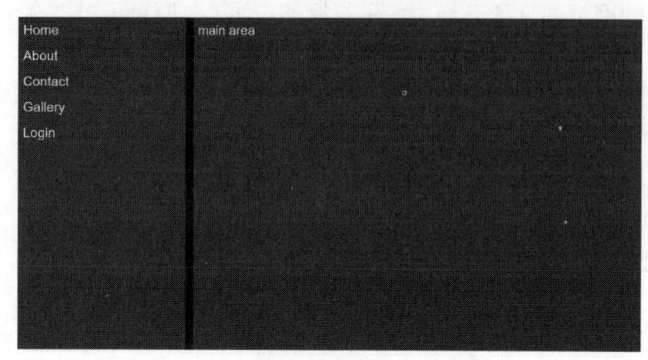

图 7.1 带有菜单和主区域的页面　　　　　　图 7.2 移动设备上的非响应式页面

在图 7.2 中,我们可以看到设备尝试查看页面,但主区域被截断。此时,作为设计师,你需要考虑如何解决这个问题。一种方法是使用 flexbox 或 grid 技术垂直对齐内容。例如,菜单可以放在顶部,主区域可以放在底部。检查用于此页面的样式,你可以看到以下 CSS:

```
<style>
    /* container, grid, left col is menu, right col is main area */
    .container {
        max-width: 1200px;
        margin: 0 auto;
        display: grid;
        /* 2 columns */
        grid-template-columns: 200px 1fr;
        background-color: #000;
        padding: 10px;
        /* space 5 px between columns */
        grid-gap: 10px;
        /* height 100% */
        height: 100%;
    }
```

在上述代码中,可以看到如何使用网格(`display:grid`)来创建布局。

```
    /* menu items */
    .menu {
        /* background black shade */
        background-color: darkslategrey;

        padding: 0px;
        /* column 1 */
        grid-column: 1;

    }
```

可以看到菜单被放置在左侧（grid-column:1）

```
/* menu item */
.menu-item {
    padding: 5px;
    background-color: darkslategrey;
    height: 20px;
}
.menu-item a {
    color: white;
    text-decoration: none;
    font-family: sans-serif;
}
/* main area, padding 5px, dark grey */
.main {
    padding: 5px;
    background-color: darkslategrey;

    grid-column: 2;
    color: white;
    font-family: sans-serif;
}
```

主区域是第二列（grid-column:2）

```
</style>
```

要改进此设计，使其可以在屏幕较小的设备（如移动设备）上使用，请使用以下提示词：

[提示]

如果是移动设备，将菜单设置为第 1 行，主区域设置为第 2 行。

[提示结束]

生成的 CSS 如下：

[提示响应]

```
@media (max-width: 768px) {
    .container {
        grid-template-columns: 1fr;
        grid-template-rows: 200px 1fr;
    }
    .menu {
        grid-row: 1;
        grid-column: 1;
    }
    .main {
        grid-row: 2;
        grid-column: 1;
    }
}
```

[响应结束]

Copilot 可以接受此提示词并相应地调整 CSS。该代码将布局转变为 1 列 2 行。此外，它还确保菜单位于顶部，主区域位于底部。

现在，这个页面在移动设备上的呈现方式如图 7.3 所示。

大多数浏览器都有内置功能，能调整视口大小，从而便于你测试修改后的 CSS。此外，你也可以通过改变窗口大小来进行测试。

图 7.3　在移动设备的视口中垂直呈现的菜单和主区域

7.7　用例：使产品库具有响应性

我们将以在桌面屏幕上呈现效果正常，但在移动设备上呈现效果不正常的电子商务应用程序为例，你需要修复该问题。

首先，以下是它的 HTML 代码。如果你要继续操作，可以将以下代码保存在 `products.html` 文件中：

```html
<html>
<head>
    <title>menu</title>
    <link rel="stylesheet" href="css/style.css">
    <style>
        /* container, grid, left col is menu, right col is main area */
        .container {
            max-width: 1200px;
            margin: 0 auto;
            display: grid;
            /* 2 columns */
            grid-template-columns: 200px 1fr;
            background-color: #000;
            padding: 10px;
            /* space 5 px between columns */
            grid-gap: 10px;
            /* height 100% */
            height: 100%;
        }
        /* menu items */
        .menu {
            /* background black shade */
            background-color: rgb(25, 41, 41);

            /* background-color: #ddd; */
```

```css
    padding: 0px;
    /* column 1 */
    grid-column: 1;
}
/* menu item */
.menu-item {
    padding: 5px;
    background-color: rgb(25, 41, 41);
    height: 20px;
}
.menu-item a {
    color: white;
    text-decoration: none;
    font-family: sans-serif;
}

/* main area, padding 5px, dark grey */
.main {
    padding: 5px;
    background-color: rgb(25, 41, 41);

    grid-column: 2;
    color: white;
    font-family: sans-serif;
}
/* if mobile, set menu to row 1 and main row 2 */
@media (max-width: 768px) {
    .container {
        grid-template-columns: 1fr;
        grid-template-rows: 200px 1fr;
    }
    .menu {
        grid-row: 1;
        grid-column: 1;
    }
    .main {
        grid-row: 2;
        grid-column: 1;
    }
}
/* gallery, 2 columns per row */
.gallery {
    display: grid;
    /* horizontal grid */
    grid-template-columns: auto auto auto;
    grid-gap: 20px;
```

```css
        }

        /* gallery item */
        .gallery-item {
            flex: 1 0 24%;
            margin-bottom: 10px;
            /* padding 10px */
            padding: 20px;

            /* margin 5px */
            margin: 5px;
            /* black shadow */
            box-shadow: 0 0 10px 0 black;

        }
        /* gallery image */
        .gallery-image {
            width: 100%;
            height: auto;

            transition: transform 0.3s ease-in-out;
        }
        /* gallery image hover */
        .gallery-image:hover {
            transform: scale(1.1);
        }

    </style>
</head>

<body>
    <div class="container">
        <!-- menu items -->
        <div class="menu">
            <div class="menu-item">
                <a href="index.php">Home</a>
            </div>
            <div class="menu-item">
                <a href="about.php">About</a>
            </div>
            <div class="menu-item">
                <a href="contact.php">Contact</a>
            </div>
            <div class="menu-item">
                <a href="gallery.php">Gallery</a>
            </div>
            <div class="menu-item">
```

```
            <a href="login.php">Login</a>
        </div>
    </div>
<!-- main area -->
<div class="main">
        <div class="gallery">
            <div class="gallery-item">
                <img class="gallery-image" src="https://picsum.photos/300/200/?random">
                <h4>Product 1</h4>
                <p>Description</p>
                <p>Price</p>
                <button>Add to cart</button>
            </div>
            <div class="gallery-item">
                <img class="gallery-image" src="https://picsum.photos/300/200/?random">
                <h4>Product 2</h4>
                <p>Description</p>
                <p>Price</p>
                <button>Add to cart</button>
            </div>
            <!-- code shortened -->
    </div>
    </div>
</body>
</html>
```

桌面屏幕上应该会呈现如图 7.4 所示的内容（你的图像可能会有所不同，因为这些 URL 会生成随机图像）。

但是，尝试在移动设备上呈现同一页面，看起来会像图 7.5 一样，效果比较糟糕。

图 7.4　电子商务产品列表页面

图 7.5　移动设备上的电子商务产品列表页面

要解决这个问题，需要进入 CSS 代码中，并咨询 AI 助手该怎么做。

在 CSS 的底部放置一条提示词，如下所示：

[提示]

在移动设备上将图库从 3 列切换到 1 列。

[提示结束]

结果应该是一个媒体查询，如下所示：

[提示响应]

```
@media (max-width: 768px) {
    .gallery {
        grid-template-columns: auto;
    }
}
```

[响应结束]

现在，移动设备以图 7.6 所示的方式呈现图像，这是可以接受的。

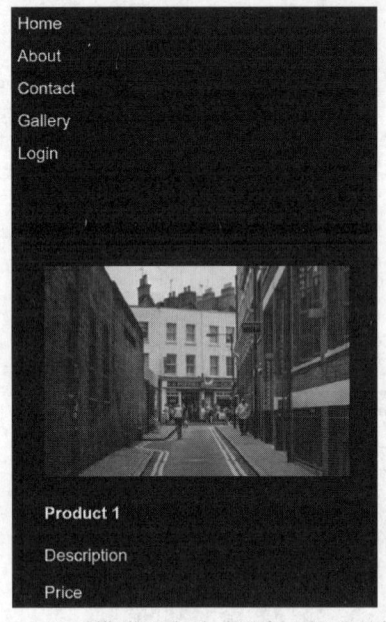

图 7.6 竖屏模式下在移动设备上呈现的图像

7.8 任务

作为新入职的前端开发人员，你受雇维护一款记忆游戏。游戏界面如图 7.7 所示。

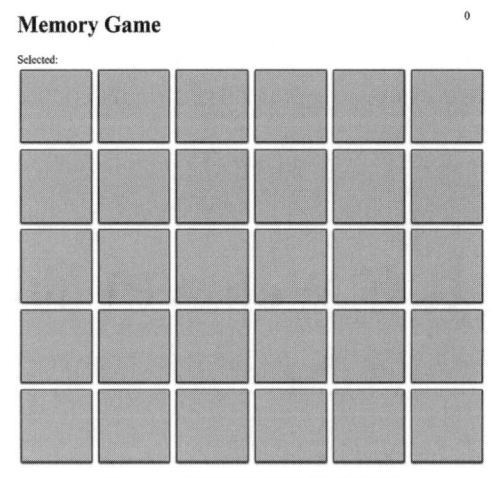

图 7.7　记忆游戏的游戏界面

公司希望你完成以下任务：
- 确保在桌面屏幕上呈现为 5×5 的网格。对于较大的视口，它的呈现效果不佳，但你应该解决这个问题。
- 支持移动设备，这意味着它应该呈现为 5×5 的网格，但图块大小减半。
- 在为移动设备修复它时，请确保右上角的分数移动到中间并居中。

作为开发人员，你现在的任务是利用 GitHub Copilot 调整这款游戏的代码。可通过内联编辑打开的文本文件或使用 Copilot 的聊天功能，确保代码在不同设备上都能顺利运行。

7.9　挑战

任务的所有代码都在一个文件中。看看你是否可以把它分成不同的文件。此外，看看你是否可以尝试使用配对的卡片进行实验，尝试删除它们或添加一个显示它们不再是游戏的一部分的类。

7.10　总结

本章讨论了作为响应式 Web 设计的核心概念的视口。为处理不同的视口，我们使用了媒体查询。

我们继续开发了用例，即电子商务网站，并尝试确保产品列表在移动设备上可以很好地呈现。首先，我们设法确定了这个问题。其次，我们想出了一个解决问题的策略，那就是使用媒体查询。再次，我们实施了该策略。最后，我们对它进行了测试以确保它有效。

下一章将从前端转向后端。后端由 Web API 组成。我们将继续使用我们的用例（电子商务网站），并构建一个主要服务于产品列表的 Web API。不过，希望你也能清楚地了解如何向 Web API 中添加其他资源。

第 8 章

构建具有 Web API 的后端

8.1 导论

Web API 是我们开发的一种应用程序编程接口，供客户端使用。该 API 使用 HTTP 进行通信。浏览器可以使用 Web API 向其他浏览器和应用程序公开数据和功能。

在开发 Web API 时，你可以使用所需的任何编程语言和框架。无论选择哪种技术，总有一些事情需要你考虑，例如数据存储、安全性、身份验证、授权、文档、测试等。

了解了需要考虑哪些事项之后，我们才能使用 AI 助手来帮助构建后端。

本章涵盖以下内容：
- 介绍 Web API。
- 使用 Python 和 Flask 创建 Web API。
- 利用 AI 助手回答问题、提供代码建议，以及创建文档和测试。

8.2 业务问题

本章将继续使用电子商务用例。这次的重点是 API。该 API 允许读取和写入电子商务领域中重要的数据。在开发此 API 时需要记住几个重要方面：
- 逻辑域：应该将应用程序划分为不同的逻辑域。在电子商务问题的上下文中，这通常会被转化为产品、订单、发票等。
- 每个逻辑域应由业务的哪个部分来处理。
  - 产品：也许有一个专门的团队负责。同一个团队还管理所有类型的促销活动，这很常见。
  - 发票和付款：通常有一个专门的团队负责用户支付费用的问题，例如，用户可以通过信用卡、发票和其他方法支付。
- **库存**：需要在库房备有一定数量的产品。如何确定备货量？需要与业务分析师或数据专家合作，以做出精准预测。

8.3 问题和数据领域

我们已经提到了围绕产品、订单、发票等的几个不同的逻辑域。在这几个领域中遇到的问题通常包括：
- 读取和写入：希望读取或写入（或者可能两者都有）哪些数据？
- 用户将如何访问数据（是访问全部数据，还是可能会应用过滤器来限制输出）？
- 访问权限和角色：你可以预料有不同的角色需要访问系统。管理员角色可能应该有权访问大部分数据，而登录用户应该只能看到属于他们的部分数据。这不是我们将在本章中讨论的问题，但在构建此 API 时应该考虑这个问题。

8.4 功能分解

既然我们了解了既存在业务问题又存在数据问题，我们需要开始确定电子商务网站所需的功能。一旦达到这个详细程度，就更容易编写出具体的提示词。

以产品为例，进行功能分解的一种方法如下：
- 读取所有产品。
- 根据过滤条件读取产品：通常情况下，你可能不希望读取所有产品，而是想要读取特定类别的产品，或限定特定数量，例如，读取 10 个产品或 20 个产品。
- 搜索产品：应帮助用户查找特定产品，通常可以通过类别、名称，或某个特定活动的一部分进行搜索。
- 检索特定产品的详细信息。

我确信产品逻辑域还应包含更多功能，但现在你已经了解了在继续构建 API 之前应该将功能分解到怎样的精细程度。

8.5 提示策略

本章将介绍如何使用 Copilot Chat 和编辑器内模式。我们将从聊天模式开始，因为它对于我们想要生成的初始代码非常有用。它允许你选择某些代码行，并允许你仅根据提示词更新那些代码行，因此它非常高效。当你想要改进此类代码时，可以使用后者的示例。在本章的后面部分，我们将改进路由，以从数据库读取而不是从列表中读取静态数据，届时你将看到此用例。本章还有一些情况会使用到编辑器内模式。当你正在主动键入代码并希望进行较小的调整时，比较推荐这种方法。本章将使用第 2 章中提到的"探索性提示模式"进行举例。

8.6　Web API

使用 Web API 是确保前端应用程序能够访问读取和写入数据所需的数据和功能的好方法。Web API 的预期特性包括：
- 可通过 Web 访问。
- 利用 HTTP 及其动词（如 GET、POST、PUT、DELETE 等）来传递意图。

8.6.1　应该选择哪种语言和框架

本章决定使用 Python 和 Flask。为什么？我们使用什么标准来选择语言和框架？可以使用任何语言和框架，但需要考虑以下标准：
- 你了解哪些语言和框架？
- 它们易于学习吗？
- 它们是否拥有庞大的社区支持？
- 它们是免费和开源的吗？
- 它们更新的频率如何？
- 它们是否有良好的文档？
- 它们是否有好的工具支持？

这些只是需要考虑的部分标准。

选择 Python 和 Flack 的原因是它们满足了上述许多标准（Node.js 的 Express 框架也满足了，但这里的目标只是展示如何使用 AI 助手构建 Web API，所以可以随意使用你喜欢的任何 Web 框架）。此外，本书的重点是展示 AI 助手如何帮助我们构建后端，提示词是什么、如何提示、框架和语言都不是重点。

8.6.2　规划 Web API

当规划 Web API 时，应考虑以下几点：
- 你想要暴露哪些数据？例如，产品和订单。
- 你想要暴露哪些功能？例如，读取订单数据。
- 你将如何构建 Web API？
- 安全性和身份验证：你不仅需要确定应用程序的哪些区域应要求用户登录，还应确定哪些部分应仅限于特定的用户类型访问。
- 存储和数据库：常见的选择包括 MySQL 和 Postgres。

在规划 Web API 时，请将上述要点作为检查清单使用。

8.7　使用 Python 和 Flask 创建 Web API

与 AI 助手合作的一个关键问题是，我们可以使用它来生成代码，但需要充分地了解问题和解决方案，即知道如何使用 Python 和 Flask 创建 Web API，然后才能利用 AI 助手帮助我们。可以在没有 AI 助手的情况下创建 Web API 吗？可以，但我们可能会陷入困境，并且可能会不知道下一步该做什么。

那么，我们需要多少知识呢？如果你了解如何使用 Python 或任何其他语言构建 Web API，那么你就可以开始了。

让我们开始吧。

8.7.1 步骤 1：创建新项目

首先，我们需要创建一个新项目。如果你了解 Python，你就会知道使用虚拟环境是个好主意，因为它会将该项目与计算机上的其他 Python 项目隔离开来。使用虚拟环境不是必须的，但我们建议使用它，因为 Python 和软件包的版本不同可能会引发问题。

那么，我们需要一个虚拟环境。如何创建呢？可借助 AI 助手来记住语法。对于下面的提示词，请打开文本文件或使用 GitHub Copilot 中的聊天功能键入。

[提示]

如何为 Python 创建虚拟环境？

[提示结束]

> 在编辑器内体验中，在打开的文本文件中键入提示词时，首选在句子的开头使用 q:。如果你使用聊天功能，则无须添加 q:。

[提示响应]

答案与 a: 在同一行。

```
python -m venv venv
```

[响应结束]

以下是 app.py 文件中包含提示词和响应的输出示例：

```
# q: How do I create a virtual environment for Python? a: python -m venv venv
```

要使用 AI 助手给出的命令，需要打开一个终端，粘贴命令，然后运行它。

此时，你需要具备足够的概念知识才能知道，你需要激活虚拟环境才能使用它。但是可以使用 AI 助手帮助我们。

[提示]

如何在 Windows 中激活 Python 的虚拟环境？

[提示结束]

[提示响应]

```
a: Venv\Scripts\activate
```

［响应结束］

> 如果你使用的是 macOS 或 Linux，请更改上述提示词以符合你的操作系统。

8.7.2　步骤 2：安装 Flask

你需要具备的概念知识是，你可以使用 `pip` 安装包（在本例中为 Flask）。可使用 AI 助手来帮助我们。继续使用 `app.py` 文件，并将提示词添加为其他注释。

［提示］

如何使用 `pip` 安装 Flask？

［提示结束］

［提示响应］

```
pip install Flask
```

［响应结束］

`app.py` 看起来应如下所示：

```
# q: How do I create a virtual environment for Python? a: python -m venv venv
# q: How do I install Flask with pip? a: pip install Flask
```

> 在使用 AI 工具迅速获取如何做某事的答案后，你可自行决定是否清除文本文件中的问题和答案。

现在，我们知道如何安装 Flask 了。

8.7.3　步骤 3：创建入口点

需要为 Web API 创建一个入口点，这将是我们运行 Web API 时执行的文件。在 Python 中，通常可以将这个文件命名为 `app.py`。

8.7.4　步骤 4：创建 Flask 应用程序

此时，我们已经创建了项目，安装了 Flask，并准备了入口点文件，但该应用程序还不是 Flask 应用程序，因此让我们创建一个。

可使用 AI 助手帮助我们。

［提示］

如何创建 Flask 应用？

［提示结束］

像往常一样，在打开的文本文件中以注释的形式输入提示词，并在前面加上 `q:`。以下是最新提示词的响应：

[提示响应]

```
from flask import Flask
```

[响应结束]

我们从 AI 助手那里得到的回复并不多。但我们知道我们需要导入 Flask。下文将改进提示词。

[提示]

如何创建一个同时包含默认路由和"hello"路由的 Flask 应用？

[提示结束]

现在，你将看到改进的提示词的响应。该提示词包含有关在应用程序中创建路由和逻辑区域的更明确的说明：

[提示响应]

```
from flask import Flask

# create app
app = Flask(__name__)

# default route

@app.route('/')
def index():
    return 'Hello World!'

# hello route
@app.route('/hello')
def hello():
    return 'Hello World!'

# start app on port 5000
if __name__ == '__main__':
    app.run(debug=True, port=5000)
```

[响应结束]

现在，我们有一些 Flask 应用程序的起始代码。

接下来，我们将聚焦于 Web API 的用例，即电子商务用例。

8.8 用例：电子商务网站的 Web API

到目前为止，在本书中，我们已经引导你完成了为电子商务网站构建前端应用程序的过程。我们使用 AI 助手来帮助我们开发前端应用程序。现在，我们将为电子商务网站构建一个 Web API。

在前一节中，我们借助 AI 助手成功创建了一个 Flask 应用。现在，我们将继续使用 AI

助手,为电子商务网站创建一个 Web API。

8.8.1 步骤 1:为电子商务网站创建 Web API

让我们先规划此任务。根据前面的章节,该电子商务网站具有以下功能:
- **产品目录**:包含打算销售的产品。
- **购物车**:通过使用购物车,可以将产品添加到购物车、从购物车中删除产品以及更新购物车中产品的数量。一旦用户对购物车中的产品感到满意,就可以结账并让商家邮寄。
- **结账流程**:在结账流程中,需要收集支付信息和配送信息。

考虑到上述信息,可以为 AI 助手制订一条提示词。

[提示]

展示用于创建包含产品目录、购物车和结账流程的 Flask Web API 代码。

[提示结束]

[提示响应]

```
from flask import Flask

# create app
app = Flask(__name__)

# default route
@app.route('/')
def index():
    return 'Hello World!'

# product catalog
@app.route('/products')
def products():
    return 'Products'

# shopping cart
@app.route('/cart')
def cart():
    return 'Cart'

# checkout
@app.route('/checkout')
def checkout():
    return 'Checkout'

# start app on port 5000
if __name__ == '__main__':
    app.run(debug=True, port=5000)
```

［响应结束］

目前，已经有了 Web API 的起始代码，但需要在以下方面进行改进：
- 需要返回 JSON 而不是文本。
- 添加读写数据库的代码。
- 添加测试。
- 为 Web API 编写文档。

8.8.2　步骤 2：返回 JSON 而不是文本

　　JSON 是一种常见的数据格式。它既方便人类阅读，也使机器易于处理。要在 Python 中使用 JSON，需要导入 `json` 包，其中的 `jsonify()` 方法可以将 Python 字典转换为 JSON。

　　如何在 Web API 中使用 `jsonify()` 呢？在这一过程中，可继续借助 AI 助手在代码中添加提示词注释，或者使用 GitHub Copilot 的聊天功能（这是 GitHub Copilot 的一个独立扩展功能）。

　　我们选择了后者。要使用 GitHub Copilot 的聊天功能（参考此链接获取最新的安装说明：https://docs.github.com/en/copilot/github-copilot-chat/using-github-copilot-chat-in-your-ide），我们需要选择要改进的代码，然后单击 Visual Studio Code 左侧的聊天图标（如果使用的是默认布局，图标会垂直放置，这取决于你安装了哪些其他扩展程序）。图 8.1 是你要查找的图标。请确保已正确安装了 GitHub Copilot Chat 扩展程序：

　　点击聊天图标并选择代码后，就可以开始与 GitHub Copilot 对话了。让 GitHub Copilot 帮助我们修改代码，使其对所有路由返回 JSON 数据，而不是文本。

　　可在聊天窗口中添加以下提示词，效果如图 8.2 所示。

　　［提示］
为所有路由添加返回 JSON 数据的代码。
　　［提示结束］

　　聊天功能生成了一个包含 `jsonify()` 方法的代码答案，如图 8.3 所示。

图 8.1　GitHub Copilot 的聊天图标 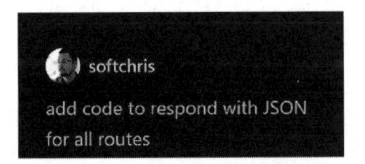　　　　图 8.2　Copilot 聊天窗口中的提示词 　　　　图 8.3　Copilot Chat 的响应

这是 GitHub Copilot 生成的代码：

```python
from flask import Flask, jsonify

# create app
app = Flask(__name__)

# default route
@app.route('/')
def index():
    return jsonify({'message': 'Hello World!'})

# product catalog
@app.route('/products')
def products():
    products = [
        {'id': 1, 'name': 'Product 1', 'price': 10.99},
        {'id': 2, 'name': 'Product 2', 'price': 5.99},
        {'id': 3, 'name': 'Product 3', 'price': 7.99}
    ]
    return jsonify(products)

# shopping cart
@app.route('/cart')
def cart():
    return jsonify({'message': 'Cart'})

# checkout
@app.route('/checkout')
def checkout():
    return jsonify({'message': 'Checkout'})

# start app on port 5000
if __name__ == '__main__':
    app.run(debug=True, port=5000)
```

8.8.3 步骤 3：添加读写数据库的代码

我们已经有了一个返回 JSON 数据的 Web API。现在，需要添加代码以读取和写入数据库。可再次使用聊天功能来完成这项任务。

［提示］
添加读写数据库的代码，并将其应用到所有的路由中。
［提示结束］

以下为最终得到的代码：

[提示响应]

```python
import sqlite3
from flask import Flask, jsonify

# create app
app = Flask(__name__)

# connect to database
conn = sqlite3.connect('example.db')

# create table
conn.execute('''CREATE TABLE IF NOT EXISTS products
            (id INTEGER PRIMARY KEY AUTOINCREMENT,
            name TEXT NOT NULL,
            price REAL NOT NULL);''')

# insert data
conn.execute("INSERT INTO products (name, price) VALUES (?, ?)", ('Product 1', 10.99))
conn.execute("INSERT INTO products (name, price) VALUES (?, ?)", ('Product 2', 5.99))
conn.execute("INSERT INTO products (name, price) VALUES (?, ?)", ('Product 3', 7.99))
conn.commit()

# default route
@app.route('/')
def index():
    return jsonify({'message': 'Hello World!'})

# product catalog
@app.route('/products')
def products():
    cursor = conn.execute("SELECT id, name, price FROM products")
    products = []
    for row in cursor:
        product = {'id': row[0], 'name': row[1], 'price': row[2]}
        products.append(product)
    return jsonify(products)

# shopping cart
@app.route('/cart')
def cart():
    return jsonify({'message': 'Cart'})

# checkout
@app.route('/checkout')
def checkout():
```

```
        return jsonify({'message': 'Checkout'})
# close connection
conn.close()

# start app on port 5000
if __name__ == '__main__':
    app.run(debug=True, port=5000)
```

[响应结束]

目前,我们已经得到了相当多的代码:

我们得到了连接数据库的代码。在这种情况下,我们成功连接到了常见的 SQLite 数据库。这段代码创建了一个表,并且在 /products 路由中从中读取了数据,但我们没有得到可以写入数据库的代码,也没有得到可以用于在其他路由中读写数据的代码。

根据上面的代码,我们可以意识到这是一个好的开始,但有些地方我们需要改进,因此我们将更改提示词以解决这些不足。我们需要通过提示词来确保所有路由都从数据库中读取数据,而不仅仅是一个路由。

因此,我们可以自行调整代码,因为大部分代码已经就绪,或者尝试修改提示词。下文中我们将尝试使用后面这种方法。

[提示]

添加读写数据库的代码,并将其应用到所有的路由中。

[提示结束]

[提示响应]

```
import sqlite3
from flask import Flask, jsonify

# create app
app = Flask(__name__)

# connect to database
conn = sqlite3.connect('example.db')

# create table
conn.execute('''CREATE TABLE IF NOT EXISTS products
            (id INTEGER PRIMARY KEY AUTOINCREMENT,
            name TEXT NOT NULL,
            price REAL NOT NULL);''')

# insert data
conn.execute("INSERT INTO products (name, price) VALUES (?, ?)", ('Product 1',
10.99))
conn.execute("INSERT INTO products (name, price) VALUES (?, ?)", ('Product 2', 5.99))
conn.execute("INSERT INTO products (name, price) VALUES (?, ?)", ('Product 3', 7.99))
conn.commit()
```

```python
# default route
@app.route('/')
def index():
    return jsonify({'message': 'Hello World!'})

# product catalog
@app.route('/products')
def products():
    cursor = conn.execute("SELECT id, name, price FROM products")
    products = []
    for row in cursor:
        product = {'id': row[0], 'name': row[1], 'price': row[2]}
        products.append(product)
    return jsonify(products)

# shopping cart
@app.route('/cart')
def cart():
    cursor = conn.execute("SELECT id, name, price FROM products")
    products = []
    for row in cursor:
        product = {'id': row[0], 'name': row[1], 'price': row[2]}
        products.append(product)
    return jsonify(products)

# checkout
@app.route('/checkout')
def checkout():
    cursor = conn.execute("SELECT id, name, price FROM products")
    products = []
    for row in cursor:
        product = {'id': row[0], 'name': row[1], 'price': row[2]}
        products.append(product)
    return jsonify(products)

# close connection
conn.close()

# start app on port 5000
if __name__ == '__main__':
    app.run(debug=True, port=5000)
```

[响应结束]

我们对提示词进行了以下更改：

- 为 /checkout 和 /cart 路由添加了数据库代码。
- 所有三个路由都从产品表中读取数据，这是不正确的。这是我们需要在接下来的提示词中解决的问题。好消息是，可以通过提示词告诉 Copilot Chat 问题所在，并期望 AI 助手相应地更改代码。

上面的代码比第一条提示词产生的代码要好，但仍然存在问题。

可尝试在 CopilotChat 中调整提示词，或可回退到我们的另一种方法，即在代码中添加提示词。要添加这些提示词，请将光标置于代码中，并将提示词添加为注释。以下是我们添加的一些提示词：

- `# create tables`（创建表）：重复使用已经用过的注释，但由于 Copilot 现在知道所有路线，因此这次它做得更好，建议创建三个数据库表，而不仅仅是产品表。
- `# add product to cart, product ID and quantity in body, create cart if needed, else update`（如果需要创建购物车，则将产品、产品 ID 和数量添加到购物车，否则更新）：这条提示词非常详细，因为它明确要求了应将哪些信息添加到每个购物车记录中。
- `# product`（产品目录）和 `# shopping cart`（购物车）也是重复提示（我们去掉旧的提示词，重新输入以切换新的建议）。这一次，我们让 Copilot 建议要从哪个数据库中读取数据。

下面我们将用代码中的各种提示词作为注释来重塑代码：

```python
import sqlite3
import json
import flask

# create app
app = flask.Flask(__name__)

# connect to database
db = sqlite3.connect('example.db')

# create tables
db.execute('''CREATE TABLE IF NOT EXISTS products
            (id INTEGER PRIMARY KEY AUTOINCREMENT,
            name TEXT NOT NULL,
            price REAL NOT NULL);''')

db.execute('''CREATE TABLE IF NOT EXISTS cart
            (id INTEGER PRIMARY KEY AUTOINCREMENT,
            product_id INTEGER NOT NULL,
            quantity INTEGER NOT NULL);''')

db.execute('''CREATE TABLE IF NOT EXISTS checkout
            (id INTEGER PRIMARY KEY AUTOINCREMENT,
            cart_id INTEGER NOT NULL,
            total REAL NOT NULL);''')
```

```python
db.commit()
db.close()

# default route
@app.route('/')
def index():
    return flask.jsonify({'message': 'Hello World!'})

# product catalog
@app.route('/products')
def products():
    db = sqlite3.connect('example.db')
    cursor = db.execute("SELECT id, name, price FROM products")
    products = []
    for row in cursor:
        product = {'id': row[0], 'name': row[1], 'price': row[2]}
        products.append(product)
    db.close()
    return flask.jsonify(products)

# shopping cart
@app.route('/cart')
def cart():
    db = sqlite3.connect('example.db')
    cursor = db.execute("SELECT id, product_id, quantity FROM cart")
    cart = []
    for row in cursor:
        item = {'id': row[0], 'product_id': row[1], 'quantity': row[2]}
        cart.append(item)
    db.close()
    return flask.jsonify(cart)
# add product to cart, productID and quantity in body, create cart if needed, else update
@app.route('/cart/', methods=['POST'])
def add_to_cart():
    db = sqlite3.connect('example.db')
    # get product id and quantity from body
    product_id = flask.request.json['productId']
    quantity = flask.request.json['quantity']

    # check if cart exists
    cursor = db.execute("SELECT id FROM cart")
    cart_id = None
    for row in cursor:
        cart_id = row[0]
```

```
    # if cart exists, update
    if cart_id:
        db.execute("UPDATE cart SET product_id = ?, quantity = ? WHERE id = ?",
(product_id, quantity, cart_id))
    # else create
    else:
        db.execute("INSERT INTO cart (product_id, quantity) VALUES (?, ?)", (prod-
uct_id, quantity))

    # close
    db.commit()
    db.close()

    return flask.jsonify({'message': 'Added to cart'})

# checkout POST, cartId in body
@app.route('/checkout', methods=['POST'])
def checkout():
    # insert cart into checkout
    conn = sqlite3.connect('example.db')
    # get cart id from body
    cart_id = flask.request.json['cartId']

    # write to checkout
    conn.execute("INSERT INTO checkout (cart_id, total) VALUES (?, ?)", (cart_id, 0))
    # close
    conn.commit()
    conn.close()
```

这段代码够好吗？需要做进一步调整吗？

它确实还有改进的空间，以下是需要改进的地方：

- 代码不符合原则（确保代码不重复的原则）。我们有很多重复的代码，可通过创建一个接受查询并返回结果的函数来解决这一问题。
- 缺少身份验证和授权。我们应该将其添加到代码中。
- 缺少文档说明。
- 代码不安全。应添加一些安全措施，尤其是在数据库方面。作为开发人员，对如何保护代码要有一定的了解。我们可以使用预处理语句来防止 SQL 注入攻击，还可以验证我们从客户端收到的数据。

8.8.4 步骤 4：改进代码

改进代码的最好方法是将已有的代码作为起点，先尝试运行它。然后，我们可以看到我们遇到了哪些错误以及需要修复什么。

之后，进行架构和设计，并将代码分离到不同的文件中。

最后，添加身份验证、授权和安全措施。

1. 运行代码

运行代码。首先，将 Flask 变量 `FLASK_APP` 设为 `app.py`，然后启动应用程序。

> 如果你使用的是 Windows，则请使用 `set` 而不是 `export` 来设置变量。

```
# flask variable windows
set FLASK_APP=app.py
flask run
```

此应用程序运行成功了！

/products、/cart 和 /checkout 也能正常工作，但我们还没有在数据库中添加任何数据。请向数据库中添加一些数据。通过在文件顶部插入上述代码并再次运行应用程序，我们可以实现这一点：

```
db.execute("INSERT INTO products (name, price) VALUES (?, ?)", ('Apple', 1.99))

db.execute("INSERT INTO products (name, price) VALUES (?, ?)", ('Banana', 2.99))
```

当重新运行应用程序并访问 /products 时，你应该能看到新增的产品，以下是 JSON 输出：

```
[
  {
    "id": 1,
    "name": "Apple",
    "price": 1.99
  },
  {
    "id": 2,
    "name": "Banana",
    "price": 2.99
  }
]
```

2. 重构代码

太棒了——到目前为止，进展顺利！现在，我们来重构代码，使其更加符合 DRY 原则。可使用 Copilot 来帮助我们完成这项工作。

为其提供以下提示词：

[提示]

通过将数据库部分分离到单独的模块 `db.py` 中，并对外开放以下函数：`get_products`、

get_cart、add_to_cart、checkout，以改进代码。
[提示结束]

我们获得了两个响应，一个用于db.py文件，一个用于app.py文件。我们先处理db.py文件。

[提示响应]

```
import sqlite3

# connect to database
conn = sqlite3.connect('example.db')

# create tables
conn.execute('''CREATE TABLE IF NOT EXISTS products
            (id INTEGER PRIMARY KEY AUTOINCREMENT,
            name TEXT NOT NULL,
            price REAL NOT NULL);''')

conn.execute('''CREATE TABLE IF NOT EXISTS cart
            (id INTEGER PRIMARY KEY AUTOINCREMENT,
            product_id INTEGER NOT NULL,
            quantity INTEGER NOT NULL);''')
conn.execute('''CREATE TABLE IF NOT EXISTS checkout
            (id INTEGER PRIMARY KEY AUTOINCREMENT,
            cart_id INTEGER NOT NULL,
            total REAL NOT NULL);''')

conn.execute("INSERT INTO products (name, price) VALUES (?, ?)", ('Apple', 1.99))

conn.execute("INSERT INTO products (name, price) VALUES (?, ?)", ('Banana', 2.99))

conn.commit()

def get_products():
    cursor = conn.execute("SELECT id, name, price FROM products")
    products = []
    for row in cursor:
        product = {'id': row[0], 'name': row[1], 'price': row[2]}
        products.append(product)
    return products

def get_cart():
    cursor = conn.execute("SELECT id, product_id, quantity FROM cart")
    cart = []
    for row in cursor:
        item = {'id': row[0], 'product_id': row[1], 'quantity': row[2]}
        cart.append(item)
```

```
    return cart

def add_to_cart(product_id, quantity):

    # check if cart exists
    cursor = conn.execute("SELECT id FROM cart")
    cart_id = None
    for row in cursor:
        cart_id = row[0]

    # if cart exists, update
    if cart_id:
        conn.execute("UPDATE cart SET product_id = ?, quantity = ? WHERE id = ?",
(product_id, quantity, cart_id))
    # else create
    else:
        conn.execute("INSERT INTO cart (product_id, quantity) VALUES (?, ?)",
(product_id, quantity))

    conn.commit()

def checkout(cart_id):
    # insert cart into checkout
    conn.execute("INSERT INTO checkout (cart_id, total) VALUES (?, ?)", (cart_id, 0))
    conn.commit()
```

[响应结束]

> 上面的代码使用了数据库的开放连接,因此需要对代码进行改进。完成连接后,应该关闭连接,需确保在提交后添加代码以关闭连接。此外,请确保在每个路由中分别打开和关闭连接。

这看起来不错,可将它添加到我们的项目中。我们可以创建一个名为 db.py 的新文件,并将代码复制到其中。

接下来,让我们看看它对 app.py 文件有什么建议:

```
import flask
import db

# create app
app = flask.Flask(__name__)

# default route
@app.route('/')
def index():
```

```python
    return flask.jsonify({'message': 'Hello World!'})

# product catalog
@app.route('/products')
def products():
    products = db.get_products()
    return flask.jsonify(products)

# shopping cart
@app.route('/cart')
def cart():
    cart = db.get_cart()
    return flask.jsonify(cart)

# add product to cart, productId and quantity in body, create cart if needed, else update
@app.route('/cart', methods=['POST'])
def add_to_cart():
    # get product id and quantity from body
    product_id = flask.request.json['productId']
    quantity = flask.request.json['quantity']

    db.add_to_cart(product_id, quantity)

    return flask.jsonify({'message': 'Added to cart'})

# checkout POST, cartId in body
@app.route('/checkout', methods=['POST'])
def checkout():
    # get cart id from body
    cart_id = flask.request.json['cartId']

    db.checkout(cart_id)

    return flask.jsonify({'message': 'Checkout successful'})

# start app on port 5000
if __name__ == '__main__':
    app.run(debug=True, port=5000)
```

正如你所见，它已将数据库代码分离到 `db.py` 文件中，并且添加了 `db.py` 文件的导入语句。现在，我们将这段代码复制到我们的 `app.py` 文件中并替换其原有内容。

它能工作吗？让我们运行应用程序看看。运行时没有任何错误，当我们访问 /products、/cart 和 /checkout 时，得到的是 JSON 输出。如果你愿意，你还可以向 /cart 发出 POST 请求以编写购物车内容——太棒了！

8.8.5 步骤 5：为 API 编写文档

可使用 Copilot Chat 来为 API 编写文档。提示词如下：

[提示]

使用 Swagger 为 API 编写文档。API 应包含以下端点：GET/products, GET/cart, POST/cart/add, POST/checkout。

[提示结束]

> Swagger 或 OpenAPI 标准是记录 API 路由的一种方法。你可以可视化这些路线规范，以快速了解 API 的功能。此外，还有一个名为 Swagger UI 的网页，它不仅可以让你查看 API 中有哪些路由，还可以发出请求等，以确保 API 正常工作。

以下是输出结果，其中包括代码和文档：

[提示响应]

```python
# app.py
import flask
import db
from flasgger import Swagger, swag_from

# create app
app = flask.Flask(__name__)
swagger = Swagger(app)

# default route
@app.route('/')
def index():
    return flask.jsonify({'message': 'Hello World!'})

# product catalog
@app.route('/products', methods=['GET'])
@swag_from('swagger/products.yml')
def products():
    products = db.get_products()
    return flask.jsonify(products)

# shopping cart
@app.route('/cart', methods=['GET'])
@swag_from('swagger/cart.yml')
def cart():
    cart = db.get_cart()
    return flask.jsonify(cart)
```

```python
# add product to cart, productId and quantity in body, create cart if needed, else update
@app.route('/cart/add', methods=['POST'])
@swag_from('swagger/add_to_cart.yml')
def add_to_cart():
    # get product id and quantity from body
    product_id = flask.request.json['productId']
    quantity = flask.request.json['quantity']

    db.add_to_cart(product_id, quantity)

    return flask.jsonify({'message': 'Added to cart'})

# checkout POST, cartId in body
@app.route('/checkout', methods=['POST'])
@swag_from('swagger/checkout.yml')
def checkout():
    # get cart id from body
    cart_id = flask.request.json['cartId']

    db.checkout(cart_id)

    return flask.jsonify({'message': 'Checkout successful'})

# start app on port 5000
if __name__ == '__main__':
    app.run(debug=True, port=5000)
```

[响应结束]

它告诉我们创建以下文件和文件夹：

```
folder: swagger
products.yml
file: cart.yml
file: add_to_cart.yml
file: checkout.yml
file: swagger.yml
```

手动创建这些文件并将内容复制到其中。

```
products.yml
---
tags:
  - products
responses:
  200:
    description: A list of products
```

```yaml
      schema:
        type: array
        items:
          type: object
          properties:
            id:
              type: integer
            name:
              type: string
            price:
              type: number
```

cart.yml
```yaml
---
tags:
  - cart
responses:
  200:
    description: A list of items in the cart
    schema:
      type: array
      items:
        type: object
        properties:
          id:
            type: integer
          product_id:
            type: integer
          quantity:
            type: integer
```

add_to_cart.yml
```yaml
---
tags:
  - cart
parameters:
  - in: body
    name: body
    required: true
    schema:
      type: object
      properties:
        productId:
          type: integer
        quantity:
          type: integer
responses:
  200:
```

```
      description: Added to cart
checkout.yml
---
tags:
  - checkout
parameters:
  - in: body
    name: body
    required: true
    schema:
      type: object
      properties:
        cartId:
          type: integer
responses:
  200:
    description: Checkout successful
```

缺少的是安装 flasgger Swagger 库：

```
pip install flasgger
```

Swagger 生成 API 文档页面如图 8.4 所示。

图 8.4 由 Swagger 生成的 API 文档

应通过与生成的文档进行交互，以验证 API 是否按预期工作，并确保路由生成预期的输出。

在这一点上，我们确实可以继续改进，但别忘了我们仅用提示词和几行代码就创建了多少内容。现在我们已经有了一个可用的 API，并且包含数据库和文档。接下来，我们可以专注于改进代码并添加更多功能。

8.9 任务

以下是本章的建议任务：一个好的任务应为 API 添加更多的功能，例如：
- 添加一个新的端点以获取单个产品。
- 添加一个新的端点以从购物车中移除产品。
- 添加一个新的端点以更新购物车中产品的数量。

> 将上述内容作为提示词添加到 Copilot Chat 中，看看它会生成什么。预计代码和文档都会发生变化。

8.10 挑战

通过添加更多功能来改进这个 API。你可以借助 Copilot Chat 来完成这项任务。

8.11 总结

本章讨论了如何规划 API。然后，我们研究了如何选择 Python 和 Flask 来完成这项工作，并强调了拥有实际构建 Web API 的上下文知识的重要性。一般来说，在要求 AI 助手帮助你之前，你应该知道如何做这件事。

然后，我们为 AI 助手设计了提示词，以帮助我们使用 Web API。我们与电子商务网站合作，创建了一个 Web API 来为它提供服务。

之后，我们讨论了如何改进代码并为 API 添加更多功能。

下一章将讨论如何通过添加 AI 来改进应用程序。

第 9 章

用 AI 服务增强 Web 应用程序

9.1 导论

可以通过多种方式利用 AI 服务来增强 Web 应用程序：你可以利用现有的 Web API 公开模型，或者自己构建并调用模型。

首先，将 AI 添加到应用程序的原因是为了让它更智能。这样做不是为了智能而智能，而是为了让它对用户更有用。例如，如果有一个允许用户搜索产品的 Web 应用程序，则可以给它添加一项功能——根据用户以前的购买记录推荐产品。事实上，为什么要将自己局限于以前购买的产品中呢？为什么不根据用户之前的搜索记录推荐产品？或者，为什么不能让用户自己拍一张产品照片，然后让应用程序据此推荐类似产品呢？

使用 AI 服务增强 Web 应用程序的可能性有很多，这将提升用户体验。

本章涵盖以下内容：

- 讨论 Pickle 和 ONNX 等不同的模型格式。
- 了解如何使用 Pickle 和 ONNX，以及如何使用 Python 将模型持久保存为文件。
- 使用以 ONNX 格式存储的模型，并使用 JavaScript 通过 REST API 公开该模型。

9.2 业务问题

我们继续以电子商务问题为例，但将业务重点放在评分方面。评分的高低可能会影响特定产品的销量。逻辑域包括以下内容：

- **产品**：需要被评分的产品。
- **评分**：实际评分和元信息（如评论、日期等）。

9.3 问题和数据领域

需要弄清楚的问题是如何利用这些评分数据并从中学习。
- **洞见**：例如，可以获得应该开始/停止销售某个产品的洞见。由于某些产品在世界某些地区畅销，因此可能会有其他洞见。
- **技术问题**：技术方面需要弄清楚如何摄取数据，使用这些数据训练模型，然后弄清楚 Web 应用程序如何利用所述模型。

9.4 功能分解

从功能的角度来看，需要将其分解为三个主要部分。
- **数据摄取和训练**：也许该过程是在没有用户界面的情况下完成的，只是将静态数据输入能够训练模型的代码中，因此该过程需要有一个单独的界面。步骤如下所示：
  - 加载数据
  - 清洗数据
  - 创建特征
  - 训练模型
  - 评估模型
  - 运行预测
- **使用模型**：模型训练完成后，需要公开它，最好通过 Web 终端节点进行公开。步骤如下所示：
  - 如果需要，将模型转换为合适的格式。
  - 构建 Web API。
  - 通过 Web API 公开模型。
  - 部署模型，在这一步需要将 API 上线。
- **预测**：这一部分是面向"后台"应用的功能，而非面向客户：
  - 构建用户界面以运行预测。
  - 构建与 Web API 通信的底层代码，使预测成为可能。

9.5 提示策略

可在此处使用任何一种提示方法，从提示词注释中获取建议或使用聊天界面。
对于提示模式，本章将使用第 2 章中提到的"探索性提示模式"进行举例。

9.6 创建模型

想象一下，我们正在 `sales_rating.csv` 文件中处理以下数据集，该数据集是两个数据集合并后的结果，包含销售数据和评分数据。数据集如下所示：

```
product_id,avg_rating,sold
1,2.5,100
2,3.7,200
3,4.2,300
4,1.3,50
5,4.9,800
6,3.2,150
7,2.1,80
8,4.8,500
9,3.9,400
10,2.4,200
11,4.1,300
12,3.2,100
13,2.9,150
14,4.5,500
15,3.8,400
16,2.7,200
17,4.3,300
18,3.4,100
19,2.3,150
20,4.7,500
```

上述数据集包含 product_id、avg_rating 和 sold 列。我们的假设是，产品的平均评分与销售数量相关。这一假设相对合理，即高评分的产品会比低评分的产品卖得更多。通过创建模型，可以帮助我们进一步确定该假设是否为真。

9.7 制订计划

可向 Copilot 询问创建模型需要采取的步骤。将提示词作为注释键入：

> 如果要求 Copilot 提出代码以外的有关其他内容的文本答案，可以在代码文件或 Markdown 文件中键入文本作为注释。或者在注释后换行，并在行首加上 a: 表示答案。还可以使用 Copilot Chat 提问。

［提示］
告诉我生命、宇宙以及一切的答案。
［提示结束］
［提示响应］

```
a: 42
```

［响应结束］
上述答案摘自道格拉斯·亚当斯（Douglas Adam）的《银河漫游指南》一书。

接下来，可以利用 Copilot 列出创建模型的步骤。

[提示]

给定 CSV 文件，在 Python 中创建模型有哪些步骤？

[提示结束]

[提示响应]

- 导入 pandas 和 scikit-learn
- 读取 CSV 文件
- 创建测试数据集和训练数据集
- 创建模型
- 评估模型的效果
- 预测
- 将模型保存为 pkl 文件

[响应结束]

目前，我们已经制订好了计划，接下来开始着手执行，可使用 Copilot 编写代码。

9.7.1 导入库

首先，在 VS Code 中创建一个新的 Notebook，并将其命名为 sales.ipynb。

> .ipynb 是 Jupyter Notebook 的文件格式，作为数据科学领域的从业者，你可能很熟悉。使用这种格式，你可以处理一个包含单元格的文件，其中一些单元格是文本单元格，而其他单元格是你可以运行的代码单元格。

要使用特定的库，应先安装它们。可借助 Copilot 来完成这项任务。凭借我们作为数据科学从业者的经验，我们清楚需要哪些库。因此，建议使用 pandas 和 scikit-learn 库。

[提示]

在 Notebook 里安装 pandas 和 scikit-learn。

[提示结束]

[提示响应]

```
! pip install pandas scikit-learn
```

[响应结束]

接下来，导入所需的库。

[提示]

在 Notebook 中导入 pandas 和 scikit-learn。

[提示结束]

[提示响应]

```
# Import pandas and scikit-learn in a notebook.
import pandas as pd
```

```
import sklearn.linear_model
```
[响应结束]

9.7.2　读取 CSV 文件

在具备所需的库后,读取 CSV 文件。

[提示]

在 Notebook 中读取 CSV 文件。

[提示结束]

[提示响应]

```
# Read a CSV file in a notebook.
df = pd.read_csv("sales_rating.csv")
```

[响应结束]

将 CSV 文件加载到 pandas DataFrame 中,该结构包含列和行。前几行如下所示:

```
df.head()
```

得到以下输出结果:

```
   product_id  avg_rating  sold
0           1         2.5   100
1           2         3.7   200
2           3         4.2   300
3           4         1.3    50
4           5         4.9   800
```

太好了,我们已经将数据加载到 DataFrame 中了。接下来,需要将数据分为测试集和训练集。

9.7.3　创建测试数据集和训练数据集

在机器学习中,通常将数据拆分为测试数据集和训练数据集。训练数据集用于训练模型,测试数据集用于测试模型。可使用 Copilot 来解决这一问题。

[提示]

在 Notebook 中创建测试数据集和训练数据集,建议将测试数据集的大小设为 0.2。

[提示结束]

[提示响应]

```
# Create a test and training dataset in a notebook, suggested test size of 0.2
test_size = 0.2
test = df.sample(frac=test_size)
training = df.drop(test.index)
```

[响应结束]

0.2 是一个不错的测试集规模,即 20% 的数据用于测试,80% 的数据用于训练。

> 💡 可能需要在相应的行上键入 `test_size` 和 `training`,然后按 Tab 键接受建议。

在设置好后创建一个模型。

9.7.4 创建模型

创建模型涉及选择要使用的算法,然后训练模型。提示词如下所示:

[提示]

在 Notebook 中运用 `LinearRegression` 算法构建模型。

[提示结束]

[提示响应]

```
# Create a model in a notebook using the LinearRegression algorithm.
model = sklearn.linear_model.LinearRegression()
model.fit(training[["avg_rating"]], training[["sold"]])
```

[响应结束]

前面的代码使用 `LinearRegulation` 算法创建了一个模型,然后使用训练数据集和 fit 方法训练模型。此外,请注意我们是如何将 `avg_rating` 列作为输入,将 `sold` 列作为输出使用的。这样就可以根据平均评分预测销售数量。

9.7.5 模型效果

此时要了解模型的效果如何,可使用 Copilot 来回答。

> ✏️ 可以使用注释样式并在行内获取建议,也可以使用 CopilotChat。在这两种情况下,Copilot 都可以根据上下文理解内容。

[提示]

在 Notebook 中如何评估模型的效果?显示代码。

[提示结束]

[提示响应]

```
# How good is the model in a notebook? Show the code.
score = model.score(test[["avg_rating"]], test[["sold"]])
```

[响应结束]

可见,可以在模型上调用 `score` 并传递 `test` 数据集以了解模型效果。甚至,可通过 Copilot 做到这一点。

[提示]

`score` 有什么作用?

[提示结束]
[提示响应]

```
score returns the coefficient of determination R^2 of the prediction.
```

[响应结束]

如果需要，可继续查询并让 Copilot 更详细地解释，比如使用以下提示词：

[提示]

简单来说，这意味着什么？

[提示结束]
[提示响应]

```
it returns a number between 0 and 1, where 1 is perfect prediction and 0 is no
prediction.
```

[响应结束]

9.7.6 预测

即使可以参考评分的值，但也需要对一些内容进行预测，才能知道模型的效果。提示词如下所示：

[提示]

在 Notebook 中进行预测。显示代码。

[提示结束]
[提示响应]

```
# Predict in a notebook. Show the code.
predictions = model.predict(test[["avg_rating"]])
```

[响应结束]

目前，我们已构建了一个名为 predictions 的变量，其中包含了预测结果，但我们很难判断预测是否合理。可通过 Copilot 做到这一点。

[提示]

你建议我们如何在 Notebook 中显示预测结果？

[提示结束]
[提示响应]

```
print the predictions
```

[响应结束]

[提示]

除了输出，你还建议我们用什么方式在 Notebook 中展示预测结果？

[提示结束]

[提示响应]

```
plot the predictions
```

[响应结束]

现在我们已经获得了有关各种选项的更多信息。下文将在提示词中使用这些信息。

[提示]

在 Notebook 中展示如何输出并绘制预测结果与实际数据的对比图。

[提示结束]

[提示响应]

```
# Show me how to print and plot predictions vs actual data in a notebook.
import matplotlib.pyplot as plt
plt.scatter(test[["avg_rating"]], test[["sold"]], color='black')
plt.plot(test[["avg_rating"]], predictions, color='blue', linewidth=3)
```

[响应结束]

在 Notebook 中运行此代码，产生如图 9.1 所示的图。

可以看出，这条线很好地拟合了数据。此外，可以输出预测结果以查看实际数据：

```
print(predictions)
```

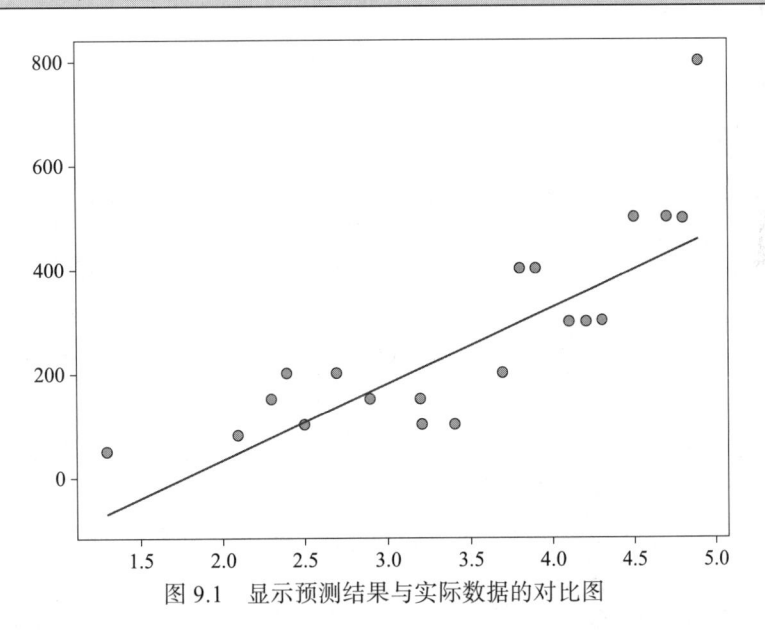

图 9.1 显示预测结果与实际数据的对比图

9.7.7 将模型保存为 .pkl 文件

最后一步，将模型保存到文件中。有几种选择可以用来保存模型。例如，可以将其保存为 pickle 文件或 ONNX 文件。接下来，我们先从保存为 pickle 文件开始。

首先，为这一任务制订一条提示词：

[提示]

在 Notebook 中将模型保存为 pkl 文件。

[提示结束]
[提示响应]

```
# Save the model to pkl in a notebook.
import pickle
pickle.dump(model, open("model.pkl", "wb"))
```

[响应结束]

> 为了完成上述操作，可能需要键入 import 来获得建议。此外，它很有可能会使用 pickle 库，因此在下一行中，你可以键入 pickle 并按 Tab 键接受建议。

9.7.8 在 Python 中创建 REST API

目前，我们已创建了一个包含模型的 model.pkl 文件。通过这个文件，可利用 REST API 来公开模型。可通过 Copilot 来完成这一任务。

[提示]

使用 Python 创建一个 REST API，以公开 pkl 文件里的模型。

[提示结束]
[提示响应]

```
# Create a REST API in Python that exposes the model in a pkl file.
import pickle
import flask

# load the model
model = pickle.load(open("model.pkl", "rb"))

# app
app = flask.Flask(__name__)

# routes
@app.route('/', methods=['GET', 'POST'])
def predict():
    if flask.request.method == 'GET':
        return "Please POST a JSON object to this endpoint to get a prediction."
    else:
        data = flask.request.json
        prediction = model.predict([[data["avg_rating"]]])
        return flask.jsonify({"prediction": prediction[0][0]})
```

[响应结束]

> 请注意我们是如何使用多条提示词的。首先，通过在文件顶部添加提示词 "使用 Python 创建一个 REST API，以公开 pkl 文件里的模型" 来设置上下文。然后使用各种辅助提示词，如 `load the model`、`app` 和 `routes` 来编写代码。最终，会得到一个通过 REST API 公开模型的 API。

9.8 将模型转换为 ONNX 格式

到目前为止，你已经了解了如何使用 Pickle 保存模型，然后在 Python 中加载它。但是，Pickle 也有缺点（包括它特定于 Python 使用）。另一方面，ONNX 是一种非特定于 Python 的格式，可以在其他语言中使用它。接下来，我们将了解如何使用 ONNX 格式来处理模型。

需要分两步完成这一任务：
- 将模型转换为 ONNX 格式。
- 在 JavaScript 中加载模型并创建 REST API。

创建 ONNX 格式的模型

由于我们使用的是 Notebook，因此需要安装依赖项、导入所需的库，并将模型转换为 ONNX 格式。

［提示］
ONNX 需要哪些依赖项？请展示安装这些依赖项的 Python 代码。
［提示结束］
［提示响应］

```
! pip install skl2onnx
```

［响应结束］
［提示］
请展示如何导入使用 ONNX 所需的库，并演示如何将模型转换为 ONNX 格式。
［提示结束］
［提示响应］

```
import skl2onnx
# convert the model to ONNX
skl2onnx.to_onnx(model, train[["avg_rating"]].astype("float32"), "model.onnx")
```

［响应结束］

现在，应创建一个 `model.onnx` 文件，其中包含 ONNX 格式的模型。接下来，看看能否在 JavaScript 中加载它。

9.9 在 JavaScript 中加载 ONNX 模型

接下来，在 JavaScript 中加载 ONNX 模型，特别是在 Node.js 中加载，因为我们是在后端执行此操作的。可使用 onnxruntime 库来做到这一点。可通过 Copilot 解决这一问题。

[提示]
请展示在 JavaScript 中加载 ONNX 模型的分步指南。
[提示结束]
[提示响应]
- 在 JavaScript 中安装 onnxruntime 库。
- 在 JavaScript 中加载 ONNX 模型。
- 在 JavaScript 中使用 ONNX 模型进行预测。

[响应结束]
目前，我们已经制订好了计划，接下来将着手加以执行。

9.9.1 在 JavaScript 中安装 onnxruntime

由于我们构建了 Node.js 项目，所以应在新文件夹中创建一个 app.js 文件并运行 npm init -y 终端命令来创建新的 Node.js 项目。

首先，在 JavaScript 环境中安装 onnxruntime 库。为此，可利用 npm 来实现这一任务。

[提示]
在 JavaScript 中安装 onnxruntime 库。
[提示结束]
[提示响应]

```
npm install onnxruntime
```

[响应结束]
此时，我们在项目中安装了 onnxruntime 库。接下来是加载 ONNX 模型。

9.9.2 在 JavaScript 中加载 ONNX 模型

[提示]
在 JavaScript 中加载 ONNX 模型。
[提示结束]
[提示响应]

```
const rt = require("onnxruntime");

# load model from ONNX
model rt.InferenceSession("model.onnx");
```

```
# predict
model.run(null, {model.get_inputs()[0].name: [[4.5]]});
```

[响应结束]

上述代码从 ONNX 文件加载模型，然后使用输入内容为 4.5（表示平均评分）的模型进行预测，以查看预期的销售额。

9.10 任务

- 采用在上一节中创建的模型，并将代码添加到 Notebook 中，将其转变为 ONNX 文件。
- 在仓库中新建一个文件夹，在该文件夹内再新建一个名为 app.js 的文件。
- 在 server.js 文件中添加一个功能强大的 POST/predict 路由，确保它能够根据输入成功地返回预测结果。

以下是一些可以帮助你完成这个任务的初始提示词：

- 使用 Express 在 JavaScript 中创建 REST API。
- 使用 Express 在 JavaScript 的 REST API 中创建 POST/predict 的路由。
- 在使用 Express 的 JavaScript REST API 中从 ONNX 加载模型。
- 在使用 Express 的 JavaScript REST API 中使用 ONNX 模型进行预测。

9.11 测验

Pickle 和 ONNX 之间有什么区别？
a. Pickle 是 Python 特有的，而 ONNX 不是。
b. Pickle 可以在 JavaScript 中使用，但 ONNX 不能。
c. ONNX 比 Pickle 效率更低。

9.12 总结

本章介绍了各种模型格式，如 Pickle 和 ONNX，并介绍了如何使用 Python 将模型持久化保存到文件里。该模型可帮助你将其与其他应用程序集成，因此应将其存储为文件。

然后，本章讨论了存储 Pickle 和 ONNX 等模型的不同格式的优点和缺点。得出的结论是，ONNX 的效果更好，因为它不是 Python 特有的，可以在其他语言中使用。

然后，本章介绍了如何使用 JavaScript 加载以 ONNX 格式存储的模型，并创建 REST API 以使该模型可供其他应用程序使用。

下一章将详细探讨如何使用 GitHub Copilot，充分发挥其潜力，并将介绍有助于提高工作效率的技巧和功能。

第 10 章

维护现有代码库

10.1 导论

brownfield 是指已有代码的项目。作为开发人员，我们的大部分工作都是在现有代码上进行的。与之相反的是 **greenfield**，指的是一个全新的、没有现有代码的项目。

因此，了解如何处理现有代码库非常重要，而在 brownfield 环境中使用 GitHub Copilot 这样的 AI 助手，有很多令人兴奋的地方。

本章涵盖以下内容：
- 了解不同的维护类型。
- 理解如何通过一个过程来降低引入更改的风险。
- 使用 GitHub Copilot 帮助我们进行维护。

10.2 提示策略

本章的提示策略与其他章节的有所不同，主要描述你在现有代码库中可能遇到的各种问题。建议你使用最熟悉的提示词建议方法，无论是提示词注释还是聊天界面都可以使用。至于模式，建议你尝试第 2 章中所述的所有主要模式，即 PIC、TAG、LIFE 和探索性提示模式。然而，本章重点关注探索性提示模式的使用。

10.3 不同的维护类型

维护有多种类型，理解它们之间的区别至关重要。以下是一些你可能会遇到的不同维护类型：

- **纠正性维护**：这是指修复错误。
- **适应性维护**：在这种情况下，我们改变代码以适应新的需求。
- **完善性维护**：在不改变程序功能的前提下优化代码。这类例子可能包括重构代码或提升性能。
- **预防性维护**：改变代码以防止未来可能出现的漏洞或问题。

10.4 维护过程

每次更改代码时，你都会引入风险。例如，修复一个漏洞可能会引入一个新的漏洞。为了降低这种风险，需要遵循维护过程。建议的维护过程包括以下步骤。

（1）**识别**：识别需要解决的问题或需要进行的更改。

（2）**检查**：检查测试覆盖率以及代码被测试覆盖的程度。覆盖率越高，引入漏洞或其他问题的可能性也就越大。

（3）**计划**：计划更改。你将如何进行更改？需要编写、运行哪些测试？

（4）**实施**：实施更改。

（5）**验证**：确保更改按预期进行。运行测试和应用程序并检查日志等。

（6）**集成**：确保你在分支中进行的任何更改都被合并到主分支中。

（7）**发布/部署更改**：你要确保最终用户能够享受到这个更改带来的益处。为此，你需要部署它。

每次更改都需要执行这些步骤吗？不，这取决于更改的性质。有些改动可能非常细微，我们可以将许多小改动打包在一起，然后再进行发布，确保最终用户获得满意的版本。好消息是，有一个很棒的工具——GitHub Copilot，它可以帮助我们处理一些次要步骤，让我们能够专注于更重要的环节。

10.5 解决一个漏洞

有些漏洞比其他漏洞更严重。在最好的情况下，漏洞很少被触发，或者当它被触发时并不会造成什么大问题。在最坏的情况下，漏洞会给你带来经济上的损失。让我们关注一个案例，在你运行一个电子商务网站的场景下，漏洞会给你带来经济上的损失。

希望这段代码从未在生产环境中部署过，但它是一个可能对电子商务网站造成灾难性后果的漏洞的绝佳例子：

```
def process_cart():
    # get cart from database
    cart = get_cart()

    card = cart.get_card()
    process_payment(card, cart)
    ship_order(cart)
```

你可能遇到的问题是，即使 `process_payment` 调用失败，`ship_order` 也会被调用，这意味着你在没有收到付款的情况下也会发货，从而造成资金损失。

查看这段代码，如果 `process_payment` 抛出错误，不会执行到 `ship_order`，则可能就不会遇到问题。

如果它没有抛出错误，而是返回一个支付结果所决定的数字代码，会怎样呢？例如：

```
def process_payment(card, cart):
    if card.is_valid():
        if card.has_funds(cart.total):
            charge_card(card, cart.total)
            return 0
        else:
            return 1
```

如果你忽视了错误代码，那么你可能不会注意到客户支付失败，订单却已经发货了。那么，我们在这里应该采取什么方法呢？

10.5.1 识别问题

首先，我们需要识别问题。在这种情况下，你可以做两件事，即：

- **阅读代码**：我们的代码表现如何？会抛出错误，返回代码，还是会有完全不同的结果？
- **检查测试**：我们是否有覆盖这种情况的测试？如果没有，则需要编写一个。测试应显示我们的代码中有一个漏洞。

让我们使用 Copilot 来完成这个任务，使用的提示词类似于下面的内容（在此处，我们模拟 `process_payment` 返回错误代码而不是抛出错误）。在主窗口中选择 `ship_order` 代码，然后在聊天窗口中输入如下提示词：

[提示]

请为代码编写一个测试；如果 `process_payment` 返回 1，则不应调用 `ship_order`。

[提示结束]

> 我们正在使用 GitHub Copilot Chat 功能，并在文本编辑器中选择了 `process_cart` 代码。

你应该会看到类似于以下代码的响应：

[提示响应]

```python
import unittest
from unittest.mock import Mock, patch
from your_module import process_cart  # replace with the actual module name
class TestProcessCart(unittest.TestCase):
    @patch('your_module.get_cart')  # replace with the actual module name
```

```python
    @patch('your_module.process_payment')
    @patch('your_module.ship_order')
    def test_order_not_shipped_if_payment_fails(self, mock_ship_order, mock_pro-
cess_ payment, mock_get_cart):
        # Arrange
        mock_cart = Mock()
        mock_cart.get_card.return_value = 'test_card'
        mock_get_cart.return_value = mock_cart
        mock_process_payment.return_value = 1
        # Act
        process_cart()

        # Assert
        mock_ship_order.assert_not_called()
if __name__ == '__main__':
    unittest.main()
```

[响应结束]

上面的代码中包含一个测试，用于测试当我们从 `process_payment` 中得到错误代码 1 时会发生什么。我们所期望的结果是 `ship_order` 不会被调用。

这个测试会失败，因为代码中有一个漏洞。这是好事，因为我们已经识别出了一个漏洞，并且可以用测试证明它的存在。

10.5.2 实施更改

现在，由于已经有了一个能够展示漏洞的测试项，我们可以着手更改代码了。可以放心地进行更改，因为这个测试项能够明确指出问题所在，同时我们也应当努力提升测试覆盖率。

> 除非你有足够的测试覆盖率，或者你的更改小到不会引入漏洞，否则不要开始重构。

我们现在该怎样改进代码？很简单，我们可以借助 GitHub Copilot。让我们按照以下提示词进行必要的代码更改：

[提示]
实施更改；若 `process_payment` 返回 1，则不应调用 `ship_order`。
[提示结束]

`process_cart` 代码现在看起来应该会像这样：
[提示响应]

```python
def process_cart():
    # get cart from database
```

```
    cart = get_cart()

    card = cart.get_card()
    payment_status = process_payment(card, cart)

    # Only ship the order if the payment was successful
    if payment_status != 1:
        ship_order(cart)
...
```

[响应结束]

上述代码向正确方向迈进了一步，因为现在它包含了一个检查支付状态的 `if` 语句。

为了进一步优化代码，我们可以借助 Copilot 来提升代码的健壮性和可读性。通过以下提示词，我们将进行额外的改进：

[提示]

重构代码，使其更易于维护。

[提示结束]

这可能会输出以下代码：

[提示响应]

```
def get_payment_status(cart):
    card = cart.get_card()
    return process_payment(card, cart)

def process_cart():
    # get cart from database
    cart = get_cart()

    payment_status = get_payment_status(cart)

    # Only ship the order if the payment was successful
    if payment_status != 1:
        ship_order(cart)
```

[响应结束]

在这里，Copilot 建议我们将支付状态提取到一个独立的函数中。这一建议非常出色，因为它让代码更易读且易于维护。

10.6 添加新功能

通过这个例子，我们来查看一个现有代码库并为其添加新功能。这个代码库类似于我们在前一节的例子中使用的代码库，但更为复杂，因为它包含处理不同支付方式的多个函数。以下是代码：

```python
import re

def validate_card(card):
    # Visa cards start with 4 and have 13 or 16 digits.
    # MasterCard cards start with 51 through 55 and have 16 digits.
    visa_pattern = r'^4[0-9]{12}(?:[0-9]{3})?$'
    mastercard_pattern = r'^5[1-5][0-9]{14}$'

    if re.match(visa_pattern, card):
        return 'Visa'
    elif re.match(mastercard_pattern, card):
        return 'MasterCard'
    else:
        return None

def process_payment(card, cart):
    card_type = validate_card(card)
    if card_type is None:
        return 1  # Invalid card
    else:
        # Process the payment here
        # Return 0 if the payment is successful, 1 otherwise
        Pass

def process_cart():
    # Get cart from database
    cart = get_cart()

    card = cart.get_card()
    payment_status = process_payment(card, cart)

    # Only ship the order if the payment was successful
    if payment_status == 0:
        ship_order(cart)
```

在上面的代码中，我们有以下内容：

- `validate_card` 验证卡号。若有效则返回卡的类型；若无效则返回 `None`。
- `process_payment` 在成功处理支付时返回 `0`；否则返回 `1`。
- `process_cart` 处理购物车信息，获取卡的信息，处理支付信息，支付成功后发货。

10.6.1 识别问题并找到需要更改的函数

我们的任务是让代码也支持美国运通卡（American Express card）。这意味着我们需要更新 `validate_card` 函数。

现在，我们清楚地了解需要修改哪些函数，但 GitHub Copilot 也同样了解吗？让我们用一条提示词来询问 GitHub Copilot。

> 在识别步骤中，我们运用自身知识来确定需要修改的内容及其位置。一个好的做法是结合运用自身技能和 Copilot 工具来辅助分析和识别问题。

10.6.2 实施更改，添加新功能和测试

让我们使用 GitHub Copilot 来完成这个任务。可以使用以下提示词：

[提示]

添加对美国运通卡的支持。

[提示结束]

你会得到类似下面这样的代码：

[提示响应]

```
import re

def validate_card(card):
    # Visa cards start with 4 and have 13 or 16 digits.
    # MasterCard cards start with 51 through 55 and have 16 digits.
    # American Express cards start with 34 or 37 and have 15 digits.
    visa_pattern = r'^4[0-9]{12}(?:[0-9]{3})?$'
    mastercard_pattern = r'^5[1-5][0-9]{14}$'
    amex_pattern = r'^3[47][0-9]{13}$'

    if re.match(visa_pattern, card):
        return 'Visa'
    elif re.match(mastercard_pattern, card):
        return 'MasterCard'
    elif re.match(amex_pattern, card):
        return 'American Express'
    else:
        return None
```

[响应结束]

在上面的代码中，Copilot 做了以下更改：

- 在 `validate_card` 函数中构建了一个新的正则表达式以支持美国运通卡。
- 添加了一个新的 `elif` 语句，以在卡与新的正则表达式匹配时返回 American Express。

当然，我们还没有完成，还需要添加一个测试，以验证代码是否如预期般运行。让我们使用以下提示词：

[提示]

编写一个测试代码；`validate_card` 应该为有效的卡返回 American Express。

[提示结束]

你的测试代码看起来应该像下面这样：

[提示响应]

```python
import unittest
from your_module import validate_card  # replace with the actual module name

class TestValidateCard(unittest.TestCase):
    def test_validate_card_returns_amex_for_valid_amex_card(self):
        # Arrange
        valid_amex_card = '378282246310005'

        # Act
        result = validate_card(valid_amex_card)

        # Assert
        self.assertEqual(result, 'American Express')

if __name__ == '__main__':
    unittest.main()
```

[响应结束]

Copilot 新添测试 test_validate_card_returns_amex_for_valid_amex_card，用于检验 validate_card 函数在处理有效的美国运通卡时是否返回 American Express。

在这一点上，继续迭代是个好主意。你不仅要测试代码对有效卡是否有效，还要测试对无效卡等是否有效。

> 你可以将 Copilot 视为编写更多测试的挑战。

10.7 提高性能

提高性能是一项常见任务，但可能很难实现。通常情况下，你需要特定的工具来测试性能，并且需要明确知道要测试的对象。一个有效的方法是使用装饰器来分析方法执行所需的时间。接着，你可以测试特定方法，找出需要改进的部分。

下面是在一个会休眠 2 秒的函数上使用装饰器的示例：

```
import time

def profile(func):
    def wrapper(*args, **kwargs):
        start = time.time()
```

```
        result = func(*args, **kwargs)
        end = time.time()
        print(f'{func.__name__} took {end - start} seconds')
        return result
    return wrapper

@profile
def sleep_two_seconds():
    time.sleep(2)

sleep_two_seconds()
```

profile 函数是一个装饰器，它接受一个函数作为输入，并返回一个包装输入函数的函数。包装函数会测量执行输入函数所需的时间并输出结果。

如果你通过终端运行这段代码，会看到类似下面的输出结果：

```
sleep_two_seconds took 2.000000238418579 seconds
```

那么我们如何利用这个提升性能呢？让我们使用 GitHub Copilot，看看能否获得提升代码性能的建议。

这是我们想要改进的代码。它处理记录并寻找重复项：

```
def process_records(records):
    for i in range(len(records)):
        for j in range(len(records)):
            if i != j and records[i] == records[j]:
                print(f'Duplicate record found: {records[i]}')
```

大多数开发人员看到这段代码时，会翻开他们的算法和数据结构书，思考诸如大 O 表示法之类的概念，这是一种衡量算法性能的方法，主要关注点是减少代价高昂的操作数量以提高性能，同时保持相同的功能。

因此，我们应向 GitHub Copilot 提出的问题是：如何改进这段代码？让我们使用以下提示词：

［提示］

改进代码的性能。

［提示结束］

我们会得到类似这样的响应：

［提示响应］

```
def process_records(records):
    record_set = set()
    for record in records:
        if record in record_set:
            print(f'Duplicate record found: {record}')
        else:
            record_set.add(record)
```

[响应结束]

为什么这段代码更好？原因如下：
1）计算原始代码和新代码时使用了大 O 表示法。
2）使用了我们之前创建的装饰器。

10.7.1 大 O 表示法计算

尝试下面这个提示词：

[提示]

请问这段代码的大 O 复杂度是多少？同时请展示计算过程。

[提示结束]

你应该会得到类似这样的响应：

[提示响应]

提供的代码的时间复杂度是 $O(n^2)$，其中 n 是记录的数量。

以下是计算方法：

- 外层循环执行 n 次，其中 n 表示记录的数量。因为它遍历列表中的每条记录。
- 在外层循环内，有一个内层循环，基于同样的原因也运行 n 次。
- 由于内层循环在外层循环的每次迭代中都会运行 n 次，因此总迭代次数是 $n * n$，或 n^2。

因此，时间复杂度是 $O(n^2)$。

这意味着，如果你将记录数量翻倍，处理时间约增至原来的 4 倍。这就是二次方时间复杂度的特征。

[响应结束]

好的，$O(n^2)$ 不是很好，但新代码呢？

对新代码运行相同的提示词：

[提示响应]

提供的代码的时间复杂度是 $O(n)$，其中 n 是记录的数量。

以下是计算方法：

- 循环运行 n 次，其中 n 是记录的数量。这是因为它遍历列表中的每一条记录。
- 在循环内部进行的操作（检查记录是否在集合中，并可能将其添加到集合中）所需时间是常数时间 $O(1)$，因为 Python 中集合操作的平均时间通常是常数时间。

因此，时间复杂度是 $O(n) * O(1)$，简化为 $O(n)$。

这意味着，如果你将记录数量翻倍，处理这些记录所需的时间也会翻倍，这正是线性时间复杂度（linear time complexity）的特征。

[响应结束]

$O(n)$ 比 $O(n^2)$ 要好，但到底好多少呢？我们在 10.7.2 节中进行测试。

10.7.2 测试性能

从算法上讲，我们知道新代码更好，但具体好多少呢？让我们使用装饰器并调用代码来测试其性能。我们将使用 1000 条记录和 10 000 条记录的输入来比较代码执行时间。

那么，让我们看看新代码是否比旧代码更快。先尝试处理 10 000 条记录：

```
# old code
@profile
def process_records(records):
    for i in range(len(records)):
        for j in range(len(records)):
            if i != j and records[i] == records[j]:
                print(f'Duplicate record found: {records[i]}')

records_10000 = [i for i in range(10000)]
process_records(records_10000)
```

运行这段代码，你应该可以看到以下输出结果：

```
process_records took 5.193912506103516 seconds
```

现在，让我们运行新代码：

```
# new code
@profile
def process_records(records):
    record_set = set()
    for record in records:
        if record in record_set:
            print(f'Duplicate record found: {record}')
        else:
            record_set.add(record)

records_10000 = [i for i in range(10000)]
process_records(records_10000)
```

运行后，你应该可以看到以下输出结果：

```
process_records took 0.0011200904846191406 seconds
```

正如你所见，通过将你的知识与 GitHub Copilot 结合起来，可以改进代码。

> 你的代码并不总是一目了然的，你可能需要做更多工作来提升性能。建议你使用性能分析工具来测试性能，然后利用 GitHub Copilot 改进代码。

10.8 提高可维护性

另一个有趣的用例是使用 GitHub Copilot 来提高代码的可维护性。那么你可以做什么来增强代码的可维护性呢？以下是一些建议：

- 改进变量、函数、类等的命名。
- 分离关注点。例如，将业务逻辑与展示逻辑分开。
- 消除重复。特别是在大型代码库中，你可能会发现重复代码。
- 提高可读性。你可以使用注释、文档字符串、事件测试等方式来提升可读性。

让我们从一个代码库开始，看看如何改进它。这是代码：

```python
def calculate_total(cart, discounts):
    # Define discount functions
    def three_for_two(items):
        total = 0
        for item in items:
            total += item.price * (item.quantity - item.quantity // 3)
        return total

    def christmas_discount(items):
        total = 0
        for item in items:
            total += item.price * item.quantity * 0.5
        return total

    def cheapest_free(items):
        items_sorted = sorted(items, key=lambda x: x.price)
        total = 0
        for item in items_sorted[1:]:
            total += item.price * item.quantity
        return total

    # Calculate totals for each discount
    totals = []
    for discount in discounts:
        if discount == '3 for 2':
            totals.append((discount, three_for_two(cart)))
        elif discount == 'Christmas Discount':
            totals.append((discount, christmas_discount(cart)))
        elif discount == 'Cheapest Free':
            totals.append((discount, cheapest_free(cart)))

    # Sort totals and return the lowest one
    totals_sorted = sorted(totals, key=lambda x: x[1])
    return totals_sorted[0][1] if totals_sorted else sum(item.price * item.quantity for item in cart)

# Define discounts
discounts = ['3 for 2', 'Christmas Discount', 'Cheapest Free']
```

```
# Define cart
cart = [
    {'name': 'item1', 'price': 10, 'quantity': 3},
    {'name': 'item2', 'price': 20, 'quantity': 1},
    {'name': 'item3', 'price': 30, 'quantity': 1}
]

# Calculate total
total = calculate_total(cart, discounts)
print(f'Total: {total}')
```

上述代码库在较高层次上描述了以下内容：
- 一个用于计算购物车产品总价和应用一系列折扣后的金额的 calculate_total 函数。
- 一个折扣列表。
- 一个购物车。

从这个代码库中可以看到，它的可维护性不高，因为我们很难理解其具体作用。

10.8.1 识别问题

我们先询问 GitHub Copilot 对这段代码的看法，然后决定下一步要采取的行动。使用以下提示词：

[提示]
你对这段代码有什么看法？你会怎样改进它？
[提示结束]

你将会收到一个详细的响应，其中包括一个要点列表和改进后的代码。现在，我们来看看这个要点列表：

[提示响应]
- **为产品和折扣使用类**：当前，产品用字典表示，折扣用字符串表示。将这些实体封装在类中可以使代码更加具有可读性和灵活性。
- **分离折扣函数**：目前，calculate_total 函数内定义了折扣功能。将这些功能独立定义，可显著提升代码的可读性，且能使代码便于测试和维护。
- **使用更具扩展性的方法应用折扣**：当前应用折扣的方法涉及一系列 if-elif 语句。可以通过在字典或折扣对象列表中存储折扣函数，然后遍历该集合来应用折扣，这样能使代码更具扩展性。

[响应结束]

上面识别的问题看起来都很合理——使用类、分离函数和字典就可以改进代码。

10.8.2 添加测试并降低更改风险

在我们查看建议的代码更改方法之前，需要尽量减少引入漏洞的风险。首先要做的是检查测试覆盖率。如果没有任何测试，我们需要编写一些测试。让我们使用以下提示词：

[提示]

为这段代码编写测试，覆盖所有可能的执行路径。

[提示结束]

[提示响应]

```python
import unittest

class TestCalculateTotal(unittest.TestCase):
    def test_no_discounts(self):
        cart = [
            {'name': 'item1', 'price': 10, 'quantity': 3},
            {'name': 'item2', 'price': 20, 'quantity': 1},
            {'name': 'item3', 'price': 30, 'quantity': 1}
        ]
        discounts = []
        total = calculate_total(cart, discounts)
        self.assertEqual(total, 80)

    def test_three_for_two_discount(self):
        cart = [
            {'name': 'item1', 'price': 10, 'quantity': 3},
            {'name': 'item2', 'price': 20, 'quantity': 1},
            {'name': 'item3', 'price': 30, 'quantity': 1}
        ]
        discounts = ['3 for 2']
        total = calculate_total(cart, discounts)
        self.assertEqual(total, 70)

    def test_christmas_discount(self):
        cart = [
            {'name': 'item1', 'price': 10, 'quantity': 3},
            {'name': 'item2', 'price': 20, 'quantity': 1},
            {'name': 'item3', 'price': 30, 'quantity': 1}
        ]
        discounts = ['Christmas Discount']
        total = calculate_total(cart, discounts)
        self.assertEqual(total, 40)

    def test_cheapest_free_discount(self):
        cart = [
            {'name': 'item1', 'price': 10, 'quantity': 3},
            {'name': 'item2', 'price': 20, 'quantity': 1},
            {'name': 'item3', 'price': 30, 'quantity': 1}
        ]
        discounts = ['Cheapest Free']
```

```
            total = calculate_total(cart, discounts)
            self.assertEqual(total, 70)

    def test_multiple_discounts(self):
        cart = [
            {'name': 'item1', 'price': 10, 'quantity': 3},
            {'name': 'item2', 'price': 20, 'quantity': 1},
            {'name': 'item3', 'price': 30, 'quantity': 1}
        ]
        discounts = ['3 for 2', 'Christmas Discount', 'Cheapest Free']
        total = calculate_total(cart, discounts)
        self.assertEqual(total, 40)

if __name__ == '__main__':
    unittest.main()
```

[响应结束]

> 现在，你绝不可以完全信任 AI 生成的内容，因此你要花时间审查代码，运行测试工具，并确保在继续改进代码之前对现有代码感到满意。

为改进 Copilot 提出的第一个建议中的代码，确保其运行并使用类（如 Item），将产品添加到购物车中。以下是更改后的结果：

```
import unittest
from discount_old import calculate_total, Item
from item import Item

class TestCalculateTotal(unittest.TestCase):
    def test_no_discounts(self):
        cart = [
            Item('item1', 10, 3),
            Item('item2', 20, 1),
            Item('item3', 30, 1)
        ]
        discounts = []
        total = calculate_total(cart, discounts)
        self.assertEqual(total, 80)

    def test_three_for_two_discount(self):
        cart = [
            Item('item1', 10, 3),
            Item('item2', 20, 1),
            Item('item3', 30, 1)
        ]
        discounts = ['3 for 2']
```

```python
            total = calculate_total(cart, discounts)
            self.assertEqual(total, 70)

    def test_christmas_discount(self):
        cart = [
            Item('item1', 10, 3),
            Item('item2', 20, 1),
            Item('item3', 30, 1)
        ]
        discounts = ['Christmas Discount']
        total = calculate_total(cart, discounts)
        self.assertEqual(total, 40)

    def test_cheapest_free_discount(self):
        cart = [
            Item('item1', 10, 3), #30
            Item('item2', 20, 1), # 20
            Item('item3', 30, 1) # 30
        ]
        discounts = ['Cheapest Free']
        total = calculate_total(cart, discounts)
        self.assertEqual(total, 60)

    def test_multiple_discounts(self):
        cart = [
            Item('item1', 10, 3),
            Item('item2', 20, 1),
            Item('item3', 30, 1)
        ]
        discounts = ['3 for 2', 'Christmas Discount', 'Cheapest Free']
        total = calculate_total(cart, discounts)
        self.assertEqual(total, 40)

if __name__ == '__main__':
    unittest.main()
```

对于应用程序代码：

```python
from item import Item

def calculate_total(cart, discounts):
    # Define discount functions
    def three_for_two(items):
        total = 0
        for item in items:
            total += item.price * (item.quantity - item.quantity // 3)
```

```python
        return total

    def christmas_discount(items):
        total = 0
        for item in items:
            total += item.price * item.quantity * 0.5
        return total

    def cheapest_free(items):
        if not items:
            return 0

        items_sorted = sorted(items, key=lambda x: x.price * x.quantity)
        cheapest_item = items_sorted[0]
        total = 0
        for item in items:
            total += item.price * item.quantity
        total -= cheapest_item.price * cheapest_item.quantity if cheapest_item.quantity > 0 else 0
        return total

    # Calculate totals for each discount
    totals = []
    for discount in discounts:
        if discount == '3 for 2':
            totals.append((discount, three_for_two(cart)))
        elif discount == 'Christmas Discount':
            totals.append((discount, christmas_discount(cart)))
        elif discount == 'Cheapest Free':
            totals.append((discount, cheapest_free(cart)))

    # Sort totals and return the lowest one
    totals_sorted = sorted(totals, key=lambda x: x[1])
    return totals_sorted[0][1] if totals_sorted else sum(item.price * item.quantity for item in cart)

# if run as script,
if __name__ == '__main__':
    # Define discounts
    discounts = ['3 for 2', 'Christmas Discount', 'Cheapest Free']
    # Define cart
    cart = [
        Item('item1', 10, 3),
        Item('item2', 20, 1),
        Item('item3', 30, 1)
```

```
    ]

    # Calculate total
    total = calculate_total(cart, discounts)
    print(f'Total: {total}')
```

现在我们有了一个可以通过测试的令人满意的代码库。接下来，让我们看看 GitHub Copilot 建议的代码更改方法。

10.8.3 实施更改并提高可维护性

我们确信已经有了良好的测试覆盖率，并且已准备好改进代码。让我们使用以下提示词：

[提示]

提高代码的可维护性。

[提示结束]

你应该会得到类似这样的结果：

[提示响应]

为了提高代码的可维护性，我们可以做出以下更改：

- 将折扣函数从 `calculate_total` 中移出，使它们成为独立函数。这不仅提高了可读性，还使得单独测试这些函数更加方便。
- 使用字典将折扣名称映射到相应的函数中。这消除了应用折扣时反复使用 `if/elif` 语句的烦琐。

```
from item import Item

# Define discount functions
def three_for_two(items):
    total = 0
    for item in items:
        total += item.price * (item.quantity - item.quantity // 3)
    return total

def christmas_discount(items):
    total = 0
    for item in items:
        total += item.price * item.quantity * 0.5
    return total

def cheapest_free(items):
    if not items:
        return 0

    items_sorted = sorted(items, key=lambda x: x.price * x.quantity)
    cheapest_item = items_sorted[0]
```

```python
    total = 0
    for item in items:
        total += item.price * item.quantity
    total -= cheapest_item.price * cheapest_item.quantity if cheapest_item.quantity > 0 else 0
    return total

def calculate_total(cart, discounts):
    # Map discount names to functions
    discount_functions = {
        '3 for 2': three_for_two,
        'Christmas Discount': christmas_discount,
        'Cheapest Free': cheapest_free
    }

    # Calculate totals for each discount
    totals = []
    for discount in discounts:
        if discount in discount_functions:
            totals.append((discount, discount_functions[discount](cart)))

    # Sort totals and return the lowest one
    totals_sorted = sorted(totals, key=lambda x: x[1])
    return totals_sorted[0][1] if totals_sorted else sum(item.price * item.quantity for item in cart)

# if run as script,
if __name__ == '__main__':
    # Define discounts
    discounts = ['3 for 2', 'Christmas Discount', 'Cheapest Free']

    # Define cart
    cart = [
        Item('item1', 10, 3),
        Item('item2', 20, 1),
        Item('item3', 30, 1)
    ]

    # Calculate total
    total = calculate_total(cart, discounts)
    print(f'Total: {total}')
```

[响应结束]

现在的代码更容易维护，因为引入了以下更改：

- `calculate_total` 现在变成了一个更加精简的函数，它原有的每个子函数已被分离出去。

- 上述方法现在也使用字典将名称映射到函数。

> 💡 有效使用 Copilot 的关键在于反复迭代和频繁进行小幅调整，同时查看 Copilot 的建议。稍微改变提示词，观察变化，并选择最符合你需求的输出。

10.9 挑战

尝试使用提示词和 GitHub Copilot 进一步改进代码。如果支付出现问题，你是否应该记录日志，或者抛出一个错误等？

10.10 更新现有的电子商务网站

让我们继续完善前几章介绍的电子商务网站。在本章中，我们将专注于改进代码库并添加新功能。

作为参考，让我们展示创建的 `basket.html` 文件：

```
<!-- a page showing a list of items in a basket, each item should have title, price,
quantity, sum and buttons to increase or decrease quantity and the page should have
a link to "checkout" at the bottom -->
<html>
<head>
    <title>Basket</title>
    <link rel="stylesheet" href="css/basket.css">

    <!-- add bootstrap -->
    <link rel="stylesheet" href="https://stackpath.bootstrapcdn.com/boot-
strap/4.5.2/css/bootstrap.min.css">
</head>
<body>
    <!-- add 3  basket items with each item having id, name, price, quantity, use
card css class -->

<!--
    <div class="container">
        <div id="basket" class="basket">
        </div>
    </div> -->
    <!-- add app.js  -->
    <!-- add app.js, type javascript -->

    <div id="basket" class="basket">
        <!-- render basket from Vue app, use Boostrap   -->
```

```html
            <div v-for="(item, index) in basket" class="basket-item">
                <div class="basket-item-text">
                    <h2>{{ item.name }}</h2>
                    <p>Price: {{ item.price }}</p>
                    <p>Quantity: {{ item.quantity }}</p>
                    <p>Sum: {{ item.price * item.quantity }}</p>
                </div>
                <div class="basket-item-buttons">
                    <button type="submit" class="btn btn-primary btn-block btn-large" @click="increaseQuantity(index)">+</button>
                    <button type="submit" class="btn btn-primary btn-block btn-large" @click="decreaseQuantity(index)">-</button>
                </div>
            </div>
        </div>

        <!-- add Vue 3 -->
        <script src="https://unpkg.com/vue@next"></script>

        <!-- add boostrap code for Vue 3 -->
        <script>
            let app = Vue.createApp({
                data() {
                    return {
                        basket: [
                            {
                                id: 1,
                                name: 'Product 1',
                                price: 100,
                                quantity: 1
                            },
                            {
                                id: 2,
                                name: 'Product 2',
                                price: 200,
                                quantity: 2
                            },
                            {
                                id: 3,
                                name: 'Product 3',
                                price: 300,
                                quantity: 3
                            },
                            {
                                id: 4,
                                name: 'Product 4',
```

```
                    price: 400,
                    quantity: 4
                }
            ]
        }
    },
    methods: {
        increaseQuantity(index) {
            this.basket[index].quantity++;
        },
        decreaseQuantity(index) {
            if (this.basket[index].quantity > 0) {
                this.basket[index].quantity--;
            }
        }
    },
    computed: {
        total() {
            let total = 0;
            for (let i = 0; i < this.basket.length; i++) {
              total += this.basket[i].price * this.basket[i].quantity;
            }
 return total;
        }
    }
});

    app.mount('#basket');
</script>

<!-- <script src="js/app.js"></script> -->
</body>
```

> 这是原型的一个早期版本,它并不是为生产环境准备的代码。然而,我们可以利用这段代码并对其进行改进,使其适合生产环境。

现在我们明白这段代码存在问题,接下来让我们利用 Copilot 和以下提示词对其进行改进:

[提示]
改进代码,使其适合生产环境。
[提示结束]

这条提示词突出了代码中的一些问题,即:

[提示响应]
- **将 JavaScript 和 CSS 分离到外部文件**：这不仅能使代码更易于维护，还允许缓存这些资源。
- **使用构建工具或模块打包器**：Webpack 或 Parcel 等工具能帮助你管理依赖项，将现代 JavaScript 转译为旧版本，以提升浏览器的兼容性，并为生产环境压缩代码。
- **错误处理**：在方法中添加错误处理机制，以确保应用能够优雅地应对意外情况。
- **Vue 组件结构**：避免在一个脚本中创建整个 Vue 应用，应将其分解为可重用的组件。
- **可访问性**：通过使用适当的 ARIA 角色和属性确保 HTML 的可访问性。

[响应结束]

这是一个很棒的列表，我们可以接着探讨接下来的内容，但先让我们看看它建议的代码更改方法。它建议将代码分成两个不同的文件，一个用于 HTML，一个用于 JavaScript：

```html
<!-- index.html -->
<html>
<head>
    <title>Basket</title>
    <link rel="stylesheet" href="css/basket.css">
    <link rel="stylesheet" href="https://stackpath.bootstrapcdn.com/bootstrap/4.5.2/css/bootstrap.min.css">
</head>
<body>
    <div id="basket" class="basket"></div>

    <script src="https://unpkg.com/vue@next"></script>
    <script src="js/app.js"></script>
</body>
</html>
```

现在，让我们看看 JavaScript 是如何得到改进的：

```javascript
// app.js
let app = Vue.createApp({
    data() {
        return {
            basket: [
                { id: 1, name: 'Product 1', price: 100, quantity: 1 },
                { id: 2, name: 'Product 2', price: 200, quantity: 2 },
                { id: 3, name: 'Product 3', price: 300, quantity: 3 },
                { id: 4, name: 'Product 4', price: 400, quantity: 4 }
            ]
        }
    },
    methods: {
```

```
        increaseQuantity(index) {
            this.basket[index].quantity++;
        },
        decreaseQuantity(index) {
            if (this.basket[index].quantity > 0) {
                this.basket[index].quantity--;
            }
        }
    },
    computed: {
        total() {
            return this.basket.reduce((total, item) => total + item.price * item.quantity, 0);
        }
    }
});

app.mount('#basket');
```

这是一个显著的提升。作为开发者，你可以发现 JavaScript 代码使用的是静态数据，因此我们来借助以下提示词进行修改：

[提示]

优化代码，通过调用 API 来处理动态数据，并同时用 Flask 创建一个包含购物车数据的独立 Python API，它带有 /api/basket 路由。

[提示结束]

现在，我们有两个文件：API 和 JavaScript 代码。先来看 API：

[提示响应]

```
# app.py
from flask import Flask, jsonify

app = Flask(__name__)

@app.route('/api/basket')
def get_basket():
    basket = [
        { 'id': 1, 'name': 'Product 1', 'price': 100, 'quantity': 1 },
        { 'id': 2, 'name': 'Product 2', 'price': 200, 'quantity': 2 },
        { 'id': 3, 'name': 'Product 3', 'price': 300, 'quantity': 3 },
        { 'id': 4, 'name': 'Product 4', 'price': 400, 'quantity': 4 }
    ]
    return jsonify(basket)

if __name__ == '__main__':
    app.run(debug=True)
```

在以上代码中你得到了一个 /api/basket 路由，它返回购物车数据。现在，让我们看看改进后的 JavaScript 代码：

```
let app = Vue.createApp({
    data() {
        return {
            basket: []
        }
    },
    methods: {
        increaseQuantity(index) {
            this.basket[index].quantity++;
        },
        decreaseQuantity(index) {
            if (this.basket[index].quantity > 0) {
                this.basket[index].quantity--;
            }
        }
    },
    computed: {
        total() {
            return this.basket.reduce((total, item) => total + item.price * item.quantity, 0);
        }
    },
    mounted() {
        fetch('/api/basket')
            .then(response => response.json())
            .then(data => {
                this.basket = data;
            });
    }
});

app.mount('#basket');
```

[响应结束]

很棒！我们现在正在从 API 中获取数据。如何改进代码呢？如果你曾构建过 Vue 应用，你会知道它需要使用 Vue CLI，还有一个构建过程。让我们用以下提示词询问 GitHub Copilot：

[提示]

改进代码，使用 Vue CLI，并添加一个构建步骤。

[提示结束]

现在，我们得到了命令和文件更改方法作为响应，如下所示：

[提示响应]

在你的机器上全局安装 Vue CLI：

```
npm install -g @vue/cli
```

创建一个新的 Vue 项目：

```
vue create my-project
cd my-project
```

我们现在来为购物车创建一个新的 Vue 组件。首先，在 src/components 目录下新建一个文件 Basket.vue：

```
<!-- src/components/Basket.vue -->
<template>
  <div id="basket">
    <!-- Your basket template goes here -->
  </div>
</template>

<script>
export default {
  data() {
    return {
      basket: []
    };
  },
  methods: {
    increaseQuantity(index) {
      this.basket[index].quantity++;
    },
    decreaseQuantity(index) {
      if (this.basket[index].quantity > 0) {
        this.basket[index].quantity--;
      }
    }
  },
  computed: {
    total() {
      return this.basket.reduce((total, item) => total + item.price * item.quantity, 0);
    }
  },
  mounted() {
    fetch('/api/basket')
      .then(response => response.json())
      .then(data => {
        this.basket = data;
      });
```

```
    }
};
</script>

<style scoped>
/* Your CSS goes here */
</style>
```

然后，在主 App.vue 中导入并使用这个组件：

```
<!-- src/App.vue -->
<template>
  <div id="app">
    <Basket />
  </div>
</template>

<script>
import Basket from './components/Basket.vue';

export default {
  name: 'App',
  components: {
    Basket
  }
};
</script>

<style>
/* Your CSS goes here */
</style>
```

现在，你可以利用 Vue CLI 的构建命令来生成应用的生产环境版本：

```
npm run build
```

这将创建一个 dist 目录，其中包含应用的生产环境版本。

[响应结束]

这看起来是朝着正确方向迈出的一步。然而，你始终应该测试 AI 生成的代码以确保它按预期工作。

作为一个挑战任务，请检查上面的代码是否有效，并尝试进一步改进它。

> 代码可能会在不同版本的框架之间有所变化。在这种情况下，我们使用的是 Vue.js，所以请确保查阅你所使用的版本的文档。

10.11 任务

找一段你想要改进的代码。按照本章中概述的过程执行以下步骤：

（1）识别问题。

（2）添加测试并降低更改风险。

（3）实施更改并提高可维护性。

如果你没有准备好需要改进的代码，则可以尝试使用本章代码，或从 Kata（Gilded Rose）GitHub 页面（`https://github.com/emilybache/GildedRose-Refactoring-Kata`）下载代码。

10.12 测验

（1）greenfield 开发和 brownfield 开发有什么区别？

答案：greenfield 开发是指从零开始编写代码；brownfield 开发则是对现有代码进行更新。

（2）更新现有代码的最佳方法是什么？

答案：最佳方法是进行小幅度的更改，并确保有充分的测试。

10.13 总结

在本章中，我们确立了编写代码一个至关重要的方面——更新现有代码，这称为 brownfield 开发。我们还探讨了如何用 GitHub Copilot 协助你完成这项任务。

本章最重要的信息是确保你有一种更新代码的方法，以降低即将做出的更改带来的风险。频繁地进行小规模更改比一次性进行大规模更改更好。此外，强烈建议在开始更改代码之前，准备充足的测试。

第 11 章

使用 ChatGPT 进行数据探索

11.1 导论

数据探索是机器学习中至关重要的第一步，涉及对数据集的全面检查，以识别其结构，发现初始的模式和异常情况。这一过程对后续深入的统计分析和机器学习模型开发至关重要。

本章重点阐述数据探索的过程，旨在加深机器学习新手对数据探索的理解，同时为熟练者提供复习机会。本章将带领读者了解如何加载和检查亚马逊产品评论数据集、概括其特征，并深入探讨其中的各个变量。

你将借助 Python 的 pandas 和 Matplotlib 库，通过实际操作来实现分类数据评估、数据可视化分布和相关性分析。本章还将详细介绍如何高效利用免费版和功能增强的订阅版的 ChatGPT 进行数据探索。

需要注意的是，ChatGPT 响应的结果将取决于你通过提示词有效传达需求的能力。这种变化也是学习曲线的一部分，这个过程也会展示数据探索中我们与 AI 的交互性。我们的目标是，使你能自信地使用这些工具，并开始做出基于数据驱动的决策。

11.2 业务问题

在电子商务领域，有效分析客户反馈对于识别影响购买决策的关键因素至关重要。这种分析能够支持精准的营销策略，帮助优化用户体验和网站设计，最终提升客户享受到的服务和产品质量。

11.3 问题和数据领域

在本章中，我们将特别聚焦于使用亚马逊产品评论数据集进行详细的数据探索。我们的目标是深入探索此数据集，以挖掘洞见并识别模式，从而提升决策能力。我们将利用 ChatGPT 生成用于数据操作和可视化的 Python 代码，以实践的方式理解复杂的数据分析技术。此外，我们还将探讨如何有效地提示 ChatGPT，以获取定制化的洞见和代码片段，协助完成我们的探索任务。

数据集概述

我们将使用亚马逊产品评论数据集，该数据集涵盖了与消费者反馈有关的丰富信息。该数据集的关键特征包括市场情况、客户、评论和产品详情等标识符，此外还有产品名称、类别、评分和评论的文本内容。在这次探索中，我们将着重关注 review_body（评论内容）和 review_headline（评论标题）字段，因为它们提供了用于分析的丰富的文本数据。为了聚焦重点并使分析结果更清晰，我们将忽略中性情绪的反馈，只专注于分析正面和负面的反馈。

数据集中的特征包括：

- market_place（string）：产品的所在地。
- customer_id（string）：客户的 ID。
- review_id（string）：评论的 ID。
- product_id（string）：产品的 ID。
- product_parent（string）：父产品的 ID。
- product_title（string）：被评论的产品的名称。
- product_category（string）：产品的类别。
- verified_purchase：是否已验证购买（Y/N）。
- star_rating（int）：产品的评分，范围：1~5。
- helpful_votes（int）：评论获得的有用的投票数。
- total_votes（int）：评论获得的总投票数。
- review_headline（string）：评论的标题。
- review_body（string）：评论的内容。
- review_date（string）：评论的日期。
- sentiments（string）：评论的情绪（正面或负面）。

这种有针对性的探索使我们得以深入分析情绪，评估产品评分的影响，深入研究客户反馈的动态。通过关注这些要素，我们旨在充分利用数据集，改善电子商务环境下的战略决策。

11.4 功能分解

针对亚马逊产品评论数据集，我们将详细探讨以下功能，帮助用户高效理解和分析客户反馈。
- **数据加载**：首先，我们会将数据集导入 pandas DataFrame 中。这是 Python 中的一种强大的数据操作结构，可便捷地处理数据。
- **数据检查**：我们先展示 DataFrame 的前几行，以便掌握数据的总体状况。接着，我们将查看列名，了解每列包含的数据类型，并检查是否存在需要处理的缺失值。
- **汇总统计**：为了掌握数值数据的分布情况，我们将计算汇总统计量，包括均值、中位数、最小值、最大值和四分位数。这一步有助于理解数值数据的集中趋势和离散程度。
- **分类分析**：对于市场情况、产品类别和情绪等分类数据，我们会检查不同的类别并统计各类别的数量。为更直观地说明每个类别的频率，我们将使用条形图等视觉辅助工具。
- **评分分布可视化**：我们将使用直方图或条形图来可视化星级评分的分布情况。这种图形表示法能帮助我们深入理解评论者的总体意见和评分的偏向情况。
- **时间趋势分析**：通过分析 `review_date` 列，我们将探讨数据中的趋势、季节性或其他时间模式。这项分析可以揭示情绪或产品受欢迎程度随时间的变化。
- **评论文本分析**：我们将检查 `review_body` 列，以通过计算评论长度的描述性统计量（如均值、中位数和最大值）来了解评论中提供的信息量。这一步为我们提供客户反馈深度的洞见。
- **相关性分析**：最后，我们将利用相关矩阵或散点图，调查星级评分、有用投票数和总投票数等数值变量之间的相关性。这项分析有助于识别数据各定量方面之间的潜在关系。

通过系统地分析这些特征，我们将深入理解数据集，挖掘出可以提升电商领域决策和战略制订的洞见。

11.5 提示策略

为了高效利用 ChatGPT 来探索亚马逊产品评论数据集，我们需要制订明确的提示策略，以生成 Python 代码和数据洞见。以下是我们可以采取的方法。

11.5.1 策略 1：TAG 提示策略

（1）**任务（T）**：具体目标是借助多种统计和可视化技术，全面探索亚马逊产品评论数据集。

（2）**行动（A）**：探索这个数据集的关键步骤包括以下几个。
- **数据加载**：将数据集加载至 pandas DataFrame。
- **数据检查**：检查缺失数据，识别数据类型，并检查前几条记录。
- **汇总统计**：计算数值数据的汇总统计量。
- **分类分析**：通过计数和可视化手段分析分类变量。

- **评分分布可视化**：创建直方图或条形图来可视化星级评分的分布情况。
- **时间趋势分析**：从评论日期检查随时间变化的趋势。
- **评论文本分析**：分析评论文本的长度和情绪。
- **相关性分析**：评估数值变量之间的相关性。

（3）**指南（G）**：在提示词中为 ChatGPT 提供以下指导原则：
- 代码应与 Jupyter Notebook 兼容。
- 确保每行代码都有详细的注释。
- 你必须详细解释每行代码，涵盖代码中使用的每种方法。

11.5.2 策略 2：PIC 提示策略

（1）**角色（P）**：假设你是一名数据分析师，目标是从亚马逊产品评论数据集中发掘有用的洞见。

（2）**指令（I）**：要求 ChatGPT 为每个具体分析生成代码，按顺序进行，并在进行下一个任务之前等待用户验证。

（3）**上下文（C）**：鉴于重点是使用亚马逊产品评论数据集进行情绪分析，ChatGPT 并不熟悉该数据集及其特征，因此需要提供更多相关上下文信息。

11.5.3 策略 3：LIFE 提示策略

（1）**学习（L）**：强调需要通过各种分析技术（从基本统计到复杂的相关性和时间分析）来理解数据。

（2）**改进（I）**：根据初步发现调整分析。例如，如果某些产品类别显示出异常趋势，则深入分析这些领域。

（3）**反馈（F）**：
- 分享代码和模型输出以获取反馈，确保有效的学习和理解。
- 采纳建议和批评以改进模型和方法。
- 提供错误信息以排除故障和解决问题。

（4）**评估（E）**：运行 ChatGPT 提供的代码以确保其准确性和有效性。这一步骤将在整个章节中被多次使用。

11.6 使用免费版 ChatGPT 对亚马逊评论数据集进行数据探索

ChatGPT 高级版有代码解释器，但我们将先使用 ChatGPT 的免费版本。我们会精心设计初始提示词以包含所有功能，同时指示它在为每个功能提供代码后等待用户反馈。

11.6.1 功能 1：数据加载

让我们精心设计初始提示词来加载数据集。

[提示]

我计划运用多种统计和可视化技术,深入分析亚马逊产品评论数据集(TAG-T),该数据集包含以下字段(PIC-C):
- `market_place`(string):产品所在地。
- `customer_id`(string):客户的 ID。
- `review_id`(string):评论的 ID。
- `product_id`(string):产品的 ID。
- `product_parent`(string):父产品的 ID。
- `product_title`(string):被评论的产品的名称。
- `product_category`(string):产品的类别。
- `verified_purchase`:是否已验证购买(Y/N)。
- `star_rating`(int):产品的评分,范围:1~5。
- `helpful_votes`(int):评论获得的有用的投票数。
- `total_votes`(int):评论获得的总投票数。
- `review_headline`(string):评论的标题。
- `review_body`(string):评论的内容。
- `review_date`(string):评论的日期。
- `sentiments`(string):评论的情绪(正面或负面)。

这应该包括以下步骤(TAG-A):

1)**数据加载**:将数据集载入 pandas DataFrame 中。
2)**数据检查**:检查缺失数据,识别数据类型,并检查前几条记录。
3)**汇总统计**:计算数值数据的汇总统计量。
4)**分类分析**:使用计数和可视化手段分析分类变量。
5)**评分分布可视化**:创建直方图或条形图来可视化星级评分的分布情况。
6)**时间趋势分析**:从评论日期检查随时间变化的趋势。
7)**评论文本分析**:分析评论文本的长度和情绪。
8)**相关性分析**:评估数值变量之间的相关性。

我是一名数据分析师,希望发现有价值的洞见(PIC-P),请提供详细代码并严格遵循以下指示(TAG-G):

- 代码应与 Jupyter Notebook 兼容。
- 确保每行代码都有详细的注释。
- 在提供代码之前,你需要解释代码中每个方法的每一行代码。这些代码稍后会被复制到 Notebook 的文本块中。在提供代码之前,请详细描述使用的每个方法。另外,请注意,数据集位于 Google Drive 的以下路径 /Chapter05/amazon_product_review_data.csv。随后添加代码,使其挂载到 Google drive 并加载数据集 (PIC-I)。
- 一次提供一个步骤并等待用户反馈 (PIC-I)。

[提示结束]

你应该会收到类似下面的响应（其中 ChatGPT 为我们呈现了步骤 1——数据加载的代码，并附有详细注释和解释）。

[提示响应]

当然，我们先从第一步开始：从 Google Drive 加载数据集到 pandas DataFrame 中。以下是我们可以执行的步骤：

步骤 1：数据加载

要从 Google Drive 中将数据集加载到 pandas DataFrame 中，我们将遵循以下步骤：

- **挂载 Google Drive**：连接到你存放数据集的 Google Drive 上。
- **加载数据集**：将数据集文件载入 pandas DataFrame。

详细代码解释：

1）**挂载 Google Drive**：此步骤使我们能够直接从 Google Colab 或 Jupyter Notebook 环境访问存储在 Google Drive 中的文件：

- `from google.colab import drive`：从 google.colab 中导入 drive 模块。
- `drive.mount('/content/drive')`：将 Google Drive 挂载到指定路径（此例为 /content/drive）。按照提示词授权并获得访问代码。

2）**加载数据集**：

- `import pandas as pd`：导入 pandas 库并用 pd 作为别名，用于数据操作。
- `file_path='/content/drive/My Drive/Chapter05/amazon_product_review_data.csv'`：在 Google 硬盘中指定 CSV 文件的具体路径。
- `df = pd.read_csv(file_path)`：利用 `pd.read_csv()` 将 CSV 文件导入并存储在名为 df 的 DataFrame 中。

这是完整的代码片段：

```
# Mount Google Drive to access the dataset
from google.colab import drive
drive.mount('/content/drive')

# Import pandas for data manipulation
import pandas as pd

# Define the file path in your Google Drive
file_path='/content/drive/My Drive/Chapter05/amazon_product_review_data.csv'

# Load the dataset into a pandas DataFrame
df = pd.read_csv(file_path)

# Display the first few rows of the dataframe to verify the data
df.head()
```

用户反馈：

请在 Jupyter Notebook 环境中运行此代码，并将 file_path 替换为数据集的正确路径。如果遇到任何问题，或准备好进行下一步时，请告诉我！

[响应结束]

现在我们将应用评估提示策略（LIFE-E），并在 Google Colab 中执行每个步骤的代码来验证代码。此代码从 Google Drive 中加载数据集，并请求访问 Google Drive 的权限。

请参阅 Notebook "Data Exploration with ChatGPT.ipynb" 以获取可执行代码的片段，或从提示响应中复制代码。

你应该会看到一条消息，内容为 "Permit this Notebook to access Google Drive"（允许此 Notebook 访问 Google Drive）。

代码运行状态良好，无须调整，也没有出现错误，且展示了数据集的前几行。

你应该能够看到 Notebook 的内容和客户评论。

11.6.2 功能 2：数据检查

现在我们将指示 ChatGPT 继续下一步：

[提示]

让我们继续下一步。

[提示结束]

我们应该会收到类似下面的响应：

[提示响应]

太好了！让我们继续下一步：

步骤 2：数据检查

在此步骤中，我们将检查加载的数据集以：

- 检查缺失数据。
- 识别每列的数据类型。
- 检查前几条记录以了解数据结构。

详细代码解释：

1）**检查缺失数据**：df.info()：此方法提供 DataFrame 的简明摘要，包括每列的非空记录数。它还展示每列的数据类型，帮助我们更好地把握数据的操作方式。

2）**识别数据类型**：通过查看 df.info() 的输出结果，我们可以识别是否具有不正确的数据类型的列（例如，应为数值的数据被误存为字符串）。

3）**检查前几条记录**：df.head()：此方法展示 DataFrame 的前几行，让我们能直观地检查列及其值，初步了解数据集的内容。

这是数据检查的代码：

```
# Check for missing data and data types
df.info()
# Display the first few rows of the dataframe
```

```
df.head()
```

用户反馈：

在 Jupyter Notebook 环境中执行此代码。运行此步骤后，你将会看到数据集的摘要和前几行。如果一切正常或你有任何具体问题，请随时告诉我！

［响应结束］

我们对 ChatGPT 的输出结果进行评估，并在 Notebook 中执行代码（LIFE-E），结果显示了信息。

我们将利用提示策略为 ChatGPT 提供输出（LIFE-F）进行解释：

［提示］

```
<class 'pandas.core.frame.DataFrame'>
RangeIndex: 500 entries, 0 to 499
Data columns (total 15 columns):
 #   Column             Non-Null Count  Dtype
---  ------             --------------  -----
 0   market_place       500 non-null    object
 1   customer_id        500 non-null    object
 2   review_id          500 non-null    object
 3   product_id         500 non-null    object
 4   product_parent     500 non-null    object
 5   product_title      500 non-null    object
 6   product_category   500 non-null    object
 7   star_rating        500 non-null    int64
 8   helpful_votes      500 non-null    int64
 9   total_votes        500 non-null    int64
 10  verified_purchase  500 non-null    object
 11  review_headline    500 non-null    object
 12  review_body        500 non-null    object
 13  review_date        500 non-null    object
 14  sentiments         500 non-null    object
dtypes: int64(3), object(12)
memory usage: 58.7+ KB
market_place    customer_id    review_id    product_id    product_parent    product_title    product_category    star_rating    helpful_votes    total_votes    verified_purchase    review_headline    review_body    review_date    sentiments
0    "US"    "42521656"    "R26MV8D0KG6QI6"    "B000SAQCWC"    "159713740"    "The Cravings Place Chocolate Chunk Cookie Mix...    "Grocery"    1    0    0    1 \t(Y)    "Using these for years - love them."    "As a family allergic to wheat, dairy, eggs, n...    2015-08-31    positive
1    "US"    "12049833"    "R1OF8GP57AQ1A0"    "B00509LVIQ"    "138680402"    "Mauna Loa Macadamias, 11 Ounce Packages"    "Grocery"    1    0    0    1 \t(Y)    "Wonderful"    "My favorite nut. Creamy, crunchy, salty, and ...    2015-08-31    positive
2    "US"    "107642"    "R3VDC1QB6MC4ZZ"    "B00KHXESLC"    "252021703"    "Organic Matcha Green Tea Powder - 100% Pure M...    "Grocery"    1    0    0    0 \t(N)
```

```
"Five Stars"      "This green tea tastes so good! My girlfriend ...    2015-08-31
positive
3        "US"       "6042304"     "R12FA3DCF8F9ER"      "B000F8JIIC"     "752728342"      "15oz
Raspberry Lyons Designer Dessert Syrup S...     "Grocery"       1     0      0     1 \t(Y)
"Five Stars"     "I love Melissa's brand but this is a great se...    2015-08-31
positive
4        "US"      "18123821"     "RTWHVNV6X4CNJ"       "B004ZWR9RQ"      "552138758"
"Stride Spark Kinetic Fruit Sugar Free Gum, 14...     "Grocery"       1     0     0     1
\t(Y)     "Five Stars"     "good"      2015-08-31      positive
```

[提示结束]

我们应该会收到类似下面的响应（其中 ChatGPT 提供了解释和发现）：

[提示响应]

数据集似乎已成功加载，以下是从 df.info() 和 df.head() 的输出结果中可以推断出的内容：

数据检查结果：

1）**基本信息**：

- 数据集包含 500 条记录（行）和 15 列。
- 既有数值型 (int64)，又有分类型 (object) 数据类型。
- 所有列都有 500 个非空记录，表明没有缺失值。

2）**列详情**：

- market_place、customer_id、review_id、product_id、product_parent、product_title、product_category、verified_purchase、review_headline、review_body、review_date 和 sentiments 都被识别为字符串 (object) 类型，这与它们描述中的预期内容一致。
- star_rating、helpful_votes 和 total_votes 都被正确地识别为整数（int64）类型。

3）**初始数据预览**：

- 调用 df.head() 函数可以显示数据集的前几行，让我们能够快速了解每列的结构和内容。此时，我们可以看到 market_place、customer_id、star_rating、helpful_votes、total_votes、review_headline、review_body、review_date 和 sentiments 列的示例。

下一步：

基于此检查：

- 数据集似乎很干净，没有缺失值。
- 我们清楚地了解了列及其数据类型。

接下来，我们可以进行步骤 3：汇总统计，对数值数据（star_rating、helpful_votes 和 total_votes）进行汇总统计。你是否希望继续？请告知你是否有特定内容需要进一步深入探讨，如果没有我们将进入下一步！

[响应结束]

11.6.3 功能 3：汇总统计

由于没有缺失值或空值，我们现在将让 ChatGPT 继续下一步，显示汇总统计量：

[提示]

让我们继续下一步。

[提示结束]

我们应该会收到类似如下的响应（其中 ChatGPT 提供了显示汇总统计量的代码）：

[提示响应]

太好了！让我们继续步骤 3：

步骤 3：汇总统计

在这一步，我们将计算数据集中数值列的汇总统计量。具体而言，我们将关注：

- star_rating：产品的评分，范围：1~5。
- helpful_votes：评论获得的有用的投票数。
- total_votes：评论获得的总投票数。

详细代码解释：

1) **使用 describe()**：df.describe() 计算数值列的汇总统计量。它提供：

- count：非空值的数量。
- mean：均值。
- std：标准差。
- min：最小值。
- 25%、50% 和 75%：百分位数。
- max：最大值。

2) **选择特定列**：我们使用 df[['star_rating','helpful_votes','total_votes']].describe()，将输出结果限制为我们感兴趣的数值列（star_rating、helpful_votes 和 total_votes）。

以下是计算和显示汇总统计量的代码：

```
# Calculate summary statistics for numerical columns
summary_stats=df[['star_rating', 'helpful_votes', 'total_votes']].describe()
# Display the summary statistics
print(summary_stats)
```

用户反馈：

在 Jupyter Notebook 环境中运行此代码，它将提供关于数据集中数值变量分布和集中趋势的统计洞见。你有任何问题或者已准备好进行下一步，请告诉我！

[响应结束]

我们执行代码，生成汇总统计量，输出结果交由 ChatGPT 进行解释和分析。

[提示]

```
       star_rating  helpful_votes  total_votes
count   500.000000     500.000000   500.000000
mean      0.796000       0.764000     1.068000
std       0.403373       2.843321     3.698477
min       0.000000       0.000000     0.000000
25%       1.000000       0.000000     0.000000
50%       1.000000       0.000000     0.000000
75%       1.000000       1.000000     1.000000
max       1.000000      36.000000    47.000000
```

[提示结束]

我们应该会收到类似下面的响应（其中 ChatGPT 提供了汇总统计量的解释）：

[提示响应]

根据对数值列（`star_rating`、`helpful_votes` 和 `total_votes`）的汇总统计，我们可以得出以下洞见：

汇总统计：

1）**`star_rating`**：
- 均值：0.796
- 标准差：0.403
- 最小值：0（表示最低评分）
- 25 百分位数（Q1）：1
- 中位数（50 百分位数）：1
- 75 百分位数（Q3）：1
- 最大值：1（表示最高评分）
- 解释：`star_rating` 列主要包含单一值 1（在二元情绪数据中通常代表正面评论），表明大多数评论是正面的。这一点由接近 1 的均值和较低的标准差支撑。

2）**`helpful_votes`**：
- 均值：0.764
- 标准差：2.843
- 最小值：0
- 25 百分位数（Q1）：0
- 中位数（50 百分位数）：0
- 75 百分位数（Q3）：1
- 最大值：36
- 解释：`helpful_votes` 列的均值为 0.764，意味着平均每条评论收到的有用投票不到 1 票。2.843 的标准差显示有用投票的数量存在波动，有些评论最多收到 36 票有用投票。

3）`total_votes`：
- 均值：1.068
- 标准差：3.698
- 最小值：0
- 25 百分位数（Q1）：0
- 中位数（50 百分位数）：0
- 75 百分位数（Q3）：1
- 最大值：47
- 解释：`total_votes` 列的平均值为 1.068，这意味着每条评论平均获得略多于 1 票总投票（无论有用还是无用）。3.698 的标准差表明总投票数量波动较大，有些评论最多获得 47 票总投票。

下一步：

根据这些统计数据，我们可以看出数据集主要由正面评论（星级评分为 1）构成。有用投票数和总投票数表明评论的参与度各不相同。

接下来，我们可以进行第 4 步：分类分析。我们将使用计数和可视化方法来分析分类变量（`market_place`、`product_category`、`verified_purchase`、`sentiments`）。你想继续吗？如果有任何问题或准备进入下一步，请告诉我！

[响应结束]

11.6.4 功能 4：分类分析

现在，我们将继续探索分类变量。

[提示]

让我们继续下一步。

[提示结束]

我们应该会收到类似以下的响应（其中 ChatGPT 提供了用于可视化分类变量的代码）：

[提示响应]

很好！让我们继续第 4 步：

步骤 4：分类分析

此步骤中，我们将利用计数和可视化方式来解析数据集中的分类变量。主要关注以下分类变量：

- `market_place`：产品所在地。
- `product_category`：产品的类别。
- `verified_purchase`：是否已验证购买（Y/N）。
- `sentiments`：评论的情绪（正面或负面）。

详细代码解释：

1）**计算唯一值**：`df['column_name'].value_counts()`：该方法用于统计分类列中每个唯一值的出现频次。

2)**可视化分类数据**：我们将使用来自matplotlib库的条形图，生动展示分类变量的分布情况。

以下是执行分类分析的代码：

```python
import matplotlib.pyplot as plt
import seaborn as sns

# Set up the matplotlib figure and axes
fig, axes = plt.subplots(nrows=2, ncols=2, figsize=(14, 10))
axes = axes.flatten()

# Plot for 'market_place'
sns.countplot(x='market_place', data=df, ax=axes[0])
axes[0].set_title('Distribution of Products by Market Place')

# Plot for 'product_category'
sns.countplot(x='product_category', data=df, ax=axes[1])
axes[1].set_title('Distribution of Products by Category')
axes[1].tick_params(axis='x', rotation=90)

# Plot for 'verified_purchase'
sns.countplot(x='verified_purchase', data=df, ax=axes[2])
axes[2].set_title('Distribution of Verified Purchases')

# Plot for 'sentiments'
sns.countplot(x='sentiments', data=df, ax=axes[3])
axes[3].set_title('Distribution of Sentiments')

# Adjust layout
plt.tight_layout()
plt.show()
```

可视化说明：

- **市场**：显示不同市场（market_place）中产品的分布情况。
- **产品类别**：展示不同类别（product_category）中产品的分布。
- **已验证购买**：表示有多少评论来自已被验证的购买者（verified_purchase）。
- **情绪**：说明评论情绪（sentiments）的分布情况，即它们是正面的还是负面的。

用户反馈：

在Jupyter Notebook环境中运行这段代码，可视化并分析数据集中的分类变量。这将为你提供关于评论和产品不同方面的分布情况和对特征的深入见解。如果你有任何疑问或准备继续下一步，请告诉我！

［**响应结束**］

我们执行代码，它运行得很好，可视化了变量，如图11.1所示。

从这里可以看出，评论全部来自单一市场，各个产品类别的评论数量相等，但正面和负面评论，以及已验证购买的分布情况并不均衡。

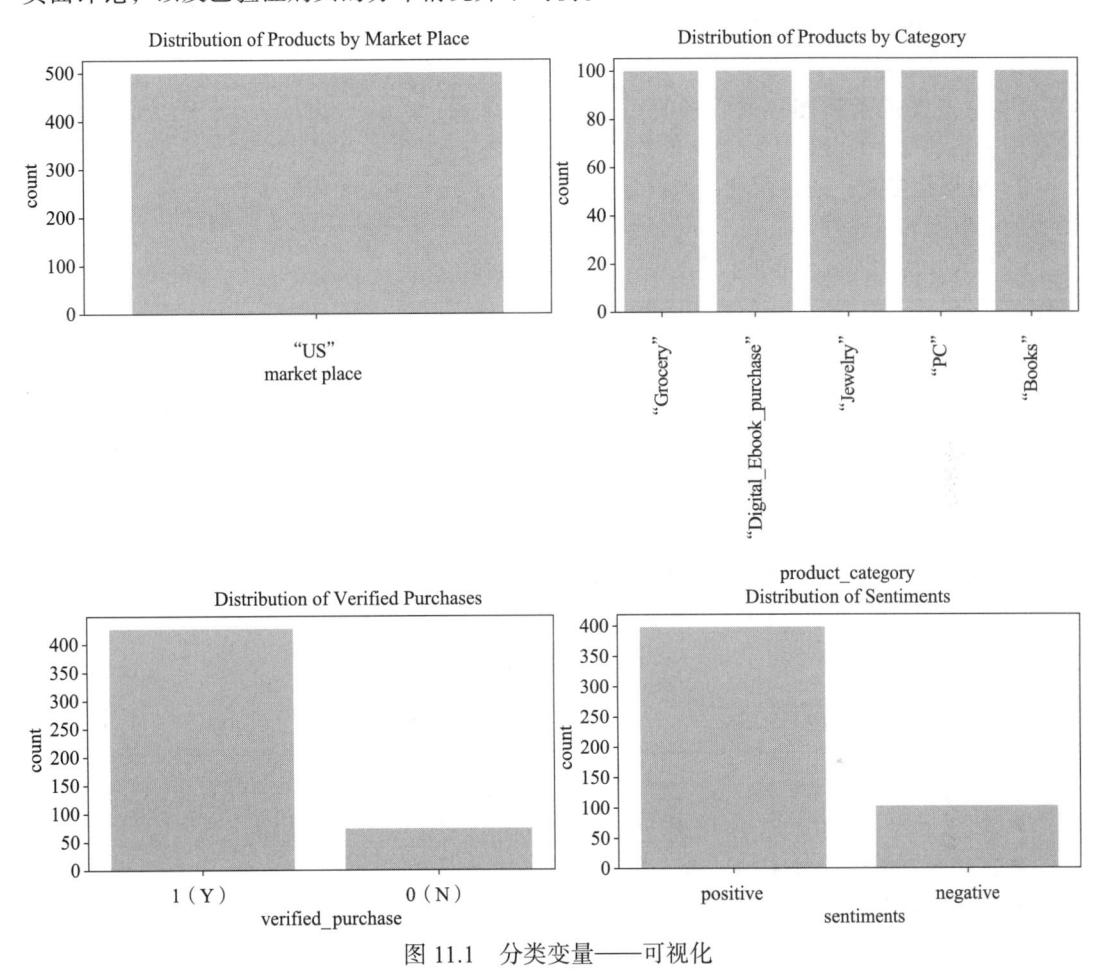

图 11.1 分类变量——可视化

11.6.5 功能 5：评分分布可视化

我们将继续进行评分分布可视化，并指示 ChatGPT 继续下一步：

［提示］

让我们继续下一步。

［提示结束］

我们应该会收到类似以下的响应：

［提示响应］

很好！让我们继续第 5 步：

步骤 5：评分分布可视化

在这一步，我们将用直方图或条形图来可视化星级评分（`star_rating`）的分布，从而帮助我们了解评论中评分的分布情况。

详细代码解释：

1）**直方图或条形图**：我们将使用 Seaborn 库中的 `sns.countplot()` 生成条形图，这适用于展示每个评分值（1～5）的数量。

2）**可视化参数**：通过调整，如设置图形大小（`figsize`）和标题（`title`），可以提升图表的清晰度和可读性。

以下是可视化评分分布的代码：

```python
import matplotlib.pyplot as plt
import seaborn as sns

# Set up the matplotlib figure
plt.figure(figsize=(8, 6))

# Plotting the distribution of star ratings
sns.countplot(x='star_rating', data=df)
plt.title('Distribution of Star Ratings')
plt.xlabel('Star Rating')
plt.ylabel('Count')

# Show plot
plt.show()
```

可视化说明：

- 通过 `sns.countplot()` 函数绘制 `star_rating` 列的条形图。
- x 轴表示星级评分（1～5），y 轴表示每个评分的评论数量。
- 添加标题、x 轴标签（星级评分）和 y 轴标签（数量）以提供上下文并使图表更清晰。

用户反馈：

在 Jupyter Notebook 环境中执行此代码，它将显示评论中星级评分分布的可视化表示。这一步将提供对用户通过评分表达的整体情绪的洞见。如果你有任何问题或准备进入下一步，请告诉我！

[响应结束]

我们将执行代码，生成的评分分布条形图如图 11.2 所示。

根据这些结果可知，产品得到的主要是正面评分。我们将继续下一步。

图 11.2 评分分布条形图

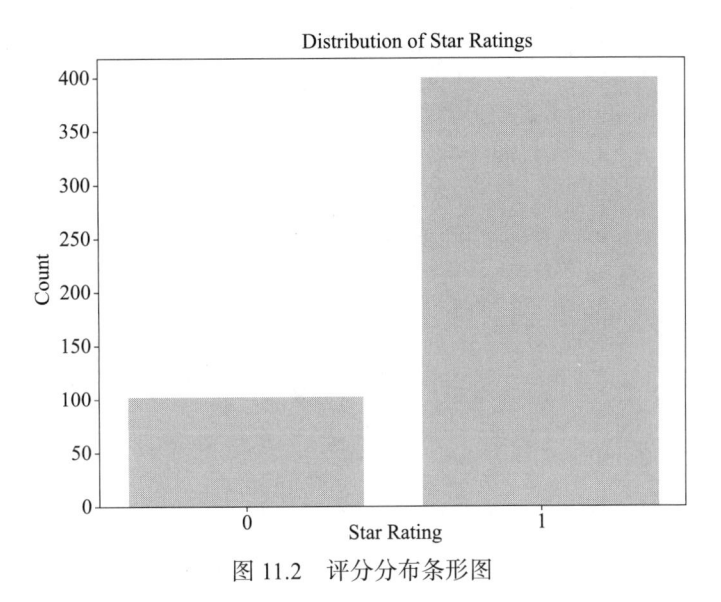

11.6.6 功能 6：时间趋势分析

现在，让我们来分析数据集中 review_date 列的时间趋势。尽管数据集变化不大，但这将帮助我们了解如何使用 ChatGPT 进行分析：

[提示]

让我们继续下一步。

[提示结束]

我们应该会收到类似以下的响应：

[提示响应]

很好！让我们继续步骤 6：

步骤 6：时间趋势分析

在这一步中，我们将从 review_date 列中检查时间趋势，以了解评论如何随时间分布。这将帮助我们识别评论活动中的所有模式或趋势。

详细代码解释：

1）**将 review_date 转换为日期时间格式**：确保 review_date 列的格式为日期时间，以便进行适当的时间分析。

2）**绘制时间趋势**：

- 用 sns.lineplot() 或 sns.histplot() 来可视化评论随时间的分布情况。
- 根据分析目标，你可以选择按月、年或任何其他相关时间间隔绘制评论数量。

以下是分析时间趋势的代码：

```
import matplotlib.pyplot as plt
import seaborn as sns
```

```
# Convert 'review_date' to datetime format
df['review_date'] = pd.to_datetime(df['review_date'])

# Set up the matplotlib figure
plt.figure(figsize=(12, 6))

# Plotting the count of reviews over time
sns.histplot(df['review_date'], bins=30, kde=False, color='blue')
plt.title('Distribution of Reviews Over Time')
plt.xlabel('Review Date')
plt.ylabel('Count of Reviews')

# Show plot
plt.xticks(rotation=45)
plt.tight_layout()
plt.show()
```

可视化说明：

- 日期时间转换：使用`pd.to_datetime()`函数将`review_date`列从字符串格式转换为日期时间格式，以确保时间分析的准确性。
- 直方图：使用`sns.histplot()`创建"`review_date`"随时间变化的评论数量直方图。这有助于直观地展示不同日期评论的分布和数量。
- 进行调整：设置图形大小（`figsize`）、标题（`title`）、x轴标签（`xlabel`）、y轴标签（`ylabel`）及旋转x轴刻度（`xticks(rotation=45)`），以提升图表的清晰度和可读性。

用户反馈：

在Jupyter Notebook环境中执行此代码，它将揭示评论如何随时间分布，使你能够洞察评论活动中的趋势或模式。如有任何问题或准备进入下一步，请告诉我！

[响应结束]

我们将执行代码，生成一个显示评论随时间分布的图，如图11.3所示。

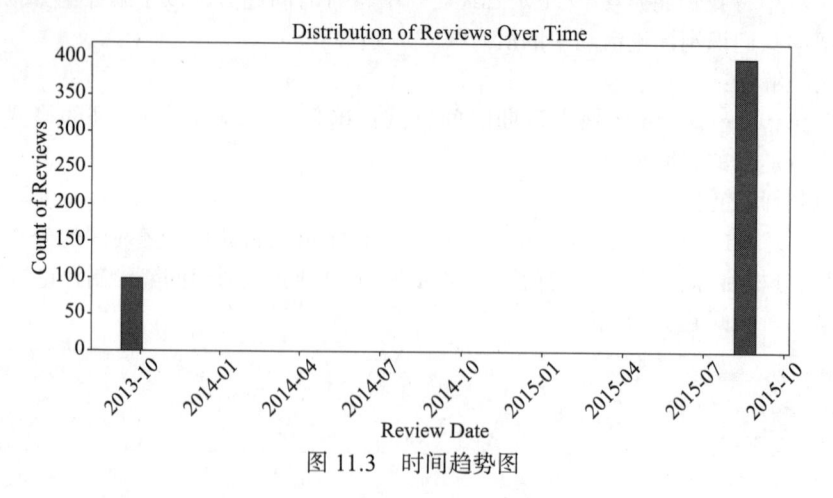

图11.3　时间趋势图

我们可以看到评论仅在两个日期出现，因此让我们继续下一步。

11.6.7　功能 7：评论文本分析

[提示]
评论仅出现在两个时间段，2013 年 10 月和 2015 年 8 月。
[提示结束]
我们应该会收到类似以下的响应（其中 ChatGPT 提供代码，解释评论日期的重要性，并继续进行下一步的评论文本分析）。

[提示响应]
如果你的数据集中的评论仅集中在两个时间段（2013 年 10 月和 2015 年 8 月），这表明数据集的时间跨度可能不够广泛。这一信息对于理解数据的背景及其在时间分析中的局限性至关重要。

鉴于这一观察，我们仍然可以按计划继续进行步骤 7，分析评论文本和情绪。这一步将专注于检查评论文本的长度和情绪，并由此提供超越时间趋势的其他洞见。

步骤 7：评论文本分析

在这一步中，我们将分析评论文本（review_body）以：
- 计算每条评论的长度。
- 使用提供的 sentiments 列确定每条评论的情绪。

详细代码解释：

1）**评论长度计算**：我们可以向 DataFrame 添加一个新列 review_length，用于存储每条评论（review_body）的字符数。

2）**情绪分析**：
- 使用 sentiments 列，根据提供的标签将评论归类为正面或负面。

以下是执行评论文本分析的代码：

```python
# Calculate the length of each review text
df['review_length'] = df['review_body'].apply(len)

# Count the number of reviews classified as positive and negative
sentiment_counts = df['sentiments'].value_counts()

# Display the sentiment counts
print("Sentiment Counts:")
print(sentiment_counts)

# Calculate the average length of reviews
average_review_length = df['review_length'].mean()
print(f"\nAverage Review Length: {average_review_length:.2f} characters")
```

```
# Display the first few rows to verify the changes
df.head()
```

代码解释：

- **计算评论长度**：通过 `df['review_body'].apply(len)` 计算每条评论的字符数，并将结果储存在新列 `review_length` 中。
- **情绪分析**：使用 `df['sentiments'].value_counts()` 计算 `sentiments` 列中各个情绪类别（正面或负面）的出现次数。
- **平均评论长度**：使用 `df['review_length'].mean()` 计算得到数据集中评论的平均长度。

用户反馈：

在 Jupyter Notebook 环境中执行此代码，它将提供对数据集中评论文本长度和情绪分布的洞察。查看输出结果后，如有任何问题或准备继续下一步，请告诉我！

［响应结束］

在 Jupyter Colab 中执行代码，结果运行良好，将输出结果提供给 ChatGPT 进行解释：

［提示］

```
Sentiment Counts:
sentiments
positive    398
negative    102
Name: count, dtype: int64

Average Review Length: 243.75 characters
market_place    customer_id    review_id    product_id    product_parent    prod-
uct_title    product_category    star_rating    helpful_votes    total_votes
verified_purchase    review_headline    review_body    review_date    sentiments
review_length
0    "US"    "42521656"    "R26MV8D0KG6QI6"    "B000SAQCWC"    "159713740"    "The
Cravings Place Chocolate Chunk Cookie Mix...    "Grocery"    1    0    0    1 \t(Y)
"Using these for years - love them."    "As a family allergic to wheat, dairy,
eggs, n...    2015-08-31    positive    470
1    "US"    "12049833"    "R1OF8GP57AQ1A0"    "B00509LVIQ"    "138680402"
"Mauna Loa Macadamias, 11 Ounce Packages"    "Grocery"    1    0    0    1 \t(Y)
"Wonderful"    "My favorite nut. Creamy, crunchy, salty, and ...    2015-08-31
positive    92
2    "US"    "107642"    "R3VDC1QB6MC4ZZ"    "B00KHXESLC"    "252021703"    "Organ-
ic Matcha Green Tea Powder - 100% Pure M...    "Grocery"    1    0    0    0 \t(N)
"Five Stars"    "This green tea tastes so good! My girlfriend ...    2015-08-31
positive    60
3    "US"    "6042304"    "R12FA3DCF8F9ER"    "B000F8JIIC"    "752728342"    "15oz
Raspberry Lyons Designer Dessert Syrup S...    "Grocery"    1    0    0    1 \t(Y)
"Five Stars"    "I love Melissa's brand but this is a great se...    2015-08-31
positive    85
```

```
4        "US"         "18123821"      "RTWHVNV6X4CNJ"       "B004ZWR9RQ"       "552138758"
"Stride Spark Kinetic Fruit Sugar Free Gum, 14...        "Grocery"         1       0       0
1 \t(Y)         "Five Stars"        "good"      2015-08-31      positive      6
```

[提示结束]

我们应该会收到 ChatGPT 解释结果的响应：

[提示响应]

看起来情绪分析和评论长度计算已成功完成。以下是通过分析得出的洞见：

情绪分析：

- **情绪分析**：
  - 正面评论：398
  - 负面评论：102
- **评论长度分析**：
  - 平均评论长度：243.75 个字符

解释：

- **情绪分析**：数据集中有 398 条正面评论和 102 条负面评论，正面评论占据主导地位。
- **平均评论长度**：数据集中的平均评论长度约为 243.75 个字符。

示例数据检查：

根据你提供的数据集示例片段，我们可以看到前几条记录的详细内容，包括市场、客户 ID、评论 ID、产品详情、星级评分、评论文本、评论日期、情绪以及评论长度。

下一步：

基于这项分析，我们了解了情绪分布和评论平均长度的情况。如果你想进一步探索特定的分析或可视化，如相关性分析或可视化数据集的其他方面，请告诉我！

[响应结束]

11.6.8　功能 8：相关性分析

我们将进行最后一步，即相关性分析。

[提示]

让我们继续下一步。

[提示结束]

我们应该会收到如下响应：

[提示响应]

当然！让我们继续执行步骤 8：

步骤 8：相关性分析

在此步骤中，我们将评估数据集中数值变量之间的相关性。具体来说，我们将研究 `star_rating`、`helpful_votes` 和 `total_votes` 之间的关系。这项分析将帮助我们理解这些变量之间的所有关系或依赖性。

详细代码解释：
1）**相关性计算**：利用 DataFrame 的 .corr() 方法，计算数值列之间的相关系数。
2）**相关性可视化**：我们可以使用热图来可视化相关性，以提供清晰直观的关系表示。
以下是执行相关性分析的代码：

```python
import matplotlib.pyplot as plt
import seaborn as sns

# Calculate the correlation matrix
correlation_matrix=df[['star_rating','helpful_votes', 'total_votes']].corr()

# Plotting the correlation heatmap
plt.figure(figsize=(8, 6))
sns.heatmap(correlation_matrix, annot=True, cmap='coolwarm', vmin=-1, vmax=1)
plt.title('Correlation Matrix of Numerical Variables')
plt.show()
```

代码解释：
- **相关性矩阵**：在数据表 df 中，通过 df[['star_rating', 'helpful_votes', 'total_votes']].corr() 这一方法，我们可以计算出 star_rating、helpful_votes 和 total_votes 三者之间的相关系数。
- **热图可视化**：采用 Seaborn 库的 sns.heatmap() 函数来生成相关矩阵的热图。通过设置 annot=True 参数，为热图单元格添加数字注释，提升清晰度。使用 cmap='coolwarm' 参数调整热图的配色方案，使颜色从蓝色（负相关）到红色（正相关）渐变。

解释：
热图将显示 −1~1 范围内的相关性。
- 接近 1 的值表示强正相关。
- 接近 −1 的值表示强负相关。
- 接近 0 的值表示没有显著相关性。

用户反馈：
在 Jupyter Notebook 环境中执行这段代码。它将提供关于 star_rating、helpful_votes 和 total_votes 在你的数据集中的相关性的洞察。如果你有任何问题或在查看相关性热图后准备继续下一步，请告诉我！

[响应结束]

我们将执行代码，绘制相关矩阵（如图 11.4 所示）并输出结果。
我们可以看到有用投票和总投票有强相关性，但评分与另两项并不相关。
至此，使用 ChatGPT-3.5 的数据探索已经完成。现在，让我们看看如何使用 ChatGPT-4o。

图 11.4　相关矩阵

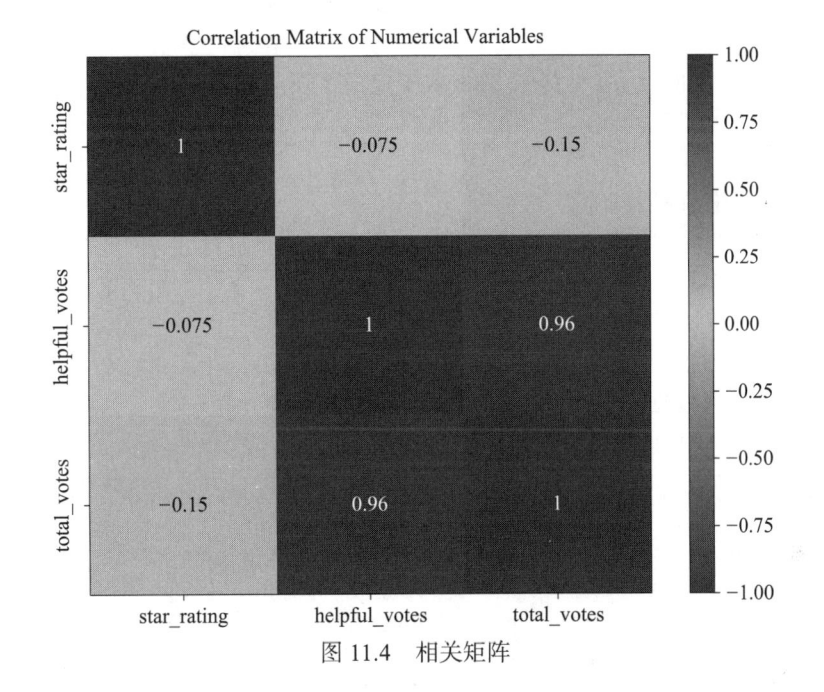

11.7　使用 ChatGPT-4o 对亚马逊评论数据集进行数据探索

ChatGPT 的高级版本有一个代码解释器，可以通过 ChatGPT-4o 和 ChatGPT-4 来访问。在本节中，我们将使用 GPT-4o，这次我们将一步到位获得代码。

ChatGPT 可访问多个模型，目前你可以使用 GPT-3.5、GPT-4 和 GPT-4o。

让我们来制订我们的提示词。

[提示]

我希望通过运用多种统计和可视化技术（TAG-T），全面探索附件中（PIC-C）的亚马逊产品评论数据集。整个过程应包括以下步骤（TAG-A）：

1）**数据加载**：将数据集导入 pandas DataFrame 中。
2）**数据检查**：检测缺失数据；识别数据类型；检查前几条记录。
3）**汇总统计**：计算数值数据的汇总统计量。
4）**分类分析**：使用计数和可视化分析分类变量。
5）**评分分布可视化**：创建直方图或条形图来可视化星级评分的分布情况。
6）**时间趋势分析**：从评论日期检查随时间变化的趋势。
7）**评论文本分析**：分析评论文本的长度和情绪。
8）**相关性分析**：评估数值变量之间的相关性。

作为一名数据分析师，我希望能够发现可行的洞见（PIC-P）。因此，请提供详细的代码。

[提示结束]

我们应该会收到如下响应（其中 ChatGPT 完成了所有必要步骤，进行了数据探索，并生成了相关的图）：

[提示响应]

亚马逊产品评论数据集分析

我们将按照你列出的步骤全面探索数据集。让我们逐步进行：

步骤 1：数据加载

我们已将数据集加载到 pandas DataFrame 中。

步骤 2：数据检查

我们检查了缺失数据，识别了数据类型，并检查了前几条记录。这个数据集由 500 条记录和 15 列组成，没有缺失数据。以下是前几条记录：

```
  market_place customer_id       review_id  product_id product_parent  \
0           "US"  "42521656"  "R26MV8D0KG6QI6"  "B000SAQCWC"    "159713740"
1           "US"  "12049833"  "R1OF8GP57AQ1A0"  "B00509LVIQ"    "138680402"
2           "US"    "107642"  "R3VDC1QB6MC4ZZ"  "B00KHXESLC"    "252021703"
3           "US"   "6042304"  "R12FA3DCF8F9ER"  "B000F8JIIC"    "752728342"
4           "US"  "18123821"  "RTWHVNV6X4CNJ"   "B004ZWR9RQ"    "552138758"

                                       product_title product_category  \
0  "The Cravings Place Chocolate Chunk Cookie Mix...        "Grocery"
1          "Mauna Loa Macadamias, 11 Ounce Packages"        "Grocery"
2  "Organic Matcha Green Tea Powder - 100% Pure M...        "Grocery"
3  "15oz Raspberry Lyons Designer Dessert Syrup S...        "Grocery"
4  "Stride Spark Kinetic Fruit Sugar Free Gum, 14...        "Grocery"

   star_rating  helpful_votes  total_votes verified_purchase  \
0            1              0            0             1 \t(Y)
1            1              0            0             1 \t(Y)
2            1              0            0             0 \t(N)
3            1              0            0             1 \t(Y)
4            1              0            0             1 \t(Y)

                            review_headline  \
0      "Using these for years - love them."
1                               "Wonderful"
2                              "Five Stars"
3                              "Five Stars"
4                              "Five Stars"

                                         review_body review_date
sentiments
0  "As a family allergic to wheat, dairy, eggs, n...  2015-08-31
```

```
                                               positive
1   "My favorite nut. Creamy, crunchy, salty, and ...   2015-08-31
                                               positive
2   "This green tea tastes so good! My girlfriend ...   2015-08-31
                                               positive
3   "I love Melissa's brand but this is a great se...   2015-08-31
                                               positive
4                                          "good"   2015-08-31
                                               positive
```

步骤3：汇总统计

让我们计算数值数据的汇总统计量。你将会看到数据的摘要，包括均值、标准差等统计信息。

步骤4：分类分析

我们将使用计数和可视化技术来分析分类变量。

步骤5：评分分布可视化

我们将创建直方图或条形图来可视化星级评分的分布。

步骤6：时间趋势分析

我们将从评论日期中检查评论随时间变化的趋势。

步骤7：评论文本分析

我们将分析评论文本的长度和情绪。

步骤8：相关性分析

我们将评估数值变量之间的相关性。

让我们开始用Python代码实现这些步骤。

亚马逊产品评论数据集的详细分析

我们已按照概述进行了详细分析。以下是各步骤的主要发现和可视化结果。

步骤3：汇总统计

我们计算了数值数据的汇总统计量。以下是一些关键的统计信息：

- **星级评分**：均值为0.796，标准差为0.403，最小值为0，最大值为1。
- **有用投票**：均值为0.764，标准差为2.843，最小值为0，最大值为36。
- **投票总数**：平均值为1.068，标准差为3.698，最小值为0，最大值为47。

步骤4：分类分析

按评论数量排名的前几个产品类别如下：

- **杂货**：100条评论
- **电子书**：100条评论
- **珠宝**：100条评论
- **PC**：100条评论
- **图书**：100条评论

步骤5：评分分布可视化

我们可视化了星级评分的分布，如图11.5所示。

步骤 6：时间趋势分析

我们检查了每月的评论数量，如图 11.6 所示。

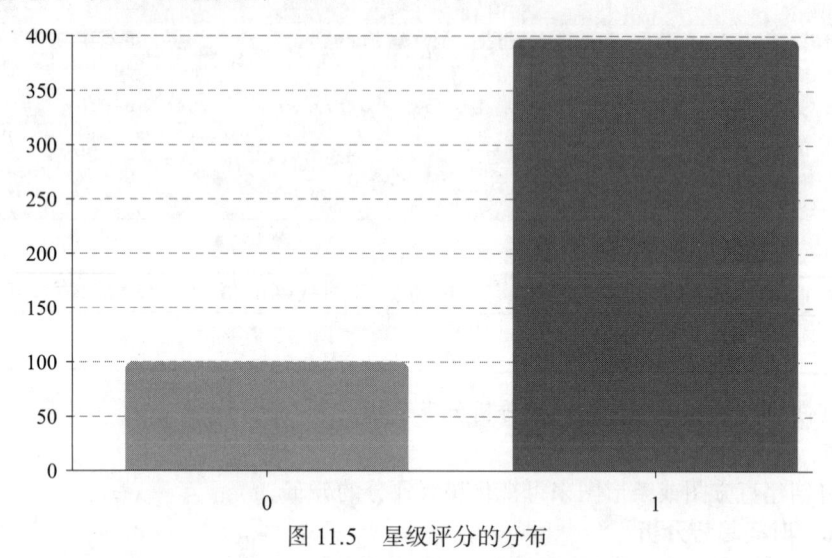

图 11.5　星级评分的分布

图 11.6　每月评论数量

步骤 7：评论文本分析

我们分析了评论文本的长度（如图 11.7 所示）和情绪（如图 11.8 所示）：

- 评论长度的分布：

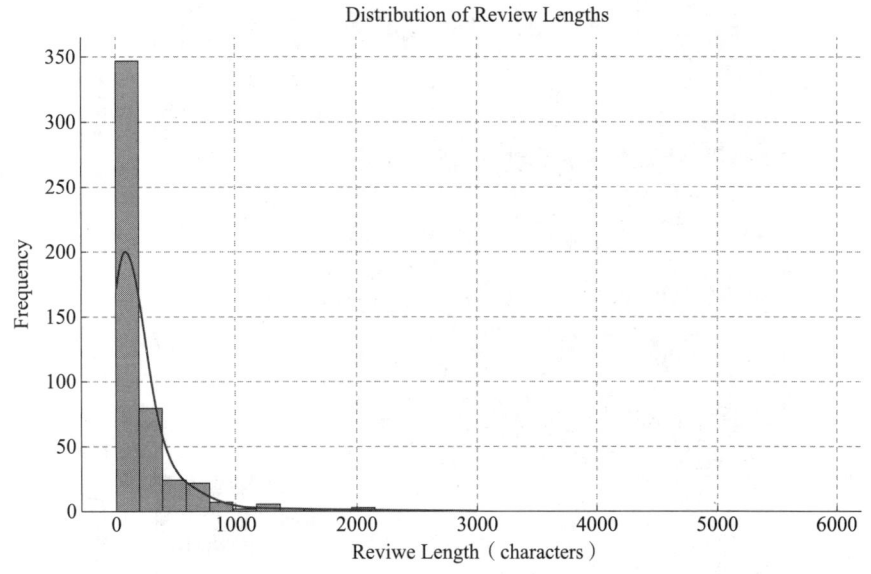

图 11.7　评论长度的分布

- 评论情绪的分布：

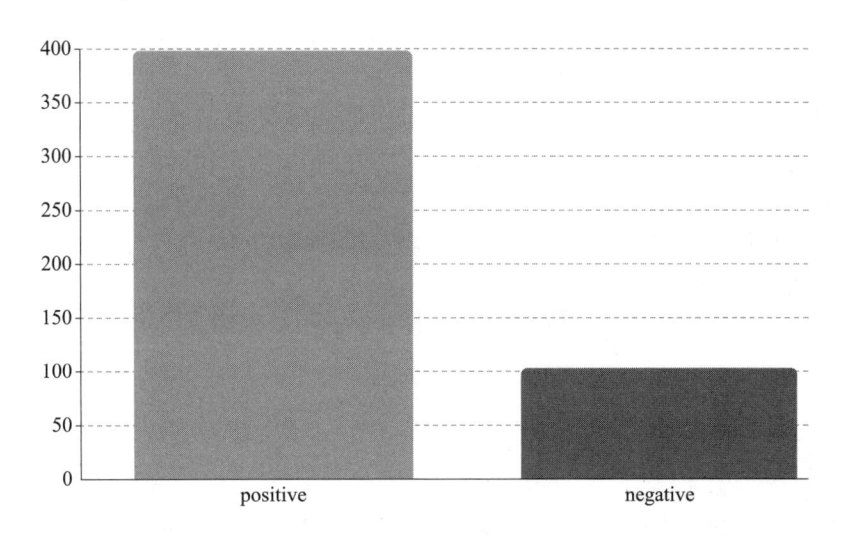

图 11.8　评论情绪的分布

- 正面评论：398
- 负面评论：102

步骤 8：相关性分析

我们评估了数值变量之间的相关性并可视化了相关矩阵，如图 11.9 所示。

图 11.9 相关矩阵

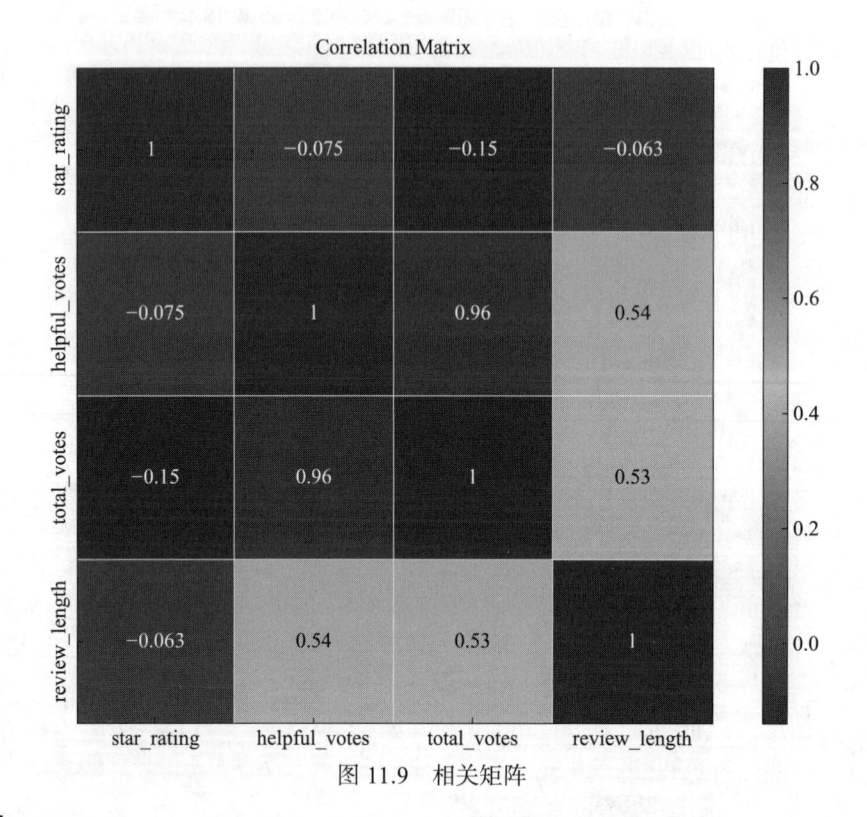

结论

这项分析为数据集提供了宝贵的洞见，呈现了星级评分的分布、评论随时间变化的趋势以及评论的情绪等。我们还探究了数值变量之间的相关性。这些洞见有助于我们理解客户反馈，并改进产品供应。

如果你需要任何进一步的分析或有具体问题，随时问我！

［响应结束］

如你所见，GPT-4o 仅通过上传的 CSV 文件和要执行的步骤或操作，就成功地完成了数据探索。

11.8 任务

调查不同产品或类别在评分、有用投票数和评论长度方面的表现。

11.9 挑战

运用自然语言处理（NLP）技术分析评论内容，提取常见主题、关键词和短语。

11.10 总结

在本章中，我们深入探讨了如何使用 Python 和 pandas 对亚马逊产品评论数据集进行全面数据分析。我们的探索从数据加载和检查开始，确保数据集格式正确且没有缺失值。通过详细的解释和适用于 Jupyter Notebook 的代码示例，AI 助手引导你完成了每个步骤，它们或许可以赋予你有效发掘可行洞见的能力。

我们计算了数值数据的汇总统计量，揭示了该数据集主要由正面评论组成。接着进行了分类分析，探索了不同市场、产品类别、已验证购买和情绪的分布情况。可视化图表（包括直方图和条形图）清晰地展示了星级评分的分布，强调了正面评论的主导地位。

时间趋势分析揭示了评论集中分布在 2013 年 10 月和 2015 年 8 月，提供了评论活动随时间变化的洞见。随后，我们进行了评论文本分析，计算了评论长度并评估了评论情绪，以深入理解数据集的内容。最后，通过相关性分析，我们检查了星级评分与评论参与度指标（如有用票数和总票数）之间的关系，为这些因素在数据集中的相互作用提供了洞见。

在下一章中，我们将探讨如何使用 ChatGPT 基于同一数据集构建分类模型。

第 12 章

用 ChatGPT 构建分类模型

12.1 导论

上一章，我们借助 ChatGPT 对亚马逊产品评论数据集进行了数据探索。本章将深入研究监督学习领域，重点关注分类问题。在这一章，我们会继续使用 ChatGPT 的功能增强我们对监督学习技术在客户评论中应用的理解和实践。

在电子商务领域，客户反馈在制订商业策略和改进产品方面具有至关重要的作用。正如比尔·盖茨所说："最不满意的客户是你最大的学习源泉。"客户的情绪往往隐藏于大量的产品评论之中。然而，手动检查这些包含产品 ID、标题、文本、评分和有用投票等各种属性的评论，是一项无异于大海捞针且难以管理的任务。

在本章中，我们将客户评论分为两类：正面的和负面的。我们将借助从 ChatGPT 中获得的见解来处理和分析客户评论数据。

我们的主要目标是展示 ChatGPT 如何简化机器学习的过程，使其更易于理解，特别是在处理复杂的主题（如监督学习中的分类）时。我们将探索 ChatGPT 如何将概念化繁为简，提供解释，甚至生成代码片段，从而降低初学者或该领域新手的学习曲线。

到本章结束时，你将深入理解监督学习及其在情绪分析中的应用，同时你还将体会到像 ChatGPT 这样的 AI 工具如何成为你学习和应用机器学习技术的得力伙伴。

12.2 业务问题

在电子商务项目中，理解客户的反馈有助于识别影响客户购买决策的关键因素，从而制订有针对性的营销策略。此外，这还可以优化用户体验和网站设计，增加为客户提供更好的服务和产品的机会。

12.3 问题和数据领域

在本节中，我们将利用亚马逊产品评论数据集，构建一个用于分析客户评论情绪的分类模型。借助 ChatGPT 的强大功能，我们将生成 Python 代码来构建分类模型，帮助读者掌握处理数据集和理解分类技术的实用方法。此外，我们还将深入探讨如何通过有效的提示技术，引导 ChatGPT 为数据分类任务提供定制的代码和洞见。

数据集概述

亚马逊产品评论数据集涵盖了多种产品及其对应的评论。借助这个数据集，我们可以开展各种分析，如情绪分析、客户反馈趋势分析和产品评分分析。我们的最终目标是训练一个分类模型，能够准确地将评论分类为正面或负面情绪，辅助决策过程，并提高电子商务平台和相关行业的客户满意度。

数据集中的特征包括：
- market_place（string）：产品所在地。
- customer_id（string）：客户的 ID。
- review_id（string）：评论的 ID。
- product_id（string）：产品的 ID。
- product_parent（string）：父产品的 ID。
- product_title（string）：被评论的产品的名称。
- product_category（string）：产品的类别。
- star_rating（int）：产品的评分，范围：1~5。
- helpful_votes（int）：评论获得的有用的投票数。
- total_votes（int）：评论获得的总投票数。
- review_headline（string）：评论的标题。
- review_body（string）：评论的内容。
- review_date（string）：评论的日期。
- sentiments（string）：评论的情绪（正面或负面）。

review_body 和 review_headline 中的文本数据对自然语言处理任务（如情绪分析）尤为重要。为简化操作，我们已经排除了中性情绪类别，专注于构建分类模型和提示技术。

12.4 功能分解

鉴于亚马逊产品评论数据集和机器学习模型在情绪分析中的应用，我们将功能分解为以下特征，以指导用户构建和优化情绪分类模型：
- **数据预处理和特征工程**：用户首先会对文本数据进行预处理，如分词、转换为小写、去除停用词和标点符号等。此外，还将应用特征工程技术，比如**词频-逆文**

档频率（Term Frequency-Inverse Document Frequency，TF-IDF）编码或者词嵌入，将文本数据转换为适合机器学习模型使用的格式。
- **模型选择和基线训练**：用户将选择基线机器学习模型，如逻辑回归、朴素贝叶斯或**支持向量机**（Support Vector Machine，SVM）进行情绪分类。选定的模型会在预处理过的数据上进行训练，以建立情绪分析的基线性能。
- **模型评估和解释**：用户将使用准确率、精确率、召回率和 F1 分数等指标来评估训练后的机器模型的性能。同时，还将探索模型预测解释技术，如特征重要性分析或模型可解释方法，以深入了解影响情绪分类决策的因素。
- **处理不平衡数据**：通过实施过采样、欠采样或在模型训练期间使用类别权重等技术，解决数据集中类别分布不平衡的问题。用户将探索如何减轻类别不平衡对模型性能的影响，并提高少数类别的分类准确率。
- **超参数调优**：用户将学习如何通过调整正则化强度、学习率和内核参数等超参数来优化机器学习模型的性能。借助网格搜索或随机搜索等技术，用户将尝试不同的超参数配置，以提高模型在验证集上的表现。
- **尝试特征表示方法**：用户将探索不同的文本数据特征表示方法，用于机器学习模型训练。重点比较使用不同特征表示（如词袋、TF-IDF 或词嵌入）所训练模型的性能，以确定最有效的情绪分类方法。

通过遵循这些特征，用户将获得使用亚马逊产品评论数据集为情绪分类任务构建、微调和优化机器学习模型的实际见解。用户将学习如何系统地尝试不同的预处理技术、特征表示方法、超参数配置方法和类别不平衡处理策略，以在情绪分类中实现更优异的性能和更高的准确性。

12.5 提示策略

为了高效利用 ChatGPT 生成情绪分析机器学习任务的代码，我们需要设计一个全面的提示策略，该策略专门针对使用亚马逊产品评论数据集进行情绪分析的特定特征和要求进行定制。

12.5.1 策略 1：TAG 提示策略

（1）**任务**（T）：任务或目标是利用亚马逊产品评论数据集，构建并优化用于情绪分析的机器学习模型。

（2）**行动**（A）：构建和优化用于情绪分析的机器学习模型的关键步骤包括：
- 数据预处理：进行分词处理、将文本转换为小写、删除停用词和标点符号，以及特征工程（如 TF-IDF 编码、词嵌入）。
- 模型选择：选用基线机器学习模型，如逻辑回归、朴素贝叶斯或 SVM。

（3）**指南**（G）：我们将在提示词中为 ChatGPT 提供以下原则：
- 代码应与 Jupyter Notebook 兼容。

- 确保每行代码都有详细的注释。
- 在提供代码之前，你需要详细解释每一行代码。这些解释将被复制到 Notebook 的文本块中。

12.5.2 策略 2：PIC 提示策略

（1）**角色（P）**：扮演初学者，逐步指导如何使用亚马逊产品评论数据集构建和优化适用于情绪分析任务的机器学习模型。

（2）**指令（I）**：要求 ChatGPT 每一步为一个功能生成代码，并在继续下一步之前等待用户反馈。此外，需提供从中加载数据集的路径。

（3）**上下文（C）**：鉴于重点是利用亚马逊产品评论数据集来进行情绪分析，而 ChatGPT 对数据集及其特征缺乏了解，因此需要给它提供额外的上下文。

12.5.3 策略 3：LIFE 提示策略

（1）**学习（L）**：强调理解机器学习模型及其组件的重要性，包括特征工程技术和模型选择。

（2）**改进（I）**：请 ChatGPT 提供代码片段以实现不同的功能，如超参数调优、处理不平衡数据，以及模型评估。

（3）**反馈（F）**：
- 分享生成的代码和模型输出结果以获得反馈，确保有效学习和理解。
- 结合用户建议和评论改进模型和方法。
- 提供错误消息以排查和解决模型实施过程中遇到的任何问题。

（4）**评估（E）**：执行 ChatGPT 生成的代码以验证其准确性和有效性，确保模型在使用亚马逊产品评论数据集进行情绪分析任务时表现出色。

12.6 使用免费版 ChatGPT 构建情绪分析模型，精准分类亚马逊评论

我们将使用 ChatGPT 的免费版本来构建基线模型。

12.6.1 功能 1：数据预处理和特征工程

让我们为基线模型设计初始提示词。

[提示]
我想基于亚马逊产品数据集（TAG-T）创建一个简单的情绪分析模型，该数据集包含以下字段（PIC-C）。
- `market_place`（string）：产品所在地。
- `customer_id`（string）：客户的 ID。
- `review_id`（string）：评论的 ID。

- `product_id`（string）：产品的 ID。
- `product_parent`（string）：父产品的 ID。
- `product_title`（string）：被评论的产品的名称。
- `product_category`（string）：产品的类别。
- `star_rating`（int）：产品的评分，范围：1～5。
- `helpful_votes`（int）：评论获得的有用的投票数。
- `total_votes`（int）：评论获得的总投票数。
- `review_headline`（string）：评论的标题。
- `review_body`（string）：评论的内容。
- `review_date`（string）：评论的日期。
- `Sentiments`（string）：评论的情绪（正面或负面）。

它应该包含以下步骤（TAG-A），一次提供一个步骤的代码并等待用户反馈（PIC-I）。

- 数据预处理：进行分词处理、将文本转换为小写、删除停用词和标点符号，以及特征工程（如 TF-IDE 编码、词嵌入）。
- 模型选择：选用基线机器学习模型，如逻辑回归、朴素贝叶斯或 SVM。

我是一个初学者，所以请提供每个步骤的代码，并严格遵循以下原则（TAG-G）。

- 代码应该与 Jupyter Notebook 兼容。
- 确保每行代码都有详细的注释。
- 在提供代码之前，你需要详细解释每一行代码。这些解释将被复制到 Notebook 的文本块中。另外，请注意，数据集位于 Google Drive 的以下路径 /Chapter05/amazon_product_review_data.csv。因此，添加代码以挂载驱动器并加载数据集（PIC-I）。

[提示结束]

你应该会收到类似以下的回复（其中 ChatGPT 向我们提供了详细的注释和解释）：

[提示响应]

当然，让我们把这个过程分解成几个步骤。我们将从数据预处理开始。

步骤 1：数据预处理

数据预处理对于清理和准备情绪分析模型使用的文本数据而言至关重要。

我们将执行以下步骤：

1）**加载数据集**：从提供的路径中加载亚马逊评论数据集。
2）**分词**：将文本拆分为单个单词或标记。
3）**转小写**：将所有文本转换为小写形式以确保一致性。
4）**删除停用词**：删除没有太多意义的常用词。
5）**删除标点符号**：从文本中删除标点符号。
6）**特征工程**：将文本数据转化为适合机器学习模型使用的形式（例如，TF-IDF 编码）。

现在，让我们在编写代码之前详细介绍每个步骤。

分词：

分词是将文本切分为单个单词或标记的过程。这是自然语言处理（NLP）任务中的一个关键环节。标记是文本处理的基本单位。例如，句子"The quick brown fox jumps over the lazy dog"可以被拆分为['The''quick''brown''fox''jumps''over''the''lazy''dog']。

转小写：

转小写是指把所有文本转换为小写。它有助于标准化文本数据，并减少词汇量。例如，'Hello'和'hello'在转小写后会被视为同一个单词。

删除停用词：

停用词是指不具有重要含义的常用词，如'the''is''and'等。删除这些停用词可以减少数据中的噪声，提升模型性能。

删除标点符号：

逗号、句号、感叹号等标点符号对情绪分析的影响微乎其微，可以放心地从文本中删除。

特征工程（TF-IDF 编码）：

TF-IDF 编码是一种常见的文本数值化表示技术，反映了一个词对集合中的文档的重要性。它是通过两个关键指标：词频（TF）和逆文档频率（IDF）计算出来的。TF 衡量词在文档中出现的频率，IDF 则衡量该词在文档中的稀有度。TF-IDF 编码为那些在单个文档中频繁出现但在整个文档集合中较少出现的词赋予更高权重，这些词往往更具信息价值。

[响应结束]

现在我们将要求 ChatGPT 为我们提供代码：

[提示]

好的，让我们继续。

[提示结束]

我们应该会收到类似以下的响应（其中，ChatGPT 应该提供加载数据集的代码）：

[提示响应]

太棒了！让我们先在 Jupyter Notebook 中从 Google Drive 中加载数据集。首先，我们需要挂载 Google Drive，接着读取包含亚马逊评论数据的 CSV 文件。

步骤 1-1：加载数据集

我们将使用 pandas 库来从 CSV 文件中加载数据集。pandas 是一个为 Python 设计的强大的数据操作工具，特别适合处理 CSV 文件等结构化数据。

代码解释：

- `import pandas as pd`：导入 pandas 库，并将其定义为别名 pd，以方便后面使用。
- `from google.colab import drive`：从 google.colab 库导入 drive 模块以挂载 Google Drive。
- `drive.mount('/content/drive')`：挂载 Google Drive 以从中访问文件。这将提示你授权访问你的 Google Drive。
- `data_path='/content/drive/My Drive/Chapter05/amazon_`

product_review_data.csv'：这段代码定义了包含数据集的 CSV 文件路径。
- df = pd.read_csv(data_path)：通过使用 pandas 库的 read_csv() 函数，将 CSV 文件读取并存储在名为 df 的 DataFrame 对象中。

让我们在代码中实现这一点：

```
# Importing necessary libraries
import pandas as pd
from google.colab import drive

# Mount Google Drive
drive.mount('/content/drive')

# Path to the dataset
data_path='/content/drive/My Drive/Chapter05/amazon_product_review_data.csv'

# Load the dataset into a DataFrame
df = pd.read_csv(data_path)
```

在 Jupyter Notebook 中运行此代码，它将数据集加载到 DataFrame df 中。如果在继续下一步前有任何问题，请告诉我。

[响应结束]

我们现在将应用评估提示策略（LIFE-E），并通过在 Google Colab 中运行每个步骤来验证代码。代码将从 Google Driver 中加载数据集，并请求权限。代码运行顺利，没有任何修改和错误，如图 12.1 所示。

有关可执行代码段，请参阅笔记"Building a Classification Model for Sentiment Analysis with ChatGPT.ipynb"（使用 ChatGPT.ipynb 构建情绪分析的分类模型），或从提示响应中复制代码。

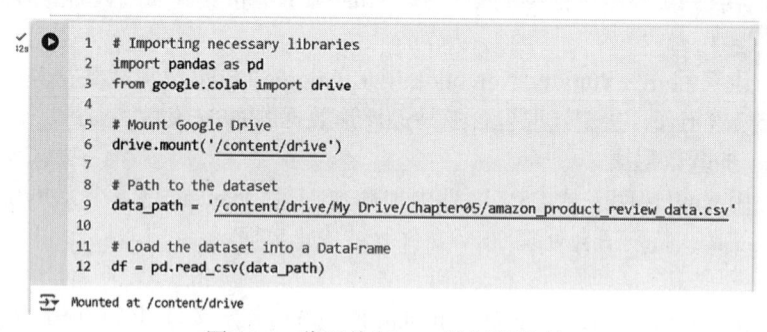

图 12.1　代码执行——数据预处理

我们现在将指示 ChatGPT 继续下一步：

[提示]
让我们继续下一步。

[提示结束]

我们应该会收到类似以下的回复（其中 ChatGPT 应提供数据预处理代码）：

[提示响应]

太好了！在下一步中，我们将执行以下预处理任务：

1）分词
2）转小写
3）删除停用词
4）删除标点符号

我们将使用 NLTK 库来分词和删除停用词，并利用字符串方法来做小写转换和删除标点符号。

步骤 1-2：数据预处理

分词：

我们将评论文本分为单个单词或标记。NLTK 为此提供了一个 `word_tokenize` 函数。

转小写：

我们使用 Python 字符串的 `lower()` 方法把所有文本转换为小写。

删除停用词：

NLTK 为各种语言提供了停用词列表。我们将使用此列表从评论文本中过滤掉停用词。

删除标点符号：

我们将使用字符串方法从评论文本中删除标点符号。

让我们在代码中实现这些预处理步骤：

```
# Importing necessary libraries
import nltk
import string

# Download NLTK resources (only need to do this once)
nltk.download('punkt')
nltk.download('stopwords')

# Get the list of stopwords
stopwords = nltk.corpus.stopwords.words('english')

# Function to preprocess text
def preprocess_text(text):
    # Tokenization
    tokens = nltk.word_tokenize(text)

    # Lowercasing
    tokens = [token.lower() for token in tokens]

    # Removing stopwords and punctuation
```

```
    tokens = [token for token in tokens if token not in stopwords and token not in
string.punctuation]

    # Join tokens back into text
    preprocessed_text = ' '.join(tokens)

    return preprocessed_text

# Preprocess the review body
df['Cleaned_Review'] = df['review_body'].apply(preprocess_text)

# Display the preprocessed data
df.head()
```

以下是代码的解释：
- 我们首先导入必要的依赖库，包括用于自然语言处理的 NLTK 和用于处理标点符号的 `string` 模块。
- 我们使用 `nltk.download()` 函数下载 NLTK 资源，用于分词和删除停用词。
- 我们定义了一个 `preprocess_text()` 函数来预处理每条评论。此函数进行分词、小写转换、删除停用词和标点符号。
- 在函数内部，我们使用 `nltk.word_tokenize()` 对文本进行分词，将标记的分词转换为小写，用列表推导式删除停用词和标点符号，最后将标记的分词重新连接成文本。
- 最后，我们将 `preprocess_text()` 函数应用于 DataFrame 的 `review_body` 列，并将预处理后的文本储存在名为 Cleaned_Review 的新列上。

在 Jupyter Notebook 中运行这段代码，它将预处理 DataFrame 中的评论文本。如有任何疑问或准备继续下一步，请告诉我！

[响应结束]

在 Notebook 中执行代码，运行良好，输出数据集摘要并添加了一个名为 Cleaned_Review 的新列，如图 12.2 所示。

图 12.2 代码执行——数据集摘要

12.6.2 功能 2：模型选择和基线训练

现在数据预处理完毕，我们将转到下一步——模型选择。

我们将指示 ChatGPT 继续下一步，并提供上一步的输出结果：

[提示]

```
market_place customer_id review_id product_id product_parent product_title product_category star_rating helpful_votes total_votes vine verified_purchase review_headline review_body review_date sentiments Cleaned_Review 0 "US" "42521656" "R26M-V8D0KG6QI6" "B000SAQCWC" "159713740" "The Cravings Place Chocolate Chunk Cookie Mix... "Grocery" 1 0 0 \t(N) 1 \t(Y) "Using these for years - love them." "As a family allergic to wheat, dairy, eggs, n... 2015-08-31 positive `` family allergic wheat dairy eggs nuts sever... 1 "US" "12049833" "R1OF8GP57AQ1A0" "B00509LVIQ" "138680402" "Mauna Loa Macadamias, 11 Ounce Packages" "Grocery" 1 0 0 \t(N) 1 \t(Y) "Wonderful" "My favorite nut. Creamy, crunchy, salty, and ... 2015-08-31 positive `` favorite nut creamy crunchy salty slightly ... 2 "US" "107642" "R3VD-C1QB6MC4ZZ" "B00KHXESLC" "252021703" "Organic Matcha Green Tea Powder - 100% Pure M... "Grocery" 1 0 0 \t(N) 0 \t(N) "Five Stars" "This green tea tastes so good! My girlfriend ... 2015-08-31 positive `` green tea tastes good girlfriend loves '' 3 "US" "6042304" "R12FA3DCF8F9ER" "B000F8JIIC" "752728342" "15oz Raspberry Lyons Designer Dessert Syrup S... "Grocery" 1 0 0 \t(N) 1 \t(Y) "Five Stars" "I love Melissa's brand but this is a great se... 2015-08-31 positive `` love melissa 's brand great second ca n't g... 4 "US" "18123821" "RTWHVNV6X4CNJ" "B004ZWR9RQ" "552138758" "Stride Spark Kinetic Fruit Sugar Free Gum, 14... "Grocery" 1 0 0 \t(N) 1 \t(Y) "Five Stars" "good" 2015-08-31 positive `` good ''
```

[提示结束]

我们应该会收到类似以下响应（其中 ChatGPT 应提供模型选择的代码）：

[提示响应]

看起来现在 DataFrame 包含了一个 `Cleaned_Review` 的新列，里面存放着预处理后的文本数据。我们已经成功完成了数据预处理步骤。

现在让我们继续下一步：模型选择。

步骤 2：模型选择

在这一步，我们将为情绪分析选择一个基线机器学习模型。用于文本分类任务（如情绪分析）的模型包括逻辑回归、朴素贝叶斯和支持向量机（SVM）。我们将以其中一个模型作为基线，评估其性能。

逻辑回归：

- 逻辑回归是一种流行的线性分类算法，常用于二元分类任务，比如情绪分析。它的工作原理是使用逻辑函数对给定输入属于特定类别的概率进行建模。
- 我们将使用 Python 中强大的机器学习库 scikit-learn 来实现用于情绪分析的逻辑回归。

我们将继续使用预处理的数据实现用于情绪分析的逻辑回归。代码如下：

```python
# Importing necessary libraries
from sklearn.model_selection import train_test_split
from sklearn.feature_extraction.text import TfidfVectorizer
from sklearn.linear_model import LogisticRegression
from sklearn.metrics import accuracy_score, classification_report

# Splitting the data into training and testing sets
X = df['Cleaned_Review']
y = df['sentiments']
X_train, X_test, y_train, y_test = train_test_split(X, y, test_size=0.2, random_state=42)

# TF-IDF vectorization
tfidf_vectorizer = TfidfVectorizer(max_features=5000)
# You can adjust max_features as needed
X_train_tfidf = tfidf_vectorizer.fit_transform(X_train)
X_test_tfidf = tfidf_vectorizer.transform(X_test)

# Initialize and train the logistic regression model
lr_model = LogisticRegression()
lr_model.fit(X_train_tfidf, y_train)

# Predictions
y_pred = lr_model.predict(X_test_tfidf)

# Evaluate the model
accuracy = accuracy_score(y_test, y_pred)
print("Accuracy:", accuracy)
print("\nClassification Report:")
print(classification_report(y_test, y_pred))
```

让我解释一下代码：

- 我们从 scikit-learn 导入所需库，用于模型选择和评估。这包括用于数据拆分的 `train_test_split`，用于 TF-IDE 向量化的 `TfidfVectorizer`，用于逻辑回归的 `LogisticRegression`，以及用于模型评估的 `accuracy_score` 和 `classification_report`。
- 我们使用 `train_test_split` 将数据划分为训练数据集和测试数据集。
- 我们使用 `TfidfVectorizer` 对训练数据集和测试数据集执行 TF-IDF 向量化处理。
- 我们使用训练数据集初始化并训练一个逻辑回归模型。
- 我们对测试数据集进行预测。
- 最后，我们使用精度和分类报告评估模型性能。

你可以在 Jupyter Notebook 中运行这段代码，训练逻辑回归模型，并评估其在情绪分析任务中的表现。如有任何问题或希望探索其他模型选项，请告诉我！

[响应结束]

我们执行了代码，它在运行时没有报任何错误，成功运行并训练了模型，随后评估了它的性能。

你应该会看到一个关于精确率、召回率等的表格。

我们将继续讨论下一个功能——模型评估和解释。

12.6.3 功能 3：模型评估和解释

到目前为止，我们已经选择了逻辑回归模型并评估了基线性能，现在我们可以解读结果了。

现在，我们将输出结果提供给 ChatGPT，并请求使用其他技术，如特征重要性分析和模型可解释性方法：

[提示]

我想了解指标，如准确率、精确率、召回率和 F1 分数。另外，我想应用解释模型预测的技术，如特征重要性分析或模型可解释性方法，以深入了解影响情绪分类决策的因素。以下是模型评估的输出结果。

```
Accuracy: 0.86
Classification Report:
              precision    recall  f1-score   support

    negative       0.00      0.00      0.00        14
    positive       0.86      1.00      0.92        86

    accuracy                           0.86       100
   macro avg       0.43      0.50      0.46       100
weighted avg       0.74      0.86      0.80       100
```

[提示结束]

我们应该会收到类似以下的响应（其中 ChatGPT 解释了指标，并提供了一些模型可解释性等选项）：

[提示响应]

当然！让我们分解模型评估输出结果中提到的指标，并讨论解释模型预测的技术。

指标解释：

- **准确率：**

  准确率衡量的是正确分类的实例在所有实例中的比例。它是正确预测的数量与预测总数的比值。然而，仅依赖准确率可能无法全面判断模型的性能，尤其是在类别不平衡的情况下。

- **精确率：**

  精确率衡量真实正预测在所有正预测中的比例，反映了模型避免误报的能力。计算方式是用真正例（true positive，预测为正例而且实际上也是正例）除以真正例加上假正例

（false positive，预测为正例然而实际上是负例）之和。
- **召回率**：

  召回率，又称灵敏度（sensitivity）或真正率（true positive rate），衡量的是在所有实际为正例的样本中，模型正确识别出的正例所占的比例。它表示模型捕获所有正例的能力。其计算方式为用真正例除以真正例与假负例（false negative，预测为负例然而实际上是正例）之和。

- **F1 分数**：

  F1 分数是精确率与召回率的调和平均数。它提供了一种兼顾精确率和召回率的平衡度量。计算方法为 2 ×（精确率 × 召回率）/（精确率 + 召回率）。

解释：

- **准确率**：

  0.86 的准确率意味着模型在测试集中对 86% 的实例进行了正确的分类。然而，仅靠准确率本身无法获得模型在特定类别上性能的洞见。

- **精确率**：

  正类别的精确率为 0.86，意味着模型判断评论为正面的时候，其准确率高达 86%。负类别的精确率为 0.00，这表明模型未能正确识别任何负面评论。

- **召回率**：

  正类别的召回率是 1.00，表明模型正确识别了所有正面评论。负类别的召回率为 0.00，表明模型未能识别任何负面评论。

- **F1 分数**：

  正类别的 F1 分数为 0.92，这代表正类别精确率和召回率的调和平均数，它为正面评论的模型性能提供了一个平衡的度量标准。

解释模型预测的技术：

- **特征重要性分析**：

  针对逻辑回归模型，我们可以检查每个特征的系数来解释特征的重要性。系数绝对值越大，对预测类的影响越大。我们可以识别有助于产生正面或负面情绪的关键词汇或特征。

- **模型可解释性方法**：

  通过如 SHAP（SHapley Additive exPlanations）值、LIME（Local Interpretable Model-agnostic Explanations），或 ELI5（Explain Like I'm 5）等技术，我们可以深入了解单个特征对模型预测的贡献的情况。这些方法有助于我们更好地理解复杂模型（如逻辑回归）的决策过程。

你想深入了解这些技术中的任意一个，或是有其他问题，请告诉我怎么进一步协助你！

［响应结束］

我们将要求 ChatGPT 采用 SHAP 技术：

［提示］

让我们先尝试 SHAP。

［提示结束］

我们应该会收到如下响应（其中 ChatGPT 理解了请求并提供了 SHAP 的代码）：

[提示响应]

当然！SHAP 是一种用于机器学习模型单个预测的方法。它提供了一种方式，帮助我们理解每个特征对特定实例的模型输出的贡献。

下面是我们如何使用 SHAP 来解释逻辑回归模型对情绪分析的预测：

使用 SHAP 进行模型解释：

1）**安装 SHAP**：

首先，请确保你已经安装了 SHAP。如果没有安装，你可以使用 pip 进行安装：

```
!pip install shap
```

2）**准备数据**：

我们需要为 SHAP 分析准备数据。这涉及将文本数据转换成适合逻辑回归模型使用的格式。

3）**解释模型预测**：

我们将使用 SHAP 来解释逻辑回归模型对测试集中单个实例的预测。这将揭示每个特征对模型决策的贡献。

让我们在代码中实现这些步骤：

```
# Importing necessary libraries
import shap

# Initialize the SHAP explainer with the logistic regression model and training data
explainer = shap.Explainer(lr_model, X_train_tfidf)

# Explain the model's predictions for a specific instance (e.g., the first instance in the test set)
instance_index = 0  # You can choose any instance index from the test set
shap_values = explainer.shap_values(X_test_tfidf[instance_index])

# Visualize the SHAP values
shap.summary_plot(shap_values, features=X_test_tfidf[instance_index], feature_names=tfidf_vectorizer.get_feature_names())
```

代码解释：

- 我们导入 SHAP 库。
- 我们使用逻辑回归模型（`lr_model`）和 TF-IDF 转换后的训练数据（`X_train_tfidf`）初始化 SHAP 解释器。
- 我们用解释器计算测试集中特定实例的 SHAP 值（`X_test_tfidf[instance_index]`）。
- 最后，我们用 `shap.summary_plot()` 来展示 SHAP 的值。

这种可视化将展示哪些特征（单词）对选定实例的模型预测有最大贡献。

你可以在 Jupyter Notebook 中运行此代码，以可视化单个预测的 SHAP 值。如果有任何疑问或需要进一步帮助，请随时告诉我！

[响应结束]

我们运行代码，结果出现了一个错误：AttributeError: 'TfidfVectorizer' object has no attribute 'get_feature_names' 如图 12.3 所示。

```
[ ]  1  !pip install shap

[6]  1  # Importing necessary libraries
     2  import shap
     3
     4  # Initialize the SHAP explainer with the logistic regression model and training data
     5  explainer = shap.Explainer(lr_model, X_train_tfidf)
     6
     7  # Explain the model's predictions for a specific instance (e.g., the first instance in the test set)
     8  instance_index = 0  # You can choose any instance index from the test set
     9  shap_values = explainer.shap_values(X_test_tfidf[instance_index])
     10
     11 # Visualize the SHAP values
     12 shap.summary_plot(shap_values, features=X_test_tfidf[instance_index], feature_names=tfidf_vectorizer.get_feature_names())

AttributeError                            Traceback (most recent call last)
<ipython-input-6-673ab3e1b84b> in <cell line: 12>()
     10
     11 # Visualize the SHAP values
---> 12 shap.summary_plot(shap_values, features=X_test_tfidf[instance_index], feature_names=tfidf_vectorizer.get_feature_names())

AttributeError: 'TfidfVectorizer' object has no attribute 'get_feature_names'
```

图 12.3　SHAP 的属性错误

我们将使用反馈提示策略（LIFE-F）将错误反馈给 ChatGPT：

[提示]

AttributeError:'TfidfVectorizer'object has no attribute'get_feature_names'

[提示结束]

我们应该会收到一个包含正确代码的回复。

[提示响应]

看起来是因为 TfidfVectorizer 对象没有 get_feature_names() 方法，导致出现了 AttributeError。我为这个疏忽而感到抱歉。我们可以直接从矢量器的词汇属性中访问特征名称。

让我们调整代码，以从 TfidfVectorizer 的词汇属性中获取特征名称：

```
# Get feature names from the TfidfVectorizer vocabulary
feature_names = tfidf_vectorizer.get_feature_names_out()

# Visualize the SHAP values
shap.summary_plot(shap_values,features=X_test_tfidf[instance_index], feature_names=feature_names)
```

通过使用 get_feature_names_out()，我们能从 TfidfVectorizer 的词汇属性

中获取特征名称。

可以相应地更新代码，并尝试在 Jupyter Notebook 中再次运行它。如果遇到任何其他问题，请告诉我！

[响应结束]

我们执行了纠正后的代码，它运行正常并生成了输出图，如图 12.4 所示。

- 像"great"和"love"这样的单词具有正的 SHAP 值，这意味着它们的存在可能会使预测结果更趋向正面结果，表明它们在情绪分析模型中代表了正面的情绪。
- 这些单词按其 SHAP 值的绝对大小进行排列，其中"great"具有最显著的正面影响。
- 该列表上的单词影响甚微，趋近于零，表明相对于基线，它们的存在不会显著影响预测。
- 一些词（如"360"和"xbox"）可能与特定主题（如游戏）相关，它们的 SHAP 值略为负数，表明它们可能会降低该模型预测正面结果的可能性。

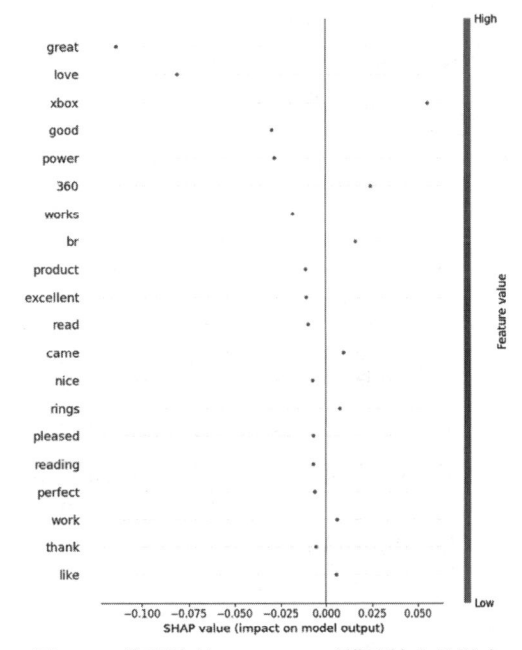

图 12.4 代码执行——SHAP 对模型输出的影响

我们现在让 ChatGPT 为我们提供一个 ELI5 版本的代码：

[提示]

接下来，我想尝试用 ELI5，并确保代码是正确的，不受我们使用的 SHAP 技术影响。

[提示结束]

我们应该从 ChatGPT 收到 ELI5 代码：

[提示响应]

当然！ELI5 是另一个流行的模型解释和解读机器学习模型的库。我们可以使用 ELI5 来理解我们的逻辑回归模型是如何进行预测和检查特征重要性的。

让我们将 ELI5 集成到我们的代码中，以解释逻辑回归模型的预测：

使用 ELI5 进行模型解释：

1）**安装 ELI5**：

如果你还没有安装 ELI5，可以使用 pip 安装：

```
!pip install eli5
```

2）解释模型预测：

我们将使用 ELI5 来解释逻辑回归模型对测试集中单个实例的预测。ELI5 提供了多种方法解释模型预测，包括特征重要性和文本解释。

让我们更新代码以包含用于模型解释的 ELI5：

```
# Importing necessary libraries
import eli5

# Explain the logistic regression model using ELI5
eli5.show_weights(lr_model, vec=tfidf_vectorizer, top=20)   # Show top 20 most important features
```

代码解释：

- 我们导入 ELI5 库。
- 我们使用 ELI5 的 `show_weights` 函数来解释逻辑回归模型的预测。此函数显示与每个特征相关的权重（系数），突出它们在模型决策过程中的重要性。
- 我们指定了矢量器（`vec`）参数，确保 ELI5 能基于 TF-IDF 矢量化正确解释特征。

你可以在 Jupyter Notebook 中运行此更新过的代码，以查看对模型预测贡献最大的特征。ELI5 提供了特征重要性的清晰可视化，使你可以深入了解模型的表现。

如有任何问题或遇到任何问题，请告诉我！

[响应结束]

我们执行了 ChatGPT 提供的代码，它安装了 ELI5 库，并生成了完全无法理解的输出结果，这很讽刺，因为它应该是能够被 5 岁小孩理解的。

让我们要求 ChatGPT 至少提供功能名称为纯英文的代码：

[提示]

我能够得到这个特征名称吗？X 数字毫无意义，5 岁小孩肯定不能理解。

[提示结束]

我们应该会收到类似如下的响应：

[提示响应]

当然！我们可以将特征索引（X 数字）映射到 TF-IDF 矢量器词汇中的相应单词或术语中，使其更具可解释性。让我们更新代码，以包含特征名称及其权重：

```
# Explain the logistic regression model using ELI5 with feature names
eli5.show_weights(lr_model,vec=tfidf_vectorizer,top=20, feature_names=tfidf_vectorizer.get_feature_names_out())
```

通过将 `feature_names` 参数加入 TF-IDF 矢量器的词汇表中，ELI5 将展示实际的单词或术语，而不是特征索引。

在 Jupyter Notebook 中运行此更新过的代码，你将看到对正类预测贡献最大的特征及其权重。如果有任何问题或需要进一步协助，请随时告诉我！

[响应结束]

我们执行所提供的代码,现在它以英文提供了特征名称:
功能 3 到此结束,但由于我们的数据明显不平衡,让我们继续下一个功能。

12.6.4 功能 4:处理不平衡数据

现在我们有了一个基线模型,并学习了如何使用模型可解释性技术,接下来,我们将了解如何处理数据不平衡问题:

[提示]
我想应用一些技术来缓解数据不平衡问题,因为我从模型性能中可以清楚地看到这一点。

```
Accuracy: 0.86
Classification Report:
            precision    recall  f1-score   support

   negative       0.00      0.00      0.00        14
   positive       0.86      1.00      0.92        86.
```

[提示结束]
我们应该会收到类似如下的响应(其中 ChatGPT 理解了请求,并向我们提供了建议和代码来解决数据不平衡问题):

[提示响应]
解决数据不平衡问题对提升模型性能至关重要,尤其当某一类别数据明显少于其他类别数据时。以下是可以用于缓解数据不平衡问题的技术:

重采样技术:
- **过采样**:通过生成合成样本(例如,使用合成少数类过采样技术(Synthetic Minority Over-sampling Technique,SMOTE)增加少数类样本数量。
- **欠采样**:通过随机去除样本减少多数类样本数量。

算法技术:
- **类权重**:在模型训练期间,为少数类样本分配更高的权重,以惩罚错误分类。
- **集成方法**:应用处理类不平衡问题的集成方法,如平衡随机森林(Balanced Random Forest)或简单集成(Easy Ensemble)。

数据增强:
通过对现有数据点进行变换或扰动,为少数类生成新样本。

代价敏感学习:
在模型训练过程中,明确加入错误分类的代价,以优先考虑少数类的正确分类。

让我们应用其中一种技术,例如调整类权重,以解决我们的逻辑回归模型中数据不平衡问题:

```
import numpy as np
# Calculate class weights
from sklearn.utils.class_weight import compute_class_weight
```

```
class_weights = compute_class_weight('balanced', classes=np.unique(y_train), y=y_train)

# Initialize and train the logistic regression model with class weights
lr_model_balanced = LogisticRegression(class_weight=dict(zip(np.unique(y_train),
class_weights)))
lr_model_balanced.fit(X_train_tfidf, y_train)

# Predictions
y_pred_balanced = lr_model_balanced.predict(X_test_tfidf)

# Evaluate the model with balanced class weights
accuracy_balanced = accuracy_score(y_test, y_pred_balanced)
print("Accuracy with balanced class weights:", accuracy_balanced)
print("\nClassification Report with balanced class weights:")
print(classification_report(y_test, y_pred_balanced))
```

解释：
- 我们使用 scikit-learn 的 utils 模块中的 `compute_class_weight` 来计算类权重。设置平衡模式会让模型根据输入数据的类别频率自动反比例地调整权重。
- 我们用计算出的类权重初始化并训练新的逻辑回归模型（`lr_model_balanced`）。
- 我们使用平衡后的模型进行预测，并用准确率和分类报告评估其表现。

运行此代码将训练一个平衡了类权重的逻辑回归模型，并在测试集上评估其性能。这有助于改善对不平衡数据的处理，并可能提升模型的表现。如有任何疑问或需要进一步帮助，请告诉我！

[响应结束]

我们将执行使用计算出的类权重的代码，并观察其产生的影响。

你应该会看到带有平衡权重的分类报告。

我们将输出结果提供给 ChatGPT，以便它为我们提供解释：

[提示]

使用平衡类权重后的准确率：0.81

使用平衡类权重后的分类报告：

	precision	recall	f1-score	support
negative	0.27	0.21	0.24	14
positive	0.88	0.91	0.89	86
accuracy			0.81	100
macro avg	0.57	0.56	0.57	100
weighted avg	0.79	0.81	0.80	100

[提示结束]

我们应该会收到类似如下的响应（其中 ChatGPT 提供对输出结果的解释）：

第 12 章 用 ChatGPT 构建分类模型   191

[提示响应]

应用平衡类权重似乎提高了模型的性能，尽管准确率略有下降。让我们解释一下结果：
- **准确率**：准确率为 0.81，表明模型在测试集中正确分类了 81% 的样本。
- **精确率和召回率**：对于负类，精确率显著提高至 0.27，表明当模型预测评论为负面时，其准确率为 27%。然而，召回率相对较低，仅为 0.21，表明模型未能捕捉到许多负例。对于正类，精确率和召回率都较高，精确率达到了 0.88，召回率则为 0.91。这表明模型在识别正例方面相当出色。
- **F1 分数**：负类的 F1 分数略微上升到了 0.24，而正类则保持了较高的 F1 分数，为 0.89。
- **支持度**：支持度表示每个类中的实例数。测试集中有 14 个负例和 86 个正例。

总而言之，尽管模型的准确率有所降低，但通过平衡类权重，模型在正确分类少数类别（负面评论）方面能力显著提升，这表明这两类评论的精确率和召回率更为均衡，最终模型更加稳健。

如果你有进一步的问题或需要额外的帮助，请随时问我！

[响应结束]

我们已经减少了不平衡问题，现在将继续进行下一个功能——超参数调优。

12.6.5 功能 5：超参数调优

现在我们已经学会了处理不平衡数据，我们可以通过调整正则化强度、学习率和核参数等超参数来优化性能，并应用网格搜索或随机搜索等技术。

[提示]

我打算通过调整超参数，比如正则化强度、学习率和核参数，并使用网格搜索或随机搜索等技术优化性能。

[提示结束]

我们应该会收到类似如下的响应：

[提示响应]

当然！超参数调优对优化模型性能至关重要。我们可以使用网格搜索或随机搜索等技术来搜索一系列超参数值，并找到产生最佳性能的组合。

首先，以逻辑回归为例，使用网格搜索实现超参数调优：

```
# Importing necessary libraries
from sklearn.model_selection import GridSearchCV

# Define hyperparameters grid
param_grid = {
    'C': [0.01, 0.1, 1.0, 10.0],  # Regularization strength (smaller values indicate stronger regularization)
    'solver': ['liblinear', 'lbfgs'],  # Optimization algorithm
}

# Initialize logistic regression model
```

```
lr_model_tuned = LogisticRegression()

# Initialize GridSearchCV with logistic regression model and hyperparameters grid
grid_search=GridSearchCV(lr_model_tuned,param_grid,cv=5, scoring='accuracy')

# Perform grid search
grid_search.fit(X_train_tfidf, y_train)

# Get the best hyperparameters
best_params = grid_search.best_params_
print("Best Hyperparameters:", best_params)

# Use the best model from grid search
best_lr_model = grid_search.best_estimator_
# Predictions
y_pred_tuned = best_lr_model.predict(X_test_tfidf)

# Evaluate the tuned model
accuracy_tuned = accuracy_score(y_test, y_pred_tuned)
print("Accuracy with tuned model:", accuracy_tuned)
print("\nClassification Report with tuned model:")
print(classification_report(y_test, y_pred_tuned))
```

解释：

- 我们定义了一个超参数网格（param_grid）进行搜索。在这个例子中，我们调整正则化强度（C）和求解器算法。
- 我们初始化了一个逻辑回归模型（lr_model_tuned），并执行了网格搜索 GridSearchCV。
- 网格搜索会运用交叉验证（cv=5）来评估不同超参数组合的模型性能。
- 网格搜索结束后，我们找到了最佳的超参数（best_params）和最佳的模型（best_lr_model）。
- 最后，我们用最佳模型进行预测并评估该模型的性能。

你可以调整超参数网格（param_grid），以放入其他超参数，如学习率和不同模型的核参数。此外，你可以探索随机搜索或其他超参数调优的优化技术。

请在 Jupyter Notebook 中运行此代码，以通过超参数调优提升逻辑回归模型的性能。如有任何问题或需要进一步协助，请告诉我！

［响应结束］

我们运行了代码，它运行良好，而且我们用 GridSearchCV 找到了最佳参数。

你应该会看到一个经过调优模型的分类报告。

超参数调优并没有显著提高模型在准确率和特定类别的指标方面的性能。让我们解释一下结果：

- **最佳超参数**：网格搜索识别出的最佳超参数为 C=0.01 和 solver='liblinear'。

这些超参数表示低正则化强度（C=0.01）和使用 liblinear 求解算法。
- **准确率**：调优模型的准确率维持在 0.86，与基线模型一致。这说明超参数调优未能显著提升整体准确率。
- **精确率和召回率**：正类和负类的精确率、召回率和 F1 分数与基线模型持平。这表明经过超参数调优后，模型识别各类别实例的能力并未提升。
- **支持度**：支持度值表示测试集中每个类别的实例数，与之前相同。

让我们进入最后一个功能，并尝试特征表示方法。

12.6.6 功能 6：尝试特征表示方法

我们来指示 ChatGPT 向我们提供不同特征表示的代码：

[提示]

我打算对比不同的特征表示方法（如词袋模型、TF-IDF 或词嵌入）训练的模型性能，以找出最有效的情绪分类途径。

[提示结束]

我们应该会收到类似如下的响应（其中 ChatGPT 提供了词袋模型、TF-IDF 和词嵌入的代码）：

[提示响应]

比较使用不同特征表示方法训练出的模型的性能是一种基于数据的有价值的方法，我们可以使用词袋模型、TF-IDF 和词嵌入表示来训练模型，并使用相同的评估指标来评估它们的性能。让我们一步一步完成这个过程：

1）**词袋模型表示法**：

我们可以使用词袋模型的方式来表示文本数据，其中每个文档由一个向量表示，显示词汇中每个单词的出现频率。

2）**TF-IDF 表示法**：

TF-IDF 不仅考虑一个单词在文档中的出现频率，还考虑它在整个语料库中的重要性。

3）**词嵌入表示法**：

词嵌入表示法把词汇表示成连续向量空间中的稠密向量，捕捉词汇之间的语义关系。

以下是比较使用这些不同特征表示方法训练模型性能的步骤：

- **数据预处理**：对每种特征表示方法进行分词、转小写、删除停用词以及必要的文本预处理步骤。
- **训练模型**：使用每种特征表示方法（词袋模型、TF-IDF、词嵌入）训练逻辑回归模型。
- **评估性能**：利用相同的评估指标（准确率、精确率、召回率、F1 分数）来评估每个模型的性能。
- **比较结果**：比较用不同特征表示方法训练的模型的性能，以确定最有效的情绪分类方法。

让我们开始用词袋模型、TF-IDF 与词嵌入表示方法来实现逻辑回归模型：

词袋模型表示法：

```
from sklearn.feature_extraction.text import CountVectorizer

# Initialize CountVectorizer
bow_vectorizer = CountVectorizer(max_features=5000)   # You can adjust max_features
as needed

# Transform text data into bag-of-words representation
X_train_bow = bow_vectorizer.fit_transform(X_train)
X_test_bow = bow_vectorizer.transform(X_test)

# Train logistic regression model with bag-of-words representation
lr_model_bow = LogisticRegression()
lr_model_bow.fit(X_train_bow, y_train)

# Evaluate model performance
y_pred_bow = lr_model_bow.predict(X_test_bow)
accuracy_bow = accuracy_score(y_test, y_pred_bow)
print("Accuracy with bag-of-words representation:", accuracy_bow)
# Add other evaluation metrics if needed
```

TF-IDF 表示法:

```
from sklearn.feature_extraction.text import TfidfVectorizer

# Initialize TfidfVectorizer
tfidf_vectorizer = TfidfVectorizer(max_features=5000)   # You can adjust max_features
as needed
# Transform text data into TF-IDF representation
X_train_tfidf = tfidf_vectorizer.fit_transform(X_train)
X_test_tfidf = tfidf_vectorizer.transform(X_test)

# Train logistic regression model with TF-IDF representation
lr_model_tfidf = LogisticRegression()
lr_model_tfidf.fit(X_train_tfidf, y_train)

# Evaluate model performance
y_pred_tfidf = lr_model_tfidf.predict(X_test_tfidf)
accuracy_tfidf = accuracy_score(y_test, y_pred_tfidf)
print("Accuracy with TF-IDF representation:", accuracy_tfidf)
# Add other evaluation metrics if needed
```

词嵌入表示法:

词嵌入表示法首先需要通过使用Word2Vec、GloVe或fastText等技术，将文本数据转换为词嵌入。为此，我们将使用预训练的词嵌入。

```
# Assuming you have pre-trained word embeddings loaded (e.g., GloVe)
# Convert text data into word embeddings representation
```

```
# You may need to tokenize and pad sequences before applying word embeddings

# Train logistic regression model with word embeddings representation
lr_model_word_embeddings = LogisticRegression()
lr_model_word_embeddings.fit(X_train_word_embeddings, y_train)

# Evaluate model performance
y_pred_word_embeddings= lr_model_word_embeddings.predict(X_test_word_embeddings)
accuracy_word_embeddings = accuracy_score(y_test, y_pred_word_embeddings)
print("Accuracy with word embeddings representation:", accuracy_word_embeddings)
# Add other evaluation metrics if needed
```

在利用不同特征表示方法训练和评估模型后，你可以用准确率或其他评估指标比较它们的性能。你可以根据结果确定哪种特征表示方法最适合情绪分类。

请在 Jupyter Notebook 中运行这些代码。如有任何问题或需要进一步协助，请随时告诉我！

［响应结束］

我们将执行代码并比较词袋模型、TF-IDF 和词嵌入这三种表示方法的准确率，结果分别如图 12.5、图 12.6、图 12.7 所示。前两者运行正常，但词嵌入表示法出错。

因此，我们指示 ChatGPT 提供更正后的词嵌入表示法代码，并通过提供上下文说明我们在分词后尚未进行词嵌入：

```
from sklearn.feature_extraction.text import CountVectorizer

# Initialize CountVectorizer
bow_vectorizer = CountVectorizer(max_features=5000)  # You can adjust max_features as needed

# Transform text data into bag-of-words representation
X_train_bow = bow_vectorizer.fit_transform(X_train)
X_test_bow = bow_vectorizer.transform(X_test)

# Train logistic regression model with bag-of-words representation
lr_model_bow = LogisticRegression()
lr_model_bow.fit(X_train_bow, y_train)

# Evaluate model performance
y_pred_bow = lr_model_bow.predict(X_test_bow)
accuracy_bow = accuracy_score(y_test, y_pred_bow)
print("Accuracy with bag-of-words representation:", accuracy_bow)
# Add other evaluation metrics if needed
```
Accuracy with bag-of-words representation: 0.85

图 12.5　词袋模型表示法

```
from sklearn.feature_extraction.text import TfidfVectorizer

# Initialize TfidfVectorizer
tfidf_vectorizer = TfidfVectorizer(max_features=5000)  # You can adjust max_features as needed

# Transform text data into TF-IDF representation
X_train_tfidf = tfidf_vectorizer.fit_transform(X_train)
X_test_tfidf = tfidf_vectorizer.transform(X_test)

# Train logistic regression model with TF-IDF representation
lr_model_tfidf = LogisticRegression()
lr_model_tfidf.fit(X_train_tfidf, y_train)

# Evaluate model performance
y_pred_tfidf = lr_model_tfidf.predict(X_test_tfidf)
accuracy_tfidf = accuracy_score(y_test, y_pred_tfidf)
print("Accuracy with TF-IDF representation:", accuracy_tfidf)
# Add other evaluation metrics if needed
```
Accuracy with TF-IDF representation: 0.86

图 12.6　TF-IDF 表示法

```
1  # Assuming you have pre-trained word embeddings loaded (e.g., GloVe)
2  # Convert text data into word embeddings representation
3  # You may need to tokenize and pad sequences before applying word embeddings
4
5  # Train logistic regression model with word embeddings representation
6  lr_model_word_embeddings = LogisticRegression()
7  lr_model_word_embeddings.fit(X_train_word_embeddings, y_train)
8
9  # Evaluate model performance
10 y_pred_word_embeddings = lr_model_word_embeddings.predict(X_test_word_embeddings)
11 accuracy_word_embeddings = accuracy_score(y_test, y_pred_word_embeddings)
12 print("Accuracy with word embeddings representation:", accuracy_word_embeddings)
13 # Add other evaluation metrics if needed
14

---------------------------------------------------------------------------
NameError                                 Traceback (most recent call last)
<ipython-input-20-8a483831a6f9> in <cell line: 7>()
      5 # Train logistic regression model with word embeddings representation
      6 lr_model_word_embeddings = LogisticRegression()
----> 7 lr_model_word_embeddings.fit(X_train_word_embeddings, y_train)
      8
      9 # Evaluate model performance

NameError: name 'X_train_word_embeddings' is not defined
```

图 12.7　词嵌入表示法出现错误

[提示]

NameError Traceback (most recent call last) <ipython-input-20-8a483831a6f9> in <cell line: 7>() 5 # Train logistic regression model with word embeddings representation 6 lr_model_word_embeddings = LogisticRegression() ----> 7 lr_model_word_embeddings.fit(X_train_word_embeddings, y_train) 8 9 # Evaluate model performance NameError: name 'X_train_word_embeddings' is not defined. We haven't pretrained word embeddings but have tokenized it earlier. We tokenized the text using nltk.word_tokenize(), converted tokens to lowercase, removed stopwords and punctuation using list comprehensions, and then joined the tokens back into text. Finally, we applied the preprocess_text() function to the 'Review_body' column of the DataFrame and stored the preprocessed text in a new column called 'Cleaned_Review'.

[提示结束]

我们应该会收到类似于以下的响应：

[提示响应]

感谢你的说明。由于我们已经对文本数据进行了预处理并对其进行了分词，因此我们可以使用词嵌入来表示它，而无须使用预训练的词嵌入。我们将使用 Word2Vec 或 Doc2Vec 等技术从分词后的文本中生成词嵌入。

让我们继续使用 Word2Vec 表示文本数据，然后训练逻辑回归模型。

使用 Word2Vec 的词嵌入表示法：

```
from gensim.models import Word2Vec
from sklearn.feature_extraction.text import CountVectorizer
from sklearn.base import BaseEstimator, TransformerMixin

# Define a custom transformer to tokenize the text data
class TokenizerTransformer(BaseEstimator, TransformerMixin):
    def fit(self, X, y=None):
        return self

    def transform(self, X):
        return [text.split() for text in X]
```

```python
# Initialize and fit Word2Vec model on tokenized text data
w2v_model= Word2Vec(sentences=TokenizerTransformer().fit_transform(X_train), min_
count=1)

# Define a function to average word vectors for each document
def average_word_vectors(words, model, vocabulary, num_features):
    feature_vector = np.zeros((num_features,), dtype="float64")
    nwords = 0.

    for word in words:
        if word in vocabulary:
            nwords = nwords + 1.
            feature_vector = np.add(feature_vector, model.wv[word])

    if nwords:
        feature_vector = np.divide(feature_vector, nwords)

    return feature_vector

# Define a custom transformer to convert tokenized text data into word embeddings
representation
class WordEmbeddingsTransformer(BaseEstimator, TransformerMixin):
    def __init__(self, model):
        self.model = model
        self.num_features = model.vector_size
        self.vocabulary = set(model.wv.index_to_key)
    def fit(self, X, y=None):
        return self

    def transform(self, X):
        return np.array([average_word_vectors(words, self.model, self.vocabulary,
self.num_features) for words in X])

# Convert tokenized text data into word embeddings representation
X_train_word_embeddings = WordEmbeddingsTransformer(w2v_model).fit_transform(To-
kenizerTransformer().fit_transform(X_train))
X_test_word_embeddings = WordEmbeddingsTransformer(w2v_model).transform(Tokenizer-
Transformer().transform(X_test))

# Train logistic regression model with word embeddings representation
lr_model_word_embeddings = LogisticRegression()
lr_model_word_embeddings.fit(X_train_word_embeddings, y_train)

# Evaluate model performance
y_pred_word_embeddings = lr_model_word_embeddings.predict(X_test_word_embeddings)
accuracy_word_embeddings = accuracy_score(y_test, y_pred_word_embeddings)
```

```
print("Accuracy with word embeddings representation (Word2Vec):", accuracy_word_
embeddings)
# Add other evaluation metrics if needed
```

解释：
- 我们定义了一个自定义转换器 `TokenizerTransformer` 来实现对文本数据的分词。
- 我们使用 Word2Vec 模型从分词文本中生成词嵌入。
- 我们定义了一个函数 `average_word_vectors`，以计算每篇文档的词向量的平均值。
- 我们定义了另一个自定义转换器 `WordEmbeddingsTransformer`，用于将分词后的文本数据转换为词嵌入表示。
- 我们利用从 Word2Vec 获得的词嵌入来训练逻辑回归模型。
- 最后，我们评估模型的性能并输出准确率。

你可以在 Jupyter Notebook 中运行此代码，使用 Word2Vec 词嵌入表示文本数据并训练逻辑回归模型。如需进一步协助，请告诉我！

［响应结束］

这次代码运行成功，如图 12.8 所示。

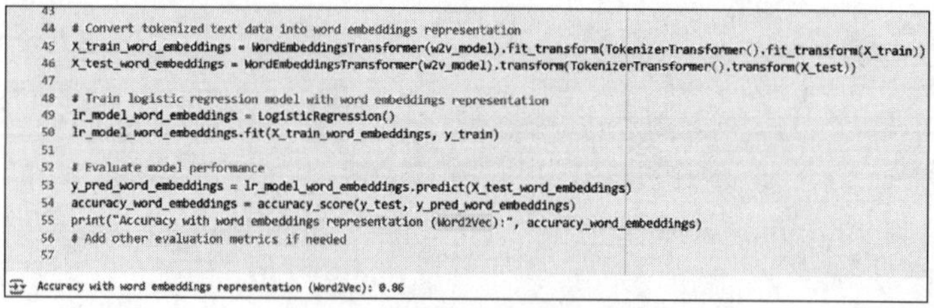

图 12.8 词嵌入的准确率

这标志着我们在 ChatGPT 免费版本中的最后一个功能到此结束。

现在，我们将尝试在 ChatGPT-4 或 ChatGPT Plus 中使用其中的一些功能。

12.7 使用 ChatGPT-4 或 ChatGPT Plus 构建情绪分析模型，精准分类亚马逊评论

ChatGPT Plus 和 GPT-4 能够上传数据集、分析数据集，并且使用简单库（如 Python 和 matplotlib）生成结果。在撰写本章时，它们配有名为数据分析的 AI 助手，无论是使用移动应用程序，还是使用 GPT-4 的浏览器版本，你都能使用这一功能。

让我们逐一探讨它们与免费版的区别。

12.7.1 功能 1：数据预处理和特征工程

让我们为基线模型定制初始化提示词：

［提示］

我计划为亚马逊评论数据集（TAG-T）构建一个简易的情绪分析模型。〈在此处上传

CSV 格式的数据集〉(PIC-C)。

它应该包括以下步骤（TAG-A）（我是一个初学者用户（PIC-P），所以请每次提供一个步骤，并等待用户反馈（PIC-I）：
- 数据预处理：进行分词处理、将文本转换为小写、删除停用词和标点符号，以及应用特征工程（如 TF-IDF 编码、词嵌入）。
- 模型选择：选用基线机器学习模型，如逻辑回归、朴素贝叶斯或 SVM。
- 模型评估和解释。
- 处理数据不平衡问题。
- 超参数调优。
- 尝试不同的特征表示方法。

[提示结束]

在 ChatGPT-4 已加载数据集的情况下，你应该会收到与以下类似的响应。

[提示响应]

太棒了！我们将从预处理亚马逊评论数据集开始。下面是进行预处理的步骤：
- **加载数据**：我们首先加载数据集以了解其结构。
- **分词**：这涉及将文本分解为单个单词或术语。
- **转小写**：将所有文本转换为小写形式确保统一性。
- **去除停用词**：停用词是常用词（如 "and" "the" 等），通常在处理自然语言数据之前会被过滤掉，因为它们携带的信息较少。
- **去除标点符号**：通常会删除标点符号，因为在处理文本时它们不会增加太多额外信息。
- **特征工程**：我们将应用 TF-IDF 编码，这有助于我们理解文档中单词相对于整个语料库的重要性。

让我们先加载数据并查看其结构。我将编写一个 Python 脚本来加载数据并显示前几条记录，以便更好地理解其列和内容。一旦我们看到数据，就可以进入下一个预处理任务。以下是脚本：

我们已经成功加载数据集，以下是对其结构的概述：
- `market_place`、`customer_id`、`review_id`、`product_id`、`product_parent`：这些列是评论和产品的标识符及元数据。
- `product_title`、`product_category`：产品的相关信息。
- `star_rating`、`helpful_votes`、`total_votes`：评分与投票数据。
- `verified_purchase`：购买是否经过验证。
- `review_headline`、`review_body`：评论的文本。
- `review_date`：评论的日期。
- `sentiments`：情绪分析（正面、负面）的标签。

鉴于你的重点是情绪分析，你主要感兴趣的部分是 `review_body` 和 `sentiments`。

现在，让我们继续进行预处理步骤：
- 分词

- 转小写
- 删除停用词
- 删除标点符号

我们将使用 NLTK 库处理这些步骤。这是 Python 中常用于文本处理的库。如果你准备好了，请告诉我，我将开始编写这些预处理步骤的代码！

[响应结束]

通过观察，我们发现数据集已经成功加载，ChatGPT-4 正等待用户的下一个反馈（LIFE-F）。因此，我们将指示 ChatGPT-4 继续进行下一步操作：

[提示]

让我们继续进行数据预处理。

[提示结束]

我们应该会得到类似以下的响应（其中 ChatGPT 理解了请求并执行了数据预处理的代码）：

[提示响应]

很好！让我们一步一步开始数据预处理任务。以下是我们要做的工作：

- **分词**：这将把 `review_body` 文本分割成单个单词或标记。
- **转小写**：将所有标记转换为小写以标准化文本。
- **去除停用词**：去除可能在情绪分析中不太有用的常见词。
- **去除标点符号**：去除标点符号，因为在基于文本的模型中通常不需要它们。

我将使用自然语言工具包（NLTK）完成这些步骤。让我们先安装必要的库并设置初始预处理函数。以下是开始的代码：

（略）

由于此环境中的网络限制，NLTK 库的必要资源下载出现问题。为了演示，我将修改该方法以手动定义一小部分常用的停用词。让我们继续进行文本预处理的简化版本：

- 分词
- 转小写
- 去除简化的停用词集中的停用词
- 去除标点符号

这里是经过调整的脚本，无须下载额外资源即可手动处理这些步骤：

（略）

文本预处理已顺利应用，采用了简化的方法。以下是原始文本与处理后文本的对比：

- 原文本："As a family allergic to wheat, dairy, eggs, nuts…"
- 处理后：['a', 'family', 'allergic', 'wheat', 'dairy', 'eggs', 'nuts']

如你所见，我们已经去除了停用词、标点符号，并对文本进行了分词和转小写。这种处理后的数据更适合输入机器学习模型中进行情绪分析。

接下来，我们会把这些标记转化为机器学习算法可用的数值特征。我们可以通过 TF-IDF 编码或词嵌入等方法来实现。如果你准备好继续进行特征工程步骤，或者你希望在预处理中调整任何其他内容，请告诉我！

[响应结束]

从响应中可以看出，ChatGPT-4 最初尝试使用 NLTK 库，但由于限制，它用一小组常用词简化了方法。它还为我们提供了如何处理的示例。我们现在将指示 ChatGPT-4 继续：

[提示]

让我们继续。

[提示结束]

我们应该会收到类似以下的响应（其中 ChatGPT-4 已经实现了 TF-IDF）：

[提示响应]

很好！让我们继续进入特征工程步骤。在情绪分析中，词频－逆文档频率（TF-IDF）是一种将文本形式数据转换为机器学习算法可以理解的数值形式的常用方法。以下是简要说明：

- **词频(TF)**：衡量一个词在文档中出现的频率，由于文档的长度可能不同，因此它通常会除以文档长度（文档中的单词总数）。
- **逆文档频率(IDF)**：衡量某个词在整个语料库中的重要性。它有助于降低哪些在文档中频繁出现但信息量较少的词的权重。

实现 TF-IDF 的步骤：

- **将标记列表转换为字符串**：机器学习算法通常需要字符串或数字作为输入特征。我们将标记列表转换回字符串格式。
- **使用 TF-IDF 向量化**：利用 scikit-learn 中的 `TfidfVectorizer`，将文本文件转化为 TF-IDF 特征矩阵。

我现在将按照步骤编写代码，先将我们的标记列表转换回字符串，然后应用 TF-IDF 向量化。让我们开始：

我们已成功将处理后的文本转换为 TF-IDF 特征矩阵。以下是一些详细信息：

- **矩阵形状**：TF-IDF 矩阵含有 500 个文档和 3778 个特征。这意味着在预处理和向量化步骤后，文档中包含 3778 个唯一单词。
- **示例特征**：我们的特征集中前几个单词包括"ability""able""about""above"等。

这个 TF-IDF 矩阵现在可以作为各种机器学习模型的输入，用于执行情绪分析。

接下来，我们可以继续利用这种特征表示来选择并训练基线模型。情绪分析中初始模型的常见选择包括逻辑回归、朴素贝叶斯和支持向量机（SVM）。请告诉我你希望从哪个模型开始，或者你对后续步骤有什么其他偏好！

[响应结束]

我们可以看到 ChatGPT-4 已经实现了 TF-IDF 方法，并覆盖了 500 个文档和 3778 个特征。现在我们将继续创建基线模型。

12.7.2 功能 2：模型选择和基线训练

现在我们将指示 ChatGPT-4 继续进行模型选择：

[提示]

让我们继续使用逻辑回归。

[提示结束]

我们应该会得到类似以下的回应（其中 ChatGPT 理解了请求并执行了逻辑回归的代码）。

[提示响应]

完美！逻辑回归是情绪分析等分类任务的良好起点，因为它简单且通常为性能比较提供了良好的基线。

实现逻辑回归的步骤：
- **准备数据**：我们将数据分为训练集和测试集，以评估模型的性能。
- **训练模型**：我们将使用 scikit-learn 的逻辑回归来使用训练集训练模型。
- **评估模型**：我们将在测试集上对模型进行测试，以观察其在情绪预测上的表现。

让我们先准备数据，然后训练逻辑回归模型。以下是执行这些操作的代码：

逻辑回归模型已经训练和评估完毕，以下是其性能总结：
- **准确率**：86%
- **精确率、召回率和 F1 分数**：对于正面类别，我们看到精确率为 86%，召回率为 100%，F1 分数为 92%。然而，负面类别的精确率、召回率和 F1 分数均为 0。这表明模型未能正确预测任何负面类别的实例。

这种差异通常是由于类别不平衡引起的，其中一个类别（在本例中为"正面"）比另一个类别（"负面"）出现得更频繁，导致模型偏向多数类别。

下一步将：
- **处理不平衡数据**：我们可以探索过采样少数类、欠采样多数类或调整决策阈值等技术。
- **超参数调优**：我们可以调整逻辑回归模型的参数，以潜在地提高性能。
- **尝试不同的特征表示方法**：尝试 TF-IDF 的不同配置，或使用如词嵌入等其他类型的文本表示方法。

你希望进一步探讨这些后续步骤中的哪一个，是处理数据集中的不平衡问题吗？还是你想调整其他内容？

[响应结束]

12.7.3 功能 3：模型评估和解释

现在我们已经选择了逻辑回归模型，并评估了基线性能，让我们一起来解释这些结果。

我们要求 ChatGPT-4 解释这些指标，并使用特征重要性分析和模型可解释性等技术提供对结果的解释。

[提示]

请解释指标，并使用特征重要性分析和模型可解释性等技术提供对结果的解释。

[提示结束]

我们应该会收到如下响应（其中 ChatGPT 理解了请求并向我们提供了解释和功能重要性分析）：

[提示响应]

让我们深入研究评估指标,并探索一些解释逻辑回归模型的技术:

评估指标说明:
- **精确率**:衡量的是正向预测的准确性。具体来说,它是真正例预测占总正例预测的比例。高精确率表示较少产生误报。
- **召回率(灵敏度)**:这是模型识别出所有真正例的能力。它是真正例占全部实际为正例的样本的比例。
- **F1 分数**:F1 分数是精确率和召回率的调和平均数,它是精确率和召回率之间的平衡,在类不平衡时是一个有效的衡量指标。
- **准确率**:这是正确预测的预测数与总预测数的比率,对于不平衡类别,它通常不是一个好的衡量指标,因为它可能会造成误导。

结果解释:
- 86% 的准确率看起来不错,但具有误导性,因为模型在少数类别(负面)上的表现非常差。
- 模型对正面类别的召回率极高(100%),表明它识别了所有的正面实例,但对于负面类别的实例则完全无法识别(召回率为 0%)。

特征重要性分析:
- 在逻辑回归中,模型的系数可以提供对特征(本例中的单词)重要性的洞察。系数的绝对值越大,表示该特征对模型决策的影响越显著。

让我们提取模型的系数,看哪些单词(特征)对预测的影响最大:

下面是影响情绪分类的前 10 个特征(单词)及其对应的系数:

- "not":系数为 −1.87,对情绪预测有明显的负面影响。这表明在评论中出现 "not",模型很可能会将其预测为负面情绪。
- "great":系数为 1.65,强烈的正面影响,表明使用该词的评论很可能被归类为正面情绪。
- "love":系数为 1.54,另一个强烈的正面指标。
- "good":系数为 0.99,对情绪预测有正面影响。
- "but":系数为 −0.95,对情绪预测有负面影响。
- "very":系数为 0.88,通常用于正面语境。
- "was":系数为 −0.86,显示出负面影响,可能出现在失望的语境中。
- "cheap":系数为 −0.81,通常与负面情绪相关。
- "there":系数为 −0.81,表明使用该词时带有负面语境。
- "dont"(可能是 "don't"):系数为 −1.79,是另一个强烈的负面指标。

模型可解释性:

这些系数直接揭示了模型如何根据文本中某些单词的存在来做出决策。具有正系数的词会增加评论被归类为正面的可能性,而负系数则会促使模型将其归类为负面。

如果需要进一步的解释,可以应用像局部可解释模型无关解释(Local Interpretable

Model-agnostic Explanations，LIME）或 Shapley 值加性解释（SHapley Additive exPlanations，SHAP）这样的技术，提供特定预测的更多细微见解。

你希望深入探讨特定领域（如处理数据不平衡问题）吗？还是想探索 LIME 和 SHAP 这样的模型可解释性技术，对特定预测进行分析？

[响应结束]

ChatGPT-4 无法安装像 SHAP 这样的新库，因此我们将在这里结束特征分析，并进入下一步骤——处理数据不平衡问题。

12.7.4 功能 4：处理不平衡数据

现在，我们将指导 ChatGPT-4 处理不平衡数据。

[提示]

让我们继续处理不平衡数据。

[提示结束]

我们应该会收到如下响应：

[提示响应]

在模型训练中，处理数据不平衡问题至关重要，尤其是在数据集严重偏向一个类的情况下。这种偏向可能导致模型主要预测数据多的类别，正如我们在逻辑回归模型中看到的那样。

处理数据不平衡的策略

1）**重采样技术**：
- 对少数类进行过采样：这涉及随机复制少数类中的样本。
- 对多数类进行欠采样：这减少了多数类中的样本数量，使其与少数类平衡。

2）**生成合成数据**：
- SMOTE（合成少数类过采样技术）：该技术生成少数类的合成样本，而不是简单地复制现有样本。

3）**修改算法**：
- 调整决策阈值：调整决策阈值有助于提高少数类的召回率。
- 使用本身能够处理不平衡数据的算法，如决策树或随机森林。

4）**代价敏感学习**：
- 为少数类的错误分类分配较高的代价，以引起模型的更多关注。

鉴于我们使用的是逻辑回归，建议一开始使用 SMOTE 技术为少数类生成合成样本，以观察是否能提高模型性能。此外，我们还可以调整决策阈值，使其对少数类更加敏感。

让我们先将 SMOTE 应用到训练数据上，然后重新训练逻辑回归模型。我将继续使用这种方法。

似乎包含 SMOTE 的 `imblearn` 库在此环境中不可用。考虑到这一限制，我们可以探索其他选项：

- 欠采样多数类：这将减少正面类的数量以匹配负面类，尽管它可能会导致潜在有用的数据丢失。

- 调整决策阈值：无须重采样，我们可以调整将评论归类为正面或者负面的阈值，从而增强模型对少数类的灵敏度。

我们继续调整决策阈值。该方法涉及修改模型将样本分类为正面的概率阈值。默认情况下，此阈值设置为 0.5。降低该阈值可以帮助模型将更多样本识别为负面，可能会提高少数类的召回率。

我将计算各类预测的概率，然后调整阈值以查看其对分类指标的影响。让我们继续使用这种方法。

将决策阈值调整为 0.4 并未改变分类结果，模型依然将所有评论预测为正面。指标依旧如前，这表明，由于模型对正面类有强烈偏向，我们可能需要大幅降低阈值或考虑其他方法。

替代方案及考虑因素：
- **进一步降低阈值**：我们可以继续尝试更低的阈值，虽然这样可能会导致假正例增加。
- **更换模型或特征**：由于逻辑回归在处理这种不平衡问题时可能在本质上存在局限性，因此尝试不同的模型或特征集可能是有益的。
- **手动重采样**：如果没有像 `imblearn` 这样的库来自动重采样，我们可以手动对正面类进行欠采样，或者对负面类进行过采样，尽管后者没有如 SMOTE 生成合成样本那样复杂。

你希望尝试进一步降低阈值，还是手动重采样？或者考虑采用不同的建模方法？

[响应结束]

我们发现调整决策阈值效果不明显，因此将要求 ChatGPT-4 进行下一个功能——超参数调优。

12.7.5 功能 5：超参数调优

我们将要求 ChatGPT-4 进行超参数调优：

[提示]

让我们继续进行超参数调优。

[提示结束]

我们应该会收到如下响应：

[提示响应]

超参数调优是提升机器学习模型性能的关键环节。针对逻辑回归，重要的可调超参数包括：
- **C（正则化强度的倒数）**：较小的值表示更强的正则化。
- **求解器**：用于优化问题的算法，如 `liblinear`、`sag`、`saga`、`newton-cg` 等。
- **惩罚**：指定在惩罚中使用的范数（例如，l1、l2）。

我们可以使用网格搜索和交叉验证来系统地探索参数值的多个组合。这种方法有助于找到这些超参数的最佳设置。

实施超参数调优

我们将使用 scikit-learn 的 `GridSearchCV` 来执行超参数调优。我们将为 C 和惩罚定义一个潜在值的网格，然后使用这些值的不同组合来训练模型，以找到最佳的组合。

让我们设置并执行网格搜索。
网格搜索的超参数调优识别出了逻辑回归模型的最佳参数：
- **C（正则化强度的倒数）**：100，表示正则化较少。
- **惩罚**：12，这是正则化中使用的 L2 范数。
- **求解器**：sag，这是一种适合大数据集的优化算法。

使用这些设置获得的最佳交叉验证准确率为 80.5%。这表明减少正则化（C 的更高值）有助于模型更好地拟合数据。

下一步：
- **使用最佳参数评估模型**：我们现在可以在测试集上评估优化后的模型，看看它与之前的配置相比如何。
- **进一步实验**：根据结果，我们可能会考虑进行调优或尝试其他建模技术。

我们是继续使用这些优化后的参数在测试集上评估模型，还是你有希望进一步探索的具体事项？

[响应结束]

我们将指示 ChatGPT-4 使用优化后的参数在测试集上评估模型：

[提示]

当然，评估一下。

[提示结束]

我们应该会收到 ChatGPT-4 类似于以下的响应：

[提示响应]

采用最佳参数优化的逻辑回归模型的评估结果如下：
- **总体准确率**：84%
- **负面类别的精确率和召回率**：精确率 33%，召回率为 14%。
- **正面类别的精确率和召回率**：精确率 87%，召回率为 95%。

解释：
- 与初始模型（准确率为 86%）相比，总体准确率略有下降，但在处理负面类别评论方面有了一些改善。
- 模型现在能够正确识别一些负面评论，尽管性能（14% 的召回率）仍然很低，这表明该模型可以检测到一些负面实例，但仍遗漏了许多。
- 负面评论的精确率为 33%，这意味着当模型预测评论为负面时，其正确率约为 33%。

关键点：
- **模型对负面评论的灵敏度有所提升**：在识别负面评论方面有了轻微改善，这或许是因为正则化减少（更高的 C 值），使模型能够更准确地拟合少数类。
- **类别之间的平衡**：对两个类别的灵敏度之间的平衡仍然不理想，这表明可能需要进一步调整或选择不同的建模方法，以更好地捕捉少数类的特征。

进一步行动：
- **尝试其他模型**：考虑到在处理不平衡数据集时逻辑回归存在固有限制，使用决策树、随机森林甚至集成方法等其他模型可能会产生更好的结果。
- **调整阈值或重采样数据**：可以重新考虑这些操作，或者将其与不同的建模技术相结合，以更好地处理类别不平衡问题。

你想探索其他模型或技术吗？还是你希望关注项目的其他方面？
[响应结束]

我们已看到 ChatGPT-4 评估了性能，并解释了结果。接下来，我们将进入特征表示部分。

12.7.6 功能 6：尝试特征表示方法

让我们指示 ChatGPT 为我们提供不同特征表示方法的代码：
[提示]
我打算对比不同的特征表示方法（如词袋模型、TF-IDF 或词嵌入）的表现，来确定用于情绪分类的最佳方法。
[提示结束]

我们应该会收到如下响应（其中 ChatGPT 提供了词袋模型、TF-IDF 和词嵌入的代码）：
[提示响应]

比较不同的特征表示方法，是识别情绪分类最有效的方法之一。让我们概述一下我们将评估的特征表示方法：

- **词袋模型（BoW）**：计算文档中单词的出现频率。
- **TF-IDF**：我们已经实现了这一功能。它不仅考虑单词的出现频率，还考虑单词在文档中的唯一性。
- **词嵌入**：使用 Word2Vec 或 GloVe 的预训练嵌入模型，以稠密向量空间表示单词，捕获语义。

分步方法：

- **实施词袋模型**：我们将使用 scikit-learn 的 `CountVectorizer` 将文本文档转换为标记计数的矩阵。
- **使用词嵌入**：我们将使用 Gensim 应用一个简单的 Word2Vec 模型，或者使用预训练的 GloVe 嵌入来实现更便捷的操作。
- **在每种表示上训练逻辑回归**：为了一致性，我们将对每个特征集使用逻辑回归。
- **比较性能**：使用准确率、精确率、召回率和 F1 分数评估每个模型。

我们先来实现词袋模型。接着，我们将继续使用词嵌入。以下是词袋模型的代码：
（略）

使用词袋（BoW）特征表示方法训练的逻辑回归模型具有以下性能指标：

- 总体准确率：86%
- 负面类别的精确率和召回率：精确率为 50%，召回率为 21%。
- 正面类别的精确率和召回率：精确率为 88%，召回率为 97%。

BoW 性能解释：

与初始 TF-IDF 模型相比，BoW 模型在处理负面类别方面有少许改进，尽管召回率依旧很低，但精确率更高。这虽然意味着模型在识别负面评论时更准确，但仍有许多负面案例未被捕捉到。

接下来，为了简化操作，让我们使用预训练的 CloVe 嵌入来实现词嵌入特征表示。这将为我们提供一种密集表示，捕获语义，从而可能改善分类效果，特别是针对负面评论。

实施词嵌入：
- **加载预训练的 GloVe 嵌入**：我们将利用这些嵌入把文本数据转换成稠密向量。
- **平均词嵌入**：对于每条评论，我们将计算词嵌入的平均值，形成表示整个评论的单一向量。

让我们继续加载并使用 GloVe 嵌入进行情绪分类：

看来我们受限于访问 Gensim 下载器的权限，因为当前环境无法联网，故无法加载预训练的 GloVe 嵌入。

替代方法：

由于无法使用预训练的 CloVe 嵌入，让我们直接在数据集上使用 Word2Vec 模型实现单词嵌入的简单方法。这将允许我们根据评论中的词汇表创建自己的嵌入。

让我们在处理过的评论上训练 Word2Vec 模型，然后使用嵌入来表示每个文档。下面是具体步骤：

使用 Word2Vec 嵌入训练的逻辑回归模型生成了以下结果：
- 总体准确率：86%
- 负面类别的精确率和召回率：精确率和召回率均为 0%，模型完全未能识别任何负面类别的实例。
- 正面类别的精确率和召回率：精确率和召回率分别为 86% 和 100%。

Word2Vec 模型的解释：

Word2Vec 模型在准确率和特定类别指标方面的表现与最初的 TF-IDF 模型表现相近。这种相近性表明模型仍然严重偏向多数类（正面）。

对于负面类，召回率和精确率均为 0%，这说明尽管采用了富含语义的词嵌入，数据集的不平衡仍极大地影响了模型的预测效果。

总结和建议：
- **BoW、TF-IDF、Word2Vec 三者相比**：词袋模型在负面类的精确率方面略优于 TF-IDF 和 Word2Vec。然而，所有模型在负面类别的召回率上都表现不佳，凸显了类别不平衡的影响。
- **进一步改进**：可能需要尝试集成方法、更复杂的神经网络（如用于文本的 LSTM、CNN）或更进一步的平衡技术，以提高负面类的召回率。
- **替代特征工程**：可以探索其他特征工程方法，如 n-grams，以捕捉更多上下文，这可能有助于更加精准地识别负面情绪。

［响应结束］

你是希望探索进一步的调整，如不同的机器学习模型或其他的平衡技术，还是希望关注项目的其他方面？

12.8 任务

生成合成数据以处理数据不平衡问题。

12.9 挑战

尝试将模型性能提高到 86% 以上,可以自由使用任何技术。

12.10 总结

本章概述了使用亚马逊产品评论数据集构建和训练情绪分析模型的策略,提供了系统的实验方法。每个步骤都经过精心设计,代码生成和用户互动均针对初学者进行了友好设计,确保你拥有一次全面的学习旅程。

任务始于构建基线情绪分析模型。初始步骤包括通过分词、转小写以及去除停用词和标点符号来预处理文本数据,然后使用 TF-IDF 编码进行特征工程。

ChatGPT 通过 Jupyter Notebook 格式展示详细的 Python 代码,每个操作都附有解释,确保即使是初学者也能轻松跟随。

我们从逻辑回归开始探索了基线机器学习模型。经过训练和评估模型,揭示了显著的类别不平衡问题,该问题导致预测偏向多数类。在此阶段,我们详细分析了准确率、精确率、召回率和 F1 分数等指标,而不仅仅关注准确率,深化了对模型性能的理解。

为了解决数据不平衡问题,我们讨论了调整决策阈值和尝试合成数据生成方法(如 SMOTE)等技术。然而,由于环境限制,我们转向了手动方法,如欠采样和阈值调整,并实施和测试这些方法,以提高模型对少数类的灵敏度。

通过使用 `GridSearchCV` 进行超参数调优,模型的学习过程得到了增强,我们着重优化了正则化强度和求解器类型等参数。这一步骤不仅改善了模型性能,还提供了关于模型配置对情绪分类影响的深刻洞见。

我们的尝试还扩展到了比较不同的特征表示方法——词袋模型、TF-IDF 和词嵌入,以确定它们在情绪分析中的有效性。每种技术都得到了实施,我们还对它们对模型性能的影响进行了批判性评估,揭示了不同文本表示方法对辨别情绪能力的微妙影响。

在整个过程中,等待用户反馈后再继续的策略确保了我们对学习进度的适度控制,使每个步骤都一目了然。这种方法有效地促进了对情绪分析技术从基础预处理到复杂模型调优的结构化探索。

这段旅程最终带我们全面掌握了情绪分析模型的构建与优化。通过这种结构化、迭代的方法——借助持续的用户参与和反馈——我们得以深入探讨机器学习模型的开发,从理论到实际实施都得到详细呈现。

这种经历不仅让用户掌握了处理文本数据和模型训练的知识,还突显了处理不平衡数据集以及为情绪分析选择正确模型和特征时的挑战和考量。

在下一章中,你将学会用 ChatGPT 生成线性回归的代码。

第 13 章

使用 ChatGPT 构建客户消费的回归模型

13.1 导论

在数据驱动的决策领域，了解客户行为对优化商业策略至关重要。在探索了分类技术之后，本章将重点转向回归分析（特别是线性回归），以预测数值，如客户的年支出金额。线性回归帮助我们发现数据中的关系，从而基于观察到的模式进行预测。

本章将引导你构建预测模型，根据客户与数字平台的交互估计其年支出金额。我们的目标是加深你对线性回归的理解，展示如何准备、处理和利用数据集，构建准确且可靠的模型。

我们将探讨各种技术，以提高模型的准确性，并让模型处理复杂的数据场景：
- 使用先进的**正则化技术**来提高模型的稳定性和性能。
- **生成合成数据集**，以更好地理解模型在不同数据条件下的行为。
- 通过全面的、端到端的编码示例**简化模型开发流程**。

阅读完本章后，你将掌握利用线性回归进行数据驱动决策所需的知识和技能。让我们开启这段回归分析的旅程，提高客户参与度和增加收入。

本章涵盖以下内容：
- **用 ChatGPT 构建回归模型**：读者将学习如何利用 ChatGPT 生成 Python 代码，构建一个回归模型，以根据已有的数据集预测客户在应用程序或网站上的年支出金额。这种方法提供了一种实践性的途径来理解和处理数据集。
- **应用提示技巧**：介绍有效的提示技巧，引导 ChatGPT 为回归任务提供最有用的代码片段和见解。

13.2 业务问题

一家电商平台希望深入了解客户的行为和偏好，以提高客户参与度并增加收入。通过分析客户的属性及其购买模式，提高客户留存率，并改善整体购物体验。

13.3 问题和数据领域

我们将使用回归技术来理解年支出金额与其他参数之间的关系。回归是探究不同因素（如在应用程序或网站上花费的时间）是否以及如何与客户在线上商店的消费相关联的一种方法。它可以帮助我们理解和预测客户行为。通过了解哪些因素在促进销售上最有影响力，一家电子商务商店可以调整其策略以强化这些领域的因素，从而有可能增加收入。

数据集概述

电商平台从客户那里收集以下信息：
- **电子邮箱**：这是客户的电子邮箱地址。它是每个客户的唯一标识符，可用于沟通，如订单确认、新闻推送或个性化营销优惠推荐。
- **地址**：指客户的实际住址。这对交付他们所购的产品至关重要。此外，地址数据有时能提供关于购买偏好的地理趋势的见解。
- **头像**：这可能是用户选择的数字表示方式或图像。虽然它未必直接影响销售或客户行为，但可以作为客户参与购买策略的一部分，为用户档案添加个性化色彩。
- **平均会话时长**：这是所有会话的平均持续时间，以分钟为单位。就如同客户每次在商店逗留的时间。想象一个人在店里浏览产品，平均花费约 33 分钟的情况。
- **应用使用时间**：这是用户在商店应用程序上的在线时间，以分钟为单位。可以想象他们在公交车上或咖啡店里排队时浏览你的应用程序的情景。
- **网站使用时间**：类似于应用使用时间，但这是关于网站使用的。如果他们在家里或工作时用计算机浏览你的商店，他们会待多久？
- **会员期限**：指客户在你商店中活跃的时间。有些可能是新顾客，而另一些则是多年来一直光顾的老顾客。
- **年支出金额**：这是每位客户一年在你的商店花费的总金额（以美元为单位）。

在我们数据集的上下文中：
- **电子邮箱和地址**：除非客户同意接收营销类消息，否则这些消息主要用于交易目的。我们不会在分析中使用它们。
- **头像**：可以用来个性化用户体验，但对销售预测没有显著的分析价值。
- **其他数据**：如"应用使用时间"和"网站使用时间"等变量在不侵犯个人隐私的前提下可以用于分析，以改善用户体验和商业策略。

总而言之，尽管数据（如电子邮箱、地址和头像等）在业务运营和客户互动中具有重要价值，但我们必须以高度的责任感来处理这些数据，优先考虑客户的隐私和偏好。

请注意，所使用的数据集并非真实数据集，因此电子邮箱、地址等均为虚构。

13.4 功能分解

鉴于我们数据集包括自变量（如"平均会话时长""应用使用时间""网站使用时间"和"会员期限"）以及一个因变量（"年支出金额"），我们将首先使用 ChatGPT 和 ChatGPT Plus 或 GPT-4 进行简单的回归分析。这将包括以下高级步骤：

（1）**逐步构建模型**：用户将了解逐步构建机器学习模型的过程，包括加载数据集、划分训练集和测试集、训练模型、进行预测以及评估性能。

（2）**应用正则化技术**：用户将掌握如何应用 Ridge 回归和 Lasso 回归等正则化技术，通过交叉验证来提升线性回归模型的表现。这包括初始化模型、使用训练数据进行训练以及评估其性能。

（3）**生成合成数据集以增加复杂性**：用户将发现如何使用 `sklearn.datasets` 模块中的 `make_regression` 函数生成一个增加复杂性的合成数据集。这包括通过指定样本数量、特征数量和噪声水平来模拟现实世界的数据。

（4）**为合成数据集生成一步到位的开发模型的代码**：用户将学习如何一步到位地编写代码以加载合成数据集、将其分为训练集和测试集、训练线性回归模型、评估模型性能并打印评估指标。这将简化模型开发和评估的过程。

13.5 提示策略

为了使用 ChatGPT 进行机器学习，我们需要明确用于代码生成的提示策略的实现方法。

让我们集思广益，思考这个任务中我们希望实现的目标，以更好地理解初始提示词中需要包含的内容。

13.5.1 策略 1：TAG 提示策略

（1）**任务（T）**：具体的任务或目标是创建一个简单的线性回归模型，以基于数据集中的各种属性预测"年支出金额"。

（2）**行动（A）**：在这种情况下，策略是让 ChatGPT 决定步骤，因此不提供具体步骤。

（3）**指南（G）**：我们将在提示词中向 ChatGPT 提供以下原则：
- 代码应与 Jupyter Notebook 兼容
- 确保每行代码都有详细的注释。
- 你需要解释每行代码，并在提供代码之前将其复制到 Notebook 的文本块中。针对代码中使用的每个方法都进行说明。

13.5.2 策略 2：PIC 提示策略

（1）**角色（P）**：我们将采用初学者角色，需要学习模型创建的各个步骤。因此，代码应逐步生成。

（2）**指令（I）**：我们明确包含了挂载 Google Drive 的步骤，因为这是一个常见的疏忽。

（3）**上下文（C）**：最重要的是提供数据集的上下文和精确的字段名称，以生成可以直接执行的代码，或者在使用 ChatGPT Plus 的情况下，提供数据集本身。

13.5.3 策略 3：LIFE 提示策略

（1）**学习（L）**：
- 我们想要了解线性回归及其工作原理。
- 理解特征工程技术和模型评估指标。
- 我们想要学习如何创建合成数据集。

（2）**改进（I）**：我们稍后将在应用正则化技术时使用。

（3）**反馈（F）**：如果提供的代码导致任何错误，则应向 ChatGPT 提供反馈。我们使用 ChatGPT Plus 在执行 Lasso 和 Ridge 代码的过程中应用了它。

（4）**评估（E）**：为了确保 ChatGPT 提供的代码准确且有效，请在整个章节中执行这一步骤。

13.6 使用免费版 ChatGPT 构建简单线性回归模型

在使用免费版时，首先，很重要的一点是要清晰地向 ChatGPT 描述数据集，这是生成代码的有效方法。随后进行用户评估。ChatGPT 已经在 Python 和机器学习算法上受到了良好训练，因此我们不需要提供具体步骤。为了验证生成的代码能否正常工作，我们将使用 Google Colab。

13.6.1 功能 1：逐步构建模型

让我们为分类模型创建初始化提示词。

[提示]

我计划为电子商务客户数据集创建一个简单的线性回归模型，以预测年支出金额（TAG-T）。该数据集由以下列组成（PIC-C）：

1）**电子邮箱**：将每个客户的电子邮箱作为身份标识。
2）**地址**：每个客户的实际地理位置。
3）**头像**：这是数据库中客户的可视化匿名表示。
4）**平均会话时长**：所有会话的平均总时长，单位为分钟。
5）**应用使用时间**：在应用商店上的在线时间，单位为分钟。

6）**网站使用时间**：这是用户在商店网站上的在线时间，单位为分钟。
7）**会员期限**：客户保持注册用户状态的时间。
8）**年支出金额**：这是客户访问商店在线资源的费用，单位为美元。

我是初学者用户（PIC-P），请提供分步骤代码并严格遵循以下指令（PIC-I）：
- 代码应与 Jupyter Notebook 兼容。
- 确保每行代码都有详细的注释。
- 你需要解释每行代码，然后将其复制在 Notebook 的文本块中。确保在代码中使用每个方法之前，都先提供它们的解释。
- 还请注意，数据集位于 Google Drive 的 '/content/drive/My Drive/Chapter05/Ecommerce Customers.csv'（TAG-A）。
- 因此，请添加代码挂载驱动器，加载数据集，逐步提供结果，并等待用户反馈。

[提示结束]

你应该会收到类似图 13.1 的响应。

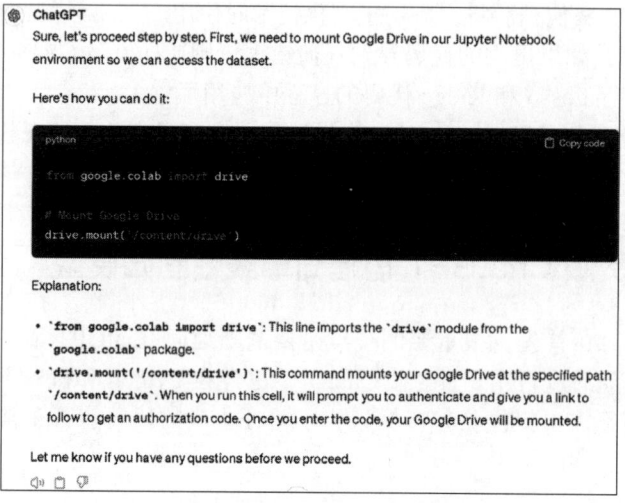

图 13.1 来自 ChatGPT 的初始响应

[提示响应]

当然，让我们一步一步进行。首先，我们需要在 Jupyter Notebook 环境中挂载 Google Drive，以便能访问数据集。

你可以这样做：

```
from google.colab import drive

# Mount Google Drive
drive.mount('/content/drive')
```

解释：
- `from google.colab import drive`：这行代码从 `google.colab` 软件包中

引入了 drive 模块。
- `drive.mount('/content/drive')`：这个命令会把你的 Google Drive 挂载到路径 /content/drive。执行这行代码时，系统会提示你进行身份验证，并提供一个链接让你获取授权码。输入代码后，你的 Google Drive 就完成挂载了。

在我们继续之前，请告诉我你是否有任何疑问。

[响应结束]

现在我们将应用评估提示策略，并通过在 Google Colab 中执行每一步的代码对代码进行验证。代码运行正常且已挂载 Google Drive。

请注意，它需要访问驱动器的权限，并会提示用户授权。

请参阅 `Notebook Learning simple regression with ChatGPT.ipynb`，以了解可执行代码段，或从提示响应中复制代码。

在运行单元格时，你会看到一条消息"Mounted at/content/drive"，这是调用 `drive.mount` 的结果。

我们现在将指示 ChatGPT 进行下一步：

[提示]

让我们继续。

[提示结束]

我们应该会收到类似以下的响应以将数据加载到 Notebook 中：

[提示响应]

太好了！既然我们已经挂载了 Google Drive，现在可以将数据加载到我们的 Notebook 中。你可以这样加载数据集：

```
import pandas as pd

# Define the file path
file_path = '/content/drive/My Drive/Chapter05/Ecommerce Customers.csv'

# Load the dataset into a DataFrame
ecommerce_data = pd.read_csv(file_path)
# Display the first few rows of the DataFrame
print(ecommerce_data.head())
```

解释：
- `import pandas as pd`：导入库，并将其简洁地命名为 pd，这是一种常见的约定。
- `file_path='/content/drive/My Drive/Chapter05/Ecommerce Customers.csv'`：这一行设定了文件路径，指定了你的数据集在 Google Drive 中的位置。
- `pd.read_csv(file_path)`：该函数读取位于指定路径的 CSV 文件，并从中创建 DataFrame。
- `print(ecommerce_data.head())`：这一行代码用于输出 DataFrame 的前几

行，以便确认数据集是否已成功加载。

在我们继续之前，请告诉我你是否有任何疑问，或者是否希望继续进行下一步！

[响应结束]

我们在 Notebook 中执行 ChatGPT 提供的代码，它从指定路径加载数据集并输出了前几行。由于在初始提示词中已给出文件路径，我们无须更改代码中的任何内容，它运行良好。关键在于明确文件路径和所需位置，如图 13.2 所示。

```
[2]  1  import pandas as pd
     2
     3  # Define the file path
     4  file_path = '/content/drive/My Drive/Chapter05/Ecommerce Customers.csv'
     5
     6  # Load the dataset into a DataFrame
     7  ecommerce_data = pd.read_csv(file_path)
     8
     9  # Display the first few rows of the DataFrame
    10  print(ecommerce_data.head())

                           Email  \
0     mstephenson@fernandez.com
1             hduke@hotmail.com
2              pallen@yahoo.com
3         riverarebecca@gmail.com
4     mstephens@davidson-herman.com

                                             Address            Avatar  \
0             835 Frank Tunnel\nWrightmouth, MI 82180-9605            Violet
1         4547 Archer Common\nDiazchester, CA 06566-8576         DarkGreen
2    24645 Valerie Unions Suite 582\nCobbborough, D...            Bisque
3         1414 David Throughway\nPort Jason, OH 22070-1220      SaddleBrown
4    14023 Rodriguez Passage\nPort Jacobville, PR 3...  MediumAquaMarine

   Avg. Session Length  Time on App  Time on Website  Length of Membership  \
0            34.497268    12.655651        39.577668              4.082621
1            31.926272    11.109461        37.268959              2.664034
2            33.000915    11.330278        37.110597              4.104543
3            34.305557    13.717514        36.721283              3.120179
4            33.330673    12.795189        37.536653              4.446308

   Yearly Amount Spent
0           587.951054
1           392.204933
2           487.547505
3           581.852344
4           599.406092
```

图 13.2　加载数据集

接下来，我们将为 ChatGPT 提供输出结果，然后继续执行第 1 步。在这种情况下，通过文本提供输出结果的策略为 ChatGPT 提供了更多上下文信息。

需要注意的是，由于我们正在使用无法执行代码或处理图像的 GPT-3.5，我们只能提供 Notebook 中的文本输出结果：

[提示]

```
Here is the output -                          Email  \
0          mstephenson@fernandez.com
1                  hduke@hotmail.com
2                   pallen@yahoo.com
3             riverarebecca@gmail.com
4         mstephens@davidson-herman.com

                                             Address            Avatar  \
0        835 Frank Tunnel\nWrightmouth, MI 82180-9605            Violet
1    4547 Archer Common\nDiazchester, CA 06566-8576         DarkGreen
```

```
2   24645 Valerie Unions Suite 582\nCobbborough, D...              Bisque
3     1414 David Throughway\nPort Jason, OH 22070-1220          SaddleBrown
4   14023 Rodriguez Passage\nPort Jacobville, PR 3...   MediumAquaMarine

   Avg. Session Length  Time on App  Time on Website  Length of Membership  \
0            34.497268    12.655651        39.577668              4.082621
1            31.926272    11.109461        37.268959              2.664034
2            33.000915    11.330278        37.110597              4.104543
3            34.305557    13.717514        36.721283              3.120179
4            33.330673    12.795189        37.536653              4.446308

   Yearly Amount Spent
0           587.951054
1           392.204933
2           487.547505
3           581.852344
4           599.406092
```

[提示结束]

我们期望收到类似下面的响应（其中 ChatGPT 将提供关于后续步骤的指导。最初我们在初始提示词中并没有指定任何特定的步骤，而是选择让 ChatGPT 确定后续步骤的行动方案）：

[提示响应]

太好了！数据集已成功加载。现在，我们可以开始构建线性回归模型来预测客户的年支出金额。

构建简单线性回归模型所涉及的步骤如下：

- **数据准备**：将数据集分为输入特征（X）和目标变量（y）。
- **数据拆分**：将数据集分为训练集和测试集。
- **模型初始化**：创建一个线性回归模型对象。
- **模型训练**：拟合模型至训练数据。
- **模型评估**：使用测试数据评估模型的性能。

让我们从步骤 1 开始：

步骤 1：数据准备

```
# Extract input features (X) and target variable (y)
X = ecommerce_data[['Avg. Session Length', 'Time on App', 'Time on Website',
'Length of Membership']]
y = ecommerce_data['Yearly Amount Spent']
```

解释：

- `X = ecommerce_data[['Avg. Session Length', 'Time on App', 'Time on Website', 'Length of Membership']]`：在数据集中挑选出输入特征（`Avg. Session Length`、`Time on App`、`Time on Website`、`Length of Membership'`），然后赋值给变量 X。

- y = ecommerce_data['Yearly Amount Spent']：从数据集中选择目标变量 Yearly Amount Spent，并将其赋值给变量 y。

在我们继续之前，请告诉我，你是否有任何疑问，或者希望继续进行下一步。

[响应结束]

ChatGPT 概述了代码生成时遵循的步骤。首先，它提供了数据准备工作的代码，将数据集划分为特征和目标变量。值得注意的是，它巧妙地识别了特征，未包含电子邮箱、头像和地址。此外，它准确地根据初始提示词描述中规定的列名操作。这种策略是通过在提示词中包含数据集的列名，来确保生成的代码的兼容性。因此，代码执行无须任何修改，如图 13.3 所示。

```
# Extract input features (X) and target variable (y)
X = ecommerce_data[['Avg. Session Length', 'Time on App', 'Time on Website', 'Length of Membership']]
y = ecommerce_data['Yearly Amount Spent']
```

图 13.3 步骤 1——数据准备

接下来，我们将指示 ChatGPT 继续：

[提示]

让我们继续下一步。

[提示结束]

我们应该会收到类似以下的响应，以解释如何进行数据拆分：

[提示响应]

太好了！现在，我们已经通过分离 X 和 y 准备好了数据，接下来可以继续，将数据拆分为训练集和测试集。

步骤 2：数据拆分

```
from sklearn.model_selection import train_test_split

# Split the data into training and testing sets (80% train, 20% test)
X_train, X_test, y_train, y_test = train_test_split(X, y, test_size=0.2, random_state=42)

# Display the shapes of the training and testing sets
print("Training set shape - X_train:", X_train.shape, "y_train:", y_train.shape)
print("Testing set shape - X_test:", X_test.shape, "y_test:", y_test.shape)
```

解释：
- from sklearn.model_selection import train_test_split：这一行代码从 sklearn.model_selection 模块中引入了 train_test_split 函数，此函数用于将数据集划分为训练集和测试集。
- train_test_split(X, y, test_size=0.2, random_state=42)：该函数将 X 和 y 分割成训练集和测试集。参数 test_size 用于确定测试集在数据集中的比例（在此情况下为 20%）。参数 random_state 用于保证可重复性，确保每次运行代码时生成相同的随机拆分。
- `X_train`、`X_test`、`y_train`、`y_test`：这些变量分别存储 X 以及 y 的训练集和测试集。
- `print("Training set shape-X_train:",X_train.shape,"y_train:",y_train.shape)`：此程序输出训练集输入特征（X_train）和目标变量（y_train）的形状。
- `print ("Testing set shape-X_test:", X_test.shape, "y_test:", y_test.shape)`：这一行输出测试集输入特征（X_test）和目标变量（y_test）的形状。

在继续之前，请告诉我你是否有任何疑问或希望继续进行下一步。

[响应结束]

代码成功执行，数据按预期的 80%∶20% 的比例拆分为训练集和测试集。值得注意的是，虽然我们没有明确指定比例，但 ChatGPT 默认使用了标准的 80%∶20% 的比例，如图 13.4 所示。

```
[ ]  1  from sklearn.model_selection import train_test_split
     2
     3  # Split the data into training and testing sets (80% train, 20% test)
     4  X_train, X_test, y_train, y_test = train_test_split(X, y, test_size=0.2, random_state=42)
     5
     6  # Display the shapes of the training and testing sets
     7  print("Training set shape - X_train:", X_train.shape, "y_train:", y_train.shape)
     8  print("Testing set shape - X_test:", X_test.shape, "y_test:", y_test.shape)

Training set shape - X_train: (400, 4) y_train: (400,)
Testing set shape - X_test: (100, 4) y_test: (100,)
```

图 13.4　步骤 2——数据拆分

接下来，我们将把前一步的输出结果提供给 ChatGPT，以便让其了解数据的形状并为我们提供下一步的代码：

[提示]

```
Training set shape - X_train: (400, 4) y_train: (400,)
Testing set shape - X_test: (100, 4) y_test: (100,)
```

[提示结束]

我们应该会收到类似以下的响应（其中会提到模型的初始化）：

[提示响应]

太棒了！我们已经成功将数据集拆分为训练集和测试集。训练集中包含 400 个样本，测试集中包含 100 个样本。每个样本包括 4 个输入特征和 1 个目标变量。

现在，让我们继续下一步，即初始化线性回归模型。

步骤 3：模型初始化

```
from sklearn.linear_model import LinearRegression

# Initialize the linear regression model
model = LinearRegression()
```

解释：
- `from sklearn.linear_model import LinearRegression`：这一行代码引入了 `sklearn.linear_model` 模块中的 `LinearRegression` 类，它用于构建线性回归模型。
- `model = LinearRegression()`：这行代码会初始化一个线性回归模型对象，并将其赋值给变量 `model`。

在继续之前，请告诉我你是否有任何疑问，或者希望我进行下一步。

[响应结束]

代码完美无误地执行。ChatGPT 还提供了必要的导入语句，如图 13.5 所示。

```
1  from sklearn.linear_model import LinearRegression
2
3  # Initialize the linear regression model
4  model = LinearRegression()
```

图 13.5 步骤 3——模型初始化

我们将简单地指示 ChatGPT 继续。值得注意的是，我们在初始提示词中包含了提供逐步代码的指令，因此我们无须为每个单独的步骤或任务调整后续提示词。相反，我们将在必要时向 ChatGPT 提供前一步的输出结果，让其引导我们。

[提示]

让我们继续。

[提示结束]

我们应该会收到一个类似于以下的响应，以训练模型：

[提示响应]

非常好！如今我们已经初始化了线性回归模型，接下来就能用训练数据对模型进行训练了。

步骤 4：模型训练

```
# Train the linear regression model using the training data
model.fit(X_train, y_train)
```

解释：

`model.fit(X_train, y_train)`：这一行通过训练数据来拟合（训练）线性回归模型。`fit` 方法将 `X_train` 和对应的 `y_train` 作为参数，调整模型参数，以最小化实际值与预测值之间的差异。

我们现已完成模型训练，可以进行最后一步：使用测试数据评估模型性能。

在继续之前，请告诉我你是否有任何疑问或希望继续进行。

[响应结束]

我们将执行代码，这样就可以训练模型，如图 13.6 所示。

```
[ ]  1  # Train the linear regression model using the training data
     2  model.fit(X_train, y_train)
▼ LinearRegression
LinearRegression()
```

图 13.6　步骤 4——模型训练

我们将指示 ChatGPT 继续：

[提示]

让我们继续。

[提示结束]

我们应该会收到如下所示的响应，以使用测试数据来评估模型性能：

[提示响应]

很好！现在我们的线性回归模型已经训练完毕，我们可以用测试数据来评估它的性能。

步骤 5：模型评估

```
# Make predictions on the testing data
y_pred = model.predict(X_test)

# Evaluate the model's performance
from sklearn.metrics import mean_squared_error, r2_score

# Calculate Mean Squared Error (MSE)
mse = mean_squared_error(y_test, y_pred)

# Calculate R-squared (coefficient of determination)
r_squared = r2_score(y_test, y_pred)

# Print the evaluation metrics
print("Mean Squared Error (MSE):", mse)
print("R-squared (Coefficient of Determination):", r_squared)
```

解释：

- `model.predict(X_test)`：这一行代码利用训练后的模型对 `X_test` 进行预测，从而获得 `y_test` 的预测值。
- `from sklearn.metrics import mean_squared_error, r2_score`：这行代码是从 `sklearn.metrics` 模块中引入用来评估模型性能的两个重要函数：`mean_squared_error` 和 `r2_score`。
- `mean_squared_error(y_test, y_pred)`：该函数计算实际目标变量（`y_test`）与预测值（`y_pred`）之间的均方误差（MSE）。
- `r2_score(y_test, y_pred)`：该函数计算 `y_test` 与 `y_pred` 之间的 R^2（决定系数）。
- `print("Mean Squared Error (MSE):", mse)`：此行输出 MSE，它用于衡

量实际值与预测值之间的平均平方差。较低的 MSE 意味着模型性能更优。
- `print("R-squared (Coefficient of Determination):", r_squared)`：这行代码输出 R^2，它是模型解释的目标变量方差比例的指标。较高的 R^2 值（接近 1）意味着模型拟合效果更佳。

这些评估指标将帮助我们衡量线性回归模型在预测客户年支出金额方面的效果。

继续之前，请告诉我你是否有任何疑问或需要进一步解释。

［响应结束］

我们运行代码，结果非常完美，毫无差错，并输出了 MSE 和 R^2。如图 13.7 所示。

```
[ ]  1  # Make predictions on the testing data
     2  y_pred = model.predict(X_test)
     3
     4  # Evaluate the model's performance
     5  from sklearn.metrics import mean_squared_error, r2_score
     6
     7  # Calculate Mean Squared Error (MSE)
     8  mse = mean_squared_error(y_test, y_pred)
     9
    10  # Calculate R-squared (coefficient of determination)
    11  r_squared = r2_score(y_test, y_pred)
    12
    13  # Print the evaluation metrics
    14  print("Mean Squared Error (MSE):", mse)
    15  print("R-squared (Coefficient of Determination):", r_squared)

Mean Squared Error (MSE): 109.8637411839399
R-squared (Coefficient of Determination): 0.9778130629184127
```

图 13.7 步骤 5——模型评估

对刚接触机器学习的人来说，评估模型性能是否达到可接受标准至关重要。我们将再次寻求 ChatGPT 的帮助，并为它提供输出结果以进行评估：

［提示］

```
Mean Squared Error (MSE): 109.8637411839399
R-squared (Coefficient of Determination): 0.9778130629184127
```

［提示结束］

我们应该会收到 ChatGPT 对结果的解释性回应，这表明我们的模型实际表现得很好，因为 R^2 接近于 1：

［提示响应］

评估指标表明我们的线性回归模型在测试数据上的表现得相当不错：
- MSE：MSE 值约为 109.86。这意味着平均而言，年支出金额的实际值与预测值之间的平方差约为 109.86。较低的 MSE 值表明模型性能较优。
- R^2：R^2 约为 0.978。这意味着，年支出金额的方差约有 97.8% 可通过线性回归模型解释。较高的 R^2（接近 1）表明模型对数据的拟合效果很好。

总的来说，这些评估指标显示，我们的线性回归模型在根据提供的输入特征预测客户的年支出金额方面表现出色。

如果你有任何进一步的问题或需要额外的帮助，随时可以询问！

[响应结束]

现在，既然我们已经掌握了利用 ChatGPT 逐步构建线性回归模型的技能，我们将转向第二个功能，探讨正则化技术的应用。尽管我们的模型表现良好，正则化也极具价值，在模型欠拟合或过拟合时尤为有效。

13.6.2 功能 2：应用正则化技术

我们将使用学习和改进提示策略（LIFE-L、LIFE-I），与 ChatGPT 一起了解模型是否过拟合，以及在这种情况下应采取的措施：

[提示]

模型可能过拟合吗？

[提示结束]

我们收到 ChatGPT 的回应，指出我们的模型不太可能过拟合，但确实建议考虑一些事项，比如正则化技术和交叉验证：

[提示响应]

在解释模型性能时，考虑到过拟合的可能性至关重要。过拟合是指模型学习了训练数据中的噪声或随机波动，而不是学习了输入特征与目标变量间的潜在关系。这可能导致模型在训练数据上表现优异，但在未见过的数据上表现欠佳。

以下是一些判断过拟合可能正在发生的指标或方法：

- **训练和测试表现之间的显著差异**：如果模型在训练数据上的表现远胜于测试数据，可能存在过拟合。在我们的例子中，如果 MSE 和 R^2 的值在训练集上明显优于测试集，这可能表明存在过拟合。
- **模型复杂性情况**：当模型参数数量相较于训练数据量过多时，复杂模型更容易出现过拟合风险。线性回归相对较为简单，但若使用更复杂的模型（例如，高阶多项式回归），则可能会增加过拟合的风险。
- **正则化技术**：像 Lasso 或 Ridge 回归这样的正则化技术，可以通过惩罚大系数缓解过拟合。若怀疑过拟合，应用正则化技术或许能提高模型的泛化性能。
- **交叉验证**：使用交叉验证技术（如 k-fold 交叉验证），可以在数据的多个训练-测试拆分上评估模型，从而提供对模型性能的更稳健的估计。如果模型在不同拆分上的表现显著不同，可能意味着存在过拟合。

在我们的例子中，模型具有高 R^2 值和在测试数据上相对较低的 MSE，这表明模型过拟合的可能性较小。然而，探索这些指标，并考虑采取额外步骤以确保模型的泛化性能总是一个好习惯。如果你怀疑存在过拟合，可以尝试简化模型、应用正则化技术，或使用交叉验证进一步评估其性能。

[响应结束]

接下来，我们将要求 ChatGPT 应用正则化和交叉验证技术：

[提示]

让我们先尝试应用正则化技术，然后再进行交叉验证。

[提示结束]

ChatGPT 应为我们提供应用 Lasso 回归或 Ridge 回归以及交叉验证的代码,并附上解释。

[提示响应]

当然!让我们先给线性回归模型应用正则化技术。常用的正则化技术有两种:Lasso 回归(L1 正则化)和 Ridge 回归(L2 正则化)。这些技术会在损失函数中引入一个惩罚项,通过惩罚大系数来防止过拟合。

我们将从 Ridge 回归开始,它在损失函数中增加了系数的平方和(L2 范数)。

以下是使用交叉验证实现 Ridge 回归的方法:

```
from sklearn.linear_model import RidgeCV

# Initialize the Ridge regression model with cross-validation
ridge_model = RidgeCV(alphas=[0.1, 1.0, 10.0], cv=5)

# Train the Ridge regression model
ridge_model.fit(X_train, y_train)

# Make predictions on the testing data
ridge_y_pred = ridge_model.predict(X_test)

# Evaluate the model's performance
ridge_mse = mean_squared_error(y_test, ridge_y_pred)
ridge_r_squared = ridge_model.score(X_test, y_test)

# Print the evaluation metrics
print("Ridge Regression - Mean Squared Error (MSE):", ridge_mse)
print("Ridge Regression - R-squared (Coefficient of Determination):", ridge_r_squared)
print("Ridge Regression - Best Alpha:", ridge_model.alpha_)
```

解释:

- `RidgeCV(alphas=[0.1, 1.0, 10.0], cv=5)`:初始化了一个带有交叉验证的 Ridge 回归模型,参数 `alphas` 用于指定要测试的正则化强度(alpha 值),cv 表示交叉验证的折数。
- `ridge_model.fit(X_train, y_train)`:这一步骤是用训练数据来训练 Ridge 回归模型。
- `ridge_model.predict(X_test)`:这一步是运用训练后的 Ridge 回归模型对测试数据进行预测。
- `ridge_mse = mean_squared_error(y_test, ridge_y_pred)`:这是使用 Ridge 回归计算实际值和预测值之间的 MSE。
- `ridge_model.score(X_test, y_test)`:使用 Ridge 回归计算 R^2 值。

- `ridge_model.alpha_`：这个属性返回通过交叉验证选择出的最佳 alpha 值（正则化强度）。

请告诉我你是否想继续进行 Ridge 回归或是否有其他疑问。

[响应结束]

让我们尝试执行代码，看看它是否有效并显示出一些改进方案，如图 13.8 所示。

```
1   from sklearn.linear_model import RidgeCV
2
3   # Initialize the Ridge regression model with cross-validation
4   ridge_model = RidgeCV(alphas=[0.1, 1.0, 10.0], cv=5)
5
6   # Train the Ridge regression model
7   ridge_model.fit(X_train, y_train)
8
9   # Make predictions on the testing data
10  ridge_y_pred = ridge_model.predict(X_test)
11
12  # Evaluate the model's performance
13  ridge_mse = mean_squared_error(y_test, ridge_y_pred)
14  ridge_r_squared = ridge_model.score(X_test, y_test)
15
16  # Print the evaluation metrics
17  print("Ridge Regression - Mean Squared Error (MSE):", ridge_mse)
18  print("Ridge Regression - R-squared (Coefficient of Determination):", ridge_r_squared)
19  print("Ridge Regression - Best Alpha:", ridge_model.alpha_)
20
Ridge Regression - Mean Squared Error (MSE): 109.82024999312038
Ridge Regression - R-squared (Coefficient of Determination): 0.9778218459464064
Ridge Regression - Best Alpha: 0.1
```

图 13.8　Ridge 回归

这段代码与之前提供的代码兼容，输出结果非常类似于线性回归代码。但请注意，ChatGPT 不需要任何具体指令，就能生成一段完全可执行的代码。接下来，我们将提供 ChatGPT 的输出结果并查看其建议：

[提示]

```
Ridge Regression - Mean Squared Error (MSE): 109.82024999312038
Ridge Regression - R-squared (Coefficient of Determination): 0.9778218459464064
Ridge Regression - Best Alpha: 0.1
```

[提示结束]

在这种情况下，ChatGPT 不仅解释了结果，还提供了带有交叉验证的 Lasso 回归代码。响应可能会根据之前交互中提供的建议而有所不同：

[提示响应]

看起来，通过交叉验证的 Ridge 回归模型表现与标准线性回归模型非常相似。MSE 和 R^2 的值与从标准线性回归模型获得的结果非常接近。

通过交叉验证为 Ridge 回归模型选择的最佳 alpha 值为 0.1，这表明只对模型应用了少量的正则化技术。

由于具有交叉验证的 Ridge 回归在性能上与标准线性回归模型相当，我们可以得出结论，正则化技术在这种情况下并未显著提升模型性能。

接下来，我们尝试使用 Lasso 回归（L1 正则化）和交叉验证，看是否能带来改进：

```
from sklearn.linear_model import LassoCV

# Initialize the Lasso regression model with cross-validation
lasso_model = LassoCV(alphas=[0.1, 1.0, 10.0], cv=5)

# Train the Lasso regression model
lasso_model.fit(X_train, y_train)

# Make predictions on the testing data
lasso_y_pred = lasso_model.predict(X_test)

# Evaluate the model's performance
lasso_mse = mean_squared_error(y_test, lasso_y_pred)
lasso_r_squared = lasso_model.score(X_test, y_test)

# Print the evaluation metrics
print("Lasso Regression - Mean Squared Error (MSE):", lasso_mse)
print("Lasso Regression - R-squared (Coefficient of Determination):", lasso_r_squared)
print("Lasso Regression - Best Alpha:", lasso_model.alpha_)
```

请告诉我你是否希望继续进行 Lasso 回归或是否有任何疑问。

[响应结束]

我们将执行代码，看看它是否有效，能否产生与 Ridge 回归不同的结果，如图 13.9 所示。

带有交叉验证的 Lasso 回归所产生的结果，类似于标准线性回归和 Ridge 回归模型。MSE 和 R^2 值与之前的结果十分接近。

```
[ ]  1  from sklearn.linear_model import LassoCV
     2
     3  # Initialize the Lasso regression model with cross-validation
     4  lasso_model = LassoCV(alphas=[0.1, 1.0, 10.0], cv=5)
     5
     6  # Train the Lasso regression model
     7  lasso_model.fit(X_train, y_train)
     8
     9  # Make predictions on the testing data
    10  lasso_y_pred = lasso_model.predict(X_test)
    11
    12  # Evaluate the model's performance
    13  lasso_mse = mean_squared_error(y_test, lasso_y_pred)
    14  lasso_r_squared = lasso_model.score(X_test, y_test)
    15
    16  # Print the evaluation metrics
    17  print("Lasso Regression - Mean Squared Error (MSE):", lasso_mse)
    18  print("Lasso Regression - R-squared (Coefficient of Determination):", lasso_r_squared)
    19  print("Lasso Regression - Best Alpha:", lasso_model.alpha_)

Lasso Regression - Mean Squared Error (MSE): 109.77575439252612
Lasso Regression - R-squared (Coefficient of Determination): 0.9778308318145387
Lasso Regression - Best Alpha: 0.1
```

图 13.9 Lasso 回归

然而，值得留意的是，这里的数据集或许不够复杂，无法明显受益于正则化技术。在数据集更加庞大或更加复杂的情形下，正则化技术或许能发挥更为重要的作用，防止过拟合并提升模型的泛化能力。

让我们进入下一个功能，以生成一个合成数据集，从而增加问题的复杂性。

13.6.3 功能 3：生成合成数据集以增加复杂性

我们将要求 ChatGPT 提供代码，以生成一个合成数据集：

[提示]

你能否为我提供代码以生成合成数据集，来增加复杂性？

[提示结束]

你可能会收到类似以下内容的响应。不过，你可能会注意到这是通用代码，并不适用于为我们的数据集生成特定代码。因此，我们需要通过向 ChatGPT 提供反馈来优化提示：

[提示响应]

当然！我们可以使用 `sklearn.datasets` 模块中的 `make_regression` 函数生成更为复杂的合成数据集。这个函数能够创建出带有特定特征的随机回归问题，如样本数量、特征数量和噪声水平。

以下是生成增加复杂性的合成数据集的方法：

```
from sklearn.datasets import make_regression
import pandas as pd

# Generate synthetic dataset with 500 samples, 10 features, and increased noise
X_synthetic, y_synthetic = make_regression(n_samples=500, n_features=10, noise=50, random_state=42)

# Create a DataFrame from the synthetic dataset
synthetic_data = pd.DataFrame(X_synthetic, columns=[f'Feature_{i}' for i in range(1, 11)])
synthetic_data['Target'] = y_synthetic

# Display the first few rows of the synthetic dataset
print(synthetic_data.head())

# Save the synthetic dataset to a CSV file
synthetic_data.to_csv('synthetic_dataset.csv', index=False)
```

解释：
- `make_regression(n_samples=500, n_features=10, noise=50, random_state=42)` 生成一个含有 500 个样本、10 个特征并增加噪声水平（由参数 `noise` 指定）的合成回归数据集。参数 `random_state` 用以确保可重复性。
- `pd.DataFrame(X_synthetic, columns=[f'Feature_{i}' for i in range(1, 11)])`：这段代码从合成输入特征（`X_synthetic`）创建一个 DataFrame，并将列名设置为 `Feature_1` 到 `Feature_10`。

- `synthetic_data['Target'] = y_synthetic`：这行代码将合成的目标变量（`y_synthetic`）添加到 DataFrame 中，并将列名称设置为 `Target`。
- `synthetic_data.to_csv('synthetic_dataset.csv', index=False)`：这会将合成的数据集保存到一个名为 synthetic_dataset.csv 的 CSV 文件中，不包括索引列。

你可以调整 `make_regression` 函数的参数来控制合成数据集的复杂性，比如样本数量、特征数量以及噪声水平。

如果你需要任何进一步的帮助，请告诉我！

[响应结束]

我们将简单地提示 ChatGPT，我们需要的是适合我们问题的代码：

[提示]

不，我是指针对我们的问题。

[提示结束]

让我们看看 ChatGPT 建议了什么，是否真的有效：

[提示响应]

明白了！可以针对我们的问题创建一个合成数据集，使用原始数据集的相同输入特征，但增加复杂性。这些特征是原始特征的非线性组合，并添加噪声以模拟真实世界的数据。

以下是为我们的问题生成增加复杂性的合成数据集：

```python
import numpy as np
import pandas as pd

# Set random seed for reproducibility
np.random.seed(42)

# Number of samples
n_samples = 500

# Generate synthetic input features
avg_session_length = np.random.normal(loc=30, scale=5, size=n_samples)
time_on_app = np.random.normal(loc=15, scale=5, size=n_samples)
time_on_website = np.random.normal(loc=20, scale=7, size=n_samples)
length_of_membership = np.random.normal(loc=3, scale=1, size=n_samples)

# Generate synthetic target variable (linear combination of input features with noise)
yearly_amount_spent = 100 + (avg_session_length * 10) + (time_on_app * 20) + (time_on_website * 15) + (length_of_membership * 30) + np.random.normal(loc=0, scale=50, size=n_samples)

# Create a DataFrame from the synthetic dataset
synthetic_data = pd.DataFrame({
```

```
    'Avg. Session Length': avg_session_length,
    'Time on App': time_on_app,
    'Time on Website': time_on_website,
    'Length of Membership': length_of_membership,
    'Yearly Amount Spent': yearly_amount_spent
})

# Display the first few rows of the synthetic dataset
print(synthetic_data.head())

# Save the synthetic dataset to a CSV file
synthetic_data.to_csv('synthetic_ecommerce_data.csv', index=False)
```

解释：
- 我们生成一组合成输入特征（`avg_session_length`、`time_on_app`、`time_on_website`、`length_of_membership`，其分布服从具有指定均值和标准差的正态分布），用以模拟原始数据集的特征。
- 我们将合成目标变量（年支出金额），使其成为输入特征的线性组合，并添加噪声。
- 最后，我们用合成数据集创建一个 DataFrame，并将其保存为 CSV 文件。

这个合成数据集将拥有与原始数据集相似的特征，但复杂性更高，这对于测试模型及了解其在更具挑战性的场景中的表现十分有用。

如果你需要进一步的说明或帮助，请告诉我！

［响应结束］

这段代码令人印象深刻，完全适配我们的数据集。执行过程中，代码没有任何错误地生成了一个名为 `synthetic_ecommerce_data.csv` 的 CSV 文件，并将其存储在 Notebook 的运行环境中。你还可以下载以备后用。

接下来，我们将请求 ChatGPT 生成完整代码，并在合成数据集中加入噪声来评估模型性能。让我们进入下一个功能。

13.6.4 功能 4：为合成数据集生成一步到位的开发模型的代码

我们已掌握了如何在前述特征中逐步创建回归模型，现在我们将请求 ChatGPT 为合成数据集提供完整代码：

［提示］
现在提供给我用于生成合成数据集的端到端的完整代码。
［提示结束］

在提供完整代码的情况下，我们应该会收到类似于以下内容的响应，包括加载数据集、拆分数据集、模型训练和模型评估：

［提示响应］
当然！下面是加载合成数据集、将其拆分为训练集和测试集、训练线性回归模型、评估其性能并输出评估指标的端到端的完整代码。

```python
import pandas as pd
from sklearn.model_selection import train_test_split
from sklearn.linear_model import LinearRegression
from sklearn.metrics import mean_squared_error, r2_score

# Load the synthetic dataset
synthetic_data = pd.read_csv('synthetic_ecommerce_data.csv')

# Extract input features (X) and target variable (y)
X = synthetic_data[['Avg. Session Length', 'Time on App', 'Time on Website',
'Length of Membership']]
y = synthetic_data['Yearly Amount Spent']

# Split the dataset into training and testing sets (80% train, 20% test)
X_train, X_test, y_train, y_test = train_test_split(X, y, test_size=0.2, random_
state=42)

# Initialize the linear regression model
model = LinearRegression()

# Train the linear regression model using the training data
model.fit(X_train, y_train)

# Make predictions on the testing data
y_pred = model.predict(X_test)

# Evaluate the model's performance
mse = mean_squared_error(y_test, y_pred)
r_squared = r2_score(y_test, y_pred)

# Print the evaluation metrics
print("Mean Squared Error (MSE):", mse)
print("R-squared (Coefficient of Determination):", r_squared)
```

这段代码从 CSV 文件中加载合成数据集，将其拆分为训练集和测试集，训练线性回归模型，对测试数据进行预测，通过 MSE 和 R^2 值评估模型性能，并输出评估指标。

你可以在 Python 环境中直接运行此代码，前提是你已经安装了 pandas 库用于处理 DataFrame 数据结构，并且安装了 scikit-learn 库以支持机器学习功能。

如果你有任何疑问或需要进一步的帮助，请告诉我！

［响应结束］

我们执行了代码，它顺畅运行。

线性回归模型在合成数据集上的评估指标如下：

- **MSE**：大约 2103.19
- **R^2**：大约 0.9197

这些指标为我们提供了关于模型性能的见解：

- **MSE**：MSE 衡量实际值和预测值之间的平均平方差。在这种情况下，MSE 值表明实际值和预测值之间的平方差约为 2103.19。较低的 MSE 值是理想的，表示模型性能更好。
- **R^2 值**：R^2 值表示模型解释目标变量（年支出金额）中方差的比例。在这种情况下，R^2 值约为 0.9197，这表明模型能够解释年支出金额中约 91.97% 的方差。更高的 R^2 值（接近 1），意味着模型拟合得更好。

总体而言，这些评估指标显示，线性回归模型在合成数据集上的表现相当出色。

在线上电子商务商店的示例中，这些模型给出的见解可以应用于多种用途：

- **客户细分**：模型能够识别高价值客户，并根据他们预测的年支出金额，实施精准营销。
- **推荐系统**：把握影响消费的因素，有助于优化产品推荐，从而提升客户的购物体验。
- **留存策略**：会员期限显然是一个关键因素。基于这一见解，可以制订提升客户留存率和忠诚度的策略。
- **优化网站和应用**：对平均会话时长、应用使用时间和网站使用时间的分析见解，可以有效指导网站和应用程序的优化决策。

这结束了我们对 ChatGPT 3.5 的学习。现在，让我们看看在 ChatGPT Plus 中使用提示词的不同之处。

13.7 使用 ChatGPT Plus 构建简单线性回归模型

现在我们已经在使用 ChatGPT 的过程中学习了简单线性回归，现在让我们在使用 ChatGPT Plus 时深入学习线性回归。ChatGPT Plus，也被称为 GPT-4，具有上传数据集、分析数据集和生成结果（尤其是使用诸如 Python 和 Matplotlib 这样的简单库时）的功能。在撰写本章时，OpenAI 在用户使用移动应用时提供了一个名为 Data Analysis 的 GPT 助手。此外，使用浏览器版本时，也可以选择 GPT-4。

注意，你还可以使用免费版本获得相同的效果，但需要自行执行代码并修改提示词。

13.7.1 功能 1：逐步构建模型

使用 ChatGPT 的免费版时，我们已经学会了如何逐步创建一个回归模型。在这个过程中，我们需要提供数据集描述、加载数据的指令以及与 Jupyter Notebook 兼容的代码。而在使用 ChatGPT Plus 的情况下，所有这些步骤都由 ChatGPT Plus 处理，它还提供了运行时环境以执行代码。

请注意，它不能运行 TensorFlow、Keras 或深度学习库。

[提示]

我计划利用附带的电子商务客户数据集，构建一个简单的线性回归模型，以预测年支出金额（TAG-T、PIC-C）。

作为一个初学者用户（PIC-P），请提供逐步的代码并严格遵循以下原则（PIC-I）。

- 确保每行代码都有详细的注释。
- 你需要解释每行代码,一步一步提供代码并等待用户反馈。

[提示结束]

我们应该会收到一个类似以下的响应(其中提供了完整代码,功能包括加载数据集、拆分数据集、模型训练和模型评估):

[提示响应]

非常好!让我们开启 Python 之旅,构建一个简单的线性回归模型。用 pandas 等库来处理数据,用 sklearn 来创建回归模型。

步骤 1:导入库并加载数据

首先,我们将导入必要的库并加载你的数据集。接着,我们会查看数据集的前几行,以便了解其结构。

这是该步骤的代码:

```
# Import necessary libraries
import pandas as pd   # pandas is used for data manipulation and analysis
from sklearn.model_selection import train_test_split   # This function is used to split data into training and testing sets
from sklearn.linear_model import LinearRegression   # This class is used to perform linear regression
from sklearn.metrics import mean_absolute_error, mean_squared_error   # These functions are used to evaluate the model

# Load the dataset
data = pd.read_csv('/mnt/data/Ecommerce Customers (1).csv')   # Reading the CSV file into a pandas DataFrame

# Display the first few rows of the dataset to understand its structure
print(data.head())
```

这一段代码进行以下操作:

- **导入库**:我们加载 pandas 来处理数据,并使用来自 sklearn 的若干模块来拆分数据和进行线性回归。
- **加载数据**:pd.read_csv 函数将 CSV 文件读取到 DataFrame 中,这是一种包含多类型列的二维标签数据结构。
- **输出前几行**:这样我们可以查看数据集的前几行,从而更加清晰地了解数据的格式和可用信息。

让我们执行此步骤并查看输出结果,以确保一切都被正确加载,并了解你的数据是什么样的。我们继续吗?

[响应结束]

我们将指示 ChatGPT 继续:

[提示]
好的，请继续。
[提示结束]

我们应该会收到类似以下的响应（其中 ChatGPT 已执行代码并输出出前几行）。

请注意，文件是在 ChatGPT 的运行时间环境中加载的。如果你需要在本地环境或 Jupyter Colab 中执行代码，则需要调整读取 CSV 的步骤：

[提示响应]
图 13.10 是你的数据集的前几行的截图：

Email	Address	Avatar	Avg. Session Length	Time on App	Time on Website	Length of Membership	Yearly Amount Spent
mstephenson@fernandez.com	835 Frank Tunnel Wrightmouth, MI 82180-9605	Violet	34.497268	12.655651	39.577668	4.082621	587.951054
hduke@hotmail.com	4547 Archer Common Diazchester, CA 06566-8576	DarkGreen	31.926272	11.109461	37.268959	2.664034	392.204933
pallen@yahoo.com	24645 Valerie Unions Suite 582 Cobbborough, ...	Bisque	33.000915	11.330278	37.110597	4.104543	487.547505
riverarebecca@gmail.com	1414 David Throughway Port Jason, OH 22070-1220	SaddleBrown	34.305557	13.717514	36.721283	3.120179	581.852344
mstephens@davidson-herman.com	14023 Rodriguez Passage Port Jacobville, PR 3...	MediumAquaMarine	33.330673	12.795189	37.536853	4.446308	599.406092

图 13.10 前几行数据

该数据集包含客户的联系信息（如电子邮件和地址），以及与其参与电子商务平台互动相关的数值数据（如平均会话时长、应用使用时间、网站使用时间和会员期限）。

步骤 2：数据准备

接下来的步骤将涉及为我们的线性回归模型准备数据。这包括：

- 选择用于预测的相关数值列。
- 将数据拆分为训练集和测试集。

你是否希望明确指定用于预测年支出金额的特定列,还是希望我采用默认方法使用所有数值列?

[响应结束]

我们将指示 ChatGPT 使用数值列继续:

[提示]

请仅使用数值列。

[提示结束]

我们应该会收到类似以下的响应(其中 ChatGPT 提供用于选择特征、拆分数据集和输出形状的代码):

[提示响应]

步骤 2:数据准备

现在我们将继续以下步骤以准备数据:

- **选择相关列**:我们将选择与客户行为直接相关的数值列。
- **将数据拆分为训练集和测试集**:这有助于我们在未曾见过的数据上评估模型,以确保其表现良好。

这是执行这些步骤的代码:

```
# Selecting only the numerical columns for features
features = data[['Avg. Session Length', 'Time on App', 'Time on Website', 'Length of Membership']]

# Selecting the target column which is 'Yearly Amount Spent'
target = data['Yearly Amount Spent']

# Splitting the dataset into training and testing sets
# We allocate 80% of the data for training and 20% for testing
X_train, X_test, y_train, y_test = train_test_split(features, target, test_size=0.2, random_state=42)

# Printing the shapes of the training and testing sets to verify the split
print(f'Training features shape: {X_train.shape}')
print(f'Testing features shape: {X_test.shape}')
print(f'Training labels shape: {y_train.shape}')
print(f'Testing labels shape: {y_test.shape}')
```

这段代码:

- **选择特征和目标**:我们将输入特征和目标变量的列分开,目标变量是我们要预测的内容。
- **拆分数据**:使用 `train_test_split` 方法,我们将数据分成训练集和测试集,其中 20% 的数据(`test_size=0.2`)用于测试。设置 `random_state` 以便结果可重现。

- 输出形状：我们输出训练集和测试集的形状以确认拆分成功。

我们可以运行这段代码以准备数据并检查拆分结果吗？

[响应结束]

我们将指示 ChatGPT 执行代码：

[提示]

好的，请继续。

[提示结束]

我们应该会收到类似以下的响应（其中 ChatGPT 已执行代码并输出了特征和标签的形状）：

[提示响应]

数据已成功拆分为训练集和测试集。这是详细情况：

- 训练特征形状：400 行、4 列
- 测试特征形状：100 行、4 列
- 训练标签形状：400 个值
- 测试标签形状：100 个值

这表明 80% 的数据被用来训练模型，而剩下的 20% 则用于评估模型的性能。

步骤 3：构建线性回归模型

现在，我们将使用训练数据创建和训练线性回归模型。计划如下：

- **初始化线性回归模型**：这涉及设置我们的模型以拟合数据。
- **拟合模型到训练数据上**：这是模型从训练数据中学习特征和目标之间关系的步骤。
- **在训练数据上评估模型**：这一步骤能快速检查模型从训练数据中学习的效果如何。

我们可以继续下一步，直接为你展示在训练数据上构建和评估模型的代码吗？

[响应结束]

我们将指示 ChatGPT 继续到下一步骤：

[提示]

好的，请继续。

[提示结束]

我们应该会收到类似如下的响应（其中 ChatGPT 提供了代码）：

[提示响应]

让我们继续进行构建和训练线性回归模型。

这是创建、训练和初步评估线性回归模型的代码：

```
# Initialize the Linear Regression model
model = LinearRegression()

# Fit the model to the training data
# This involves finding the best fitting line to the provided data points
model.fit(X_train, y_train)
```

```
# Evaluate the model by predicting on the training set
train_predictions = model.predict(X_train)

# Calculate the Mean Absolute Error (MAE) on the training set
# MAE measures the average magnitude of the errors in a set of predictions, without considering their direction
train_mae = mean_absolute_error(y_train, train_predictions)

# Calculate the Mean Squared Error (MSE) on the training set
# MSE measures the average of the squares of the errors—that is, the average squared difference between the estimated values and the actual value
train_mse = mean_squared_error(y_train, train_predictions)

# Printing the errors to understand model performance on the training data
print(f'Mean Absolute Error on training data: {train_mae}')
print(f'Mean Squared Error on training data: {train_mse}')
```

此代码做了以下事情：
- 初始化模型：调用 `LinearRegression()` 来创建线性回归模型。
- 拟合模型：`model.fit(X_train, y_train)` 调整权重，使其更好地贴合输入特征与目标变量之间的关系。
- 进行预测：使用 `model.predict(X_train)` 来检验模型对训练数据的预测能力。
- 计算误差：`mean_absolute_error` 和 `mean_squared_error` 提供测量模型准确性和性能的指标，用于比较预测值与实际值。

你希望我现在运行此代码以查看模型在训练数据上的表现吗？

[响应结束]

我们将指示 ChatGPT 继续：

[提示]

好的，请继续。

[提示结束]

我们可能会收到类似以下内容的响应（其中 ChatGPT 已输出结果）：

[提示响应]

线性回归模型已经在数据集上训练成功，接下来是训练数据的性能评估：

训练数据上的平均绝对误差（MAE）：7.727

训练数据上的 MSE：95.823

这些指标帮助我们了解模型在预测中的平均误差：
- MAE 告诉我们，平均而言，模型的预测值与实际值之间相差约 7.73 个单位。
- MSE 告诉我们预测中的误差略大，考虑到它对误差做了平方计算，从而强调了较大的差异。

下一步：

现在，模型已经在训练集上进行了训练和初步评估。我们接下来应该测试其在未见过的测试集上的表现，以真正评估其有效性。

你希望继续评估模型在测试集上的性能，并观察其在新数据上的表现吗？

[响应结束]

我们将指示 ChatGPT 继续在测试集中测试模型性能：

[提示]

好的，请继续。

[提示结束]

我们应该会收到一个类似于以下内容的响应（其中 ChatGPT 已执行代码并输出了结果）：

[提示响应]

在测试集上评估模型，产生以下结果：

- MAE：8.558
- MSE：109.864

这些结果告诉我们以下内容：

- 测试集上的 MAE 为 8.558，显示出模型的预测值与实际值平均相差约 8.56 个单位。这比训练时的 MAE 稍差，因为模型现在在预测未曾见过的数据。
- 测试集上的 MSE 为 109.864，比训练时的 MSE 更高，表明某些预测存在较大误差。

总结：

模型表现得相当优秀，但其在测试集上的性能略低于训练数据。这是正常现象，表明模型如预期般进行了适度的泛化，没有出现显著的过拟合或欠拟合。

最后步骤：

你现在拥有一个基于客户行为指标的年支出金额预测功能的线性回归模型。根据你的目标，你或许还希望进一步探索：

- **改善模型**：可以研究更复杂的建模技术或特征工程。
- **模型解释**：分析模型的系数以理解每个特征的影响。

你希望探索这些附加步骤中的任何一个吗？或者你需要其他方面的进一步帮助吗？

[响应结束]

我们已经看到，ChatGPT Plus 与免费版本相似，在一步步创建简单的线性回归模型时表现得相当出色，不仅提供了代码，还完成了执行工作。接下来，我们将看看 Plus 版本是否能够应用正则化技术。

13.7.2 功能 2：应用正则化技术

我们将要求 ChatGPT Plus 应用正则化技术：

[提示]

请你使用 Lasso 回归、Ridge 回归和交叉验证，看看是否会带来改进？

[提示结束]

我们预计会收到如下的响应（其中包含 ChatGPT 提供的 Lasso 回归和 Ridge 回归的代

码，并带有交叉验证）。

[提示响应]

步骤5：应用带有交叉验证的 Lasso 回归和 Ridge 回归

Lasso 回归：

Lasso 回归不仅能有效减少过拟合，还能用于特征选择，因为它能将不重要的特征系数缩减为零。

Ridge 回归：

Ridge 回归通过在系数大小上施加惩罚来减少模型复杂性。

我们将使用 scikit-learn 库，它提供了执行这些分析的便捷函数。

这是应用带有交叉验证的 Lasso 回归和 Ridge 回归的代码：

```
from sklearn.linear_model import LassoCV, RidgeCV
from sklearn.model_selection import cross_val_score

# Lasso Regression with Cross-Validation
lasso_cv = LassoCV(alphas=[0.1, 1.0, 10.0], cv=5)  # cv=5 means 5-fold cross-validation
lasso_cv.fit(X_train, y_train)
lasso_cv_score = lasso_cv.score(X_test, y_test)
lasso_cv_mae = mean_absolute_error(y_test, lasso_cv.predict(X_test))

# Ridge Regression with Cross-Validation
ridge_cv = RidgeCV(alphas=[0.1, 1.0, 10.0], cv=5)
ridge_cv.fit(X_train, y_train)
ridge_cv_score = ridge_cv.score(X_test, y_test)
ridge_cv_mae = mean_absolute_error(y_test, ridge_cv.predict(X_test))

# Printing results
print(f'Lasso CV Score: {lasso_cv_score}, MAE: {lasso_cv_mae}')
print(f'Ridge CV Score: {ridge_cv_score}, MAE: {ridge_cv_mae}')
```

此代码执行以下操作：

- **LassoCV 和 RidgeCV**：这两种方法通过内置的 `alpha` 参数交叉验证，实现了 Lasso 回归和 Ridge 回归。
- **交叉验证分数**：`.score()` 方法返回的 R^2 值，表示因变量中可由自变量预测的比例。
- **平均绝对误差**：这提供了测试集上拟合质量的绝对测量。

下面来运行这段代码，看看正则化和交叉验证是否能提升模型的性能。我们继续吗？

[响应结束]

我们将指示 ChatGPT 执行代码：

[提示]

好的，请继续。

[提示结束]

[提示响应]

在我们的场景中，ChatGPT 因内部错误而无法执行代码。这类错误可能由服务在执行时不可用、内存问题或其运行环境中缺少必要的库或依赖项等多种原因引发。需要注意的是，你可能会收到另一个正常执行代码的响应，因为这类错误是偶然的。然而，我们已包含此场景以便进行故障排除，并说明在这种情况下该如何处理。这里我们应用了向 AI 助手获取反馈的提示策略（LIFE-F）。

[响应结束]

我们现在将采用 ChatGPT 的建议并使用 Jupyter Colab 在本地执行代码。我们是从 Google Drive 加载的数据集，因此我们将在提示词中提供相应说明：

[提示]

好的，请将完整代码提供给我，以便在本地运行。请注意需要将 Google Drive 中的文件通过路径 '/content/drive/My Drive/Chapter05/Ecommerce Customers.csv' 在 Jupyter Notebook 中进行挂载。

[提示结束]

我们应该会收到类似以下的响应（其中 ChatGPT 提供了完整代码）：

[提示响应]

当然！下面是你可以在 Jupyter Notebook 中本地运行的完整代码。此脚本包括从 Google Drive 导入数据集、预处理数据、拟合带有交叉验证的 Lasso 回归和 Ridge 回归模型的步骤，还会进行评估。

```
# Import necessary libraries
import pandas as pd
from sklearn.model_selection import train_test_split
from sklearn.linear_model import LinearRegression, LassoCV, RidgeCV
from sklearn.metrics import mean_absolute_error, mean_squared_error
from sklearn.preprocessing import StandardScaler

# Mount Google Drive (specific to Google Colab)
from google.colab import drive
drive.mount('/content/drive')

# Load the dataset from Google Drive
file_path = '/content/drive/My Drive/Chapter05/Ecommerce Customers.csv'
data = pd.read_csv(file_path)

# Select only the numerical columns for features and the target column
features = data[['Avg. Session Length', 'Time on App', 'Time on Website', 'Length of Membership']]
target = data['Yearly Amount Spent']

# Splitting the dataset into training and testing sets (80% train, 20% test)
X_train, X_test, y_train, y_test = train_test_split(features, target, test_
```

```
                    size=0.2, random_state=42)

# Standardizing the data
scaler = StandardScaler()
X_train_scaled = scaler.fit_transform(X_train)
X_test_scaled = scaler.transform(X_test)

# Initialize and fit the Linear Regression model
model = LinearRegression()
model.fit(X_train_scaled, y_train)

# Lasso Regression with Cross-Validation
lasso_cv = LassoCV(alphas=[0.01, 0.1, 1.0, 10.0], cv=5)
lasso_cv.fit(X_train_scaled, y_train)
lasso_cv_score = lasso_cv.score(X_test_scaled, y_test)
lasso_cv_mae = mean_absolute_error(y_test, lasso_cv.predict(X_test_scaled))

# Ridge Regression with Cross-Validation
ridge_cv = RidgeCV(alphas=[0.01, 0.1, 1.0, 10.0], cv=5)
ridge_cv.fit(X_train_scaled, y_train)
ridge_cv_score = ridge_cv.score(X_test_scaled, y_test)
ridge_cv_mae = mean_absolute_error(y_test, ridge_cv.predict(X_test_scaled))

# Print results
print(f'Linear Regression Test MAE: {mean_absolute_error(y_test, model.predict(X_test_scaled))}')
print(f'Lasso CV Score: {lasso_cv_score}, MAE: {lasso_cv_mae}')
print(f'Ridge CV Score: {ridge_cv_score}, MAE: {ridge_cv_mae}')
```

运行代码的说明：

- **Google Colab 特性**：Google Colab 中特有的 `drive.mount()` 函数让你可以访问 Google Drive 上的文件。如果你没有使用 Google Colab，需要根据开发环境调整文件加载方式。
- **依赖项**：确保你已经安装了所有必需的库。你可以使用 pip 进行安装（例如，`pip install pandas scikit-learn google-colab`）。
- **数据路径**：如果你的文件位于 Google Drive 上的不同目录中，请调整 `file_path`。

在 Jupyter Notebook 环境中运行此代码，观察模型在你的数据上的表现。如果你遇到任何错误或需要进一步帮助，请随时告知！

[响应结束]

我们执行此代码，它运行得非常顺利，无须任何修改。在这里，我们学会了可以采用混合方法在 ChatGPT Plus 内运行代码，或者在遇到问题时请求其提供代码以在本地执行。

接下来，我们继续讨论 ChatGPT Plus 的第 3 个功能，即生成合成数据集。

13.7.3 功能 3：生成合成数据集以增加复杂性

现在，让我们尝试使用 ChatGPT Plus 为我们的数据集生成一个合成数据集。为此，我们将使用 Data Analysis GPT 并启动一个新对话，如图 13.11 所示。

请注意，可以通过在消息提示中提供 @<GPT Name> 来调用特定的 GPT。

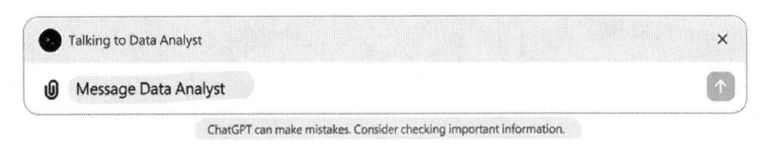

图 13.11　调用数据分析 GPT

[提示]

请从预测年支出金额的角度出发，编写生成合成数据集的代码，并附上相应的生成代码（附上数据集文件）。

[提示结束]

我们应该会收到类似以下的响应（其中 ChatGPT 提供了代码并输出了前几行）：

[提示响应]

为了帮助你生成一个用于预测年支出金额的合成数据集，我需要先查看你提供的数据集的结构和内容。我们先加载并检查数据文件，显示前几行和汇总统计信息，以便了解我们正在处理的特征类型。之后，我会帮助你基于此结构创建一个合成数据集。

让我们开始加载数据。

数据集包括 500 个条目，具有以下特征：

- **电子邮箱**：客户的电子邮箱地址（字符串）。
- **地址**：客户的地址（字符串）。
- **头像**：头像颜色（字符串）。
- **平均会话时长**：平均会话时长，以分钟计（数值）。
- **应用使用时间**：在应用程序上花费的时间，以分钟计（数值）。
- **网站使用时间**：在网站上花费的时间，以分钟计（数值）。
- **会员期限**：会员期限，以年计（数值）。
- **年支出金额**：年支出金额，以美元计（数值）。

为了生成用于建模和预测年支出金额的合成数据集，你可以采用自举法。此方法通过从现有数据集中有放回地抽样，创建一个具有相似分布的新数据集。然而，为了增加可变性并模拟真实的数据集，你还可以在数值字段中引入随机噪声。

以下是一个 Python 代码片段，旨在使用自举方法生成合成数据集，并向数值列添加噪声：

```
import numpy as np

# Number of samples for the synthetic dataset
```

```
num_samples = 500

# Bootstrap the original dataset
synthetic_data = data.sample(n=num_samples, replace=True)

# Add random noise to numeric columns

numeric_columns = ['Avg. Session Length', 'Time on App', 'Time on Website', 'Length
of Membership', 'Yearly Amount Spent']
noise_factor = 0.05  # 5% noise

for column in numeric_columns:
    noise = np.random.normal(loc=0.0, scale=noise_factor * synthetic_data[column].
std(), size=num_samples)
    synthetic_data[column] += noise

# Optionally save the synthetic dataset to a new CSV file
synthetic_data.to_csv('/mnt/data/Synthetic_Ecommerce_Customers.csv', index=False)

synthetic_data.head()
```

此代码将：

- 从原始数据集中抽取 500 个条目，允许重复抽样（自举）。
- 根据该列标准差的 5% 向每个数值列添加高斯噪声。
- 新的合成数据集可以保存为 CSV 文件（可选）。

你想要继续生成此合成数据集吗？或者，你在生成过程中有任何修改或特殊要求吗？

[响应结束]

接下来，我们将指示 ChatGPT 生成代码并提供数据集的下载链接：

[提示]

请生成数据集并提供下载链接。

[提示结束]

我们应该会收到类似以下的回应（其中 ChatGPT 执行了代码并提供了下载合成数据集的链接）：

[提示响应]

合成数据集已生成并保存。你可以使用以下链接下载：

[Download Synthetic Ecommerce Customers Dataset](sandbox:/mnt/data/Synthetic_Ecommerce_Customers.csv)

[响应结束]

在这里，我们了解到，ChatGPT Plus 能够提供代码、执行代码，并生成可下载的 CSV 文件。

接下来，我们将请求 ChatGPT Plus 生成完整代码，并评估合成数据集在含噪声的情况下的模型性能。让我们进入下一个功能。

13.7.4 功能 4：为合成数据集生成一步到位的开发模型的代码

[提示]

请生成完整代码，对合成数据集进行线性回归，应用 Lasso 和 Ridge 正则化技术，评估模型性能。

[提示结束]

我们应该会收到类似以下的响应（其中 ChatGPT 提供了完整代码）：

[提示响应]

当然，我可以为你提供脚本，用来执行线性回归以及在我们刚创建的合成数据集上执行 Lasso 回归和 Ridge 回归。我们还将使用 R^2 值、MSE 和 MAE 等指标评估模型的性能。

以下是整个过程的完整 Python 代码片段：

```python
import pandas as pd
import numpy as np
from sklearn.model_selection import train_test_split
from sklearn.linear_model import LinearRegression, Lasso, Ridge
from sklearn.metrics import mean_squared_error, mean_absolute_error, r2_score
# Load the synthetic dataset
data = pd.read_csv('/path/to/your/Synthetic_Ecommerce_Customers.csv')

# Feature selection: Using numerical columns as features
features = data[['Avg. Session Length', 'Time on App', 'Time on Website', 'Length of Membership']]
target = data['Yearly Amount Spent']

# Split the data into training and testing sets
X_train, X_test, y_train, y_test = train_test_split(features, target, test_size=0.2, random_state=42)

# Initialize the models
linear_model = LinearRegression()
lasso_model = Lasso(alpha=0.1)   # alpha is the regularization strength
ridge_model = Ridge(alpha=1.0)   # alpha is the regularization strength

# Train the models
linear_model.fit(X_train, y_train)
lasso_model.fit(X_train, y_train)
ridge_model.fit(X_train, y_train)

# Predictions
linear_predictions = linear_model.predict(X_test)
lasso_predictions = lasso_model.predict(X_test)
ridge_predictions = ridge_model.predict(X_test)
```

```
# Evaluations
def evaluate_model(predictions, actual):
    mse = mean_squared_error(actual, predictions)
    mae = mean_absolute_error(actual, predictions)
    r2 = r2_score(actual, predictions)
    return mse, mae, r2
linear_mse, linear_mae, linear_r2 = evaluate_model(linear_predictions, y_test)
lasso_mse, lasso_mae, lasso_r2 = evaluate_model(lasso_predictions, y_test)
ridge_mse, ridge_mae, ridge_r2 = evaluate_model(ridge_predictions, y_test)

# Print out the metrics
print("Linear Regression - MSE: {:.2f}, MAE: {:.2f}, R2: {:.2f}".format(linear_mse, linear_mae, linear_r2))
print("Lasso Regression - MSE: {:.2f}, MAE: {:.2f}, R2: {:.2f}".format(lasso_mse, lasso_mae, lasso_r2))
print("Ridge Regression - MSE: {:.2f}, MAE: {:.2f}, R2: {:.2f}".format(ridge_mse, ridge_mae, ridge_r2))
```

在你运行本地脚本时，请将 `'/path/to/your/Synthetic_Ecommerce_Customers.csv'` 替换成存储合成数据集的实际路径。

此脚本将：

- 加载你的合成数据集。
- 选择适当的特征并将数据拆分为训练集和测试集。
- 初始化和训练线性回归、Lasso 回归和 Ridge 回归模型。
- 评估并输出每个模型的性能指标。

这将帮助你理解预测模型中正则化的性能差异和影响。

［响应结束］

我们将指示 ChatGPT Plus 为我们执行代码：

［提示］

请执行代码。

［提示结束］

ChatGPT Plus 应该会执行代码，我们应该会收到如下的响应：

［提示响应］

模型已被训练和评估。以下是每个模型的性能指标：

线性回归：

- MSE：133.01
- MAE：8.79
- R^2：0.977

Lasso 回归：

- MSE：133.04
- MAE：8.79

- R^2：0.977

Ridge 回归：
- MSE：133.08
- MAE：8.79
- R^2：0.977

这三种模型的性能指标非常相似。其中，R^2 值接近 0.977，表明每个模型都解释了年支出金额中约 97.7% 的方差。模型之间的 MSE 略有差异，MAE 相同，这表明正则化（包括 Lasso 回归和 Ridge 回归）在这个特定情况下没有显著改变性能，可能是因为缺乏多重共线性或其他正则化需要解决的问题。

[响应结束]

通过本次练习，你不仅掌握了使用 ChatGPT 的免费版和 Plus 版进行回归分析的方法，还学会了逐步构建线性回归模型、应用正则化技术，并生成合成数据集。

13.8 任务

在 Google Colab 中生成并执行应用于我们数据集的随机森林算法的一步到位的代码。

13.9 挑战

你能否通过结合提示策略强化以下提示词，以确保检索到的是特定的数据集，而不是可能不存在或路径不正确的随机数据集，从而确保其符合预期用途？

提供当前提示词的输出结果以及改进后的提示词：

[提示]

你能否提供一整套适用于 Jupyter Notebook 的公开广告数据集的 Python 代码及详细说明？

[提示结束]

13.10 总结

我们探索了在构建回归模型过程中应用 TAG、PIC 和 LIFE 提示策略的方法，利用 ChatGPT 和 ChatGPT Plus 进行快速分析和预测任务。这种方法在机器学习开发的早期阶段尤为宝贵，它提供了即时的见解，尝试了不同模型或算法的灵活性，无须管理执行环境或编程实例的负担。此外，我们学会了如何高效地利用单一提示词生成综合代码。尽管可以为离散任务或步骤创建提示词，但很多任务仅需简单几行代码，这并非此处的重点。提供反馈是关键环节，而验证输出结果是确保代码功能性的核心步骤。

在下一章中，我们将学习如何编写代码，利用 ChatGPT 生成**多层感知器（MLP）模型**，并借助 Fashion-MNIST 数据集进行练习。

第 14 章

使用 ChatGPT 为 Fashion-MNIST 数据集构建 MLP 模型

14.1 导论

基于对预测模型的基础理解，现在我们将深入多层感知器（MLP）模型的动态世界。在本章中，我们将从头开始构建一个 MLP 模型，并利用神经网络多样且强大的功能进行预测分析。

我们对 MLP 的探索代表着在复杂建模技术领域的一次重大飞跃。线性回归为数据内部关系建模提供了宝贵的见解，而 MLP 则为捕捉错综复杂的模式和非线性依赖关系提供了丰富的框架，使其充分适合各种预测任务。

通过动手实验和反复迭代，我们将揭示 MLP 架构和优化的复杂之处。从设计初始网络结构到微调超参数，再到引入批量归一化（batch normalization）和丢弃法（dropout）等先进技术，旨在让你掌握相关知识和技能，在预测建模中充分发挥神经网络的潜力。

在构建和优化 MLP 模型的过程中，我们将深入探讨神经网络动力学的基本原理，研究不同架构选择和优化策略对模型性能和泛化能力的影响。

14.2 业务问题

一家时尚电子商务商店希望借助机器学习技术深入洞察客户行为和偏好，以此提升客户参与度并增加收入。通过分析客户购买的各类时尚物品的图像数据，该商店旨在定制产品推荐，提升客户满意度，并提升整体购物体验。

14.3 问题和数据领域

在本章中，我们将使用 MLP 模型，利用 Fashion-MNIST 数据集了解客户偏好与购买模式之间的关系。MLP 模型为图像分类任务提供了一个强大的框架，使我们能够根据客户与在线商店的互动情况预测客户可能购买的服装或配饰类型。通过发现客户的偏好模式，电子商务商店可以进行个性化推荐，并优化库存管理，以更好地满足多样化的客户需求。

数据集概述

时尚电子商务商店从客户那里收集代表各种时尚物品的图像数据，并将其分为不同的类别。Fashion-MNIST 数据集包括 7 万张服装和配饰的灰度图像，每张图像都有一个标明其类别的特定标签，尺寸为 28×28，如图 14.1 所示。

数据集中的特征包括：

- **图像数据**：时尚物品的灰度图像，以像素强度矩阵形式呈现。这些图像用作训练 MLP 模型的输入数据。
- **标签**：每张图像所分配的类别标签代表所描述的服装或配饰类型。标签范围为 0～9，分别对应 T 恤、裤子、套头衫、连衣裙、外套、凉鞋、衬衫、运动鞋、包和短靴等类别。

通过分析这些图像数据及其相应的标签，我们旨在训练一个能够根据视觉特征准确分类时尚物品的 MLP 模型。这个预测模型将使电子商务商店能够提供个性化的产品推荐，增加客户参与度，并最终通过提供符合个人偏好的流畅购物体验来增加收入。

图 14.1 Fashion-MNIST 数据集

14.4 功能分解

鉴于 Fashion-MNIST 数据集的性质，该数据集由不同类别的时尚物品灰度图像组成，我们将从建立一个基线 MLP 模型开始。这将包括以下高级步骤：

（1）**构建基线模型**：用户将了解使用 ChatGPT 为图像分类搭建简单 MLP 模型的过程。我们将引导用户完成以下步骤：加载 Fashion-MNIST 数据集、预处理图像数据、将数据集划分为训练集和测试集、定义模型架构、训练模型、进行预测并评估其性能。

（2）**为模型添加层**：建立基线模型后，用户将学习如何尝试在 MLP 架构中添加额外的层。我们将研究增加模型深度或宽度对其性能和捕捉图像数据复杂模式能力的影响。

（3）**尝试不同批量大小**：用户将在模型训练中尝试不同批量大小，以观察其对训练速度、收敛性和泛化性能的影响。我们将探索不同批量大小如何在计算效率和模型稳定性之间权衡。

（4）**调整神经元数量**：用户将探索调整 MLP 模型中每一层神经元数量所带来的影响。通过增加或减少神经元数量，用户可以观察到模型容量的变化及其从图像数据中学习复杂特征的能力。

（5）**尝试不同的优化器**：最后，用户将尝试使用 SGD、Adam 和 RMSprop 等不同的优化算法来优化 MLP 模型的训练过程。我们将观察不同的优化器对训练动态、收敛速度和最终模型性能的影响。

通过这些步骤，用户将全面了解如何使用 Fashion-MNIST 数据集为图像分类任务构建并优化 MLP 模型，并学习如何不断改进模型架构和训练过程，从而在对时尚物品进行分类时获得最佳性能和准确性。

14.5 提示策略

要利用 ChatGPT 进行机器学习，我们需要清楚地了解如何针对机器学习代码生成实施提示策略。

让我们思考在这个任务中希望达成的目标，以便更好地了解提示词中需要包含哪些内容。

14.5.1 策略 1：TAG 提示策略

（1）**任务（T）**：具体任务或目标是为 Fashion-MNIST 数据集创建一个分类模型。

（2）**行动（A）**：用 MLP 为 Fashion-MNIST 数据集创建分类模型的主要步骤包括以下几点。

- 数据预处理：归一化像素值，将图像展平为向量，并编码分类标签。
- 数据拆分：将数据集划分为训练集、验证集和测试集。
- 模型选择：选择 MLP 作为分类模型。
- 模型训练：在训练数据上训练 MLP。
- 模型评估：使用准确率、精确率、召回率和混淆矩阵等指标来评估模型的性能。

（3）**指南**（**G**）：我们将在提示词中为 ChatGPT 提供以下指南。
- 代码应该与 Jupyter Notebook 兼容。
- 确保每行代码都有详细的注释。
- 在提供代码之前，必须详细解释每一行代码以及所使用的每种方法，然后将它们复制到 Jupyter Notebook 中。

14.5.2 策略 2：PIC 提示策略

（1）**角色**（**P**）：我们将扮演初学者的角色，需要学习创建模型的各个步骤，因此代码应逐步生成。

（2）**指令**（**I**）：我们指定了要为单层的 MLP 模型生成代码，指示 ChatGPT 每次提供一个步骤的代码，并等待用户的反馈。

（3）**上下文**（**C**）：在这种情况下，由于 ChatGPT 已经了解了广为人知的 Fashion-MNIST 数据集，因此我们不需要提供额外的上下文。

14.5.3 策略 3：LIFE 提示策略

（1）**学习**（**L**）：我们想学习 MLP 模型及其工作原理。

（2）**改进**（**I**）：我们将在以后添加更多层、改变批量大小或激活函数等时运用这些知识。

（3）**反馈**（**F**）：
- 共享代码和模型输出以获得反馈，确保有效的学习和理解。
- 采纳建议和批评，完善模型和方法。
- 提供错误信息，排查和解决问题。

（4）**评估**（**E**）：执行 ChatGPT 提供的代码以确保其准确性和有效性，这将贯穿本章。

14.6 使用免费版 ChatGPT 构建可以准确分类 Fashion-MNIST 图像的 MLP 模型

ChatGPT 的高级版本有代码解释器，但不支持执行代码所需的 Keras 和 TensorFlow 等深度学习库。因此，本章我们将使用免费版 ChatGPT。

14.6.1 功能 1：构建基线模型

让我们为基线模型制订初始提示词。

[提示]
我想为 Fashion-MNIST 数据集（TAG-T）创建一个由单层 MLP 模型（PIC-I）组成的简单分类模型。这将包括以下几个步骤（TAG-A），每次提供一个步骤并等待用户反馈（PIC-I）。
- 数据预处理：归一化像素值，将图像展平为向量，并编码分类标签。

- 数据拆分：将数据集划分为训练集、验证集和测试集。
- 模型选择：选择 MLP 作为分类模型。
- 模型训练：在训练数据上训练 MLP。
- 模型评估：使用准确率、精确率、召回率和混淆矩阵等指标来评估模型的性能。

我是初学者用户（PIC-P），请逐步提供代码，并严格遵循以下原则（TAG-G）：

- 代码应与 Jupyter Notebook 兼容。
- 确保每行代码都有详细的注释。
- 在提供代码之前，你必须详细解释每一行代码以及所使用的每种方法，然后将其复制到 Jupyter Notebook 中。

[提示结束]

你应该会收到类似以下的响应（其中 ChatGPT 提供了步骤 1，即数据预处理的代码，并附有详细的注释）。

[提示响应]

当然，让我们从第一步开始。

数据预处理：

数据预处理是机器学习的关键步骤，我们通过各种转换和归一化技术来准备训练数据。在这一步中，我们将归一化像素值，将图像展平为向量，并编码分类标签。

归一化像素值：

确保每个像素的值被缩小到 0～1，这对于神经网络在训练过程中更快地收敛以及防止所有特定特征主导学习过程非常重要。

将图像展平为向量：

MLP 模型无法直接处理图像这样的多维数据。因此，我们需要将图像展平为一维向量，使每个像素值都成为一个特征。

编码分类标签：

我们的标签是分类的（如不同类型的衣物），因此我们需要将类型编码为数值，以便模型能够理解和学习。

现在，让我们用代码实现这些步骤：

```python
import numpy as np
from tensorflow.keras.datasets import fashion_mnist
from sklearn.preprocessing import StandardScaler, LabelEncoder
from sklearn.model_selection import train_test_split

# Step 1: Load Fashion-MNIST dataset
(x_train, y_train), (x_test, y_test) = fashion_mnist.load_data()

# Step 2: Normalize pixel values
def normalize_images(train_data, test_data):
    # Convert to float32 to ensure division results in float
    train_data = train_data.astype('float32')
```

```
    test_data = test_data.astype('float32')
    # Normalize pixel values to the range 0-1
    train_data /= 255.0
    test_data /= 255.0
    return train_data, test_data

# Step 3: Flatten images into vectors
def flatten_images(train_data, test_data):
    # Reshape images to vectors
    train_data = train_data.reshape(train_data.shape[0], -1)
    test_data = test_data.reshape(test_data.shape[0], -1)

    return train_data, test_data

# Step 4: Encode categorical labels
def encode_labels(train_labels, test_labels):
    # Initialize LabelEncoder
    label_encoder = LabelEncoder()
    # Fit LabelEncoder on training labels and transform both training and testing
labels
    train_labels = label_encoder.fit_transform(train_labels)
    test_labels = label_encoder.transform(test_labels)
    return train_labels, test_labels

# Apply data preprocessing steps
x_train, x_test = normalize_images(x_train, x_test)
x_train, x_test = flatten_images(x_train, x_test)
y_train, y_test = encode_labels(y_train, y_test)

# Print the shapes of preprocessed data
print("x_train shape:", x_train.shape)
print("y_train shape:", y_train.shape)
print("x_test shape:", x_test.shape)
print("y_test shape:", y_test.shape)
```

解释：
- 我们引入了一些必要的库，如用于数值运算的 NumPy、用于加载 Fashion-MNIST 数据集的 TensorFlow，以及用于数据预处理的 scikit-learn。
- 我们通过调用 `fashion_mnist.load_data()` 方法来加载 Fashion-MNIST 数据集，并将其划分为训练集和测试集。
- 为执行每个数据预处理步骤，定义了三个函数，即 `normalize_images`、`flatten_images` 和 `encode_labels`。

在每个函数中：
- `normalize_images` 将像素值除以 255，以将其缩小到 0~1。
- `flatten_images` 将图像重塑为一维向量。

- encode_labels 使用 LabelEncoder 将分类标签转化为数值。

最后，我们将这些预处理步骤应用于训练数据和测试数据中，并输出它们的形状，确保一切处理正确。

[响应结束]

现在，我们将应用评估提示策略（LIFE-E），并在 Google Colab 环境中逐步执行代码来对其进行验证。代码从 Keras 加载模型并归一化像素值，将它们展平为向量，并使用 LabelEncoder 对标签进行编码，然后进行预处理并输出形状。代码运行顺利且无任何错误，如图 14.2 所示。

请参考 Learning MLP using Fashion-MNIS dataset with ChatGPT.ipynb 的 Notebook 以获取可执行的代码片段，或从提示响应中复制代码。

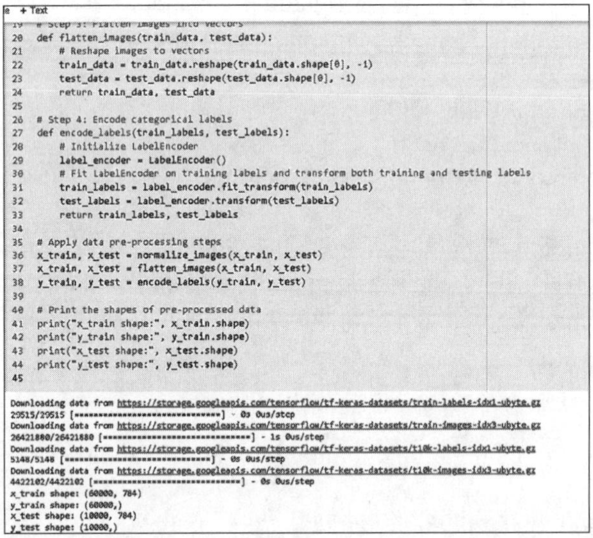

图 14.2 代码执行——数据预处理

现在，我们将指示 ChatGPT 进行下一步。

[提示]

让我们进行下一步。

[提示结束]

我们应该会收到以下响应（ChatGPT 会提供步骤 2，即数据拆分的代码）。

[提示响应]

很好！让我们进行下一步。

数据拆分：

在这一步中，我们将把数据集划分为训练集、验证集和测试集。训练集用于训练模型，验证集用于调整超参数并防止过拟合，测试集用于评估模型在未知数据上的性能。

训练集：

训练集用于通过梯度下降等优化算法来调整模型的参数（权重和偏置）。

验证集：

验证集用于在训练过程中评估模型性能，并调整学习率、批量大小和训练轮数等超参数，以优化模型性能。

测试集：

测试集用于评估训练模型在未知数据上的最终性能，并评估其泛化能力。

现在，让我们拆分数据集：

```
# Step 5: Split dataset into training, validation, and testing sets
def split_dataset(train_data, train_labels, test_data, test_labels, validation_size=0.1, test_size=0.1, random_state=42):
    # Split training set into training and validation sets
    x_train, x_val, y_train, y_val = train_test_split(train_data, train_labels, test_size=validation_size, random_state=random_state)
    # Split testing set into testing and validation sets
    x_test, x_val, y_test, y_val = train_test_split(test_data, test_labels, test_size=test_size, random_state=random_state)
    return x_train, y_train, x_val, y_val, x_test, y_test

# Apply data splitting
x_train, y_train, x_val, y_val, x_test, y_test = split_dataset(x_train, y_train, x_test, y_test)

# Print the shapes of split datasets
print("Training set:")
print("x_train shape:", x_train.shape)
print("y_train shape:", y_train.shape)
print("\nValidation set:")
print("x_val shape:", x_val.shape)
print("y_val shape:", y_val.shape)
print("\nTesting set:")
print("x_test shape:", x_test.shape)
print("y_test shape:", y_test.shape)
```

解释：

- 我们定义了一个 `split_dataset` 函数，使用 scikit-learn 中的 `train_test_split` 函数，将数据集拆分为训练集、验证集和测试集。
- 该函数需要训练数据、训练标签、测试数据、测试标签以及验证集大小、测试集大小和随机状态等可选参数。
- 我们使用指定的验证集大小将训练集拆分为训练集和验证集。
- 我们按照指定的测试集大小将训练集拆分为测试集和验证集。
- 我们输出拆分后的数据集形状，以验证拆分结果。

[响应结束]

我们在 Jupyter Notebook 中成功执行代码。数据被拆分为指定大小的训练集、验证集和测试集，如图 14.3 所示。

```
 1  # Step 5: Split dataset into training, validation, and testing sets
 2  def split_dataset(train_data, train_labels, test_data, test_labels, validation_size=0.1, test_size=0.1, random_state=42):
 3      # Split training set into training and validation sets
 4      x_train, x_val, y_train, y_val = train_test_split(train_data, train_labels, test_size=validation_size, random_state=random_state)
 5      # Split testing set into testing and validation sets
 6      x_test, x_val, y_test, y_val = train_test_split(test_data, test_labels, test_size=test_size, random_state=random_state)
 7      return x_train, y_train, x_val, y_val, x_test, y_test
 8
 9  # Apply data splitting
10  x_train, y_train, x_val, y_val, x_test, y_test = split_dataset(x_train, y_train, x_test, y_test)
11
12  # Print the shapes of split datasets
13  print("Training set:")
14  print("x_train shape:", x_train.shape)
15  print("y_train shape:", y_train.shape)
16  print("\nValidation set:")
17  print("x_val shape:", x_val.shape)
18  print("y_val shape:", y_val.shape)
19  print("\nTesting set:")
20  print("x_test shape:", x_test.shape)
21  print("y_test shape:", y_test.shape)
22

Training set:
x_train shape: (54000, 784)
y_train shape: (54000,)

Validation set:
x_val shape: (1000, 784)
y_val shape: (1000,)

Testing set:
x_test shape: (9000, 784)
y_test shape: (9000,)
```

图 14.3　代码执行——数据拆分

现在，我们将指示 ChatGPT 进行下一步。

[提示]

让我们进行下一步：定义一个单层基线 MLP 模型。

[提示结束]

我们应该会收到类似以下的响应（其中 ChatGPT 会提供包含一个输入层、一个隐藏层和一个输出层的单层 MLP 模型的代码）。

[提示响应]

让我们进行下一步。

模型选择：

在这一步中，我们将选择 MLP 作为分类模型。MLP 由一层或多层神经元组成，每层与下一层完全连接。简单起见，我们先使用单层 MLP 作为基线模型。

单层 MLP：

单层 MLP 由输入层、隐藏层和输出层组成。不过，由于它只有一层隐藏层，因此通常被称为单层感知器。隐藏层中的每个神经元接受来自输入层所有神经元的输入，并产生输出，再通过激活函数引入非线性。最后，输出层产生最终预测结果。

现在，让我们定义基线单层 MLP 模型：

```
from tensorflow.keras.models import Sequential
from tensorflow.keras.layers import Dense

# Step 6: Define a single-layer MLP model
def create_single_layer_mlp(input_shape, num_classes):
    model = Sequential()
    # Add a single hidden layer with ReLU activation
    model.add(Dense(128, activation='relu', input_shape=input_shape))
    # Add output layer with softmax activation for multi-class classification
```

```
        model.add(Dense(num_classes, activation='softmax'))
    return model

# Define input shape and number of classes
input_shape = x_train.shape[1:]
num_classes = len(np.unique(y_train))

# Create the single-layer MLP model
model = create_single_layer_mlp(input_shape, num_classes)

# Print model summary
model.summary()
```

解释：
- 我们从 `TensorFlow.keras` 中导入所需模块来定义 MLP 模型。
- 我们定义了一个 `create_single_layer_mlp` 函数，用于构建单层 MLP 模型。
- 在函数中：
  - 我们初始化了一个顺序模型。
  - 我们添加一个包含 128 个神经元且使用 ReLU 激活函数的单一隐藏层。
  - 我们添加一个带有 softmax 激活函数的输出层，用于实现多类分类。
  - 我们根据训练数据的形状和输出类的数量指定输入形状。
  - 我们使用定义的函数创建单层 MLP 模型。
- 最后，我们输出模型架构的摘要。

[响应结束]

执行代码后，运行无错误，并输出包含层类型、输出形状和参数数量的模型摘要，还提供了总参数、可训练参数和不可训练参数的信息，如图 14.4 所示。在我们的例子中，所有参数均为可训练参数。

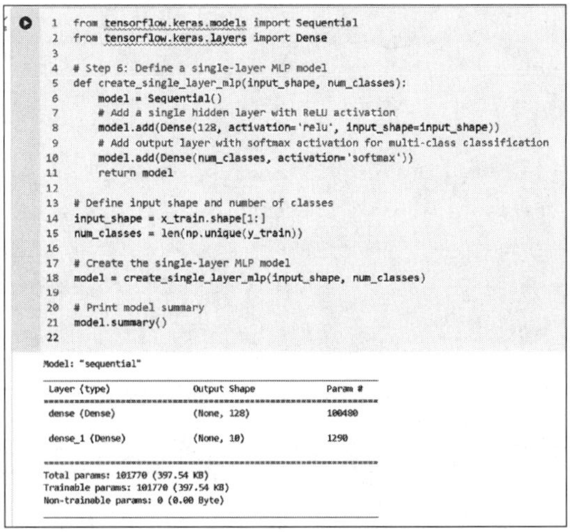

图 14.4 代码执行——基线模型架构

现在，我们将指示 ChatGPT 进行下一步：模型训练。

[提示]

让我们进行下一步。

[提示结束]

我们应该会收到类似以下的响应（ChatGPT 会提供模型训练的代码，并解释涉及损失函数和优化算法等的关键概念，并附上注释）。

[提示响应]

让我们进行下一步。

模型训练：

在这一步中，我们将在训练数据上训练 MLP 模型。训练过程包括将训练数据输入模型，通过随机梯度下降等优化算法调整其参数（权重和偏置），并最小化损失函数，使预测结果尽可能接近实际标签。

损失函数：

损失函数用于衡量预测标签与实际标签之间的差异。对于 Fashion-MNIST 这样的多类分类问题，我们通常使用分类交叉熵作为损失函数。

优化算法：

优化算法负责在训练过程中调整模型参数来最小化损失函数。我们使用 Adam 优化器，它是一种随机梯度下降算法的扩展，广泛应用于深度学习。

训练参数：

我们将指定批量大小和训练轮数等训练参数。批量大小决定了更新模型参数前处理的样本数量，训练轮数则指定了整个训练数据集在模型中进行前后传递的次数。

现在，让我们进行模型训练：

```
from tensorflow.keras.utils import to_categorical

# Step 7: Model Training
def train_model(model, x_train, y_train, x_val, y_val, batch_size=32, epochs=10):
    # Convert class vectors to binary class matrices (one-hot encoding)
    y_train = to_categorical(y_train)
    y_val = to_categorical(y_val)
    # Compile the model with categorical cross-entropy loss and Adam optimizer
    model.compile(loss='categorical_crossentropy', optimizer='adam', metrics=['accuracy'])
    # Train the model on the training data
    history = model.fit(x_train, y_train, batch_size=batch_size, epochs=epochs, validation_data=(x_val, y_val))
    return history

# Train the model
history = train_model(model, x_train, y_train, x_val, y_val, batch_size=32, epochs=10)
```

解释：
- 为了编译和训练模型，我们从 `TensorFlow.keras` 中导入所需模块。
- 我们定义一个 `train_model` 函数，用于在训练数据上进行模型训练。
- 在函数内部：
  - 我们使用 one-hot 编码将类别标签转换为二进制类矩阵。
  - 我们使用分类交叉熵损失函数和 Adam 优化器编译模型。
  - 我们使用指定的批量大小和训练轮数在训练数据上进行模型训练。
- 最后，我们使用自定义函数来训练模型，并保存训练历史，以便后续进行可视化和分析。

[响应结束]

执行代码后，运行无错误。它对类标签进行 one-hot 编码处理，使用分类交叉熵损失函数和 Adam 优化器编译模型，并以 32 的批量大小进行了 10 次模型训练，其验证准确率约为 88%，如图 14.5 所示。

```
[4] 1  from tensorflow.keras.utils import to_categorical
    2
    3  # Step 7: Model Training
    4  def train_model(model, x_train, y_train, x_val, y_val, batch_size=32, epochs=10):
    5      # Convert class vectors to binary class matrices (one-hot encoding)
    6      y_train = to_categorical(y_train)
    7      y_val = to_categorical(y_val)
    8      # Compile the model with categorical cross-entropy loss and Adam optimizer
    9      model.compile(loss='categorical_crossentropy', optimizer='adam', metrics=['accuracy'])
   10      # Train the model on the training data
   11      history = model.fit(x_train, y_train, batch_size=batch_size, epochs=epochs, validation_data=(x_val, y_val))
   12      return history
   13
   14  # Train the model
   15  history = train_model(model, x_train, y_train, x_val, y_val, batch_size=32, epochs=10)
   16

Epoch 1/10
1600/1600 [==============================] - 6s 3ms/step - loss: 0.5030 - accuracy: 0.8231 - val_loss: 0.4535 - val_accuracy: 0.8210
Epoch 2/10
1688/1688 [==============================] - 5s 3ms/step - loss: 0.3781 - accuracy: 0.8646 - val_loss: 0.3870 - val_accuracy: 0.8550
Epoch 3/10
1688/1688 [==============================] - 6s 3ms/step - loss: 0.3392 - accuracy: 0.8765 - val_loss: 0.3674 - val_accuracy: 0.8690
Epoch 4/10
1688/1688 [==============================] - 5s 3ms/step - loss: 0.3127 - accuracy: 0.8854 - val_loss: 0.3454 - val_accuracy: 0.8780
Epoch 5/10
1688/1688 [==============================] - 5s 3ms/step - loss: 0.2960 - accuracy: 0.8910 - val_loss: 0.3372 - val_accuracy: 0.8680
Epoch 6/10
1688/1688 [==============================] - 5s 3ms/step - loss: 0.2803 - accuracy: 0.8958 - val_loss: 0.3497 - val_accuracy: 0.8720
Epoch 7/10
1688/1688 [==============================] - 5s 3ms/step - loss: 0.2666 - accuracy: 0.8997 - val_loss: 0.3657 - val_accuracy: 0.8650
Epoch 8/10
1688/1688 [==============================] - 5s 3ms/step - loss: 0.2554 - accuracy: 0.9039 - val_loss: 0.3464 - val_accuracy: 0.8700
Epoch 9/10
1688/1688 [==============================] - 5s 3ms/step - loss: 0.2459 - accuracy: 0.9079 - val_loss: 0.3492 - val_accuracy: 0.8700
Epoch 10/10
1688/1688 [==============================] - 5s 3ms/step - loss: 0.2382 - accuracy: 0.9106 - val_loss: 0.3363 - val_accuracy: 0.8800
```

图 14.5　代码执行——模型训练

现在，我们将指示 ChatGPT 进行下一步：模型评估。

[提示]

让我们进行下一步。

[提示结束]

我们应该会收到以下响应（ChatGPT 会提供针对测试集评估模型的代码，以及准确率、精确率、召回率和混淆矩阵等概念的解释）。

[提示响应]

模型评估：

在这一步，我们将使用各种指标来评估训练后的 MLP 模型在测试数据上的性能。分类任务常用的评估指标包括准确率、精确率、召回率和混淆矩阵。

准确率：

准确率是指模型正确预测的实例数占总实例数的比例。

精确率：

精确率是指所有被模型预测为正例的实例中，真正例的比例。它反映模型避免误报的能力。

召回率：

召回率是指在所有实际为正例的实例中，被模型正确预测为正例的比例。它反映模型识别所有正例的能力。

混淆矩阵：

混淆矩阵通过展示真正例、真负例、假正例和假负例的预测数量，来总结模型的性能表现。

现在，让我们评估模型：

```python
import matplotlib.pyplot as plt
from sklearn.metrics import accuracy_score, precision_score, recall_score, confusion_matrix

# Step 8: Model Evaluation
def evaluate_model(model, x_test, y_test):
    # Predict labels for testing data
    y_pred = model.predict(x_test)
    # Convert predicted labels to class labels
    y_pred_classes = np.argmax(y_pred, axis=1)
    # Convert true labels to class labels
    y_true_classes = np.argmax(y_test, axis=1)
    # Calculate accuracy
    accuracy = accuracy_score(y_true_classes, y_pred_classes)
    # Calculate precision
    precision = precision_score(y_true_classes, y_pred_classes, average='weighted')
    # Calculate recall
    recall = recall_score(y_true_classes, y_pred_classes, average='weighted')
    # Calculate confusion matrix
    cm = confusion_matrix(y_true_classes, y_pred_classes)
    return accuracy, precision, recall, cm

# Evaluate the model
accuracy, precision, recall, cm = evaluate_model(model, x_test, y_test)

# Print evaluation metrics
print("Accuracy:", accuracy)
print("Precision:", precision)
print("Recall:", recall)
```

```
print("Confusion Matrix:\n", cm)
# Visualize confusion matrix
plt.imshow(cm, cmap=plt.cm.Blues)
plt.title('Confusion Matrix')
plt.colorbar()
plt.xlabel('Predicted Labels')
plt.ylabel('True Labels')
plt.show()
```

解释：
- 我们从 `matplotlib.pyplot` 和 scikit-learn 中导入所需模块，用于可视化混淆矩阵并计算评估指标。
- 我们定义一个 `evaluate_model` 函数，用于评估模型在测试数据上的性能。
- 在函数内部：
  - 我们使用已训练的模型对测试数据进行预测。
  - 我们将预测标签和真实标签转换为类别标签。
  - 我们使用 scikit-learn 的指标函数来计算准确率、精确率、召回率和混淆矩阵。
- 最后，我们使用已定义的函数对模型进行评估，输出评估指标并可视化混淆矩阵。

[响应结束]

在执行代码时，测试标签因未编码而出现了错误，但这一点并没有在错误信息中明显体现，对此，我们可以向 ChatGPT 寻求帮助，通过提供错误信息的提示策略来解决这一问题，如图 14.6 所示。

```
282/282 [==============================] - 2s 5ms/step

AxisError                                 Traceback (most recent call last)
<ipython-input-5-02193580c831> in <cell line: 23>()
     21
     22 # Evaluate the model
---> 23 accuracy, precision, recall, cm = evaluate_model(model, x_test, y_test)
     24
     25 # Print evaluation metrics

                          2 frames
/usr/local/lib/python3.10/dist-packages/numpy/core/fromnumeric.py in _wrapfunc(obj, method, *args, **kwds)
     57
     58     try:
---> 59         return bound(*args, **kwds)
     60     except TypeError:
     61         # A TypeError occurs if the object does have such a method in its

AxisError: axis 1 is out of bounds for array of dimension 1
```

图 14.6 代码执行——模型评估出现错误

我们将错误信息提供给 ChatGPT 以获取帮助。

[提示]

看起来测试标签有些问题，我们收到了以下错误信息：

```
------282/282 [==============================] - 2s 5ms/step --------------------
------------------------------------------------------- AxisError Traceback (most
recent call last) <ipython-input-5-02193580c831> in <cell line: 23>() 21 22 #
Evaluate the model ---> 23 accuracy, precision, recall, cm = evaluate_model(mod-
```

```
el, x_test, y_test) 24 25 # Print evaluation metrics 2 frames /usr/local/lib/py-
thon3.10/dist-packages/numpy/core/fromnumeric.py in _wrapfunc(obj, method, *args,
**kwds) 57 58 try: ---> 59 return bound(*args, **kwds) 60 except TypeError: 61 # A
TypeError occurs if the object does have such a method in its AxisError: axis 1 is
out of bounds for array of dimension 1
```

[提示结束]

我们应该会收到类似以下的响应（其中 ChatGPT 会提供解决问题的建议）。

[提示响应]

标签的形状好像有点问题。错误信息显示，argmax 函数指定的坐标轴超出了边界，这通常发生在标签的格式或形状不符合预期时。

让我们再次检查标签的形状，确保它们处于适合评估的正确格式：

```
print("Shape of y_test:", y_test.shape)
```

这将帮助我们了解标签的形状并找出所有差异。一旦发现问题，就可以相应地进行纠正。

[响应结束]

我们输出 y_test 的形状，如图 14.7 所示。

```
1  print("Shape of y_test:", y_test.shape)
Shape of y_test: (9000,)
```

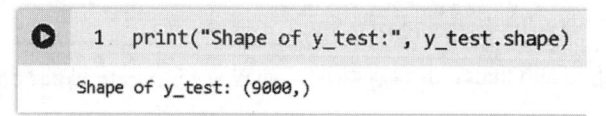

图 14.7　代码执行——输出标签的形状

现在我们将输出的代码提供给 ChatGPT。

[提示]

```
Shape of y_test: (9000,)
```

[提示结束]

我们应该会收到类似以下的响应（其中 ChatGPT 会了解问题所在，并为我们提供更正后的代码）。

[提示响应]

感谢你提供 y_test 的形状。显然，这些标签是一维格式的，这意味着它们并未按 one-hot 编码处理。在评估函数中，我们假设标签是 one-hot 编码格式的，这就是错误所在。

为了解决这一问题，我们需要调整评估函数，使其能够处理一维标签而非 one-hot 编码标签。为此，可以取消将标签转换为 one-hot 编码的步骤，直接将预测标签与真实标签进行比较。

让我们相应地更新评估函数：

```
# Step 8: Model Evaluation
def evaluate_model(model, x_test, y_test):
    # Predict labels for testing data
```

```
    y_pred = model.predict(x_test)
    # Convert predicted labels to class labels
    y_pred_classes = np.argmax(y_pred, axis=1)
    # Calculate accuracy
    accuracy = accuracy_score(y_test, y_pred_classes)
    # Calculate precision
    precision = precision_score(y_test, y_pred_classes, average='weighted')
    # Calculate recall
    recall = recall_score(y_test, y_pred_classes, average='weighted')
    # Calculate confusion matrix
    cm = confusion_matrix(y_test, y_pred_classes)
    return accuracy, precision, recall, cm

# Evaluate the model
accuracy, precision, recall, cm = evaluate_model(model, x_test, y_test)

# Print evaluation metrics
print("Accuracy:", accuracy)
print("Precision:", precision)
print("Recall:", recall)
print("Confusion Matrix:\n", cm)

# Visualize confusion matrix
plt.imshow(cm, cmap=plt.cm.Blues)
plt.title('Confusion Matrix')
plt.colorbar()
plt.xlabel('Predicted Labels')
plt.ylabel('True Labels')
plt.show()
```

解释：
- 我们取消了将标签转换为 one-hot 编码的步骤，并在评估函数中直接使用 y_test 的真实标签。
- 我们更新了准确率、精确率和召回率的计算函数，使用一维标签代替 one-hot 编码标签。

现在，评估函数会正确处理给定的一维标签，并准确计算评估指标。

[响应结束]

我们将执行代码，它现在可以正常工作并输出混淆矩阵（如图 14.8 所示），因为所提供的代码已被修改为适用于一维标签了。

这样就完成了功能 1。单层 MLP 模型的准确率为 0.879 6（87.96%），精确率为 0.881 7（88.17%），召回率为 0.879 6（87.96%）。接下来，我们将进入功能 2——为模型添加层，并学习如何利用 ChatGPT 帮助我们实现这一点。

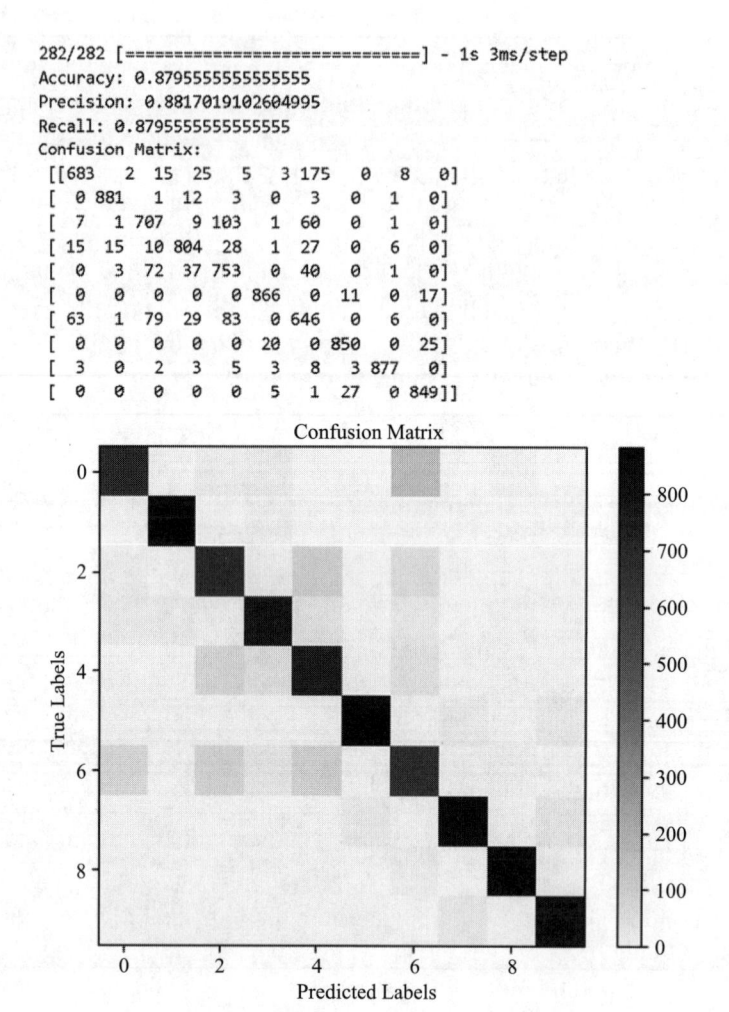

```
282/282 [==============================] - 1s 3ms/step
Accuracy: 0.8795555555555555
Precision: 0.8817019102604995
Recall: 0.8795555555555555
Confusion Matrix:
[[683   2  15  25   5   3 175   0   8   0]
 [  0 881   1  12   3   0   3   0   1   0]
 [  7   1 707   9 103   1  60   0   1   0]
 [ 15  15  10 804  28   1  27   0   6   0]
 [  0   3  72  37 753   0  40   0   1   0]
 [  0   0   0   0   0 866   0  11   0  17]
 [ 63   1  79  29  83   0 646   0   6   0]
 [  0   0   0   0   0  20   0 850   0  25]
 [  3   0   2   3   5   3   8   3 877   0]
 [  0   0   0   0   0   5   1  27   0 849]]
```

图 14.8 代码执行——输出混淆矩阵

14.6.2 功能 2：为模型添加层

现在有了一个基线模型架构，让我们尝试为它添加层。我们将应用提示策略来创建模型，并要求 ChatGPT 提供相关代码。

［提示］

现在已经有一个单层的基线模型了，你能否提供双层和三层模型的代码，并计算和比较层数的增加对模型性能的影响？

［提示结束］

我们应该会收到类似下面的响应（ChatGPT 会理解请求，为我们提供双层和三层模型的代码，并比较结果）：

[提示响应]

当然！让我们定义并训练具有双层和三层的 MLP 模型，然后将其性能与单层基线模型进行比较。

定义双层和三层 MLP 模型：

我们将定义一个拥有更多隐藏层的 MLP 模型，来观察层数增加后性能的变化。

双层 MLP：

双层 MLP 将包含一个输入层、两个隐藏层和一个输出层。

三层 MLP：

三层 MLP 将包含一个输入层、三个隐藏层和一个输出层。

现在，让我们定义并训练这些模型：

```
# Define a two-layer MLP model
def create_two_layer_mlp(input_shape, num_classes):
    model = Sequential()
    # Add first hidden layer with ReLU activation
    model.add(Dense(128, activation='relu', input_shape=input_shape))
    # Add second hidden layer with ReLU activation
    model.add(Dense(64, activation='relu'))
    # Add output layer with softmax activation for multi-class classification
    model.add(Dense(num_classes, activation='softmax'))
    return model

# Define a three-layer MLP model
def create_three_layer_mlp(input_shape, num_classes):
    model = Sequential()
    # Add first hidden layer with ReLU activation
    model.add(Dense(128, activation='relu', input_shape=input_shape))
    # Add second hidden layer with ReLU activation
    model.add(Dense(64, activation='relu'))
    # Add third hidden layer with ReLU activation
    model.add(Dense(32, activation='relu'))
    # Add output layer with softmax activation for multi-class classification
    model.add(Dense(num_classes, activation='softmax'))
    return model

# Create two-layer MLP model
two_layer_model = create_two_layer_mlp(input_shape, num_classes)

# Create three-layer MLP model
three_layer_model = create_three_layer_mlp(input_shape, num_classes)

# Train two-layer MLP model
two_layer_history = train_model(two_layer_model, x_train, y_train, x_val, y_val)
```

```
# Train three-layer MLP model
three_layer_history = train_model(three_layer_model, x_train, y_train, x_val, y_val)
```

模型比较：

完成模型训练后，我们就可以根据准确率、精确率、召回率和混淆矩阵等评价指标来比较它们的性能。

```
# Evaluate two-layer MLP model
two_layer_accuracy, _, _, _ = evaluate_model(two_layer_model, x_test, y_test)

# Evaluate three-layer MLP model
three_layer_accuracy, _, _, _ = evaluate_model(three_layer_model, x_test, y_test)

# Print model comparison
print("Single-layer MLP Accuracy:", accuracy)
print("Two-layer MLP Accuracy:", two_layer_accuracy)
print("Three-layer MLP Accuracy:", three_layer_accuracy)
```

解释：

- 我们使用之前定义的函数定义了两个额外的 MLP 模型，一个包含两个隐藏层，另一个包含三个隐藏层。
- 我们使用训练数据和验证数据来训练这两个模型。
- 完成训练后，我们利用测试数据来评估各个模型的性能，并比较它们的准确率。

这种比较有助于我们理解层数的增加对模型性能的影响。

[响应结束]

我们将执行定义具有两个和三个隐藏层模型的代码，它会进行模型训练，评估所有模型的性能并输出结果，如图 14.9 所示。

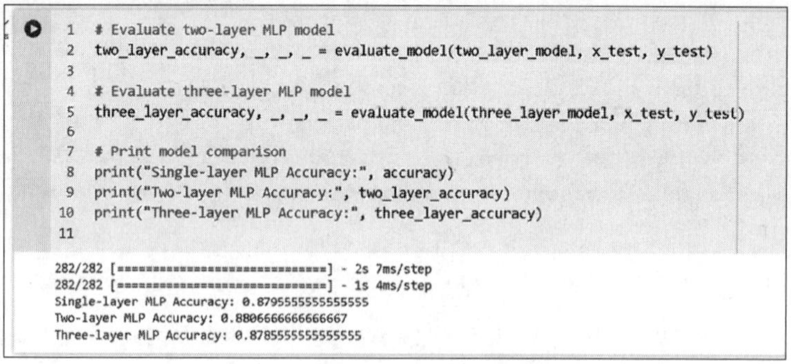

图 14.9 功能 2——为模型添加层

根据这些结果，我们可以发现，双层 MLP 模型的准确率略高于单层和三层 MLP 模型。不过，准确率的差异相对较小，这表明在这种情况下，层数的增加并不会显著改善模型的性能。接下来，让我们使用基线模型尝试不同的批量大小。

14.6.3 功能 3：尝试不同的批量大小

现在我们已经掌握了如何添加更多层。由于数据集相对简单，因此影响不大。接下来将尝试不同的批量大小。我们将应用提示策略以改进模型，并要求 ChatGPT 为我们提供相关代码。

[提示]
能否为我提供三种批量大小的组合代码，并比较这些组合下基线单层模型的性能？
[提示结束]

我们应该会收到类似以下的响应（其中 ChatGPT 会理解请求，并为我们提供不同批量大小的代码及比较结果）。

[提示响应]
定义并训练不同批量大小的模型：
我们将定义并训练一个基线单层 MLP 模型，并采用三种不同的批量大小组合。
- 组合 1：批量大小 =32。
- 组合 2：批量大小 =64。
- 组合 3：批量大小 =128。

现在，让我们定义并训练这些模型：

```python
# Define and train model with batch size = 32
model_batch_32 = create_single_layer_mlp(input_shape, num_classes)
history_batch_32 = train_model(model_batch_32, x_train, y_train, x_val, y_val, batch_size=32)

# Define and train model with batch size = 64
model_batch_64 = create_single_layer_mlp(input_shape, num_classes)
history_batch_64 = train_model(model_batch_64, x_train, y_train, x_val, y_val, batch_size=64)

# Define and train model with batch size = 128
model_batch_128 = create_single_layer_mlp(input_shape, num_classes)
history_batch_128 = train_model(model_batch_128, x_train, y_train, x_val, y_val, batch_size=128)
```

模型比较：
完成模型训练后，可以通过准确率等评估指标来比较它们的性能。

```python
# Evaluate models with different batch sizes
accuracy_batch_32, _, _, _ = evaluate_model(model_batch_32, x_test, y_test)
accuracy_batch_64, _, _, _ = evaluate_model(model_batch_64, x_test, y_test)
accuracy_batch_128, _, _, _ = evaluate_model(model_batch_128, x_test, y_test)

# Print model comparison
print("Single-layer MLP Accuracy (Batch Size = 32):", accuracy_batch_32)
```

```
print("Single-layer MLP Accuracy (Batch Size = 64):", accuracy_batch_64)
print("Single-layer MLP Accuracy (Batch Size = 128):", accuracy_batch_128)
```

解释：
- 我们使用不同批量大小的组合（32、64 和 128）定义并训练三个基线单层 MLP 模型。
- 训练完成后，我们使用测试数据来评估每个模型的性能，并比较它们的准确率。

这种比较有助于我们理解不同批量大小对模型性能的影响。

[响应结束]

我们将执行定义批量大小为 32、64 和 128 的模型的代码，它会进行模型训练，评估它们的性能并输出性能比较结果，如图 14.10 所示。

```
1  # Evaluate models with different batch sizes
2  accuracy_batch_32, _, _ = evaluate_model(model_batch_32, x_test, y_test)
3  accuracy_batch_64, _, _ = evaluate_model(model_batch_64, x_test, y_test)
4  accuracy_batch_128, _, _ = evaluate_model(model_batch_128, x_test, y_test)
5
6  # Print model comparison
7  print("Single-layer MLP Accuracy (Batch Size = 32):", accuracy_batch_32)
8  print("Single-layer MLP Accuracy (Batch Size = 64):", accuracy_batch_64)
9  print("Single-layer MLP Accuracy (Batch Size = 128):", accuracy_batch_128)

282/282 [==============================] - 1s 3ms/step
282/282 [==============================] - 1s 4ms/step
282/282 [==============================] - 1s 3ms/step
Single-layer MLP Accuracy (Batch Size = 32): 0.88
Single-layer MLP Accuracy (Batch Size = 64): 0.8723333333333333
Single-layer MLP Accuracy (Batch Size = 128): 0.8797777777777778
```

图 14.10　代码执行——不同批量大小的比较

从结果来看，模型的准确率差异较小。因此我们将应用学习提示策略（LIFE-L），并询问 ChatGPT 为什么会出现这种情况。

[提示]

```
282/282 [==============================] - 1s 3ms/step 282/282 [==============================] - 1s 4ms/step 282/282 [==============================] - 1s 3ms/step
Single-layer MLP Accuracy (Batch Size = 32): 0.88
Single-layer MLP Accuracy (Batch Size = 64): 0.8723333333333333
Single-layer MLP Accuracy (Batch Size = 128): 0.8797777777777778
```

为什么准确率没有太大差别？

[提示结束]

我们应该会收到类似以下的响应（其中 ChatGPT 会解释可能的原因）。

[提示响应]

使用不同批量大小训练模型，其准确率差异相对较小，可能的原因有几种：

- **数据集小**：与深度学习中常用的其他数据集相比，Fashion-MNIST 数据集相对较小。数据集越小，批量大小对模型性能的影响可能就越小。
- **模型简单**：基线单层 MLP 模型可能过于简单，无法充分发挥不同批量大小的优势。在多层深度神经网络这样更复杂的模型中，批量大小对训练动态的影响可能会更大。
- **优化算法**：用于训练模型的 Adam 优化器会根据梯度的一阶矩和二阶矩调整每个参数的学习率。这种自适应学习率可以在一定程度上减轻批量大小产生的影响。

- **收敛性**：无论使用哪种批量大小，模型可能都已达到相似的性能水平。一旦模型收敛，继续使用不同批量大小训练可能不会大幅提高准确率。

总之，虽然批量大小会影响训练动态和收敛速度，但在某些情况下，它对模型性能的影响可能并不明显，尤其是在相对简单的模型和数据集上。在使用更大、更复杂的模型，以及不同的优化算法进行实验时，批量大小对性能的影响可能会更加显著。

[响应结束]

既然我们已经了解了如何改变批量大小以及它对模型影响不大的可能原因，那让我们进入下一个功能——尝试改变基线模型隐藏层的神经元数量。

14.6.4 功能 4：尝试不同的神经元数量

我们将应用提示策略来改进模型，并要求 ChatGPT 提供代码以尝试隐藏层不同数量的神经元。

[提示]
你能否提供三种神经元数量组合的代码，并比较这些组合中基线单层模型的性能？
[提示结束]

我们应该会收到类似下面的响应（其中 ChatGPT 会理解请求，提供隐藏层不同神经元数量的代码并比较结果）。

[提示响应]
当然！让我们用三种不同的隐藏层神经元数量组合来定义并训练基线单层 MLP 模型，然后比较它们的性能。

定义并训练具有不同神经元数量的模型。

我们将使用三种不同的隐藏层神经元数量组合来定义和训练基线单层 MLP 模型。

- 组合 1：神经元数量为 64。
- 组合 2：神经元数量为 128。
- 组合 3：神经元数量为 256。

现在，让我们定义并训练这些模型：

```
# Define and train model with 64 neurons in the hidden layer
model_neurons_64 = create_single_layer_mlp(input_shape, num_classes)
history_neurons_64 = train_model(model_neurons_64, x_train, y_train, x_val, y_val)

# Define and train model with 128 neurons in the hidden layer
model_neurons_128 = create_single_layer_mlp(input_shape, num_classes)
history_neurons_128 = train_model(model_neurons_128, x_train, y_train, x_val, y_val)

# Define and train model with 256 neurons in the hidden layer
model_neurons_256 = create_single_layer_mlp(input_shape, num_classes)
history_neurons_256 = train_model(model_neurons_256, x_train, y_train, x_val, y_val)
```

模型比较：
完成模型训练后，我们就可以根据准确率等评估指标来比较它们的性能。

```
# Evaluate models with different number of neurons
accuracy_neurons_64, _, _, _ = evaluate_model(model_neurons_64, x_test, y_test)
accuracy_neurons_128, _, _, _ = evaluate_model(model_neurons_128, x_test, y_test)
accuracy_neurons_256, _, _, _ = evaluate_model(model_neurons_256, x_test, y_test)

# Print model comparison
print("Single-layer MLP Accuracy (Neurons = 64):", accuracy_neurons_64)
print("Single-layer MLP Accuracy (Neurons = 128):", accuracy_neurons_128)
print("Single-layer MLP Accuracy (Neurons = 256):", accuracy_neurons_256)
```

解释：

- 我们定义并训练三个基线单层 MLP 模型，分别采用了不同组合的隐藏层神经元数量（64、128 和 256）。
- 训练完成后，我们通过测试数据对每个模型进行性能评估，并比较其准确率。

这种比较有助于我们理解隐藏层不同神经元数量对模型性能的影响。

[响应结果]

我们将执行定义包含 64、128 和 256 个神经元的模型的代码，它会进行模型训练，评估所有模型变体的性能并输出性能比较结果，如图 14.11 所示。

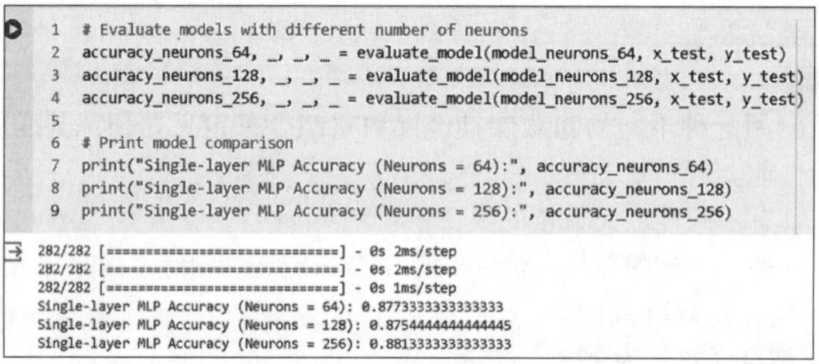

图 14.11　代码执行——不同神经元数量比较

可以发现结果的差异不大，因此，让我们进入最后一个功能——尝试不同的优化器。

14.6.5　功能 5：尝试不同的优化器

我们将应用提示策略改进模型，要求 ChatGPT 提供代码以尝试不同的优化器（如 SGD、Adam 和 RMSProp）。此外，作为提示策略的一部分，我们会具体且明确地指出，在编译时应传入优化器，确保标签为 one-hot 编码，因为这些步骤常被 ChatGPT 忽略。

[提示]

请你提供包含使用 SGD、Adam 和 RMSprop 等不同优化器的代码，并比较基线单层模型在不同组合下的性能。优化器应在编译时传入，并确保标签是 one-hot 编码的。

[提示结束]

我们应该会收到类似下面的响应（其中 ChatGPT 会理解请求，并为我们提供不同优化器的代码及比较结果）。

[提示响应]

当然！让我们分别使用三种不同的优化器（SGD、Adam 和 RMSprop）来定义并训练一个基线单层 MLP 模型，然后比较它们的性能。

现在，让我们定义并训练这些模型：

```
from tensorflow.keras.optimizers import SGD, Adam, RMSprop

# Define and train model with SGD optimizer
def train_model_sgd(model, x_train, y_train, x_val, y_val, batch_size=32, epochs=10):
    # One-hot encode the class labels
    y_train_encoded = to_categorical(y_train)
    y_val_encoded = to_categorical(y_val)
    # Compile the model with SGD optimizer
    model.compile(loss='categorical_crossentropy', optimizer=SGD(), metrics=['accuracy'])
    # Train the model on the training data
    history = model.fit(x_train, y_train_encoded, batch_size=batch_size, epochs=epochs, validation_data=(x_val, y_val_encoded))
    return history

# Define and train model with Adam optimizer
def train_model_adam(model, x_train, y_train, x_val, y_val, batch_size=32, epochs=10):
    # One-hot encode the class labels
    y_train_encoded = to_categorical(y_train)
    y_val_encoded = to_categorical(y_val)
    # Compile the model with Adam optimizer
    model.compile(loss='categorical_crossentropy', optimizer=Adam(), metrics=['accuracy'])
    # Train the model on the training data
    history = model.fit(x_train, y_train_encoded, batch_size=batch_size, epochs=epochs, validation_data=(x_val, y_val_encoded))
    return history

# Define and train model with RMSprop optimizer
def train_model_rmsprop(model, x_train, y_train, x_val, y_val, batch_size=32, epochs=10):
    # One-hot encode the class labels
    y_train_encoded = to_categorical(y_train)
    y_val_encoded = to_categorical(y_val)
    # Compile the model with RMSprop optimizer
    model.compile(loss='categorical_crossentropy', optimizer=RMSprop(), metrics=['accuracy'])
    # Train the model on the training data
    history = model.fit(x_train, y_train_encoded, batch_size=batch_size, epochs=epochs, validation_data=(x_val, y_val_encoded))
```

```
    return history

# Train model with SGD optimizer
model_sgd = create_single_layer_mlp(input_shape, num_classes)
history_sgd = train_model_sgd(model_sgd, x_train, y_train, x_val, y_val)

# Train model with Adam optimizer
model_adam = create_single_layer_mlp(input_shape, num_classes)
history_adam = train_model_adam(model_adam, x_train, y_train, x_val, y_val)

# Train model with RMSprop optimizer
model_rmsprop = create_single_layer_mlp(input_shape, num_classes)
history_rmsprop = train_model_rmsprop(model_rmsprop, x_train, y_train, x_val, y_val)
```

模型比较：

完成模型训练后，就可以根据准确率等评估指标来比较它们的性能。

```
# Evaluate models with different optimizers
accuracy_sgd, _, _, _ = evaluate_model(model_sgd, x_test, y_test)
accuracy_adam, _, _, _ = evaluate_model(model_adam, x_test, y_test)
accuracy_rmsprop, _, _, _ = evaluate_model(model_rmsprop, x_test, y_test)

# Print model comparison
print("Single-layer MLP Accuracy (SGD):", accuracy_sgd)
print("Single-layer MLP Accuracy (Adam):", accuracy_adam)
print("Single-layer MLP Accuracy (RMSprop):", accuracy_rmsprop)
```

解释：

- 我们使用不同的优化器（SGD、Adam 和 RMSprop）定义并训练三种基线单层 MLP 模型。
- 训练完成后，我们使用测试数据来评估各个模型的性能，并比较它们的准确率。

这种比较有助于我们理解不同优化器对模型性能的影响。

［响应结束］

我们执行包含不同优化器定义的模型代码，它会进行模型训练，评估所有模型变体的性能并输出性能比较结果，如图 14.12 所示。

```
# Evaluate models with different optimizers
accuracy_sgd, _, _, _ = evaluate_model(model_sgd, x_test, y_test)
accuracy_adam, _, _, _ = evaluate_model(model_adam, x_test, y_test)
accuracy_rmsprop, _, _, _ = evaluate_model(model_rmsprop, x_test, y_test)

# Print model comparison
print("Single-layer MLP Accuracy (SGD):", accuracy_sgd)
print("Single-layer MLP Accuracy (Adam):", accuracy_adam)
print("Single-layer MLP Accuracy (RMSprop):", accuracy_rmsprop)


282/282 [==============================] - 1s 2ms/step
282/282 [==============================] - 1s 3ms/step
282/282 [==============================] - 0s 1ms/step
Single-layer MLP Accuracy (SGD): 0.8492222222222222
Single-layer MLP Accuracy (Adam): 0.8816666666666667
Single-layer MLP Accuracy (RMSprop): 0.8663333333333333
```

图 14.12　代码执行——不同优化器比较

根据这些结果，我们可以发现 Adam 优化器取得了最高的准确率。这表明 Adam 在优化模型参数和提升模型在测试数据上的性能方面更加出色。

14.7 任务

比较单层模型和双层模型的性能，分别进行 20 和 50 轮训练。

14.8 挑战

在 ChatGPT 的帮助下，通过添加一个 dropout 层来改进模型并分析其对模型性能的影响。可以在模型中任意添加更多隐藏层。

14.9 总结

本章使用的提示策略提供了一种结构化方法来帮助我们学习和构建分类模型、使用多层感知器（MLP），并结合 ChatGPT 生成代码。用户借助 Colab 验证代码并向 ChatGPT 提供反馈。通过积极地学习这些内容，你可以尝试使用各种技术，并不断完善自己的理解，最终更全面地掌握使用 MLP 创建分类模型的方法。

下一章，我们将学习如何借助 CIFAR-10 数据集，使用 ChatGPT 生成**卷积神经网络**（**CNN**）的代码。

第 15 章

使用 ChatGPT 为 CIFAR-10 构建 CNN 模型

15.1 导论

上一章中，我们利用 Fashion-MNIST 数据集探索了多层感知器（MLP）的奥秘，现在我们将迎来一个更复杂且视觉上更丰富的更具挑战性的任务。本章标志着我们从以表格和灰度图像为主的 Fashion-MNIST 数据集过渡到色彩斑斓的 CIFAR-10 数据集。我们将聚焦于**卷积神经网络（CNN）**，这种深度神经网络正在彻底改变我们处理图像分类任务的方式。

第 14 章的内容为我们理解神经网络的基础知识及其在简单灰度图像分类中的应用奠定了坚实的基础。现在，我们将进入一个更高级的领域，CNN 就在这里扮演着重要角色。CIFAR-10 数据集由 10 个不同类别的 32×32 大小的彩色图像组成，它能解决一系列 MLP 难以解决的独特挑战，而这正是 CNN 擅长捕捉图像中空间和纹理模式的优势所在。

当从 MLP 过渡到 CNN 时，我们将继续运用所获得的见解与知识，将其应用于更复杂、更贴近现实场景的数据集。CIFAR-10 数据集不仅测试了图像分类模型的极限，还为我们探索 CNN 的高级功能提供了绝佳的平台。

本章旨在以你所学的神经网络知识为基础，帮助你了解 CNN 中的细节。我们将深入探讨 CNN 为什么是处理图像数据的首选，它们在处理颜色和纹理方面与 MLP 有何不同，以及它们在对 CIFAR-10 数据集中的图像进行分类时为何如此有效。准备好踏上 CNN 从入门到精通的旅程吧。

15.2 业务问题

CIFAR-10 数据集为寻求提升多类别物体图像识别能力，并基于视觉数据优化决策流程的公司，提出了一项关键业务挑战。电子商务、自动驾驶、安防监控等众多行业，将从精准的物体分类与检测中获益。通过运用先进的机器学习算法,公司可以达成三大核心目标:提升运站营效率、优化用户体验、精简业务流程。

15.3 问题和数据领域

在这种情况下,我们将利用 CNN 处理使用 CIFAR-10 数据集的对象识别任务。CNN 能够从原始像素数据中自动学习分层特征,因此对图像相关问题尤为有效。通过在 CIFAR-10 数据集上训练 CNN 模型,我们旨在开发出一个强大的系统,以准确地将对象归入 10 个预定义类别之一。该模型可应用于多个领域,如基于图像的搜索引擎、自动监控系统和制造业的质量控制。

数据集概述

CIFAR-10 数据集有 60 000 张彩色图像,分为 10 类,每类 6000 张,每张图像的尺寸均为 32×32 像素,并以 RGB 格式表示。该数据集被划分为 50 000 张图像的训练集和 10 000 张图像的测试集,如图 15.1 所示。

图 15.1 CIFAR-10 数据集图像分类

数据集的特征包括:

- **图像数据**:各种物体的彩色图像,每张图像被表示为包含红色、绿色和蓝色通道像素强度的三维数组。这些图像用作训练 CNN 模型的输入数据。
- **标签**:每张图像所分配的类别标签代表所描绘对象的类别。标签范围是 0~9,分别对应飞机、汽车、鸟、猫、鹿、狗、青蛙、马、船和卡车。

通过分析 CIFAR-10 数据集及其标签，我们旨在训练一个能够准确识别图像中对象的 CNN 模型。然后，可以将这个预测模型应用于现实世界，以自动化对象识别任务、优化决策过程，并提高各行各业的整体效率。

15.4 功能分解

鉴于 CIFAR-10 数据集和 CNN 在图像识别任务中的应用，我们列出了以下特征来指导用户构建并优化 CNN 模型：

- **构建具有单一卷积层的基线 CNN 模型**：用户将先构建一个包含单一卷积层的简易 CNN 模型，用于图像分类。该特征侧重于定义基本架构（包括卷积过滤器（convolutional filter）、激活函数（activation function）和池化层（pooling layer）），从而建立对 CNN 的基础理解。
- **尝试添加卷积层**：用户将探索在基线模型架构中添加额外卷积层的影响。通过逐步增加网络深度，用户可以观察模型捕捉层次特征的能力如何演变，以及模型学习复杂模式的能力如何提升。
- **引入 dropout 正则化**：用户将学习如何将 dropout 正则化集成到 CNN 模型中，以减轻过拟合并提高泛化性能。通过在训练过程中随机丢弃单元，dropout 能有效防止网络过度依赖某些特定特征，并促进稳健的特征学习。
- **实现批量归一化**：用户将探索批量归一化在稳定训练动态和加速收敛方面的优势。该功能侧重于将批量归一化层（batch normalization layer）纳入 CNN 架构，以归一化激活（normalize activation）并减少内部协变量偏移，从而实现更快速、更稳定的训练。
- **使用不同优化器进行优化**：该功能可探索使用 SGD、Adam 和 RMSprop 等多种优化算法来训练 CNN 模型的效果。用户将比较不同优化器的训练动态、收敛速度和最终模型性能，从而选定最适合其特定任务的优化策略。
- **应用 DavidNet 架构**：DavidNet 架构以其简洁性和高效性在图像分类任务中脱颖而出，特别是在 CIFAR-10 数据集上。DavidNet 架构的特点包括残差块、批量归一化、跳跃连接、最大池化、全连接层和学习率调度。此外，它还使用了正则化技术以防止过拟合。

通过遵循这些功能，用户将掌握使用 CIFAR-10 数据集进行构建、微调和优化 CNN 模型以完成图像分类任务的实用见解。你将学会如何系统地尝试不同的架构组件、正则化技术和优化策略，从而在对象识别中实现卓越的性能与精确性。

15.5 提示策略

要将 ChatGPT 用于机器学习，我们需要准确掌握专门针对机器学习的代码生成提示策略。让我们来头脑风暴，思考在这项任务中想实现什么目标，从而更好地理解提示词中应该包含哪些内容。

15.5.1 策略 1：TAG 提示策略

（1）**任务（T）**：具体任务或目标是为 CIFAR-10 数据集构建并优化 CNN 模型。
（2）**行动（A）**：为 CIFAR-10 数据集构建并优化 CNN 模型的关键步骤包括以下几点。
- **预处理图像数据**：归一化像素值并将图像调整为标准大小。
- **构建模型**：定义具有单一卷积层的基线 CNN 模型架构。

（3）**指南（G）**：我们将在提示中为 ChatGPT 提供以下指南。
- 代码应与 Jupyter Notebook 兼容。
- 确保每行代码都有详细注释。
- 你必须详细解释每一行代码以及所使用的每种方法。

15.5.2 策略 2：PIC 提示策略

（1）**角色（P）**：扮演一个需要逐步指导的角色来构建并优化 CNN 模型，以完成图像分类任务。
（2）**指令（I）**：要求 ChatGPT 每次只生成一个功能的代码，并在进入下一步之前等待用户反馈。
（3）**上下文（C）**：鉴于重点是使用 CIFAR-10 数据集来构建用于图像分类任务的 CNN 模型，由于 ChatGPT 已经熟悉该数据集及其特征，因此可能无须额外的上下文。

15.5.3 策略 3：LIFE 提示策略

（1）**学习（L）**：强调学习 CNN 模型及其组件的重要性，包括卷积层、池化层、dropout 正则化、批量归一化、数据增强和优化算法。
（2）**改进（I）**：我们将通过添加层、丢弃层、池化和数据增强等方法进行改进。
（3）**反馈（F）**：
- 共享代码和模型输出结果以获取反馈，确保有效学习和理解。
- 采纳建议和批评，完善模型和方法。
- 提供错误信息，排除故障并解决问题。

（4）**评估（E）**：执行 ChatGPT 提供的代码以确保其准确性和有效性，这将贯穿整章。

15.6 使用免费版 ChatGPT 构建可以准确分类 CIFAR-10 图像的 CNN 模型

ChatGPT 的高级版本有代码解释器，但不支持执行机器学习代码所需的 Keras、TensorFlow 等深度学习库。因此，本章将使用免费版 ChatGPT。

15.6.1 功能 1：构建基线模型

让我们为基线模型制订初始提示词。

[提示]

我想为 CIFAR-10 数据集（TAG-T）创建一个由单层 CNN 模型（PIC-I）组成的简单分类模型。这将包括以下几个步骤（TAG-A），每次提供一个步骤并等待用户反馈（PIC-I）：
- 图像数据预处理：归一化像素值，并将图像调整为标准尺寸。
- 模型构建：定义具有单一卷积层的基线 CNN 模型架构。

我是初学者用户（PIC-P），请逐步提供代码，并严格遵循以下原则（TAG-G）：
- 代码应与 Jupyter Notebook 兼容。
- 确保每行代码都有详细的注释。
- 你必须详细解释每一行代码以及所使用的每种方法。

[提示结束]

你应该会收到类似以下的响应（ChatGPT 提供了"数据预处理"步骤的代码，并附有详细的注释和解释）。

[提示响应]

当然，让我们从第一步：图像数据预处理开始。在这一步中，我们将归一化像素值，并将图像调整为标准尺寸。

```
# Step 1: Preprocessing the image data

# Import necessary libraries
import numpy as np
import tensorflow as tf
from tensorflow.keras.datasets import cifar10
from tensorflow.keras.utils import to_categorical
from skimage.transform import resize

# Load CIFAR-10 dataset
(x_train, y_train), (x_test, y_test) = cifar10.load_data()

# Normalize pixel values to range [0, 1]
x_train = x_train.astype('float32') / 255.0
x_test = x_test.astype('float32') / 255.0

# Resize images to a standardized size (e.g., 32x32 pixels)
standardized_size = (32, 32)
x_train_resized = np.array([resize(image, standardized_size) for image in x_train])
x_test_resized = np.array([resize(image, standardized_size) for image in x_test])

# Display shape of datasets after preprocessing
print("Shape of x_train:", x_train_resized.shape)
print("Shape of x_test:", x_test_resized.shape)
```

现在，让我们拆分每一行代码。

- 我们导入必要的库：
  - `numpy` 用于数值运算。
  - `tensorflow` 用于构建和训练模型。
  - `tensorflow.keras.datasets` 中的 `cifar10` 数据集用于加载 CIFAR-10 数据。
  - `tensorflow.keras.utils` 中的 `to_categorical` 函数用于对标签进行 one-hot 编码。
  - `skimage.transform` 库中的 `resize` 函数用于调整图像大小。
- 调用 `cifar10.load_data()` 函数加载 CIFAR-10 数据集，该函数返回训练集和测试集的拆分数据。
- 将图像的像素值除以 `255.0`，将其归一化到 0~1。
- 定义调整图像大小的标准尺寸（如 32×32 像素）。
- 利用列表推导和 `resize` 函数，将训练集和测试集中的所有图像调整为标准尺寸。
- 最后，输出预处理后的训练集和测试集的形状以验证变化。

如果有任何疑问或希望进行下一步，请告诉我！

[响应结束]

现在，我们将应用评估提示策略（LIFE-E），并在 Google Colab 中逐步执行代码来验证代码的正确性。代码从 Keras 加载模型并对图像进行归一化处理。代码运行顺利且无任何错误，如图 15.2 所示。

```
# Step 1: Preprocessing the image data

# Import necessary libraries
import numpy as np
import tensorflow as tf
from tensorflow.keras.datasets import cifar10
from tensorflow.keras.utils import to_categorical
from skimage.transform import resize

# Load CIFAR-10 dataset
(x_train, y_train), (x_test, y_test) = cifar10.load_data()

# Normalize pixel values to range [0, 1]
x_train = x_train.astype('float32') / 255.0
x_test = x_test.astype('float32') / 255.0

# Resize images to a standardized size (e.g., 32x32 pixels)
standardized_size = (32, 32)
x_train_resized = np.array([resize(image, standardized_size) for image in x_train])
x_test_resized = np.array([resize(image, standardized_size) for image in x_test])

# Display shape of datasets after preprocessing
print("Shape of x_train:", x_train_resized.shape)
print("Shape of x_test:", x_test_resized.shape)
```

```
Downloading data from https://www.cs.toronto.edu/~kriz/cifar-10-python.tar.gz
170498071/170498071 [==============================] - 3s 0us/step
Shape of x_train: (50000, 32, 32, 3)
Shape of x_test: (10000, 32, 32, 3)
```

图 15.2　代码执行——数据预处理

请参考 Building a CNN Model for CIFAR-10 with ChatGPT.ipynb 的 Notebook 以获取可执行代码片段，或从提示响应中复制代码。

现在，我们将指示 ChatGPT 进行下一步。

[提示]

让我们进行下一步。

[提示结束]

我们应该会收到类似以下的响应（ChatGPT 会提供构建基线模型的代码）。

[提示响应]

很好！下一步是构建具有单一卷积层的基线 CNN 模型架构。

```python
# Step 2: Model Construction

# Import necessary libraries
from tensorflow.keras.models import Sequential
from tensorflow.keras.layers import Conv2D, MaxPooling2D, Flatten, Dense

# Define the baseline CNN model architecture
model = Sequential([
    # Add a convolutional layer with 32 filters, kernel size of (3, 3), and ReLU activation function
    Conv2D(32, (3, 3), activation='relu', input_shape=(32, 32, 3)),
    # Add a max pooling layer with pool size of (2, 2)
    MaxPooling2D((2, 2)),
    # Flatten the output of the convolutional layer
    Flatten(),
    # Add a fully connected layer with 64 neurons and ReLU activation function
    Dense(64, activation='relu'),
    # Add the output layer with 10 neurons (one for each class) and softmax activation function
    Dense(10, activation='softmax')
])

# Compile the model
model.compile(optimizer='adam',
              loss='sparse_categorical_crossentropy',
              metrics=['accuracy'])

# Display model summary
model.summary()
```

现在，让我们逐行解释代码。

- 我们导入必要的库：
    - tensorflow.keras.models 中的 Sequential 用于创建顺序模型。
    - tensorflow.keras.layers 中的卷积层（Conv2D）、最大池化层（MaxPooling2D）、扁平层（Flatten）和全连接层（Dense），用于定义 CNN 模型中的各类层次。
- 我们通过 Sequential API 定义基线 CNN 模型架构，从而创建一个线性层栈。
在顺序模型中：
- 我们添加一个包含 32 个过滤器，大小为（3, 3），且使用 ReLU 激活函数的卷积层（Conv2D）。通过 input_shape 参数定义输入图像的形状。
- 我们添加一个池大小为（2，2）的最大池化层（MaxPooling2D），对特征图进行下采样。
- 我们使用 Flatten 层对卷积层的输出结果进行展平处理，为全连接层做好准备。
- 我们添加一个包含 64 个神经元和 ReLU 激活函数的全连接层（Dense）。
- 最后，我们在输出层添加 10 个神经元（CIFAR-10 数据的类别中每类一个）和 softmax 激活函数。

我们使用 model.compile() 对模型进行如下编译：
- optimizer='adam' 用来使用 Adam 优化器。
- loss='sparse_categorical_crossentropy' 作为损失函数，适用于带有整数标签的分类任务。
- metrics=['accuracy'] 用来监控训练过程中的准确率。
- 我们使用 model.summary() 显示模型架构的摘要。

如果有任何疑问或希望进行任何调整，请告诉我！

[响应结束]

我们在 Notebook 中成功运行了代码。其输出的模型摘要包含 32 个过滤器和 896 个参数的卷积层，随后是最大池化层、没有参数的扁平层，然后是包含 64 个神经元和 ReLU 激活函数的全连接层，最后是含有 10 个神经元和 softmax 激活函数的全连接层，如图 15.3 所示。

图 15.3　代码执行——基线模型摘要

现在，我们将指示 ChatGPT 进行下一步。

[提示]
让我们进行下一步。

[提示结束]

我们应该会收到类似以下的响应（ChatGPT 会提供训练模型的代码）。

[提示响应]

当然！下一步是在预处理的 CIFAR-10 数据集上训练模型。

```
# Step 3: Model Training

# Train the model
history = model.fit(x_train_resized, y_train,
                    epochs=10,
                    batch_size=32,
                    validation_data=(x_test_resized, y_test))
```

解释：
- 我们通过 fit 方法，利用预处理后的训练数据（x_train_resized）及相应的标签（y_train）来训练模型。
- 我们设定训练轮数为 10（epochs=10），在整个数据集中对模型进行 10 轮迭代训练。
- 我们设置批次大小（batch_size=32）来指定每次梯度更新的样本数量。这个超参数决定了在更新模型参数之前所处理的样本数量。
- 我们提供验证数据（validation_data=(x_test_resized, y_test)），以在每个轮次后评估模型在测试数据上的性能。
- fit 方法返回一个 history 对象，其中包含每个轮次的训练指标（如损失率和准确率），可用于分析和可视化。

如果有任何疑问、希望继续评估模型或进行任何调整，请告诉我！

[响应结束]

我们成功执行了代码。经过 10 轮的模型训练后获得了 62.6% 的验证准确率（如图 15.4 所示），这对一个基础模型来说还不错。

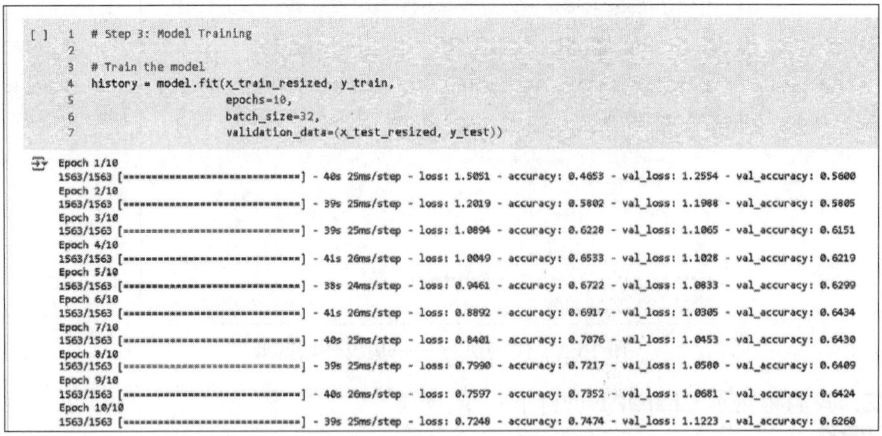

图 15.4 代码执行——模型训练

现在，我们将指示 ChatGPT 进行下一步：评估模型性能。

[提示]

让我们进行下一步。

[提示结束]

我们应该会收到类似以下的响应（ChatGPT 会提供评估模型的代码及注释）。

[提示响应]

当然！下一步是评估已训练模型在测试数据集上的性能，并将其性能可视化。

```
# Step 4: Model Evaluation and Visualization

import matplotlib.pyplot as plt

# Evaluate the model on the testing dataset
test_loss, test_accuracy = model.evaluate(x_test_resized, y_test, verbose=0)

print("Test Loss:", test_loss)
print("Test Accuracy:", test_accuracy)

# Plot training history
plt.plot(history.history['accuracy'], label='Training Accuracy')
plt.plot(history.history['val_accuracy'], label='Validation Accuracy')
plt.title('Training and Validation Accuracy')
plt.xlabel('Epoch')
plt.ylabel('Accuracy')
plt.legend()
plt.show()
```

这段代码的作用如下：
- 我们导入 matplotlib.pyplot 来可视化训练历史。
- 我们通过 evaluate 方法评估训练好的模型在测试集上的性能，该方法返回测试损失率和准确率。
- 我们输出测试损失率和测试准确率，评估模型在未知数据上的性能。
- 我们使用 matplotlib.pyplot 绘制训练准确率和验证准确率的历时曲线。fit 方法返回的 history 对象中，记录了整个历程中训练集和验证集的准确率。
- history.history['accuracy'] 包含了训练准确率。
- history.history['val_accuracy'] 包含了验证准确率。
- 该图有助于我们直观地看到模型在不同时间的学习情况，以及是否存在过拟合或欠拟合。

如果有任何疑问或希望进一步分析结果，请告诉我！

[响应结束]

我们执行代码后，运行无错误。它评估了测试损失率和测试准确率（62.5%），还绘制了训练准确率与验证准确率的对比图，结果显示模型在验证集上表现不佳，如图 15.5 所示。

```python
# Step 4: Model Evaluation and Visualization

import matplotlib.pyplot as plt

# Evaluate the model on the testing dataset
test_loss, test_accuracy = model.evaluate(X_test_resized, y_test, verbose=0)

print("Test Loss:", test_loss)
print("Test Accuracy:", test_accuracy)

# Plot training history
plt.plot(history.history['accuracy'], label='Training Accuracy')
plt.plot(history.history['val_accuracy'], label='Validation Accuracy')
plt.title('Training and Validation Accuracy')
plt.xlabel('Epoch')
plt.ylabel('Accuracy')
plt.legend()
plt.show()
```

Test Loss: 1.1222519874572754
Test Accuracy: 0.6259999871253967

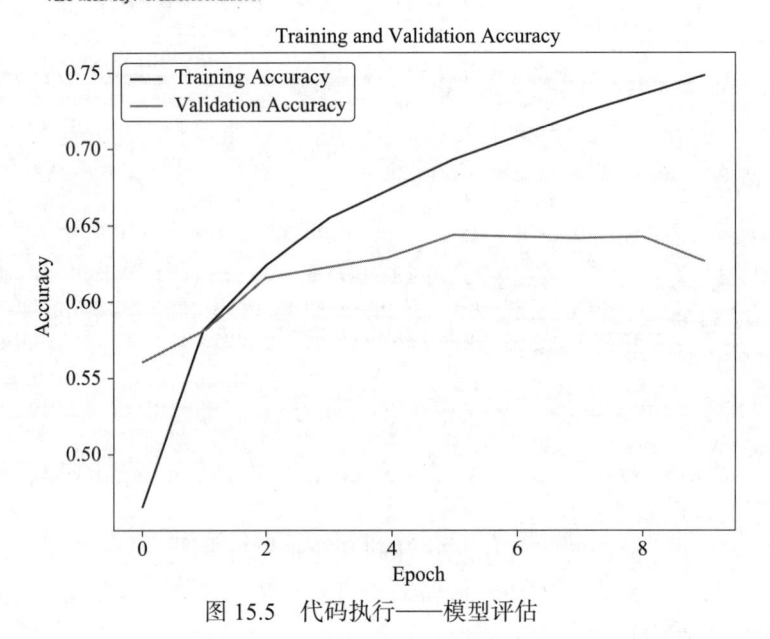

图 15.5　代码执行——模型评估

我们这就完成了功能 1，基线 CNN 模型的准确率达到了 62.59%（请注意，即使运行了相同的代码，你也可能得到不同的准确率）。接下来，我们将进入第 2 个功能：为模型添加更多层。我们将学习如何利用 ChatGPT 帮助我们实现这一点。

15.6.2　功能 2：为模型添加层

有了基线模型架构后，让我们尝试为它添加层。我们将应用提示策略来改进模型（LIFE-E），并要求 ChatGPT 为我们提供相关代码。同时也要特别注意通过在基线模型的基础上使用短语（PIC-I）和关键字渐进式地（PIC-I）提供具体指令的重要性。否则，响应可能不会完全符合我们的预期。

[提示]

基线模型的准确率为 62.59%。所以我想在基线模型的基础上，先尝试添加两个包含连续的 64 个过滤器的卷积层，再添加两个包含连续的 128 个过滤器的卷积层。然后，我们将比较这两种增量变化与基线模型的结果。

[提示结束]

我们应该会收到类似以下的响应（ChatGPT 会理解请求并提供一段包含连续的 64 个过滤器的卷积层的代码和另一段包含连续的 128 个过滤器的卷积层的代码）。

[提示响应]

当然！让我们先在基线模型中添加两个包含连续的 64 个过滤器的卷积层，并再次训练模型。然后，我们再添加两个包含连续的 128 个过滤器的卷积层，并再次训练模型。最后，我们将比较这两种变化与基线模型的结果。

我们可以通过以下方式修改基线模型以包含额外的层：

```
# Define the modified model with two consecutive layers of 64 filters
modified_model_64 = Sequential([
    Conv2D(32, (3, 3), activation='relu', input_shape=(32, 32, 3)),
    MaxPooling2D((2, 2)),
    Conv2D(64, (3, 3), activation='relu'),
    MaxPooling2D((2, 2)),
    Conv2D(64, (3, 3), activation='relu'),
    MaxPooling2D((2, 2)),
    Flatten(),
    Dense(64, activation='relu'),
    Dense(10, activation='softmax')
])

# Compile the modified model
modified_model_64.compile(optimizer='adam',
                          loss='sparse_categorical_crossentropy',
                          metrics=['accuracy'])

# Display model summary
modified_model_64.summary()

# Train the modified model with two consecutive layers of 64 filters
history_64 = modified_model_64.fit(x_train_resized, y_train,
                                   epochs=10,
                                   batch_size=32,
                                   validation_data=(x_test_resized, y_test))

# Evaluate the modified model on the testing dataset
test_loss_64, test_accuracy_64 = modified_model_64.evaluate(x_test_resized, y_test, verbose=0)

print("Test Loss (Modified Model with 64 Filters):", test_loss_64)
print("Test Accuracy (Modified Model with 64 Filters):", test_accuracy_64)
```

解释：
- 通过在基线模型结构后添加两个包含连续的 64 个过滤器的卷积层来定义修改后的模型（`modified_model_64`）。
- 我们使用与基线模型相同的设置来编译修改后的模型。
- 我们在经过预处理的训练数据（`x_train_resized`）上训练修改后的模型（`modified_model_64`）。
- 我们在测试数据集（`x_test_resized`）上评估修改后模型的性能，并输出测试损失率和准确率。

接下来，我们将重复这一过程，添加两个连续的 128 个过滤器层：

```
# Define the modified model with two consecutive layers of 128 filters
modified_model_128 = Sequential([
    Conv2D(32, (3, 3), activation='relu', input_shape=(32, 32, 3)),
    MaxPooling2D((2, 2)),
    Conv2D(64, (3, 3), activation='relu'),
    MaxPooling2D((2, 2)),
    Conv2D(64, (3, 3), activation='relu'),
    MaxPooling2D((2, 2)),
    Conv2D(128, (3, 3), activation='relu'),
    MaxPooling2D((2, 2)),
    Conv2D(128, (3, 3), activation='relu'),
    MaxPooling2D((2, 2)),
    Flatten(),
    Dense(64, activation='relu'),

    Dense(10, activation='softmax')
])

# Compile the modified model
modified_model_128.compile(optimizer='adam',
                           loss='sparse_categorical_crossentropy',
                           metrics=['accuracy'])

# Display model summary
modified_model_128.summary()

# Train the modified model with two consecutive layers of 128 filters
history_128 = modified_model_128.fit(x_train_resized, y_train,
                                     epochs=10,
                                     batch_size=32,
                                     validation_data=(x_test_resized, y_test))

# Evaluate the modified model on the testing dataset
test_loss_128, test_accuracy_128 = modified_model_128.evaluate(x_test_resized, y_
```

```
test, verbose=0)

print("Test Loss (Modified Model with 128 Filters):", test_loss_128)
print("Test Accuracy (Modified Model with 128 Filters):", test_accuracy_128)
```

这段代码沿用了之前的修改结构，但添加了两个包含连续的 128 个过滤器的卷积层。我们对模型进行了相应的训练和评估。

如果有任何疑问或想继续进行修改，请告诉我！

[响应结束]

我们执行代码，该代码定义了两个额外的包含 64 个过滤器的卷积层。它成功运行，训练模型并提高了 71% 的准确率，如图 15.6 所示。

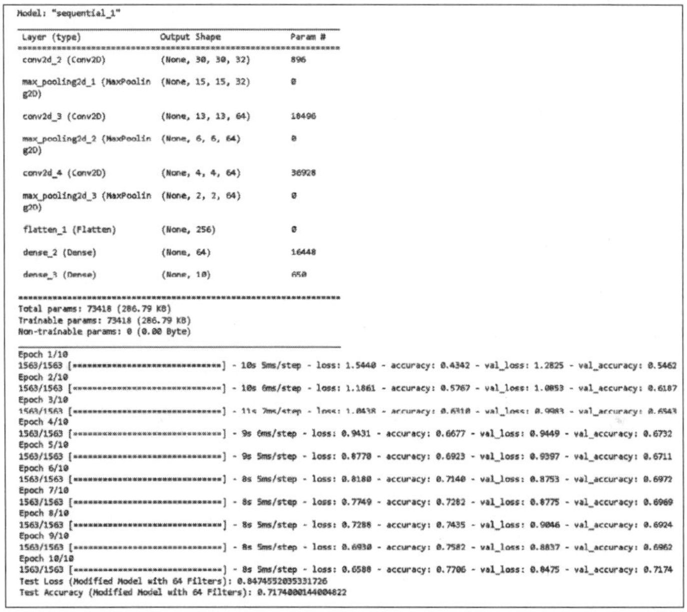

```
Model: "sequential_1"
_________________________________________________________________
 Layer (type)                Output Shape              Param #
=================================================================
 conv2d_2 (Conv2D)           (None, 30, 30, 32)        896

 max_pooling2d_1 (MaxPoolin  (None, 15, 15, 32)        0
 g2D)

 conv2d_3 (Conv2D)           (None, 13, 13, 64)        18496

 max_pooling2d_2 (MaxPoolin  (None, 6, 6, 64)          0
 g2D)

 conv2d_4 (Conv2D)           (None, 4, 4, 64)          36928

 max_pooling2d_3 (MaxPoolin  (None, 2, 2, 64)          0
 g2D)

 flatten_1 (Flatten)         (None, 256)               0

 dense_2 (Dense)             (None, 64)                16448

 dense_3 (Dense)             (None, 10)                650

=================================================================
Total params: 73418 (286.79 KB)
Trainable params: 73418 (286.79 KB)
Non-trainable params: 0 (0.00 Byte)
_________________________________________________________________
Epoch 1/10
1563/1563 [==============================] - 10s 5ms/step - loss: 1.5440 - accuracy: 0.4342 - val_loss: 1.2825 - val_accuracy: 0.5462
Epoch 2/10
1563/1563 [==============================] - 10s 6ms/step - loss: 1.1861 - accuracy: 0.5767 - val_loss: 1.0853 - val_accuracy: 0.6187
Epoch 3/10
1563/1563 [==============================] - 11s 7ms/step - loss: 1.0438 - accuracy: 0.6310 - val_loss: 0.9883 - val_accuracy: 0.6543
Epoch 4/10
1563/1563 [==============================] - 9s 6ms/step - loss: 0.9431 - accuracy: 0.6677 - val_loss: 0.9449 - val_accuracy: 0.6732
Epoch 5/10
1563/1563 [==============================] - 9s 5ms/step - loss: 0.8770 - accuracy: 0.6923 - val_loss: 0.9397 - val_accuracy: 0.6711
Epoch 6/10
1563/1563 [==============================] - 8s 5ms/step - loss: 0.8180 - accuracy: 0.7140 - val_loss: 0.8753 - val_accuracy: 0.6972
Epoch 7/10
1563/1563 [==============================] - 8s 5ms/step - loss: 0.7749 - accuracy: 0.7282 - val_loss: 0.8775 - val_accuracy: 0.6969
Epoch 8/10
1563/1563 [==============================] - 8s 5ms/step - loss: 0.7288 - accuracy: 0.7435 - val_loss: 0.9046 - val_accuracy: 0.6924
Epoch 9/10
1563/1563 [==============================] - 8s 5ms/step - loss: 0.6930 - accuracy: 0.7582 - val_loss: 0.8837 - val_accuracy: 0.6962
Epoch 10/10
1563/1563 [==============================] - 8s 5ms/step - loss: 0.6588 - accuracy: 0.7706 - val_loss: 0.8475 - val_accuracy: 0.7174
Test Loss (Modified Model with 64 Filters): 0.8474552035331726
Test Accuracy (Modified Model with 64 Filters): 0.7174000144004822
```

图 15.6　模型添加了两个连续的包含 64 个过滤器的卷积层

接下来，我们执行代码，通过再添加两个包含 128 个过滤器的卷积层进一步增加模型深度。然而，在这种情况下，代码会导致错误，因此我们将使用提示策略，将错误信息反馈给 ChatGPT。

你应该会看到一个 `ValueError`。

[提示]

我们收到了以下错误信息。此外，确保最大池化不会过多地缩减 128 个过滤器的维度。错误信息如下：

```
ValueError: Exception encountered when calling layer "conv2d_38" (type Conv2D).

Negative dimension size caused by subtracting 3 from 2 for '{{node conv2d_38/Con-
v2D}} = Conv2D[T=DT_FLOAT, data_format="NHWC", dilations=[1, 1, 1, 1], explicit_pad-
```

```
dings=[], padding="VALID", strides=[1, 1, 1, 1], use_cudnn_on_gpu=true](Placeholder,
conv2d_38/Conv2D/ReadVariableOp)' with input shapes: [?,2,2,64], [3,3,64,128].

Call arguments received by layer "conv2d_38" (type Conv2D):
  inputs=tf.Tensor(shape=(None, 2, 2, 64), dtype=float32).
```

[提示结束]

我们应该会收到类似以下的响应(ChatGPT 会理解请求并为我们提供解决问题的修改代码)。

[提示响应]

看来我们遇到了一个问题,即最后一个最大池化层之后的维度太小,无法满足后续包含 128 个过滤器的卷积层。为了解决这个问题,我们将调整架构,以确保各层之间的兼容性。

以下是更正后的代码:

```
# Define the modified model with two consecutive layers of 128 filters added to the
64-layer model
modified_model_64_to_128 = Sequential([
    Conv2D(32, (3, 3), activation='relu', input_shape=(32, 32, 3)),
    MaxPooling2D((2, 2)),
    Conv2D(64, (3, 3), activation='relu'),
    MaxPooling2D((2, 2)),
    Conv2D(64, (3, 3), activation='relu'),
    Conv2D(128, (3, 3), activation='relu', padding='same'),  # Add padding
    Conv2D(128, (3, 3), activation='relu', padding='same'),  # Add padding
    MaxPooling2D((2, 2)),
    Flatten(),
    Dense(64, activation='relu'),
    Dense(10, activation='softmax')
])

# Compile the modified model
modified_model_64_to_128.compile(optimizer='adam',
                                  loss='sparse_categorical_crossentropy',
                                  metrics=['accuracy'])

# Display model summary
modified_model_64_to_128.summary()

# Train the modified model with two consecutive layers of 128 filters added to the
64-layer model
history_64_to_128 = modified_model_64_to_128.fit(x_train_resized, y_train,
                                                  epochs=10,
                                                  batch_size=32,
```

```
                                                   validation_data=(x_test_resized,
y_test))

# Evaluate the modified model on the testing dataset
test_loss_64_to_128, test_accuracy_64_to_128 = modified_model_64_to_128.evaluate(x_
test_resized, y_test, verbose=0)

print("Test Loss (Modified Model with 64 to 128 Filters):", test_loss_64_to_128)
print("Test Accuracy (Modified Model with 64 to 128 Filters):", test_accuracy_64_
to_128)
```

在此修改中：

- 在最后一个包含 64 个过滤器的卷积层之后，我们去掉了最大池化层，以确保在使用后续包含 128 个过滤器的卷积层之前，特征图的维度不会过度缩减。
- 我们在包含 128 个过滤器的卷积层上都加上了 `same` 填充（padding），以确保能与输入维度兼容。
- 其余架构保持不变。

该调整应该能解决这一问题，并使模型能正常编译和训练。如有任何疑问或后续问题，请告诉我！

[响应结束]

让我们执行代码，代码移除了一些最大池化层，同时添加了 `padding='same'` 以确保维度兼容。它成功运行并训练了模型，但准确率降低到了 69%，如图 15.7 所示。

```
Model: "sequential_9"
_________________________________________________________________
 Layer (type)                Output Shape              Param #
=================================================================
 conv2d_40 (Conv2D)          (None, 30, 30, 32)        896

 max_pooling2d_34 (MaxPooli  (None, 15, 15, 32)        0
 ng2D)

 conv2d_41 (Conv2D)          (None, 13, 13, 64)        18496

 max_pooling2d_35 (MaxPooli  (None, 6, 6, 64)          0
 ng2D)

 conv2d_42 (Conv2D)          (None, 4, 4, 64)          36928

 conv2d_43 (Conv2D)          (None, 4, 4, 128)         73856

 conv2d_44 (Conv2D)          (None, 4, 4, 128)         147584

 max_pooling2d_36 (MaxPooli  (None, 2, 2, 128)         0
 ng2D)

 flatten_9 (Flatten)         (None, 512)               0

 dense_18 (Dense)            (None, 64)                32832

 dense_19 (Dense)            (None, 10)                650

=================================================================
Total params: 311242 (1.19 MB)
Trainable params: 311242 (1.19 MB)
Non-trainable params: 0 (0.00 Byte)
_________________________________________________________________
Epoch 1/10
1563/1563 [==============================] - 12s 7ms/step - loss: 1.5531 - accuracy: 0.4194 - val_loss: 1.3012 - val_accuracy: 0.5338
Epoch 2/10
1563/1563 [==============================] - 10s 6ms/step - loss: 1.1590 - accuracy: 0.5874 - val_loss: 1.1143 - val_accuracy: 0.5969
Epoch 3/10
1563/1563 [==============================] - 9s 6ms/step - loss: 0.9821 - accuracy: 0.6528 - val_loss: 0.9471 - val_accuracy: 0.6691
Epoch 4/10
1563/1563 [==============================] - 10s 6ms/step - loss: 0.8647 - accuracy: 0.6960 - val_loss: 0.9182 - val_accuracy: 0.6881
Epoch 5/10
1563/1563 [==============================] - 10s 6ms/step - loss: 0.7730 - accuracy: 0.7271 - val_loss: 0.9124 - val_accuracy: 0.6931
Epoch 6/10
1563/1563 [==============================] - 10s 6ms/step - loss: 0.6967 - accuracy: 0.7541 - val_loss: 0.8611 - val_accuracy: 0.7045
Epoch 7/10
1563/1563 [==============================] - 9s 6ms/step - loss: 0.6228 - accuracy: 0.7804 - val_loss: 1.0315 - val_accuracy: 0.6705
Epoch 8/10
1563/1563 [==============================] - 10s 6ms/step - loss: 0.5574 - accuracy: 0.8050 - val_loss: 0.9043 - val_accuracy: 0.7114
Epoch 9/10
1563/1563 [==============================] - 10s 7ms/step - loss: 0.4964 - accuracy: 0.8224 - val_loss: 0.9639 - val_accuracy: 0.6958
Epoch 10/10
1563/1563 [==============================] - 9s 6ms/step - loss: 0.4393 - accuracy: 0.8438 - val_loss: 1.0033 - val_accuracy: 0.6993
Test Loss (Modified Model with 64 to 128 Filters): 1.0032662153244019
Test Accuracy (Modified Model with 64 to 128 Filters): 0.6992999911308289
```

图 15.7　添加包含 128 个过滤器的卷积层

基于这些结果，我们可以发现，与基线模型相比，添加更多层后准确率有所提高。不过，准确率之间的差异相对较小，这表明添加层数并没有显著提高模型的性能，且模型尚未正则化。让我们进入到下一个功能：尝试使用 dropout 正则化。

15.6.3　功能 3：引入 dropout 正则化

现在我们已经掌握了如何添加更多层，接下来我们将尝试使用 dropout 层。我们将采用提示策略以改进模型（LIFE-E），并要求 ChatGPT 为我们提供相关代码。

还要注意，我们应用了特定指令的提示策略（PIC-I），要求在先前提供的代码基础上添加 dropout 层。

[提示]

基线模型的准确率为 62.5%，添加包含 64 个过滤器的附加层后准确率提升至 71%，但添加包含 128 个过滤器的附加层后准确率反而降至 69%。你能否在之前给出的模型代码中应用 dropout 正则化？

[提示结束]

我们应该会收到类似以下的响应（ChatGPT 会理解请求并提供添加 dropout 层的代码）：

[提示响应]

当然，我们可以在修改后的模型中添加两个包含 128 个过滤器的连续层，然后引入 dropout 正则化。dropout 正则化通过在训练期间随机丢弃部分神经元，以防止过拟合。以下是我们对包含 dropout 层模型的修改：

```
from tensorflow.keras.layers import Dropout

# Define the modified model with dropout regularization
modified_model_64_to_128_with_dropout = Sequential([
    Conv2D(32, (3, 3), activation='relu', input_shape=(32, 32, 3)),
    MaxPooling2D((2, 2)),
    Conv2D(64, (3, 3), activation='relu'),
    MaxPooling2D((2, 2)),
    Conv2D(64, (3, 3), activation='relu'),
    Conv2D(128, (3, 3), activation='relu', padding='same'),
    Dropout(0.25),    # Add dropout regularization with a dropout rate of 25%
    Conv2D(128, (3, 3), activation='relu', padding='same'),
    Dropout(0.25),    # Add dropout regularization with a dropout rate of 25%
    MaxPooling2D((2, 2)),
    Flatten(),
    Dense(64, activation='relu'),
    Dropout(0.5),    # Add dropout regularization with a dropout rate of 50%
    Dense(10, activation='softmax')
])
```

```
# Compile the modified model with dropout regularization
modified_model_64_to_128_with_dropout.compile(optimizer='adam',
                                              loss='sparse_categorical_crossentropy',
                                              metrics=['accuracy'])

# Display model summary
modified_model_64_to_128_with_dropout.summary()

# Train the modified model with dropout regularization
history_64_to_128_with_dropout = modified_model_64_to_128_with_dropout.fit(x_train_resized, y_train,

epochs=10,

batch_size=32,

validation_data=(x_test_resized, y_test))

# Evaluate the modified model with dropout regularization on the testing dataset
test_loss_64_to_128_with_dropout, test_accuracy_64_to_128_with_dropout = modified_model_64_to_128_with_dropout.evaluate(x_test_resized, y_test, verbose=0)
print("Test Loss (Modified Model with Dropout):", test_loss_64_to_128_with_dropout)
print("Test Accuracy (Modified Model with Dropout):", test_accuracy_64_to_128_with_dropout)
```

在此修改中：

- 我们在包含 128 个过滤器的卷积层之后添加了 dropout 层，并为第一个和最后一个 dropout 层分别设定了 25% 和 50% 的丢弃率。这些数值可以根据实验结果和所需的正则化程度进行调整。
- 我们使用与之前相同的设置编译并训练了一个添加了 dropout 正则化的新模型。
- 我们评估加了 dropout 正则化的修改后的模型在测试集上的性能，并输出测试损失率和准确率。

引入 dropout 正则化可能会有助于提升模型的泛化能力，并减少过拟合的现象。如有任何疑问或希望进一步研究，请告诉我！

[响应结束]

我们执行了定义包含 dropout 层的模型的代码。它也对模型进行了训练和评估，并输出了包含损失率和准确率的模型摘要，如图 15.8 所示。请注意，dropout 层不会为模型增加任何参数。

```
Model: "sequential_10"
_____
Layer (type)                 Output Shape              Param #
=================================================================
conv2d_45 (Conv2D)           (None, 30, 30, 32)        896
max_pooling2d_37 (MaxPooli   (None, 15, 15, 32)        0
ng2D)
conv2d_46 (Conv2D)           (None, 13, 13, 64)        18496
max_pooling2d_38 (MaxPooli   (None, 6, 6, 64)          0
ng2D)
conv2d_47 (Conv2D)           (None, 4, 4, 64)          36928
conv2d_48 (Conv2D)           (None, 4, 4, 128)         73856
dropout (Dropout)            (None, 4, 4, 128)         0
conv2d_49 (Conv2D)           (None, 4, 4, 128)         147584
dropout_1 (Dropout)          (None, 4, 4, 128)         0
max_pooling2d_39 (MaxPooli   (None, 2, 2, 128)         0
ng2D)
flatten_10 (Flatten)         (None, 512)               0
dense_20 (Dense)             (None, 64)                32832
dropout_2 (Dropout)          (None, 64)                0
dense_21 (Dense)             (None, 10)                650
=================================================================
Total params: 311242 (1.19 MB)
Trainable params: 311242 (1.19 MB)
Non-trainable params: 0 (0.00 Byte)
_____
Epoch 1/10
1563/1563 [==============================] - 15s 7ms/step - loss: 1.7530 - accuracy: 0.3412 - val_loss: 1.3975 - val_accuracy: 0.4846
Epoch 2/10
1563/1563 [==============================] - 11s 7ms/step - loss: 1.3638 - accuracy: 0.5163 - val_loss: 1.2464 - val_accuracy: 0.5531
Epoch 3/10
1563/1563 [==============================] - 12s 7ms/step - loss: 1.2159 - accuracy: 0.5788 - val_loss: 1.1147 - val_accuracy: 0.6142
Epoch 4/10
1563/1563 [==============================] - 11s 7ms/step - loss: 1.1127 - accuracy: 0.6176 - val_loss: 1.0766 - val_accuracy: 0.6181
Epoch 5/10
1563/1563 [==============================] - 11s 7ms/step - loss: 1.0457 - accuracy: 0.6420 - val_loss: 1.0325 - val_accuracy: 0.6341
Epoch 6/10
1563/1563 [==============================] - 10s 7ms/step - loss: 0.9839 - accuracy: 0.6662 - val_loss: 0.9573 - val_accuracy: 0.6701
Epoch 7/10
1563/1563 [==============================] - 11s 7ms/step - loss: 0.9283 - accuracy: 0.6829 - val_loss: 0.9381 - val_accuracy: 0.6795
Epoch 8/10
1563/1563 [==============================] - 11s 7ms/step - loss: 0.8872 - accuracy: 0.6990 - val_loss: 0.9123 - val_accuracy: 0.6870
Epoch 9/10
1563/1563 [==============================] - 11s 8ms/step - loss: 0.8503 - accuracy: 0.7111 - val_loss: 0.8830 - val_accuracy: 0.6975
Epoch 10/10
1563/1563 [==============================] - 12s 8ms/step - loss: 0.8220 - accuracy: 0.7194 - val_loss: 0.8761 - val_accuracy: 0.7015
Test Loss (Modified Model with Dropout): 0.876133382320404
Test Accuracy (Modified Model with Dropout): 0.7014999985694885
```

图 15.8 代码执行——dropout 层

我们发现准确率差别不大,因此我们将采用 Learn 提示策略(LIFE-L)并请求 ChatGPT 提供表示损失率和准确率的图,以查看正则化的影响。

[提示]

```
Test Loss (Modified Model with Dropout): 0.876133382320404
Test Accuracy (Modified Model with Dropout): 0.7014999985694885
```

你能否提供表示损失率和准确率的图,让我查看正则化是否有任何影响,并对它进行详细说明?

[提示结束]

我们应该会收到类似以下的响应(ChatGPT 会提供代码并解释图的意义)。

[提示响应]

当然!让我们绘制带有 dropout 正则化的改进模型的训练、验证损失率及准确率曲线。这将有助于我们直观地了解 dropout 正则化对训练过程和模型性能的影响。

```
import matplotlib.pyplot as plt
```

```
# Plot training history for loss
plt.plot(history_64_to_128_with_dropout.history['loss'], label='Training Loss')
plt.plot(history_64_to_128_with_dropout.history['val_loss'], label='Validation 
Loss')
plt.title('Training and Validation Loss')
plt.xlabel('Epoch')
plt.ylabel('Loss')
plt.legend()
plt.show()

# Plot training history for accuracy
plt.plot(history_64_to_128_with_dropout.history['accuracy'], label='Training Accu-
racy')
plt.plot(history_64_to_128_with_dropout.history['val_accuracy'], label='Validation 
Accuracy')
plt.title('Training and Validation Accuracy')
plt.xlabel('Epoch')
plt.ylabel('Accuracy')
plt.legend()
plt.show()
```

解释：

- **训练损失 vs 验证损失**：图15.9中的上图展示了训练损失和验证损失随时间的变化趋势。如果训练损失和验证损失之间存在较大差距，意味着模型出现过拟合。dropout正则化旨在通过防止模型过度依赖某些特定特征来减少过拟合，从而缩小训练损失和验证损失之间的差距。
- **训练准确率 vs 验证准确率**：图15.9的下图展示了训练准确率和验证准确率随时间的变化趋势。dropout正则化也能提升模型的泛化性能，尤其是当模型出现过拟合时，有助于提高验证准确率。

通过观察这些图，我们能够评估dropout正则化能否有效缓解过拟合并提升模型的泛化性能。如有任何疑问或需进一步解释，请告诉我！

[响应结束]

我们将执行代码并绘制图表，结果如图15.9所示，以了解dropout的影响。

输出的图显示了在CIFAR-10数据集上带有dropout层的模型的训练和验证的损失率及准确率。两种损失在训练过程中逐渐减少，而准确率则不断提升，这表明学习效果良好。训练和验证指标之间的差距很小，这表明dropout层在防止过拟合方面的作用。总体而言，该模型对新数据的泛化能力良好，表现出优秀的性能。

图 15.9 添加 dropout 层的效果

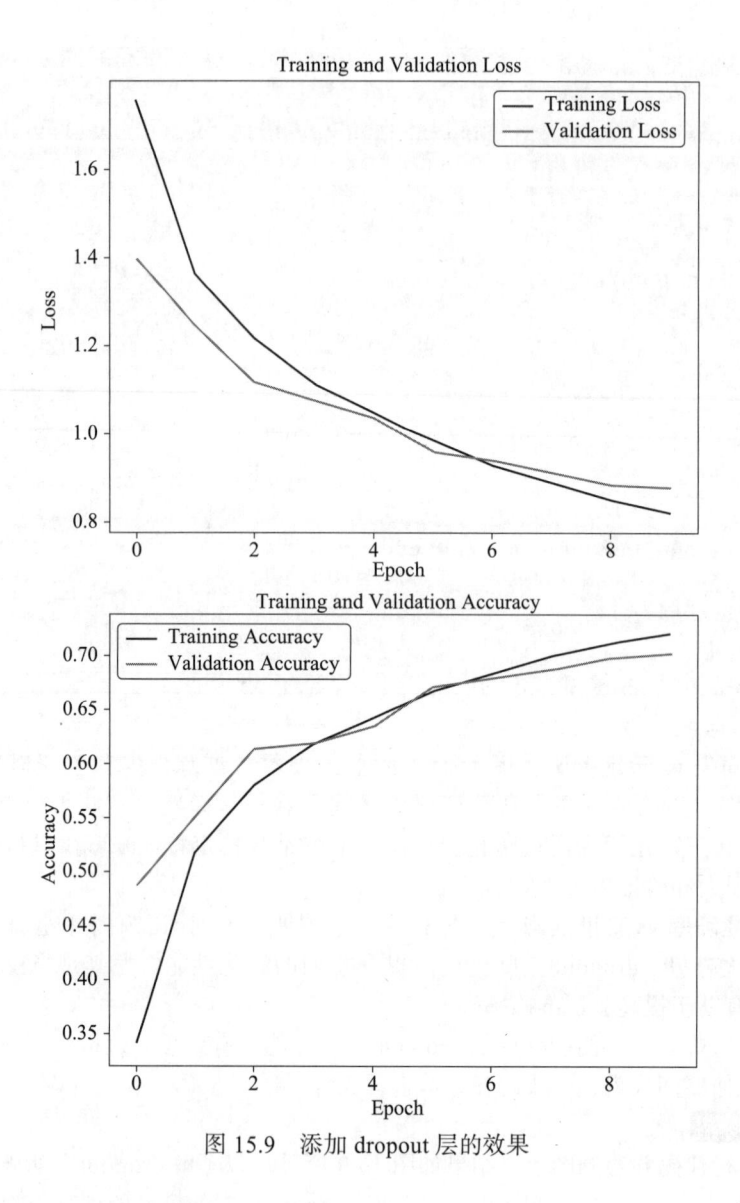

15.6.4 功能 4：实现批量归一化

我们将应用提示策略改进模型（LIFE-E），并要求 ChatGPT 为我们提供代码，以便在之前提供的代码中添加批量归一化。

［提示］
我想在先前提供的代码中应用批量归一化。
［提示结束］

我们应该会收到类似以下的响应（ChatGPT 能够理解请求，并为我们提供代码来在现有模型中实现批量归一化）。

[提示响应]

当然！我们可以在模型的卷积层中应用批量归一化，以提高训练的稳定性和收敛速度。以下是我们修改模型以包含批量归一化层的代码：

```
from tensorflow.keras.layers import BatchNormalization

# Define the modified model with batch normalization
modified_model_64_to_128_with_batchnorm = Sequential([
    Conv2D(32, (3, 3), activation='relu', input_shape=(32, 32, 3)),
    BatchNormalization(),  # Add batch normalization
    MaxPooling2D((2, 2)),
    Conv2D(64, (3, 3), activation='relu'),
    BatchNormalization(),  # Add batch normalization
    MaxPooling2D((2, 2)),
    Conv2D(64, (3, 3), activation='relu'),
    Conv2D(128, (3, 3), activation='relu', padding='same'),
    BatchNormalization(),  # Add batch normalization
    MaxPooling2D((2, 2)),
    Conv2D(128, (3, 3), activation='relu', padding='same'),
    BatchNormalization(),  # Add batch normalization
    MaxPooling2D((2, 2)),
    Flatten(),
    Dense(64, activation='relu'),
    BatchNormalization(),  # Add batch normalization
    Dense(10, activation='softmax')
])

# Compile the modified model with batch normalization
modified_model_64_to_128_with_batchnorm.compile(optimizer='adam',
                                                loss='sparse_categorical_crossentropy',
                                                metrics=['accuracy'])

# Display model summary
modified_model_64_to_128_with_batchnorm.summary()

# Train the modified model with batch normalization
history_64_to_128_with_batchnorm = modified_model_64_to_128_with_batchnorm.fit(x_train_resized, y_train,

epochs=10,

batch_size=32,

validation_data=(x_test_resized, y_test))
```

```
# Evaluate the modified model with batch normalization on the testing dataset
test_loss_64_to_128_with_batchnorm, test_accuracy_64_to_128_with_batchnorm = modi-
fied_model_64_to_128_with_batchnorm.evaluate(x_test_resized, y_test, verbose=0)

print("Test Loss (Modified Model with Batch Normalization):", test_loss_64_to_128_
with_batchnorm)
print("Test Accuracy (Modified Model with Batch Normalization):", test_accuracy_64_
to_128_with_batchnorm)
```

在此修改中：
- 我们在每个卷积层后添加了批量归一化层。批量归一化对每批次的前一层激活进行归一化，从而使训练更加稳定并加快收敛速度。
- 使用与之前相同的设置编译并训练带有批量归一化的修改模型。
- 我们评估带有批量归一化的修改模型在测试数据集上的性能，并输出测试损失率和准确率。

在训练过程中，添加批量归一化能够显著提升模型的性能和稳定性。如有任何疑问或需要进一步解释，请告诉我！

［响应结束］

我们将执行代码，评估模型的性能并输出结果，如图 15.10 所示。值得注意的是，与 dropout 或最大池化不同，批量归一化增加了一小部分参数。

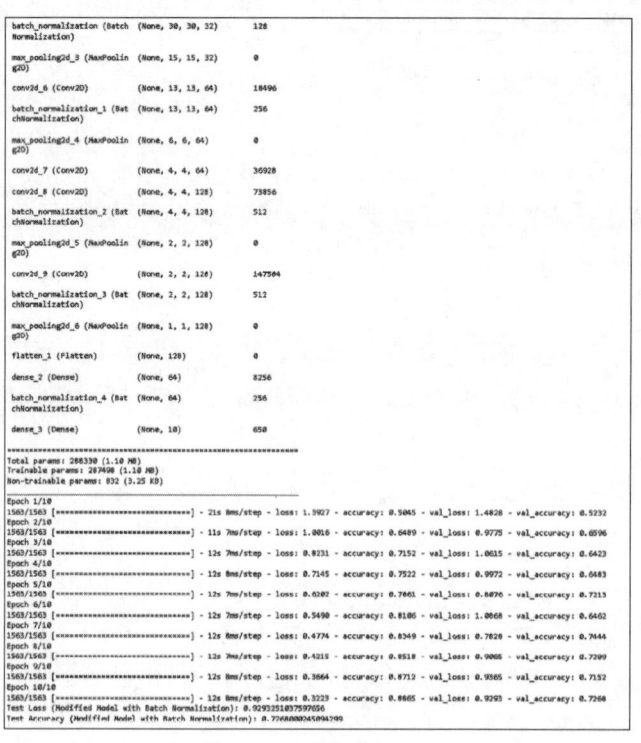

图 15.10　批量归一化

我们可以看到一些不可训练的参数。让我们利用学习提示策略（LIFE-L）来理解这些不可训练参数的计算方法。

[提示]

你能解释一下模型摘要中 832 这个数字的计算方法吗？

```
"sequential_1"

Layer (type)                    Output Shape            Param #
=================================================================
conv2d_5 (Conv2D)               (None, 30, 30, 32)       896

batch_normalization (Batch      (None, 30, 30, 32)       128
Normalization)

max_pooling2d_3 (MaxPoolin      (None, 15, 15, 32)       0
g2D)

conv2d_6 (Conv2D)               (None, 13, 13, 64)       18496

batch_normalization_1 (Bat      (None, 13, 13, 64)       256
chNormalization)

max_pooling2d_4 (MaxPoolin      (None, 6, 6, 64)         0
g2D)

conv2d_7 (Conv2D)               (None, 4, 4, 64)         36928

conv2d_8 (Conv2D)               (None, 4, 4, 128)        73856

batch_normalization_2 (Bat      (None, 4, 4, 128)        512
chNormalization)

max_pooling2d_5 (MaxPoolin      (None, 2, 2, 128)        0
g2D)

conv2d_9 (Conv2D)               (None, 2, 2, 128)        147584

batch_normalization_3 (Bat      (None, 2, 2, 128)        512
chNormalization)

max_pooling2d_6 (MaxPoolin      (None, 1, 1, 128)        0
g2D)

flatten_1 (Flatten)             (None, 128)              0

dense_2 (Dense)                 (None, 64)               8256
```

```
batch_normalization_4 (Bat    (None, 64)                256
chNormalization)

dense_3 (Dense)               (None, 10)                650

=================================================================
Total params: 288330 (1.10 MB)
Trainable params: 287498 (1.10 MB)
Non-trainable params: 832 (3.25 KB)
```

[提示结束]

我们应该会收到类似以下的响应，ChatGPT 会理解请求并为我们提供不可训练参数计算方法的解释。

[提示响应]

在你描述的模型中，批量归一化层的不可训练参数有 832 个。以下是该数的计算方式。

批量归一化的组成

每个批量归一化层都引入了用于归一化前一层输出结果的参数。这些参数具体包括：

- gamma（缩放因子）
- beta（平移因子）
- 移动均值
- 移动方差

缩放因子和平移因子是可训练的，而移动均值和移动方差不可训练。这些组（缩放因子 / 平移因子和移动均值 / 移动方差）中的元素数都与批量归一化层输入的通道数量相等。

计算

根据你的模型配置：

在第 1 个卷积层（包含 32 个通道）之后进行批量归一化：

- 移动均值：32
- 移动方差：32

在第 2 个卷积层（包含 64 个通道）之后进行批量归一化：

- 移动均值：64
- 移动方差：64

在第 3 个卷积层（包含 128 个通道）之后进行批量归一化：

- 移动均值：128
- 移动方差：128

在第 4 个卷积层（包含 128 个通道）之后进行批量归一化：

- 移动均值：128
- 移动方差：128

在密集层（包含 64 个单位）之后进行批量归一化：

- 移动均值：64
- 移动方差：64

不可训练参数总数

将这些值相加,就得到了不可训练参数总数:[(32+32)+(64+64)+(128+128)+(128+128)+(64+64)=832]。

每个批量归一化层的不可训练参数总数是其输入通道数的两倍(移动均值和移动方差各一次)。这样,你的模型可训练参数总数就有 832 个。

[响应结束]

我们已经掌握了如何添加批量归一化并计算不可训练参数,接下来让我们探索不同的优化器。

15.6.5 功能 5:尝试不同的优化器

我们将会应用提示策略改进模型(LIFE-E),并要求 ChatGPT 提供用于尝试 SGD、Adam 和 RMSProp 等不同优化器的代码。

[提示]

你能否提供 SGD、Adam 和 RMSprop 优化器的代码,同时比较这些优化器与之前提供的模型代码在不同组合下的性能?

[提示结束]

我们应该会收到类似以下的响应(ChatGPT 会理解请求,提供不同优化器的代码并比较结果)。

[提示响应]

当然!我们可以比较使用不同优化器(如 SGD、Adam 和 RMSprop)训练的模型性能。以下是我们修改模型并使用不同优化器进行训练的步骤:

```
# Import optimizers
from tensorflow.keras.optimizers import SGD, Adam, RMSprop

# Define the optimizers
optimizers = [SGD(), Adam(), RMSprop()]

# Define lists to store test accuracies for each optimizer
test_accuracies = []

# Iterate over each optimizer
for optimizer in optimizers:
    # Define the modified model with batch normalization and the current optimizer
    modified_model = Sequential([
        Conv2D(32, (3, 3), activation='relu', input_shape=(32, 32, 3)),
        BatchNormalization(),
        MaxPooling2D((2, 2)),
        Conv2D(64, (3, 3), activation='relu'),
        BatchNormalization(),
        MaxPooling2D((2, 2)),
```

```python
        Conv2D(64, (3, 3), activation='relu'),
        Conv2D(128, (3, 3), activation='relu', padding='same'),
        BatchNormalization(),
        MaxPooling2D((2, 2)),
        Conv2D(128, (3, 3), activation='relu', padding='same'),
        BatchNormalization(),
        MaxPooling2D((2, 2)),
        Flatten(),
        Dense(64, activation='relu'),
        BatchNormalization(),
        Dense(10, activation='softmax')
    ])

    # Compile the model with the current optimizer
    modified_model.compile(optimizer=optimizer,
                           loss='sparse_categorical_crossentropy',
                           metrics=['accuracy'])

    # Train the model with the current optimizer
    history = modified_model.fit(x_train_resized, y_train,
                                 epochs=10,
                                 batch_size=32,
                                 validation_data=(x_test_resized, y_test),
                                 verbose=0)

    # Evaluate the model with the current optimizer on the testing dataset
    test_loss, test_accuracy = modified_model.evaluate(x_test_resized, y_test, verbose=0)

    # Append the test accuracy to the list
    test_accuracies.append(test_accuracy)

    # Print the test accuracy for the current optimizer
    print(f"Test Accuracy (Optimizer: {optimizer.__class__.__name__}): {test_accuracy}")

# Plot the test accuracies for each optimizer
plt.bar(['SGD', 'Adam', 'RMSprop'], test_accuracies)
plt.title('Test Accuracy Comparison for Different Optimizers')
plt.xlabel('Optimizer')
plt.ylabel('Test Accuracy')
plt.show()
```

在此代码中：
- 我们从 tensorflow.keras.optimizers 中引入 SGD、Adam 和 RMSprop 优化器。
- 我们定义一个优化器列表以进行迭代。

- 对于每个优化器,我们使用批量归一化和当前优化器定义模型。
- 我们使用当前优化器编译并训练模型。
- 我们评估使用当前优化器模型在测试数据集上的性能。
- 我们输出每个优化器的测试准确率并将其存储在一个列表中。
- 最后,我们绘制每个优化器的测试准确率图以比较其性能。

这段代码让我们能够对比不同优化器训练模型的性能。如有任何疑问或需要进一步解释,请告诉我!

[响应结束]

我们通过执行代码定义并使用不同的优化器。该过程中,代码不仅训练了模型,还评估了模型性能,并输出性能比较结果,如图 15.11 所示。

```
Test Accuracy (Optimizer: SGD): 0.6955999732017517
Test Accuracy (Optimizer: Adam): 0.7224000096321106
Test Accuracy (Optimizer: RMSprop): 0.7318999767303467
```

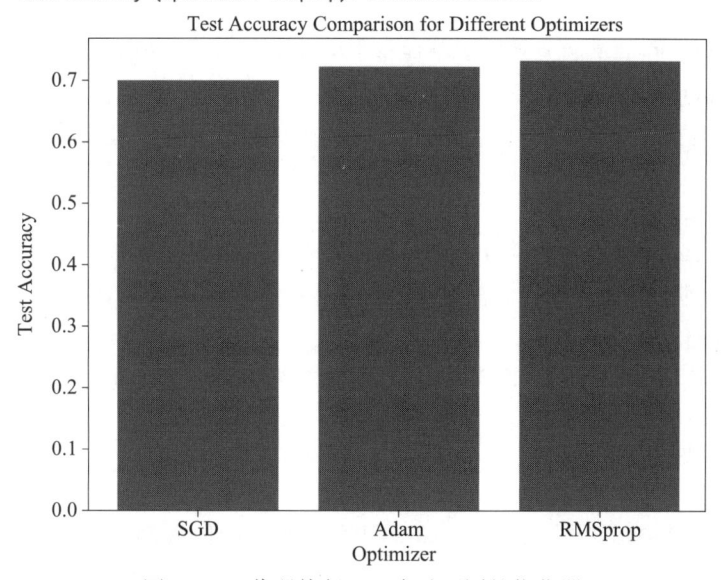

图 15.11 代码执行——尝试不同的优化器

从这些结果中,我们可以看到 RMSprop 优化器取得了最高的准确率。这说明 RMSprop 在优化模型参数和提高模型在测试数据上的性能方面表现出色。

让我们进入最后一个功能——应用 DavidNet 架构。

15.6.6 功能 6:应用 DavidNet 架构

我们将应用提示策略来改进模型(LIFE-E),并要求 ChatGPT 为我们提供 DavidNet 的代码,同时使用学习提示策略(LIFE-L)来了解它。

[提示]

告诉我 DavidNet 架构有什么特别之处?

[提示结束]
我们应该会收到类似以下的响应（ChatGPT 会提供对 DavidNet 的解释）。
[提示响应]
DavidNet 架构因其简单性和在图像分类任务（尤其是在 CIFAR-10 数据集上）中实现的高准确率而著称。以下是 DavidNet 与众不同的几个关键方面：
- **残差块**：DavidNet 利用残差块可以更轻松地训练深度神经网络。残差连接使网络能够学习残差映射，从而在训练深层网络时避免了梯度消失或梯度爆炸的问题。
- **批量归一化**：在每个卷积层后应用批量归一化，通过归一化每层的激活值稳定和加速训练进程。这可以提升模型在训练过程中的收敛性，并有助于防止过拟合。
- **跳跃连接**：在残差块中使用跳跃连接（也称为捷径）。这些连接可以让梯度直接流经网络，从而缓解梯度消失问题，并促进非常深层的网络训练。
- **最大池化**：最大池化层用于缩小特征图的空间维度，有助于提取重要特征，同时降低计算复杂度。
- **全连接层**：在网络的末端使用全连接（密集）层，对卷积层提取的特征进行分类。
- **学习率调度**：DavidNet 采用学习率调度方法，同时包含预热周期和衰减因子，在训练期间逐步调整学习率。这有助于稳定训练过程并提升模型收敛效果。
- **正则化**：虽然架构中未明确提及，但可以应用如权重衰减等正则化技术来防止过拟合并改善泛化性能。

总体来说，DavidNet 在模型的复杂性和有效性之间取得了平衡，即使是相对简单的架构，也能通过合理的设计选择和训练策略取得令人印象深刻的效果。
[响应结束]
我们将深入了解残差块，并向 ChatGPT 提出更多问题。
[提示]
什么是残差块？
[提示结束]
我们应该会收到类似以下的响应（ChatGPT 提供了关于残差块的解释）。
[提示响应]
残差块是深度神经网络的基本组成部分，尤其是在 ResNet 及其变体等架构中。它们旨在解决深度网络训练过程中出现的梯度消失问题。

残差块由两个主要路径组成：恒等路径和捷径路径。恒等路径是通过块的主要路径，而捷径路径则为跨越一个或多个层的输入提供了直接连接。

以下是残差块工作原理的基本概述：
- **恒等路径**：残差块的输入经过一系列卷积层、批量归一化和激活函数。通过这一系列操作，网络可以学习输入数据的表示方法。
- **捷径路径**：残差块的原始输入（恒等路径）绕过一些卷积层，通过一条独立的路径。这个路径被称为"捷径"或"跳跃连接"。
- **合并操作**：通过逐元素相加，将来自恒等路径和捷径路径的输出进行合并。此合并操作将原始输入添加到卷积层的输出中。
- **激活函数**:最终,合并后的输出会经过一个激活函数,通常是 ReLU 激活函数,从而引入非线性。

残差块的核心理念在于,捷径路径使梯度在反向传播时更为顺畅。如果恒等路径能够学习近似恒等函数,那么残差块就能通过小残差映射来调整输出,因此被称为"残差块"。

通过捷径路径直接传播输入信号,残差块缓解了梯度消失问题,并促进了深度神经网络的训练。这种架构在各种任务中都取得了巨大成功,从而推动了更深入、更精准的模型的开发。

[响应结束]

我们现在将要求 ChatGPT 为我们提供 DavidNet 的代码。在此,我们将提供给 ChatGPT 一些从网络中搜索到的信息,从而在使用 CIFAR-10 时实现更高的准确性。

[提示]

请提供准确性更高的 DavidNet 代码。DavidNet 使用的超参数包括:
- 批处理大小:512
- 动量:0.9
- 权重衰减:0.000125
- 学习率:0.4
- 训练轮数:24
- 预热次数:5

[提示结束]

我们应该会收到类似以下的响应(ChatGPT 会理解请求并提供 DavidNet 的代码)。

[提示响应]

当然!具有指定超参数的 DavidNet 实现如下:

```
from tensorflow.keras.models import Model
from tensorflow.keras.layers import Input, Conv2D, MaxPooling2D, Flatten, Dense, BatchNormalization, Activation, Add
from tensorflow.keras.optimizers import SGD
from tensorflow.keras.callbacks import LearningRateScheduler
import numpy as np

def davidnet():
    input_layer = Input(shape=(32, 32, 3))

    # Initial convolutional layer
    x = Conv2D(64, kernel_size=3, padding='same')(input_layer)
    x = BatchNormalization()(x)
    x = Activation('relu')(x)

    # Stack of residual blocks
    num_residual_blocks = 4
    for _ in range(num_residual_blocks):
```

```python
        y = x
        x = Conv2D(64, kernel_size=3, padding='same')(x)
        x = BatchNormalization()(x)
        x = Activation('relu')(x)
        x = Conv2D(64, kernel_size=3, padding='same')(x)
        x = BatchNormalization()(x)
        x = Add()([x, y])  # Skip connection
        x = Activation('relu')(x)

    # Max pooling layer
    x = MaxPooling2D(pool_size=(2, 2))(x)

    # Flatten layer
    x = Flatten()(x)

    # Dense layers
    x = Dense(512)(x)
    x = BatchNormalization()(x)
    x = Activation('relu')(x)
    x = Dense(10, activation='softmax')(x)

    # Create model
    model = Model(inputs=input_layer, outputs=x)

    return model

# Learning rate scheduler with warmup
def learning_rate_scheduler(epoch):
    if epoch < 5:
        return 0.4 * (epoch + 1) / 5
    else:
        return 0.4 * np.exp(0.1 * (5 - epoch))

# Create DavidNet model
model_davidnet = davidnet()

# Compile the model
optimizer = SGD(momentum=0.9, decay=0.000125)
model_davidnet.compile(optimizer=optimizer,
                       loss='sparse_categorical_crossentropy',
                       metrics=['accuracy'])

# Print model summary
model_davidnet.summary()

# Load CIFAR-10 dataset and preprocess if necessary
```

```
# Assuming x_train, y_train, x_test, y_test are loaded and preprocessed
# Define batch size and number of epochs
batch_size = 512
num_epochs = 24

# Train the model with learning rate scheduler
history_davidnet = model_davidnet.fit(x_train, y_train,
                                      batch_size=batch_size,
                                      epochs=num_epochs,
                                      validation_data=(x_test, y_test),
                                      callbacks=[LearningRateScheduler(learning_
rate_scheduler)],
                                      verbose=1)
```

在此代码中：
- 我们构建了 DavidNet 架构，集卷积层、残差块、最大池化和全连接层于一体。
- 我们定义一个学习率调度器函数，在训练期间调整学习率，实现预热和指数衰减。
- 我们使用 SGD 优化器编译模型，并设置指定的超参数：momentum=0.9，decay= 0.000125。
- 我们使用 CIFAR-10 数据集来训练模型，并设置了指定的批处理大小、训练轮数和学习率调度器。

这段代码遵循 DavidNet 所描述的架构和超参数。如有疑问或需进一步帮助，请告诉我！

[响应结束]

我们执行 ChatGPT 提供的代码时出现了错误。因为 ChatGPT 是在旧版本的机器学习代码上训练的，所以为我们提供了已弃用的衰减方法。

你应该会看到一个 ValueError。

我们将错误信息提交给 ChatGPT，并查看 ChatGPT 提供的修改代码是否有效。

[提示]

```
ValueError: decay is deprecated in the new Keras optimizer. Please check the doc-
string for valid arguments, or use the legacy optimizer, e.g., tf.keras.optimiz-
ers.legacy.SGD.
```

[提示结束]

我们应该会收到类似以下的响应（ChatGPT 会理解请求并提供解决衰减问题的修改代码）。

[提示响应]

感谢你的更新。在新的 Keras 优化器中，衰减参数似乎已被弃用。我们可以使用自定义回调等其他方法来实现权重衰减。让我们相应地修改代码：

```
from tensorflow.keras.models import Model
from tensorflow.keras.layers import Input, Conv2D, MaxPooling2D, Flatten, Dense,
BatchNormalization, Activation, Add
from tensorflow.keras.optimizers import SGD
from tensorflow.keras.callbacks import LearningRateScheduler, Callback
```

```python
import numpy as np
class SGDLearningRateDecay(Callback):
    def __init__(self, initial_lr, warmup_epochs, decay_factor):
        super(SGDLearningRateDecay, self).__init__()
        self.initial_lr = initial_lr
        self.warmup_epochs = warmup_epochs
        self.decay_factor = decay_factor

    def on_epoch_begin(self, epoch, logs=None):
        if epoch < self.warmup_epochs:
            lr = (self.initial_lr * (epoch + 1)) / self.warmup_epochs
        else:
            lr = self.initial_lr * self.decay_factor**(epoch - self.warmup_epochs)
        self.model.optimizer.lr = lr
        print(f'Learning rate for epoch {epoch + 1} is {lr}')
def davidnet():
    input_layer = Input(shape=(32, 32, 3))

    # Initial convolutional layer
    x = Conv2D(64, kernel_size=3, padding='same')(input_layer)
    x = BatchNormalization()(x)
    x = Activation('relu')(x)

    # Stack of residual blocks
    num_residual_blocks = 4
    for _ in range(num_residual_blocks):
        y = x
        x = Conv2D(64, kernel_size=3, padding='same')(x)
        x = BatchNormalization()(x)
        x = Activation('relu')(x)
        x = Conv2D(64, kernel_size=3, padding='same')(x)
        x = BatchNormalization()(x)
        x = Add()([x, y])  # Skip connection
        x = Activation('relu')(x)

    # Max pooling layer
    x = MaxPooling2D(pool_size=(2, 2))(x)
    # Flatten layer
    x = Flatten()(x)

    # Dense layers
    x = Dense(512)(x)
    x = BatchNormalization()(x)
    x = Activation('relu')(x)
    x = Dense(10, activation='softmax')(x)
```

```
    # Create model
    model = Model(inputs=input_layer, outputs=x)

    return model

# Create DavidNet model
model_davidnet = davidnet()

# Define hyperparameters
batch_size = 512
initial_lr = 0.4
num_epochs = 24
warmup_epochs = 5
decay_factor = 0.4

# Compile the model
optimizer = SGD(momentum=0.9)
model_davidnet.compile(optimizer=optimizer,
                       loss='sparse_categorical_crossentropy',
                       metrics=['accuracy'])

# Print model summary
model_davidnet.summary()

# Define learning rate scheduler callback
lr_decay_callback = SGDLearningRateDecay(initial_lr, warmup_epochs, decay_factor)

# Load CIFAR-10 dataset and preprocess if necessary
# Assuming x_train, y_train, x_test, y_test are loaded and preprocessed
# Train the model with learning rate scheduler
history_davidnet = model_davidnet.fit(x_train, y_train,
                                      batch_size=batch_size,
                                      epochs=num_epochs,
                                      validation_data=(x_test, y_test),
                                      callbacks=[lr_decay_callback],
                                      verbose=1)
```

在修改后的代码中：
- 我们定义一个自定义回调 SGDLearningRateDecay 来实现学习率衰减策略。该回调会根据当前轮次、指定的预热轮次和衰减因子来调整学习率。
- 我们从优化器初始化中移除衰减参数，并将其设置为默认值 0。
- 我们在模型训练中使用自定义学习率衰减回调。

这种方法能使我们在不使用优化器中的衰减参数的情况下实施权重衰减策略。如有任何疑问或需要进一步帮助，请告诉我！

[响应结束]

我们执行 ChatGPT 提供的代码并成功运行。它生成了模型摘要，使准确率提升至 77%。

```
Model Summary:
Model: "model_1"
_____
 Layer (type)                   Output Shape         Param #     Connected to
==========================================================================
 input_2 (InputLayer)           [(None, 32, 32, 3)]  0           []

 conv2d_20 (Conv2D)             (None, 32, 32, 64)   1792        ['input_2[0][0]']

 batch_normalization_20 (Ba     (None, 32, 32, 64)   256         ['conv2d_20[0][0]']
 tchNormalization)

 activation_10 (Activation)     (None, 32, 32, 64)   0           ['batch_normaliza-
                                                                  tion_20[0][0]
                                                                  ']

 conv2d_21 (Conv2D)             (None, 32, 32, 64)   36928       ['activation_10[0][0]']

 batch_normalization_21 (Ba     (None, 32, 32, 64)   256         ['conv2d_21[0][0]']
 tchNormalization)

 activation_11 (Activation)     (None, 32, 32, 64)   0           ['batch_normaliza-
                                                                  tion_21[0][0]
                                                                  ']

 conv2d_22 (Conv2D)             (None, 32, 32, 64)   36928       ['activation_11[0]
                                                                  [0]']

 batch_normalization_22 (Ba     (None, 32, 32, 64)   256         ['conv2d_22[0][0]']
 tchNormalization)

 add_4 (Add)                    (None, 32, 32, 64)   0           ['batch_normaliza-
                                                                  ',
'activation_10[0][0]']

 activation_12 (Activation)     (None, 32, 32, 64)   0           ['add_4[0][0]']

 conv2d_23 (Conv2D)             (None, 32, 32, 64)   36928       ['activation_12[0]
                                                                  [0]']

 batch_normalization_23 (Ba     (None, 32, 32, 64)   256         ['conv2d_23[0][0]']
 tchNormalization)
```

activation_13 (Activation)	(None, 32, 32, 64)	0	['batch_normaliza-tion_23[0][0] ']
conv2d_24 (Conv2D)	(None, 32, 32, 64)	36928	['activation_13[0][0]']
batch_normalization_24 (BatchNormalization)	(None, 32, 32, 64)	256	['conv2d_24[0][0]']
add_5 (Add)	(None, 32, 32, 64)	0	['batch_normaliza-tion_24[0][0]', 'activation_12[0][0]']
activation_14 (Activation)	(None, 32, 32, 64)	0	['add_5[0][0]']
conv2d_25 (Conv2D)	(None, 32, 32, 64)	36928	['activation_14[0][0]']
batch_normalization_25 (BatchNormalization)	(None, 32, 32, 64)	256	['conv2d_25[0][0]']
activation_15 (Activation)	(None, 32, 32, 64)	0	['batch_normaliza-tion_25[0][0] ']
conv2d_26 (Conv2D)	(None, 32, 32, 64)	36928	['activation_15[0][0]']
batch_normalization_26 (BatchNormalization)	(None, 32, 32, 64)	256	['conv2d_26[0][0]']
add_6 (Add)	(None, 32, 32, 64)	0	['batch_normaliza-tion_26[0][0]', 'activation_14[0][0]']
activation_16 (Activation)	(None, 32, 32, 64)	0	['add_6[0][0]']
conv2d_27 (Conv2D)	(None, 32, 32, 64)	36928	['activation_16[0][0]']

Layer	Output Shape	Param #	Connected to
batch_normalization_27 (BatchNormalization)	(None, 32, 32, 64)	256	['conv2d_27[0][0]']
activation_17 (Activation)	(None, 32, 32, 64)	0	['batch_normalization_27[0][0]']
conv2d_28 (Conv2D)	(None, 32, 32, 64)	36928	['activation_17[0][0]']
batch_normalization_28 (BatchNormalization)	(None, 32, 32, 64)	256	['conv2d_28[0][0]']
add_7 (Add)	(None, 32, 32, 64)	0	['batch_normalization_28[0][0]', 'activation_16[0][0]']
activation_18 (Activation)	(None, 32, 32, 64)	0	['add_7[0][0]']
max_pooling2d_9 (MaxPooling2D)	(None, 16, 16, 64)	0	['activation_18[0][0]']
flatten_3 (Flatten)	(None, 16384)	0	['max_pooling2d_9[0][0]']
dense_6 (Dense)	(None, 512)	8389120	['flatten_3[0][0]']
batch_normalization_29 (BatchNormalization)	(None, 512)	2048	['dense_6[0][0]']
activation_19 (Activation)	(None, 512)	0	['batch_normalization_29[0][0]']
dense_7 (Dense)	(None, 10)	5130	['activation_19[0][0]']

==
Total params: 8695818 (33.17 MB)
Trainable params: 8693642 (33.16 MB)
Non-trainable params: 2176 (8.50 KB)

输出结果如图 15.12 所示。

```
Epoch 13/24
98/98 [==============================] - 31s 318ms/step - loss: 0.0035 - accuracy: 0.9999 - val_loss: 0.9439 - val_accuracy: 0.7734
Learning rate for epoch 14 is 0.0002621440000000001
Epoch 14/24
98/98 [==============================] - 31s 319ms/step - loss: 0.0035 - accuracy: 0.9999 - val_loss: 0.9443 - val_accuracy: 0.7731
Learning rate for epoch 15 is 0.00010485760000000006
Epoch 15/24
98/98 [==============================] - 31s 318ms/step - loss: 0.0035 - accuracy: 0.9999 - val_loss: 0.9443 - val_accuracy: 0.7733
Learning rate for epoch 16 is 4.194304000000025e-05
Epoch 16/24
98/98 [==============================] - 32s 326ms/step - loss: 0.0035 - accuracy: 0.9999 - val_loss: 0.9442 - val_accuracy: 0.7733
Learning rate for epoch 17 is 1.677721600000001e-05
Epoch 17/24
98/98 [==============================] - 32s 326ms/step - loss: 0.0035 - accuracy: 0.9999 - val_loss: 0.9443 - val_accuracy: 0.7731
Learning rate for epoch 18 is 6.7108864000000044e-06
Epoch 18/24
98/98 [==============================] - 31s 318ms/step - loss: 0.0035 - accuracy: 0.9999 - val_loss: 0.9443 - val_accuracy: 0.7733
Learning rate for epoch 19 is 2.684354560000002e-06
Epoch 19/24
98/98 [==============================] - 31s 318ms/step - loss: 0.0035 - accuracy: 1.0000 - val_loss: 0.9444 - val_accuracy: 0.7734
Learning rate for epoch 20 is 1.073741824000001e-06
Epoch 20/24
98/98 [==============================] - 31s 319ms/step - loss: 0.0034 - accuracy: 0.9999 - val_loss: 0.9441 - val_accuracy: 0.7732
Learning rate for epoch 21 is 4.294967296000004e-07
Epoch 21/24
98/98 [==============================] - 31s 318ms/step - loss: 0.0035 - accuracy: 1.0000 - val_loss: 0.9442 - val_accuracy: 0.7733
Learning rate for epoch 22 is 1.7179869184000014e-07
Epoch 22/24
98/98 [==============================] - 31s 318ms/step - loss: 0.0035 - accuracy: 0.9999 - val_loss: 0.9443 - val_accuracy: 0.7733
Learning rate for epoch 23 is 6.871947673600007e-08
Epoch 23/24
98/98 [==============================] - 32s 326ms/step - loss: 0.0035 - accuracy: 0.9999 - val_loss: 0.9442 - val_accuracy: 0.7732
Learning rate for epoch 24 is 2.7487790694400003e-08
Epoch 24/24
98/98 [==============================] - 32s 326ms/step - loss: 0.0035 - accuracy: 1.0000 - val_loss: 0.9443 - val_accuracy: 0.7734
```

图 15.12　应用 DavidNet——准确率有所提高

15.7　任务

在添加 dropout 层时，增加功能 3 的训练轮数。

15.8　挑战

尝试将模型性能提高到 80% 以上，你可以自由使用任何架构。

15.9　总结

本章中，我们探讨了如何有效使用 ChatGPT 等 AI 助手来学习和尝试 CNN 模型。这些策略提供了一系列循序渐进的步骤，为使用 CIFAR-10 数据集尝试使用不同的技术来构建并训练 CNN 模型。

每个步骤都附有详细说明、代码生成和用户验证，确保了结构化的学习体验。我们从构建基线 CNN 模型开始，学习了归一化像素值和调整图像大小等基本的预处理步骤。它指导你生成与 Jupyter Notebooks 兼容的初学者友好型代码，确保即使是该领域的新手也能轻松掌握构建 CNN 的基础知识。

随着学习的深入，AI 助手已成为我们学习过程中不可或缺的一环，帮助我们深入更复杂的领域，如添加层、实现丢弃和批量归一化，以及尝试不同的优化算法。每个步骤都伴随着渐进式的代码更新，我们会定期暂停，回顾反馈，从而确保学习进度合理且满足你的需求。最后，我们应用所学到的所有策略和技术应用了 DavidNet 架构。

下一章，我们将探讨如何利用 ChatGPT 生成用于聚类和 PCA 的代码。

第 16 章

无监督学习：聚类和 PCA

16.1 导论

无监督学习模型是在无标签数据中寻找模式。聚类是一种用于寻找对象的技术，使组内对象彼此相似，而使组间对象不相似。**主成分分析**（PCA）是一种用于降低数据维度的技术。我们将在产品聚类的背景下讨论这两种技术，产品聚类通过文本产品描述将相似的产品归为一组。

本章涵盖以下内容：
- 讨论两种无监督学习技术：聚类和 PCA。
- 使用 K-means 聚类算法。

16.2 功能分解

为了将问题分解为功能，我们需要考虑：

（1）**数据准备**：加载数据集并检查数据以了解其结构、缺失值和整体特征。预处理数据，包括处理缺失值、数据类型转换以及数据清洗。

（2）**特征工程**：选择相关特征，从文本中提取特征并生成新特征。

（3）**文本数据预处理**：对文本进行分词，并去除标点符号和停用词。利用 TF-IDF 技术将文本转换为数值格式。

（4）**应用聚类算法**：创建 K-means 聚类模型，并使用 elbow 方法和轮廓系数等技术确定最佳聚类数。

（5）**评估和可视化聚类结果**：评估聚类性能，并使用 PCA 在降维空间中将结果可视化。

16.3 提示策略

在本章中，我们采用第 2 章所述的 TAG 提示模式。我们知道要解决的问题如下：
- **任务**（T）：创建客户细分聚类模型。
- **行动**（A）：我们需要询问要采取的步骤和使用的技术。
- **指南**（G）：要求逐步学习。

16.4 电子商务项目的客户细分

聚类技术有助于根据客户的购买行为、偏好或人口统计信息进行客户细分。通过分析浏览历史、购买记录、地理位置和人口统计信息等客户信息，你可以利用聚类算法来识别不同的客户群体。这些信息可用于个性化营销活动、推荐相关产品或为不同的客户群体定制用户体验。

16.4.1 数据集概述

我们将使用电子商务数据集，可以从 UCI 机器学习资料库 https://archive.ics.uci.edu/dataset/352/online+retail 中以 CSV 文件形式下载。该数据集包含一家英国注册的非实体在线零售商在 2010 年 12 月 1 日至 2011 年 12 月 9 日期间的所有交易数据。

数据集包含以下列：
- `InvoiceNo`：每笔交易被分配的唯一 6 位整数
- `StockCode`：每种不同产品被分配的唯一 5 位整数
- `Description`：每种产品名称的文本描述
- `Quantity`：每笔交易中每种产品的数量
- `InvoiceDate`：每笔交易的生成日期和时间
- `UnitPrice`：产品单价（单位：英镑）
- `CustomerID`：每个客户被分配的唯一 5 位整数
- `Country`：每位客户所在国家的名称

16.4.2 在无监督学习模型开发过程中添加 AI 辅助

让我们利用 ChatGPT 为无监督学习模型的开发过程添加 AI 辅助。

我们先向 ChatGPT 概述我们的任务，让我们看看如何使用 TAG 模式：
- **任务**（T）：我们的任务是创建一个细分聚类模型
- **行动**（A）：我们想知道 AI 助手建议采取什么行动
- **指南**（G）：我们需要高效的 AI 助手

在此基础上，让我们编写提示词：

[提示]

请你提供使用 data.csv 文件中的数据加载和理解数据集,从而创建客户细分聚类模型的指导。数据集包含以下列: InvoiceNo(整数)、StockCode(字符串)、Description(字符串)、Quantity(整数)、InvoiceDate(日期)、UnitPrice(小数)、CustomerID(整数)、Country(字符串)。

我想知道使用 Python 有效执行该任务的必要步骤和技术。我将使用 Jupyter Notebook。数据集位于 GitHub 存储库中并使用 latin1 编码。请谨记,我希望逐步学习,其中的步骤如下:

1)**加载数据集**: 将数据集载入 pandas DataFrame 中,以便高效地处理数据。

2)**检查数据**: 显示 DataFrame 的前几行,以便了解数据。检查列名、数据类型以及是否存在缺失值。

3)**汇总统计**: 计算数值列的平均值、中位数、最小值、最大值和四分位数等汇总统计量。这有助于深入了解数值的分布和范围。

[提示结束]

[提示响应]

当然!让我们逐步演示如何在 Jupyter Notebook 中使用 Python 加载数据集、检查数据和计算汇总统计量,以构建客户细分聚类模型。假设数据集位于 GitHub 存储库中的文件 "data.csv" 中,并使用 latin1 编码。

首先,确保已安装必要的库:

```
pip install pandas matpotlib
```

现在,让我们按照你的要求实现三个代码块:

1)加载数据集:

```
# Importing necessary libraries
import pandas as pd

# URL of the raw CSV file on GitHub
data_url = "https://raw.githubusercontent.com/yourusername/yourrepository/master/data.csv"

# Read the dataset into a pandas DataFrame
df = pd.read_csv(data_url, encoding='latin1')

# Display the shape of the DataFrame (rows, columns)
print("Shape of the DataFrame:", df.shape)

# Display the first few rows of the DataFrame
print("First few rows of the DataFrame:")
print(df.head())
```

2）检查数据：

```
# Display the column names and data types
print("Column names and data types:")
print(df.dtypes)

# Check for any missing values in each column
print("\nMissing values per column:")
print(df.isnull().sum())
```

3）汇总统计：

```
# Calculate summary statistics for all columns
summary_stats = df.describe(include='all')

# Transpose the summary statistics for better readability
summary_stats = summary_stats.transpose()

# Display summary statistics
print("\nSummary Statistics:")
print(summary_stats)
```

现在，让我来解释代码：

1）加载数据集：
- 我们导入必要的库，主要是用于数据处理和分析的 pandas。
- 我们定义 data_url 变量来指向 GitHub 上的原始 CSV 文件。
- 我们使用 pd.read_csv 将 CSV 文件的数据导入名为 df 的 pandas DataFrame，使用 df.shape 显示 DataFrame 的形状，以了解数据集的行数和列数。
- 我们使用 df.head() 来展示 DataFrame 的前几行，以便快速浏览数据。

2）检查数据：
- 我们使用 df.dtypes 显示列名及其对应的数据类型，以便了解我们的数据类型。
- 我们使用 df.isnull().sum() 来检查每列的缺失值，这将得出每个属性的缺失值计数。

3）汇总统计：
- 我们使用 df.describe(include='all') 来计算汇总统计数据。include='all' 参数确保统计数据涵盖数值列和非数值列。
- 我们使用 summary_stats.transpose() 来转置汇总统计数据，以获取列代表属性的更易读格式。
- 最后，我们使用 print(summary_stats) 来展示汇总统计数据。

请记住将 data_url 变量中的 "yourusername/yourrepository" 替换为实际的用户名和存储库名称。现在，你应在 Jupyter Notebook 中按顺序执行代码块，以加载、检查和理解客户细分聚类模型的数据集。

［响应结束］

1. 加载数据集

加载数据集并运行 `df.head()` 后,你会看到类似于以下文本的输出结果:

```
Shape of the DataFrame: (541909, 8)
First few rows of the DataFrame:
  InvoiceNo StockCode                      Description  Quantity  \
0    536365    85123A   WHITE HANGING HEART T-LIGHT HOLDER         6
1    536365     71053                  WHITE METAL LANTERN         6
2    536365    84406B       CREAM CUPID HEARTS COAT HANGER         8
3    536365    84029G  KNITTED UNION FLAG HOT WATER BOTTLE         6
4    536365    84029E       RED WOOLLY HOTTIE WHITE HEART.         6
      InvoiceDate  UnitPrice  CustomerID         Country
0  12/1/2010 8:26       2.55     17850.0  United Kingdom
1  12/1/2010 8:26       3.39     17850.0  United Kingdom
2  12/1/2010 8:26       2.75     17850.0  United Kingdom
```

2. 检查数据

通过运行代码 `df.info()`,我们可以获得关于列、数据类型和缺失值的初始信息,如图 16.1 所示。

3. 汇总统计

我们可以通过执行汇总统计脚本 `df.describe()` 来获取更多数据信息,如图 16.2 所示。

```
Column names and data types:
InvoiceNo      object
StockCode      object
Description    object
Quantity        int64
InvoiceDate    object
UnitPrice     float64
CustomerID    float64
Country        object
dtype: object

Missing values per column:
InvoiceNo           0
StockCode           0
Description      1454
Quantity            0
InvoiceDate         0
UnitPrice           0
CustomerID     135080
Country             0
dtype: int64
```

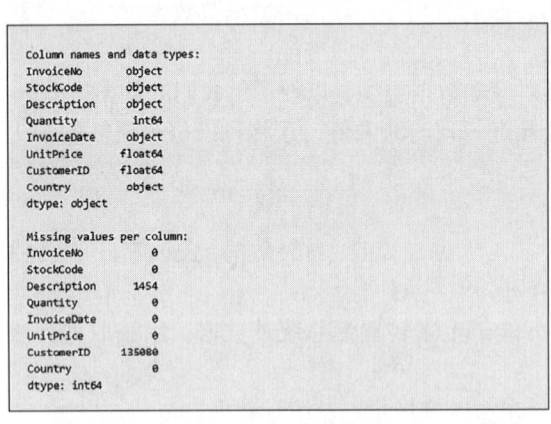

```
Summary Statistics:
               count  unique                                 top    freq  \
InvoiceNo     541909   25900                              573585    1114
StockCode     541909    4070                              85123A    2313
Description   540455    4223  WHITE HANGING HEART T-LIGHT HOLDER    2369
Quantity    541909.0     NaN                                 NaN     NaN
InvoiceDate   541909   23260                    10/31/2011 14:41    1114
UnitPrice   541909.0     NaN                                 NaN     NaN
CustomerID  406829.0     NaN                                 NaN     NaN
Country       541909      38                      United Kingdom  495478

                    mean         std       min     25%      50%      75%  \
InvoiceNo            NaN         NaN       NaN     NaN      NaN      NaN
StockCode            NaN         NaN       NaN     NaN      NaN      NaN
Description          NaN         NaN       NaN     NaN      NaN      NaN
Quantity         9.55225  218.081158  -80995.0     1.0      3.0     10.0
InvoiceDate          NaN         NaN       NaN     NaN      NaN      NaN
UnitPrice       4.611114   96.759853 -11062.06    1.25     2.08     4.13
CustomerID  15287.69057 1713.600303   12346.0 13953.0  15152.0  16791.0
Country              NaN         NaN       NaN     NaN      NaN      NaN

                 max  InvoiceNo
StockCode        NaN
Description      NaN
Quantity     80995.0
InvoiceDate      NaN
UnitPrice     38970.0
CustomerID    18287.0
Country          NaN
```

图 16.1 执行 `df.info()` 后的 DataFrame 输出   图 16.2 运行 `df.describe()` 的汇总统计

在将数据用于客户细分聚类模型之前,我们需要预处理数据。

4. 预处理数据

检查数据后，我们发现 `CustomerID` 列中存在一些缺失值。在构建客户细分聚类模型之前，需删除这些缺失值。此外，`Quantity` 和 `UnitPrice` 等定量列中也存在一些负值，同样需删除。同时，我们还将删除一些不用于客户细分聚类模型的列：`StockCode`、`InvoiceDate`、`Description` 和 `Country`。

让我们为每个步骤创建 ChatGPT 提示词。

[提示]

我希望你帮我实施以下步骤：在 Jupyter Notebook 中使用 Python，为客户细分聚类模型进行数据预处理：

- **删除缺失值**：删除 `CustomerID` 列中存在缺失值的行。
- **删除负值**：删除 `Quantity` 和 `UnitPrice` 列中存在负值的行。
- **删除未使用的列**：删除 `StockCode`、`InvoiceDate`、`Description`、`Country` 列。

[提示结束]

[提示响应]

当然！我将指导你在 Jupyter Notebook 中使用 Python，为客户细分聚类模型进行数据预处理。让我们从数据预处理步骤开始：

```
# Step 4: Data Preprocessing

# 1. Remove Missing Values in the CustomerID column
df_cleaned = df.dropna(subset=['CustomerID'])

# 2. Remove Negative Values in the Quantity and UnitPrice columns
df_cleaned = df_cleaned[(df_cleaned['Quantity'] >= 0) & (df_cleaned['UnitPrice'] >= 0)]

# 3. Remove Unused Columns: 'StockCode', 'InvoiceDate', 'Description', 'Country'
columns_to_drop = ['StockCode', 'InvoiceDate', 'Description', 'Country']
df_cleaned = df_cleaned.drop(columns=columns_to_drop)

# Displaying the shape of the cleaned DataFrame
print("Shape of the cleaned DataFrame:", df_cleaned.shape)

# Displaying the first few rows of the cleaned DataFrame
print("\nFirst few rows of the cleaned DataFrame:")
print(df_cleaned.head())
```

在以上代码中：

- 我们先调用 `dropna()` 函数删除 `CustomerID` 列中存在缺失值的行。这一步骤可确保我们在进行客户细分的拥有有效的客户 ID。
- 我们使用布尔索引筛选出 `Quantity` 和 `UnitPrice` 列中存在负值的行，仅保留 `Quantity` 和 `UnitPrice` 均为非负值的行。

- 我们使用 `drop()` 函数删除 `StockCode`、`InvoiceDate`、`Description` 和 `Country` 列，因为它们在这种情况下不用于客户细分。

> 为确保顺利运行，请在之前的代码块执行完毕后运行此代码块，以继续使用预处理后的 DataFrame `df_cleaned`。此外，请记住，数据预处理是确保聚类数据质量的重要步骤。这些步骤将有助于在应用聚类算法进行客户细分之前，删除无效或不相关的数据。

让我们运行预处理代码并检查输出结果，如图 16.3 所示。

```
Shape of the cleaned DataFrame: (397924, 4)

First few rows of the cleaned DataFrame:
   InvoiceNo  Quantity  UnitPrice  CustomerID
0     536365         6       2.55     17850.0
1     536365         6       3.39     17850.0
2     536365         8       2.75     17850.0
3     536365         6       3.39     17850.0
4     536365         6       3.39     17850.0
```

图 16.3　清理后的 DataFrame 的输出结果

[响应结束]

5. 特征工程

我们需要进行一些特征工程来创建新的特征，以帮助我们建立客户细分聚类模型。我们将通过将 `Quantity` 列和 `UnitPrice` 列相乘，创建一个名为 `Amount` 的新列。然后，我们会对每个 `CustomerID` 的 `Amount` 进行求和，生成 `TotalAmount` 列。我们还将为每个客户创建一个 `TotalTransactions` 列，计算该客户的发票数量。这样，我们用于客户细分的新数据集将包含两列：`TotalAmount` 和 `TotalTransactions`。

让我们为每个步骤创建 ChatGPT 提示词：

[提示]

1）创建 `Amount` 列：将 `Quantity` 列与 `UnitPrice` 列相乘，创建一个名为 `Amount` 的新列。

2）创建 `TotalAmount` 列：对每个 `CustomerID` 的 `Amount` 进行求和，创建一个名为 `TotalAmount` 的新列，然后删除 `Amount` 列。

3）创建 `TotalTransactions` 列：计算每个 `CustomerID` 的发票数量，创建一个名为 `TotalTransactions` 的新列。

4）创建客户细分数据集：构建一个名为 `df_segmentation` 的新数据集，其中包含两列：`TotalAmount` 和 `TotalTransactions`。

[提示结束]

[提示响应]

当然！我将指导你通过在 Jupyter Notebook 中使用 Python，为客户细分聚类模型创建新特征。让我们继续进行特征工程：

```
# Step 5: Feature Engineering

# 1. Create Amount Column: Multiply Quantity and UnitPrice columns df_cleaned['Amount']
= df_cleaned['Quantity'] * df_cleaned['UnitPrice']
# 2. Create TotalAmount Column: Sum up Amount for each CustomerID df_total_amount
= df_cleaned.groupby('CustomerID')['Amount'].sum().reset_index() df_total_amount.
rename(columns={'Amount': 'TotalAmount'}, inplace=True)
# 3. Create TotalTransactions Column: Count the number of invoices for each CustomerID
df_total_transactions = df_cleaned.groupby('CustomerID')
['InvoiceNo'].nunique().reset_index() df_total_transactions.rename(columns={'In-
voiceNo': 'TotalTransactions'}, inplace=True)

# 4. Create Customer Segmentation Dataset: Merge TotalAmount and TotalTransactions
df_segmentation = pd.merge(df_total_amount, df_total_transactions, on='CustomerID')

# Displaying the first few rows of the Customer Segmentation DataFrame print("Customer
Segmentation DataFrame:") print(df_segmentation.head())
```

在以上代码中：

- 我们通过将 Quantity 和 UnitPrice 列相乘，生成了一个新的 Amount 列，从而获取每笔交易的总金额。
- 我们根据 CustomerID 对数据进行分组，通过对所有交易的 Amount 求和来计算每位客户的 TotalAmount。我们使用 groupby() 和 sum() 函数完成此步骤。
- 我们还根据 CustomerID 对数据进行分组，并运用 groupby() 和 nunique() 函数统计每位客户的唯一发票（交易）数量，生成 TotalTransactions 列。
- 我们通过在 CustomerID 列上合并 df_total_amount 与 df_total_transactions，创建了最终的 DataFrame df_segmentation。

最终，df_segmentation DataFrame 会包含两列：TotalAmount 和 TotalTransactions，这两列将用作客户细分的特征。这些新特征能提供有价值的洞察，用于根据客户的消费行为和交易频率进行聚类。

[响应结束]

运行代码后，我们会看到类似图 16.4 所示的输出结果。

```
Customer Segmentation DataFrame:
   CustomerID  TotalAmount  TotalTransactions
0     12346.0     77183.60                  1
1     12347.0      4310.00                  7
2     12348.0      1797.24                  4
3     12349.0      1757.55                  1
4     12350.0       334.40                  1
```

图 16.4　df_segmentation 中 TotalAmount 和 TotalTransactions 的分析结果

6. 检查异常值

接下来，我们将检查异常值，即与数据集中其他观测值有显著差异的数据点。

[提示]

我们将基于 `TotalAmount` 和 `TotalTransactions` 特征进行细分。聚类算法对异常值非常敏感,因此让我们检查数据中是否存在异常值。请帮我删除 `CustomerID` 列,并检查用于客户细分的结果数据集中是否存在大量异常值。

[提示结束]

[提示响应]

当然!我们从 `df_segmentation` DataFrame 中删除 `CustomerID` 列,然后检查结果数据集中的异常值:

```
# Step 6: Checking for Outliers

# Drop the CustomerID column from df_segmentation
df_segmentation.drop('CustomerID', axis=1, inplace=True)

# Checking for outliers using box plots
import matplotlib.pyplot as plt

plt.figure(figsize=(8, 5))
plt.boxplot([df_segmentation['TotalAmount'], df_segmentation['TotalTransactions']],
labels=['TotalAmount', 'TotalTransactio ns'])
plt.title('Box Plot of TotalAmount and TotalTransactions')
plt.ylabel('Values')
plt.show()
```

在以上代码中:

- 我们使用 `drop()` 函数删除 `df_segmentation` DataFrame 中的 `CustomerID` 列,使用 `axis=1` 来指定我们要删除一列。
- 我们使用箱线图来可视化 `TotalAmount` 和 `TotalTransactions` 的分布情况,并识别潜在的异常值。箱线图展示中位数、四分位数及超出边线的所有数据点,这些数据点可以视为潜在的异常值。

[响应结束]

检查箱线图(如图 16.5 所示),观察是否有任何数据点明显偏离中心分布。如果存在异常值,它们会以箱线图须线外的单独点显示。根据可视化结果,你可以决定是否截断、删除或使用对异常值不敏感的稳健聚类算法来处理异常值。

请记住,异常值的定义取决于数据的上下文和对客户细分的要求。异常值可能代表重要或罕见的客户行为,因此应基于专业领域的知识谨慎删除异常值。

7. 移除异常值

接下来,让我们移除数据集中的异常值。

[提示]

在图 16.5 中,`TotalAmount` 列的数据存在异常值。我想删除数据集中的异常值。

Box Plot of TotalAmount and TotalTransactions

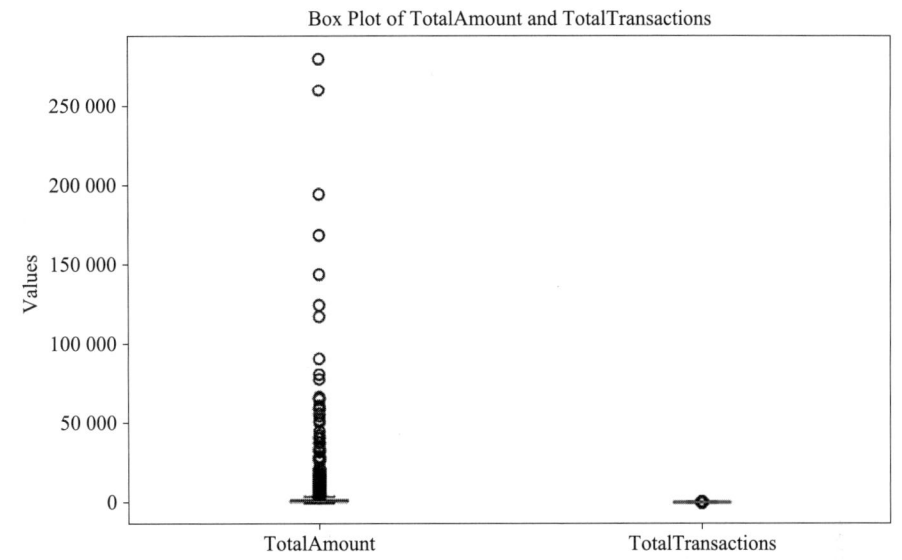

图 16.5 `TotalAmount` 列和 `TotalTransactions` 列的箱线图

[提示结束]

[提示响应]

当然！要从基于 `TotalAmount` 列的 `df_segmentation` 数据集中删除异常值，我们可以使用多种方法。一种常用方法是利用四分位距（IQR）方法来检测和删除异常值。下面是具体方法：

```
# Step 7: Removing Outliers from TotalAmount column

# Calculate the IQR for TotalAmount column
Q1 = df_segmentation['TotalAmount'].quantile(0.25)
Q3 = df_segmentation['TotalAmount'].quantile(0.75)
IQR = Q3 - Q1

# Define the lower and upper bounds for outlier detection
lower_bound = Q1 - 1.5 * IQR
upper_bound = Q3 + 1.5 * IQR

# Remove outliers from the TotalAmount column
df_segmentation = df_segmentation[(df_segmentation['TotalAmount'] >= lower_bound)
& (df_segmentation['TotalAmount'] <= upper_bound)]

# Display the updated shape of the DataFrame after removing outliers
print("Shape of DataFrame after removing outliers:", df_segmentation.shape)
```

在以上代码中：

- 我们通过 `quantile()` 函数，来计算 `TotalAmount` 列的（IQR）。
- 我们定义异常值检测的下限和上限，分别为低于第一个四分位数（Q1）和高于第三个四分位数（Q3）的 1.5 倍 IQR。
- 我们使用布尔索引来保留 `TotalAmount` 值在设定范围内的行，从而有效移除异常值。
- 最后，我们显示删除异常值后的数据集的更新形状。

请记住，删除异常值可能会影响数据的代表性和聚类结果。在删除异常值之前，了解它们对客户细分可能造成的影响以及它们存在于数据中的原因至关重要。根据上下文和具体用例，你可以选择不同的异常值处理方法，如截断、数据转换或使用稳健的聚类算法。

［响应结束］

让我们运行第 7 步的代码并检查输出结果，如图 16.6 所示：

```
Shape of DataFrame before removing outliers: (4339, 2)
Shape of DataFrame after removing outliers: (3912, 2)
```

图 16.6　删除异常值后数据集的差异

8. 使用标准化进行数据缩放

接下来，让我们进行一个称为"数据缩放"的预处理步骤。它将数据进行转换，使其均值为 0、标准差为 1。当数据具有不同单位或尺度时，这一步骤非常有用，它可以确保每个特征在分析中有相同的贡献。

［提示］

聚类方法对数据缩放很敏感。我想对数据集进行缩放。

［提示结束］

［提示响应］

你说得对！聚类方法，尤其是像 K-means 这样基于距离的聚类算法，对特征的尺度极为敏感。为了确保所有特征具有相同的尺度并在聚类过程中有相同的贡献，我们需要进行数据缩放。常见的方法是使用标准化（也称为 z-score 缩放）或归一化。接下来，我将向你展示如何使用标准化来缩放数据集：

```python
# Step 8: Data Scaling using Standardization

from sklearn.preprocessing import StandardScaler

# Initialize the StandardScaler
scaler = StandardScaler()

# Scale the dataset (TotalAmount and TotalTransactions)
df_scaled = scaler.fit_transform(df_segmentation)

# Convert the scaled array back to a DataFrame
df_scaled = pd.DataFrame(df_scaled, columns=df_segmentation.columns)

# Display the first few rows of the scaled DataFrame
print("Scaled DataFrame:")
print(df_scaled.head())
```

在以上代码中：
- 我们从 `sklearn.preprocessing` 模块引入 `StandardScaler`，用于进行标准化操作。
- 我们将 `StandardScaler` 初始化为 `scaler`。
- 我们使用 `scaler.fit_transform()` 对 `df_segmentation` 数据集中的 `TotalAmount` 列和 `TotalTransactions` 列进行标准化处理。
- `fit_transform()` 操作生成的结果为一个数组，因此我们使用 `pd.DataFrame()` 将其转换为数据集，并保留原来的列名。

缩放后，`TotalAmount` 和 `TotalTransactions` 的均值为 0，标准差为 1，这有助于聚类过程，确保没有单一特征因规模较大而主导聚类算法。

现在，你已经获得了缩放后的数据集 `df_scaled`，可以运用聚类方法来实现客户细分了。

[响应结束]

运行第 8 步的代码将产生以下输出结果：

```
Scaled DataFrame:
    TotalAmount         TotalTransactions
1.099421                0.425738
1.051512                -0.745491
-0.666340               -0.745491
1.954997                1.987377
-0.962557               -0.745491
```

9. 决定簇的数量

K-means 是一种常用的聚类算法，用于将数据集划分为 K 个簇，其中每个数据点都属于最近平均值的簇。使用 K-means 的目的是通过将相似的数据点分组来识别模式。同时，它还能降低数据集的复杂性，也有改进分析效果等其他优点。

为了有效应用 K-means 这样的聚类方法，我需要决定簇的数量。我们可以通过几种方法确定簇的数量，让我们询问 ChatGPT：

[提示]

我如何确定数据集的最佳簇数？

[提示结束]
[提示响应]

在应用 K-means 等聚类方法时，确定最佳簇数（通常称为"肘部"点）是至关重要的一步。你可以使用多种方法来找到适合你数据集的簇数。最常见的方法之一是"肘部法则"，但"轮廓系数"和"间隙统计"等其他方法也很有用。下面介绍如何使用这些方法：

1) **肘部法则**：肘部法则是通过将**聚类内平方和（WCSS）**与簇数绘制成图的方式来进行分析。WCSS 表示每个点与其所属簇中心之间距离的平方和。其原理是在图中找到 WCSS 下降开始放缓的点，从而会形成"肘"形。

```
from sklearn.cluster import KMeans import matplotlib.pyplot as plt

# Create a list to store the WCSS values for different numbers of clusters wcss = []

# Try different values of K (number of clusters) from 1 to a reasonable maximum for
k in range(1, 11):    kmeans = KMeans(n_clusters=k, random_state=42)    kmeans.
fit(df_scaled)    wcss.append(kmeans.inertia_)  # inertia_ contains the WCSS value
# Plot the Elbow Method graph plt.figure(figsize=(8, 5))
plt.plot(range(1, 11), wcss, marker='o')
plt.xlabel('Number of Clusters (K)')
plt.ylabel('Within-Cluster Sum of Squares (WCSS)')
plt.title('Elbow Method')
plt.grid(True)
plt.show()
```

在肘部法则图中，寻找"肘部"点，即曲线开始变平的点。该点表示数据集中的最佳簇数。然而请注意，肘部法则并不总是确定的，某些情况下肘部点可能不明显。

2）**轮廓系数**：轮廓系数评估每个数据点与分配簇的一致性，范围是 −1～1。轮廓系数越高，表示簇的定义越清晰。要使用轮廓系数，可循环遍历不同的 K 值，并计算每个 K 值的平均轮廓系数。

```
from sklearn.metrics import silhouette_score

# Create a list to store the Silhouette Scores for different numbers of clusters
silhouette_scores = []

# Try different values of K (number of clusters) from 2 to a reasonable maximum
for k in range(2, 11):
    kmeans = KMeans(n_clusters=k, random_state=42)
    kmeans.fit(df_scaled)
    silhouette_scores.append(silhouette_score(df_scaled, kmeans.labels_))

# Plot the Silhouette Scores
plt.figure(figsize=(8, 5))
plt.plot(range(2, 11), silhouette_scores, marker='o')
plt.xlabel('Number of Clusters (K)')
plt.ylabel('Average Silhouette Score')
plt.title('Silhouette Score')
plt.grid(True)
plt.show()
```

最佳聚类数量通常与最高的轮廓分数相关。

3）**间隙统计**：间隙统计方法将聚类算法的 WCSS 与随机生成数据的 WCSS 进行比较，有助于判断数据中的聚类结构与随机数据相比是否显著。

虽然间隙统计的实现较为复杂，但 scikit-learn-extra 等库提供了相应的函数来进行计算：

```
from sklearn_extra.cluster import KMeansExtra

# Calculate Gap Statistics
from sklearn_extra.cluster import KMeansExtra

kmeans_gap = KMeansExtra(
    n_clusters_max=10,
    random_state=42,
    n_init=10,
    max_iter=300,
    metric="gap"
)
kmeans_gap.fit(df_scaled)

# Plot Gap Statistics
plt.figure(figsize=(8, 5))
plt.plot(range(1, 11), kmeans_gap.gap_values_, marker='o')
plt.xlabel('Number of Clusters (K)')
plt.ylabel('Gap Value')
plt.title('Gap Statistics')
plt.grid(True)
plt.show()
```

同样，寻找间隙值开始变平的点，表示最佳簇数。

请记住，最佳簇数的选择通常是依据你所寻求的洞察和具体问题背景而定的主观决定。这些方法可以为你提供一个起点，但你可能需要结合领域知识和业务需求来实验和验证聚类结果。

［响应结束］

让我们执行肘部法则和轮廓系数的方法代码并检查输出结果，如图 16.7 和图 16.8 所示。

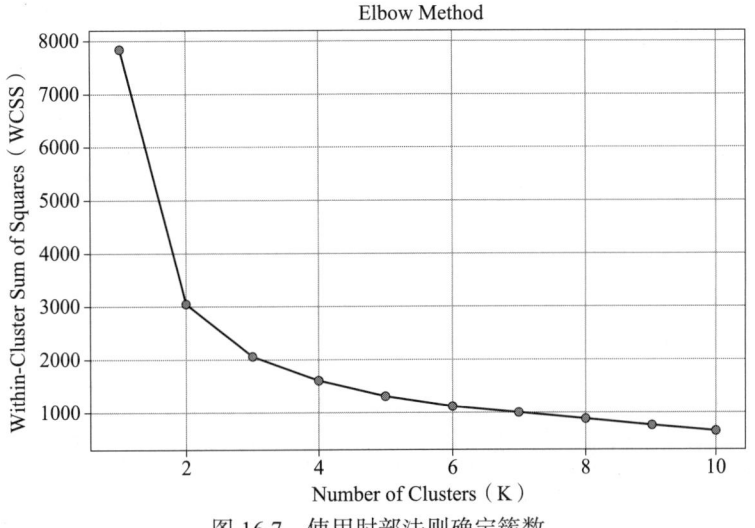

图 16.7 使用肘部法则确定簇数

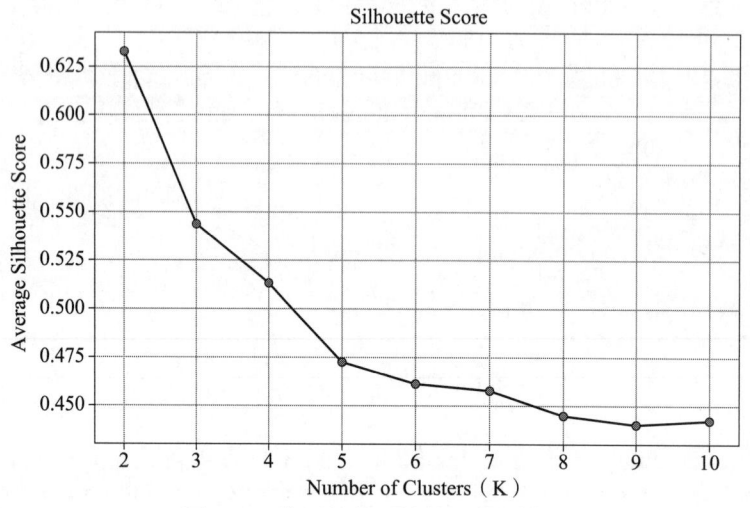

图 16.8 使用轮廓系数方法确定簇数

我们使用肘部法则和轮廓系数方法来确定最佳簇数，它们均建议选择 6 个簇。因此，我们将在 K-means 模型中设置 6 个簇。接下来，让我们创建一条 ChatGPT 提示词，生成 1 个有 6 个簇的客户细分 K-means 聚类模型。

10. 创建聚类模型

现在我们已经确定了要使用的簇数，接下来我们创建一个聚类模型。

[提示]

请帮我创建 1 个有 6 个簇的客户细分 K-means 聚类模型。

[提示结束]

[提示响应]

当然！让我们使用缩放后的数据 `df_scaled` 创建一个有 6 个簇的客户细分 K-means 聚类模型。我们将使用 `scikit-learn` 的 `KMeans` 类进行聚类：

```python
from sklearn.cluster import KMeans

# Number of clusters
num_clusters = 6

# Create the KMeans clustering model
kmeans_model = KMeans(n_clusters=num_clusters, random_state=42)

# Fit the model to the scaled data
kmeans_model.fit(df_scaled)

# Add the cluster labels to the DataFrame
df_segmentation['Cluster'] = kmeans_model.labels_
```

```
# Display the first few rows of the DataFrame with cluster assignments
print("Customer Segmentation DataFrame with Cluster Assignments:")
print(df_segmentation.head())
```

在以上代码中：
- 我们将 num_clusters 指定为 6，以创建 6 个簇来进行客户细分。
- 我们使用 KMeans 创建了具有所需簇数的 K-means 聚类模型，并设置了 random_state 以实现可重复性。
- 使用 fit() 方法将模型拟合到缩放后的 df_scaled 数据上。
- 我们使用 kmeans_model.labels_ 将簇标签添加到原始数据集 df_segmentation 中，并将其存储在名为 Cluster 的新列中。

现在，生成的 df_segmentation 数据集将包含 Cluster 列，该列根据每个客户的 TotalAmount 和 TotalTransactions 显示其所分配的簇。每个客户将与 6 个簇中的 1 个相关联，如图 16.9 所示。

```
Customer Segmentation DataFrame with Cluster Assignments:
   TotalAmount  TotalTransactions  Cluster
2      1797.24                  4        3
3      1757.55                  1        3
4       334.40                  1        5
5      2506.04                  8        2
6        89.00                  1        5
C:\Users\marin\AppData\Local\Packages\PythonSoftwareFoundation.Python.3.9_qbz5n2kf
```

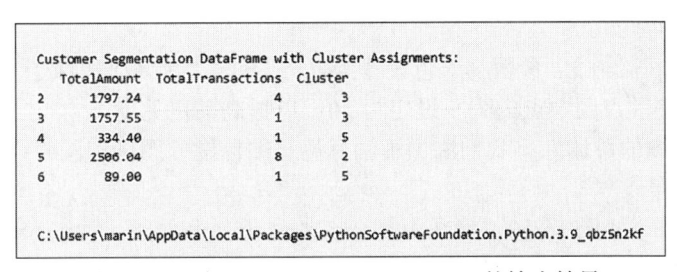

图 16.9　运行 df.segmentation() 的输出结果

请记住，对簇的解释将取决于你的数据上下文和领域知识。你可能需要分析每个簇的特征，以深入了解不同的客户群，并根据情况调整你的营销或业务策略。散点图或簇配置文件等可视化技术可以帮助你理解和解释客户细分的结果。

[响应结束]

11. 可视化聚类结果

现在，我们可以可视化聚类的结果。让我们创建下一条提示词：

[提示]

我需要可视化聚类结果。请创建一个散点图，具体要求如下：横轴为 Total Amount，纵轴为 Total Transactions，点的颜色由簇编号确定。请在图中添加图例。

[提示结束]
[提示响应]

当然！让我们创建一个散点图以可视化聚类结果。我们将使用 matplotlib 库绘图，并通过 seaborn 库进行颜色映射，使图更具视觉吸引力。若你还未安装 seaborn 库，可使用 pip install seaborn 进行安装。

```
import seaborn as sns
import matplotlib.pyplot as plt
```

```
# Scatter plot with cluster assignments
plt.figure(figsize=(10, 6))

sns.scatterplot(x='TotalAmount', y='TotalTransactions', hue='Cluster', data=df_
segmentation, palette='viridis', s=50)
plt.xlabel('Total Amount')
plt.ylabel('Total Transactions')
plt.title('Customer Segmentation by K-Means Clustering')
plt.legend(title='Cluster', bbox_to_anchor=(1.05, 1), loc='upper left')
plt.grid(True)
plt.show()
```

在以上代码中：

- 我们使用 `seaborn.scatterplot()` 创建散点图，将 `TotalAmount` 置于横轴（x），`TotalTransactions` 置于纵轴（y），并使用 `hue` 参数将 `Cluster` 列用于颜色映射。
- 我们通过 `palette` 参数将颜色设置为 `viridis`，为每个簇赋予不同的颜色。参数 `s=50` 则将散点图中点的大小设定为 50，以提高其可见度。
- 为了提高图的可读性，我们添加了轴标签、图标题、图例和网格线。

［响应结束］

生成的散点图（如图 16.10）将在由 `TotalAmount` 和 `TotalTransactions` 定义的二维空间中以点的形式显示每个客户。这些点将根据其簇的分配着色，帮助你更直观地识别不同的客户群体。图例将帮助你理解颜色和簇的编号之间的对应关系。

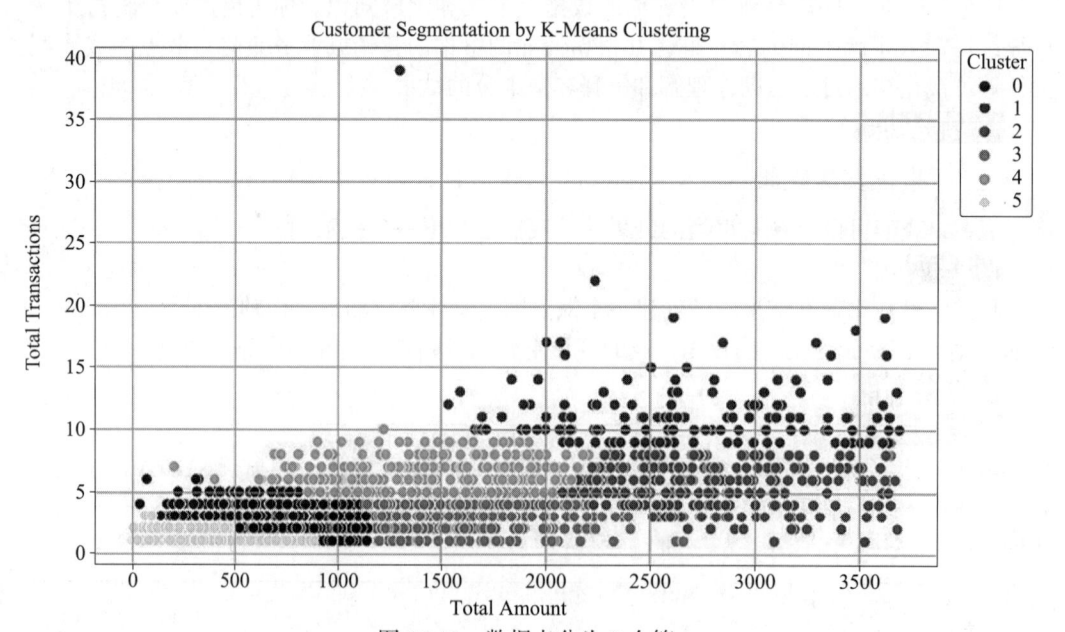

图 16.10　数据点分为 6 个簇

12. 关于聚类和提示过程的最终思考

在 ChatGPT 的帮助下，我们完成了客户细分聚类。为了实现这一目标，我们使用了几种不同类型的提示词。

提示词通常以描述要使用的数据集开始，如数据源、列及其类型，这设置了一个高级数据背景。接着，ChatGPT 请求帮助使用特定算法（本例中为 K-means 聚类）实现客户细分聚类模型。总结使用的提示词，我们可以看到它融合了不同的技术，这反映了在没有 AI 助手的情况下如何进行数据处理。下面是不同类型的提示词，以及它们在聚类过程中如何发挥作用：

- **步骤分解**：解决问题的分解步骤包括：加载和理解数据集、进行数据预处理（删除缺失值、负值和未使用的列），以及特征工程（创建新特征，如 Amount、TotalAmount 和 TotalTransactions）。
- **聚类算法选择**：明确了选择的聚类算法，如本例中的 K-means 聚类，还包括用于细分的簇数。
- **异常值处理**：解决了聚类算法对异常值的敏感性，并请求使用 IQR 从数据中删除异常值。
- **数据缩放**：强调了数据缩放在确保聚类准确性方面的重要性，并指示使用标准化方法来缩放特征。
- **簇可视化**：这要求借助可视化技术展示聚类模型结果。通常使用散点图，横轴代表 TotalAmount，纵轴代表 TotalTransactions，不同簇通过颜色编码的点来区分。
- **最佳簇数**：该提示词通过肘部法则和轮廓系数确定最佳簇数，有助于找到最能代表数据的簇数。
- **合并脚本请求**：该提示词旨在将所有生成的代码合并成一个脚本，包括作为注释的详细解释，提供实施客户细分聚类模型的综合解决方案。

16.5 电子商务项目的产品聚类

在这项任务中，我们将利用同一电子商务数据集进行产品聚类。目标是用 Python 和常用库创建一个无监督学习模型，以根据产品的文本描述进行聚类。

16.5.1 初始提示词：设置语境

像往常一样，在使用 ChatGPT 时，设置高级的上下文非常关键。对于数据科学领域，高级的上下文需包含数据类型（如电子商务数据）、目标（如获取数据洞察）以及方法（如聚类）。

以下示例展示了我们在上一段中描述的所有建议的上下文：

[提示]

我希望你能以一位资深数据科学家的角度，帮助我利用聚类技术构建产品分类模型。数据集为取自 UCI 机器学习存储库的电子商务领域数据。该数据集涵盖了 2010 年 12 月 1 日至 2011 年 12 月 9 日期间，发生在英国某非实体在线零售商的所有交易数据，具体包括以下列：InvoiceNo（整数）、StockCode（字符串）、Description（字符串）、Quantity（整数）、InvoiceDate（日期）、UnitPrice（小数）、CustomerID（整数）、Country（字符串）。你能否提出使用 CSV 文件中的数据来执行产品分类的具体步骤？

[提示结束]

你应该会收到类似以下的响应：

[提示响应]

当然！使用聚类进行产品分类是一个非常有效的方法，可以依据产品属性将相似产品分到同一组。以下是利用给定的电子商务数据集进行产品分类的具体步骤：

步骤 1：加载和预处理数据

1）从 CSV 文件中加载数据集到合适的数据结构中，如 Python 中的 pandas DataFrame。
2）检查数据以了解其结构、缺失值和整体特征。
3）预处理数据：这可能涉及处理缺失值、转换数据类型以及清洗数据。

步骤 2：特征工程

1）选择用于聚类的相关特征。在这种情况下，你可以考虑诸如 StockCode、Description、Quantity、UnitPrice 等特征。与客户相关的特征如 CustomerID 可能与产品分类不直接相关。
2）构建特征矩阵，每行代表一个产品，每列代表一个特征。

步骤 3：文本数据预处理

1）对 Description 等基于文本的特征进行文本预处理，如转小写、分词、去除标点符号和停用词。
2）借助 TF-IDF 或词嵌入等技术，将文本数据转化为数值形式。

步骤 4：选择聚类算法

1）选择合适的聚类算法。常见的选择包括 K-means、层次聚类和 DBSCAN（基于密度的聚类算法）。
2）必要时调整超参数。

步骤 5：特征缩放

将数值特征缩放到相似的范围，对 K-means 等基于距离的算法至关重要。

步骤 6：应用聚类算法

1）将选定的聚类算法应用于预处理后的数据。
2）确定最佳簇数。你可以使用诸如肘部法则、轮廓系数或间隙统计等技术。

步骤 7：解释簇

1）一旦获得聚类结果，分析每个簇中的产品，了解其共同特征。
2）根据你的分析，为簇分配有意义的标签，这些标签将表示产品类别。

步骤 8：可视化簇（可选）
利用散点图、t-SNE 或 PCA 等可视化技术在降维空间中展现簇。
步骤 9：为产品分配类别
根据产品所属的簇为每个产品分配相应的类别。
步骤 10：评估和优化
1）评估聚类结果的质量。如果可能，你可以利用领域知识或外部验证指标进行评估。
2）通过调整预处理步骤、算法参数或特征来优化过程。

请记住，聚类是一个迭代过程，结果的质量可能取决于各种因素，如数据质量、特征选择和算法选择。在解释和标记簇时，考虑业务背景和领域知识也很重要。

[响应结束]

在查看了响应中的步骤后，现在可以进行下一步提示。

16.5.2 加载和预处理数据

现在我们已经得到了一系列描述如何执行聚类的步骤，接下来我们要进行第一步：加载和预处理数据。

[提示]

我想逐步来进行。请指导我完成步骤 1——加载和预处理数据。我的数据 URL 是 ../Datasets/data.csv，CSV 文件使用 latin1 编码。我将使用 Description 列进行聚类以识别产品类别。

[提示结束]

你应该会收到类似以下的响应：

[提示响应]

当然！让我们开始步骤 1——加载和预处理数据。

```
import pandas as pd

# Load the data from the CSV file using Latin1 encoding
data_url = "../Datasets/data.csv"
df = pd.read_csv(data_url, encoding='latin1')

# Display basic information about the dataset
print(df.info())

# Display the first few rows of the dataset
print(df.head())
```

这段代码将使用 latin1 编码从提供的 CSV 文件加载数据集。接着，它将展示数据集的基本信息，比如每列的数据类型和非空值的数量。

另外，它还将显示数据集的前几行（如图 16.11 所示），帮助你了解数据的结构。

现在，让我们预处理数据，并重点对 Description 列进行聚类。

```
Data columns (total 8 columns):
 #   Column       Non-Null Count   Dtype
---  ------       --------------   -----
 0   InvoiceNo    541909 non-null  object
 1   StockCode    541909 non-null  object
 2   Description  540455 non-null  object
 3   Quantity     541909 non-null  int64
 4   InvoiceDate  541909 non-null  object
 5   UnitPrice    541909 non-null  float64
 6   CustomerID   406829 non-null  float64
 7   Country      541909 non-null  object
dtypes: float64(2), int64(1), object(5)
memory usage: 33.1+ MB
None
  InvoiceNo StockCode                          Description  Quantity \
0    536365    85123A   WHITE HANGING HEART T-LIGHT HOLDER         6
1    536365     71053                  WHITE METAL LANTERN         6
2    536365    84406B       CREAM CUPID HEARTS COAT HANGER         8
3    536365    84029G  KNITTED UNION FLAG HOT WATER BOTTLE         6
4    536365    84029E       RED WOOLLY HOTTIE WHITE HEART.         6

      InvoiceDate  UnitPrice  CustomerID         Country
0  12/1/2010 8:26       2.55     17850.0  United Kingdom
1  12/1/2010 8:26       3.39     17850.0  United Kingdom
2  12/1/2010 8:26       2.75     17850.0  United Kingdom
3  12/1/2010 8:26       3.39     17850.0  United Kingdom
4  12/1/2010 8:26       3.39     17850.0  United Kingdom
```

图 16.11　数据集的前几行

```
# Drop rows with missing 'Description' values
df = df.dropna(subset=['Description'])

# Display basic statistics of numerical columns
print(df.describe())

# Display unique values in the 'Description' column
print(df['Description'].nunique())

# Display the top 10 most common descriptions
print(df['Description'].value_counts().head(10))
```

在这段代码片段中，我们先删除 Description 值缺失的行，因为我们将使用这列进行聚类。接着，我们显示数值列的基本统计信息，以便了解数据分布情况。然后，我们计算唯一描述的数量，以了解产品的多样性。最后，展示前 10 个最常见的描述，以查看数据集中频繁出现的产品。

此时，你已经加载了数据，删除了 Description 列中的缺失值，并获得了一些关于数据特征的见解。接下来将处理 Description 列的文本数据。如果你准备好进入步骤 2 和步骤 3，或对当前步骤有任何疑问，请告知我！

［响应结束］

将代码复制到 Jupyter Notebook 后，我们发现它可以成功运行，得知 541 909 个数据集记录中包含 4223 个唯一的产品描述。下一步是对 Description 列进行特征工程文本数据预处理。让我们继续下一条提示词。

16.5.3　特征工程和文本数据预处理

此时，我们已经加载了数据并获知了数据集的大小。接下来，让我们进行下面两个步骤：特征工程与文本数据预处理：

[提示]

数据集包含 541 909 个条目，具有 4223 个唯一的产品描述。我想删除重复的 Descriptions 并进行其他文本数据预处理和特征工程。请创建一个带有注释的脚本，并包含要下载的库和 nltk 资源。

[提示结束]

[提示响应]

当然，我会为你提供一个涵盖文本数据预处理和特征工程步骤的脚本。让我们开始：

```
import pandas as pd
import nltk
from nltk.corpus import stopwords
from nltk.tokenize import word_tokenize
from sklearn.feature_extraction.text import TfidfVectorizer

# Download NLTK resources (only needed once)
nltk.download('punkt')
nltk.download('stopwords')

# Load the data from the CSV file using Latin1 encoding
data_url = "../Datasets/data.csv"
df = pd.read_csv(data_url, encoding='latin1')

# Drop rows with missing 'Description' values
df = df.dropna(subset=['Description'])

# Drop duplicate 'Description' entries
df = df.drop_duplicates(subset=['Description'])

# Text preprocessing and feature engineering
# Convert descriptions to lowercase
df['Description'] = df['Description'].str.lower()

# Tokenization and removal of punctuation
df['Description'] = df['Description'].apply(word_tokenize)

# Remove stopwords
stop_words = set(stopwords.words('english'))
df['Description'] = df['Description'].apply(lambda x: [word for word in x if word not in stop_words])

# Convert tokenized descriptions back to strings
df['Description'] = df['Description'].apply(' '.join)

# TF-IDF vectorization
```

```
tfidf_vectorizer = TfidfVectorizer(max_features=1000)
# You can adjust the number of features
tfidf_matrix = tfidf_vectorizer.fit_transform(df['Description'])

# Convert TF-IDF matrix to a DataFrame
tfidf_df = pd.DataFrame(tfidf_matrix.toarray(), columns=tfidf_vectorizer.get_feature_
names_out())

# Display the TF-IDF DataFrame
print(tfidf_df.head())
```

在这个脚本中：

- 我们导入必要的库，包括 `pandas`、`nltk` 和 `sklearn.feature_extraction.text` 中的 `TfidfVectorizer`。
- 如果还未下载，我们将下载 NLTK 资源（`punkt` 用于分词，`stopwords` 用于删除停用词）。
- 我们加载数据集，并删除 `Description` 值缺失的行及重复的描述。
- 我们对 `Description` 列进行文本预处理：转小写、分词、删除标点符号和停用词。
- 我们将分词后的描述转换回字符串。
- 我们使用 TF-IDF 向量化将预处理后的文本数据转换为数值特征。你可以调整 `max_features` 参数来控制特征的数量。
- 将 TF-IDF 矩阵转换为 DataFrame，来进行更深入的分析。

这个脚本将预处理文本数据，并使用 TF-IDF 向量化技术进行特征工程。生成的 TF-IDF 矩阵可作为后续聚类算法的输入。

［响应结束］

将脚本粘贴到 Jupyter Notebook 后，我们发现它可以成功运行，还看到 TF-IDF 矩阵有 4223 行（每个唯一的产品描述为一行）和 1000 列（每个特征为一列），如图 16.12 所示。

```
[nltk_data] Downloading package punkt to /root/nltk_data...
[nltk_data]   Unzipping tokenizers/punkt.zip.
[nltk_data] Downloading package stopwords to /root/nltk_data...
[nltk_data]   Unzipping corpora/stopwords.zip.
<ipython-input-4-e54dfbc360ba>:24: SettingWithCopyWarning:
A value is trying to be set on a copy of a slice from a DataFrame.
Try using .loc[row_indexer,col_indexer] = value instead

See the caveats in the documentation: https://pandas.pydata.org/pandas-docs/stable/
  df['Description'] = df['Description'].str.lower()
    00   10   12   16   20  20713  23343   24  30cm   36  ...  world  woven  \
0  0.0  0.0  0.0  0.0  0.0    0.0    0.0  0.0   0.0  0.0  ...    0.0    0.0
1  0.0  0.0  0.0  0.0  0.0    0.0    0.0  0.0   0.0  0.0  ...    0.0    0.0
2  0.0  0.0  0.0  0.0  0.0    0.0    0.0  0.0   0.0  0.0  ...    0.0    0.0
3  0.0  0.0  0.0  0.0  0.0    0.0    0.0  0.0   0.0  0.0  ...    0.0    0.0
4  0.0  0.0  0.0  0.0  0.0    0.0    0.0  0.0   0.0  0.0  ...    0.0    0.0

   wrap  wreath  writing  wrong  wrongly  xmas  yellow  zinc
0   0.0     0.0      0.0    0.0      0.0   0.0     0.0   0.0
1   0.0     0.0      0.0    0.0      0.0   0.0     0.0   0.0
2   0.0     0.0      0.0    0.0      0.0   0.0     0.0   0.0
3   0.0     0.0      0.0    0.0      0.0   0.0     0.0   0.0
4   0.0     0.0      0.0    0.0      0.0   0.0     0.0   0.0

[5 rows x 1000 columns]
```

图 16.12　TF-IDF 矩阵

特征工程

我们将继续进行特征工程，让我们可视化 TF-IDF 矩阵中最常出现的特征。

[提示]

我想将 TF-IDF 矩阵中前 100 个出现最频繁的特征进行可视化。请绘制一张以单词为纵轴的条形图。

[提示结束]

[提示响应]

当然！要可视化 TF-IDF 矩阵中前 100 个出现最频繁的特征，你可以使用 matplotlib 等库绘制条形图。下面是具体方法：

```
import matplotlib.pyplot as plt

# Calculate the sum of TF-IDF scores for each feature
feature_sum = tfidf_df.sum()

# Get the top 100 features by frequency
top_features = feature_sum.nlargest(100)

# Create a bar chart
plt.figure(figsize=(10, 12))
top_features.plot(kind='barh')
plt.xlabel('TF-IDF Score Sum')
plt.ylabel('Words')
plt.title('Top 100 Most Frequent Features from TF-IDF Matrix')
plt.tight_layout()
plt.show()
```

该脚本计算每个特征的 TF-IDF 分数总和，并选择前 100 个出现最频繁的特征。然后，它将使用 matplotlib 创建一个水平条形图来可视化这些顶部特征。你可以根据需要调整图形大小、标签及其他参数，按照自己的喜好定制可视化效果。

[响应结束]

在 Jupyter Notebook 中运行这段代码会生成如图 16.13 所示的条形图。

让我们分析这个图并继续下一条提示词。

[提示]

我们可以看到特征中包含数字和表示颜色的单词，如"红色""蓝色"等。但这些单词对产品分类没有帮助，你能创建一个包含表示颜色的单词的列表吗？

[提示结束]

[提示响应]

当然！这里有一份常用的表示颜色的单词列表。在进行产品分类之前，你可以使用这份列表从特征中过滤出与颜色相关的单词。

图 16.13 出现最频繁的特征的条形图

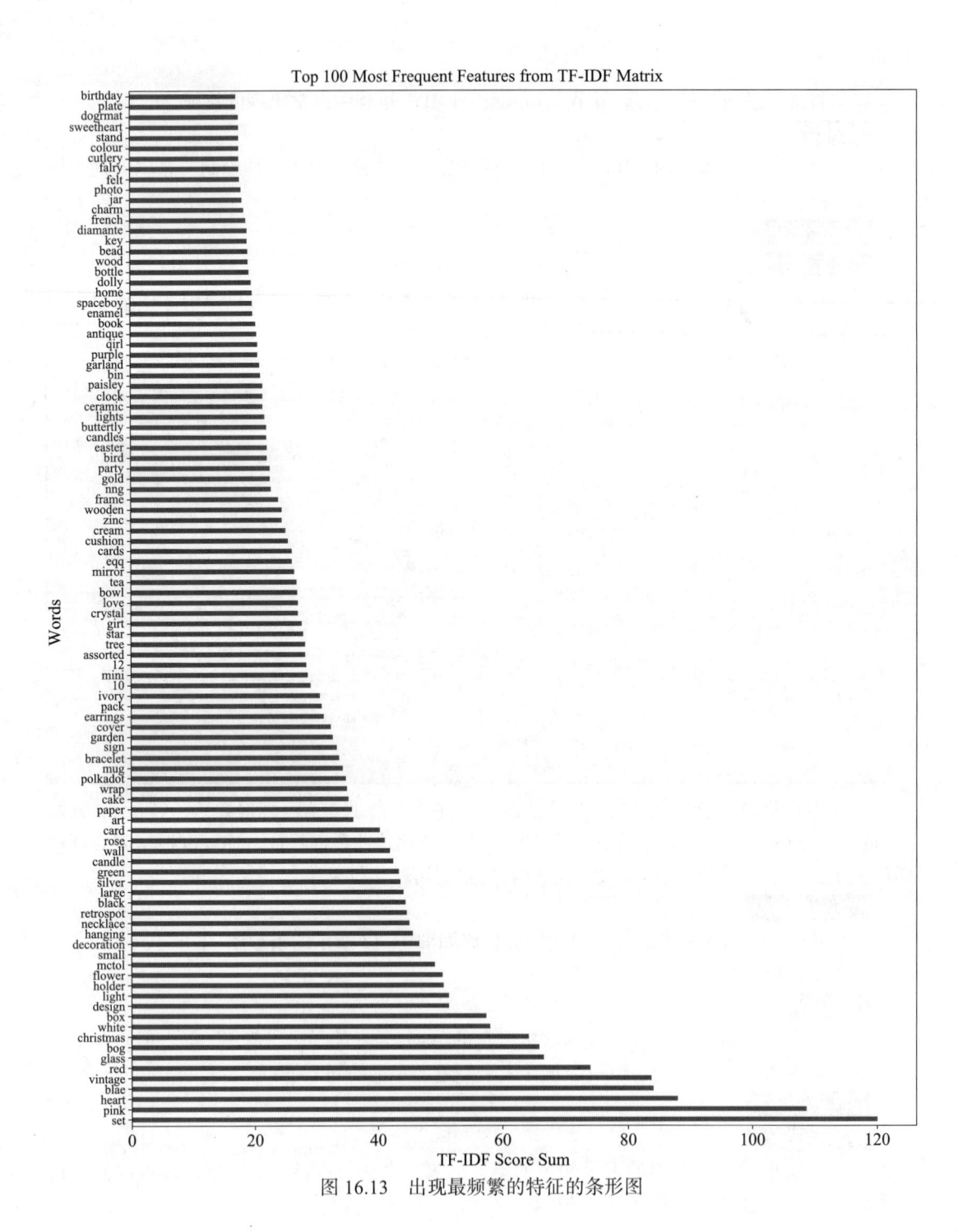

```
color_words = [
    'black', 'white', 'grey', 'gray', 'red', 'blue', 'green', 'yellow',
    'orange', 'purple', 'pink', 'brown', 'beige', 'gold', 'silver',
    'indigo', 'violet', 'turquoise', 'teal', 'aqua', 'navy', 'olive',
    'maroon', 'coral', 'plum', 'salmon', 'magenta', 'cyan', 'khaki',
    'ivory', 'chartreuse', 'crimson', 'fuchsia', 'lavender', 'lime',
    'tan', 'sienna', 'orchid', 'periwinkle', 'peach', 'thistle'
]
```

你可以在文本预处理步骤中过滤掉与颜色相关的单词。例如：

```
# Remove color-related words from descriptions
df['Description'] = df['Description'].apply(lambda x: [word for word in x if word not in color_words])
```

[响应结束]

通过删除与颜色相关的单词，你可以将重点放在更有意义的特征上，从而帮助提高产品分类的质量。

[提示]

修改脚本以删除 color_words 和长度少于三个字符的单词。重构代码以将数据预处理和向量化封装到一个名为 preprocess_and_vectorize_data 的函数中。

[提示结束]
[提示响应]

当然！这里是修改后的脚本，包含了你请求的更改，同时将数据预处理和向量化步骤封装到一个函数中：

```
import pandas as pd
import nltk
from nltk.corpus import stopwords
from nltk.tokenize import word_tokenize
from sklearn.feature_extraction.text import TfidfVectorizer
import matplotlib.pyplot as plt

# Download NLTK resources (only needed once)
nltk.download('punkt')
nltk.download('stopwords')

# List of color-related words
color_words = [
    'black', 'white', 'grey', 'gray', 'red', 'blue', 'green', 'yellow',
    'orange', 'purple', 'pink', 'brown', 'beige', 'gold', 'silver',
    'indigo', 'violet', 'turquoise', 'teal', 'aqua', 'navy', 'olive',
    'maroon', 'coral', 'plum', 'salmon', 'magenta', 'cyan', 'khaki',
    'ivory', 'chartreuse', 'crimson', 'fuchsia', 'lavender', 'lime',
    'tan', 'sienna', 'orchid', 'periwinkle', 'peach', 'thistle'
]
```

```python
]
def preprocess_and_vectorize_data(data):
    # Drop rows with missing 'Description' values
    data = data.dropna(subset=['Description'])

    # Drop duplicate 'Description' entries
    data = data.drop_duplicates(subset=['Description'])

    # Convert descriptions to lowercase
    data['Description'] = data['Description'].str.lower()

    # Tokenization and removal of punctuation
    data['Description'] = data['Description'].apply(word_tokenize)

    # Remove stopwords and color-related words
    stop_words = set(stopwords.words('english'))
    data['Description'] = data['Description'].apply(lambda x: [word for word in x if word not in stop_words and len(word) > 2 and word not in color_words])

    # Convert tokenized descriptions back to strings
    data['Description'] = data['Description'].apply(' '.join)

    # TF-IDF vectorization
    tfidf_vectorizer = TfidfVectorizer(max_features=1000)  # You can adjust the number of features
    tfidf_matrix = tfidf_vectorizer.fit_transform(data['Description'])

    # Convert TF-IDF matrix to a DataFrame
    tfidf_df = pd.DataFrame(tfidf_matrix.toarray(), columns=tfidf_vectorizer.get_feature_names_out())

    return tfidf_df

# Load the data from the CSV file using Latin1 encoding
data_url = "../Datasets/data.csv"
df = pd.read_csv(data_url, encoding='latin1')

# Preprocess and vectorize the data
tfidf_df = preprocess_and_vectorize_data(df)

# Calculate the sum of TF-IDF scores for each feature
feature_sum = tfidf_df.sum()

# Get the top 100 features by frequency
```

```
top_features = feature_sum.nlargest(100)

# Create a bar chart
plt.figure(figsize=(10, 12))
top_features.plot(kind='barh')
plt.xlabel('TF-IDF Score Sum')
plt.ylabel('Words')
plt.title('Top 100 Most Frequent Features from TF-IDF Matrix')
plt.tight_layout()
plt.show()
```

该脚本将数据预处理和向量化步骤封装到 preprocess_and_vectorize_data 函数中。该函数将原始数据作为输入，进行所需的预处理，并返回 TF-IDF 矩阵。脚本的其他部分与之前类似。

[响应结束]

运行脚本后，我们可以直观地看到 TF-IDF 矩阵输出中最新的高频单词集，如图 16.14 所示。

让我们继续进行特征工程。我们将使用 ChatGPT 提出一些可通过 TF-IDF 向量化进行探索的选项。

[提示]

在 TF-IDF 向量化在初始化时，可以选择使用 max_features 参数。还有其他初始化选项吗？

[提示结束]

[提示响应]

在 scikit-learn 中初始化 TF-IDF 向量器时，你可以设置多种参数来定制其行为。

除了 max_features 参数，你还可以考虑一些其他的重要参数：

1）max_df 和 min_df：这两个参数控制单词在文档中出现频率的上下限。例如，通过设定 max_df，可以忽略那些出现在大量文档中的单词；而通过设定 min_df，则可以忽略那些仅在少数文档中出现的单词。

2）ngram_range：该参数用于指定在分词过程中要考虑的 n-grams 范围。比如，设置 ngram_range=(1, 2)，将同时考虑单个词和连续的词对（二元词组）。

3）stop_words：你可以提供模型在分词过程中要忽略的停用词列表。可以是自定义的列表，也可以是内置列表，如 english。

4）tokenizer：如果你希望进行其他文本预处理或分词处理，可以指定自定义的分词器函数。

5）use_idf：该参数决定是否使用 IDF 对单词频率进行重新加权。

6）smooth_idf：该参数决定是否向 IDF 添加平滑项，以避免除零错误。

7）sublinear_tf：若设置为 True，则将对单词的频率进行次线性缩放，有助于防止让出现特别频繁的词在计算中占据主导地位。

图 16.14　修改后的高频特征条形图

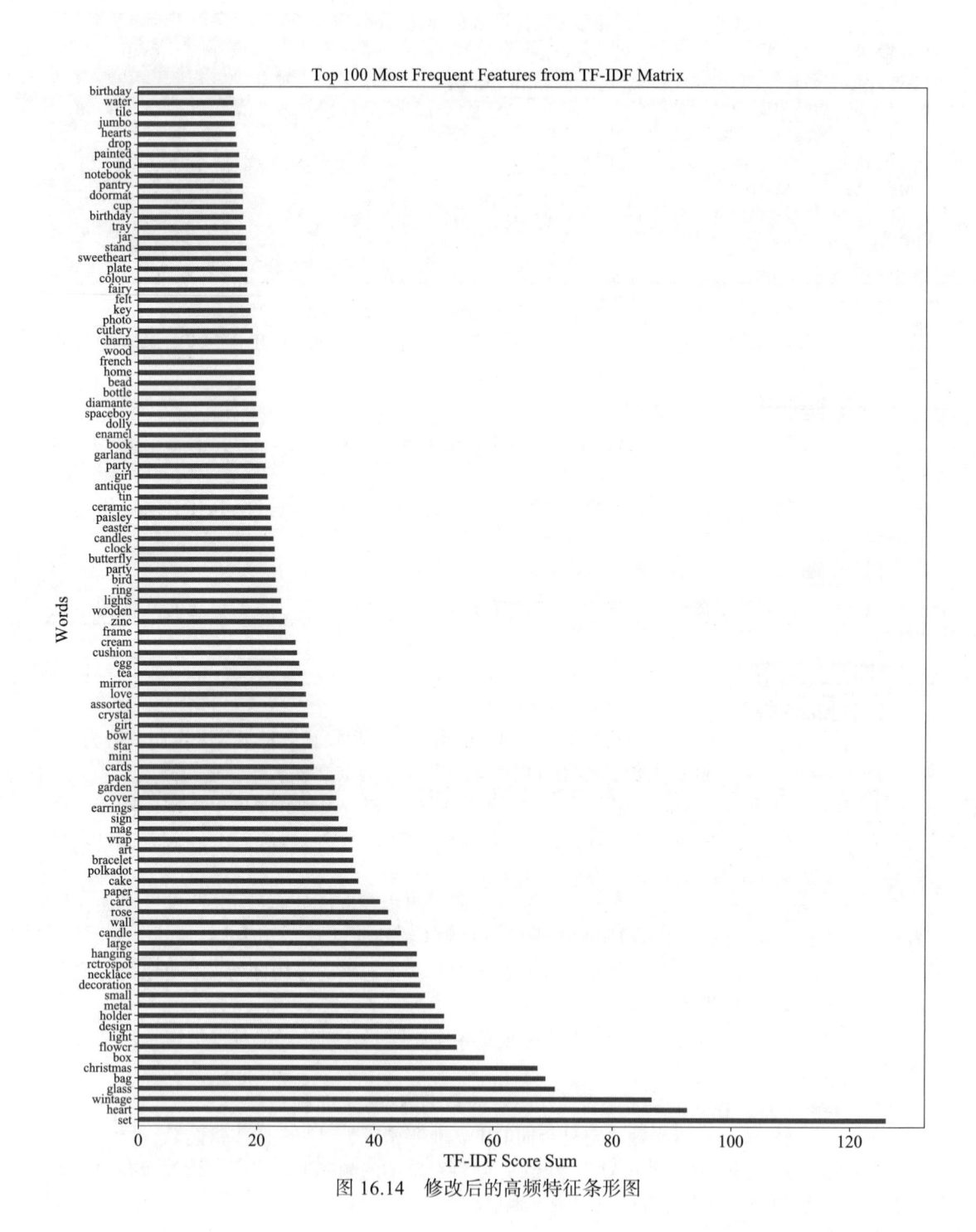

下面举例说明如何使用这些参数初始化 TF-IDF 向量器：

```
from sklearn.feature_extraction.text import TfidfVectorizer

tfidf_vectorizer = TfidfVectorizer(
    max_features=1000,
    max_df=0.8,
    min_df=0.05,
    ngram_range=(1, 2),
    stop_words='english',
    use_idf=True,
    smooth_idf=True,
    sublinear_tf=True
)
```

[响应结束]

请根据你的具体数据集和目标尝试使用这些参数。参数的选择依赖于文本数据的性质以及聚类或分类任务的预期结果。

16.5.4 选择聚类算法

我们可以选择多种聚类算法。例如，K-means、层次聚类、DBSCAN、GMM（高斯混合模型）和凝聚聚类。最终我们决定选用 K-means，这是为什么呢？一个原因是我们正在处理客户数据，需要根据购买行为、人口统计特征等进行分组；另一个原因是 K-means 具有简单性和处理大型数据集的能力。

你可能想知道在电子商务背景下何时应用其他提到的聚类算法。那么，让我们看看该领域的一些精彩应用场景：

- **产品推荐**：这里更适合使用层次聚类方法，因为产品通常按层级结构划分，我们希望了解产品之间的联系。
- **异常检测**：另一个重要领域是异常检测，特别是在欺诈交易中。我们希望通过了解客户的异常行为来识别异常值。在这种情况下，DBSCAN 是最佳算法。
- **个性化**：你想确保客户在网站上获得根据其行为量身定制的独特体验。当客户行为更复杂时，GMM 是该用例的绝佳选择。

16.5.5 特征缩放

特征缩放和 TF-IDF 都是预处理技术，通常只选择其中一种，至于选择那种取决于其应用场景。在电子商务背景下，可以这样考虑：

- 如果你在处理数值特征时，比如客户年龄、购买金额和购买频率（如基于购买行为对客户进行分组），可以进行特征缩放。
- 如果你正在分析电子商务的其他内容，例如客户评论、产品描述和搜索查询，请选择 TF-IDF 矩阵。

因为我们使用的是已经缩放的 TF-IDF 矩阵，所以我们可以跳过此步骤。

16.5.6 应用聚类算法

接下来，让我们应用选定的聚类算法：

[提示]

我想使用 english 这个 stop_words，不使用 max_features，并传递 min_df 到 preprocess_and_vectorize_data 函数以设置特征出现的最小文档数。我想尝试一系列 min_df 的值：5、10、20、30，并比较 K-means 输出的轮廓系数。我希望将结果可视化。

[提示结束]

[提示响应]

当然可以！让我们修改脚本以满足你对 min_df 的要求，并使用 K-Means 聚类对不同 min_df 值的轮廓系数进行比较。以下是更新后的脚本：

```
def preprocess_and_vectorize_data(data, min_df):
    # Drop rows with missing 'Description' values
    data = data.dropna(subset=['Description'])

    # Drop duplicate 'Description' entries
    data = data.drop_duplicates(subset=['Description'])

    # Convert descriptions to lowercase
    data['Description'] = data['Description'].str.lower()

    # Tokenization and removal of punctuation
    data['Description'] = data['Description'].apply(word_tokenize)

    # Remove stopwords and color-related words
    stop_words = set(stopwords.words('english'))
    data['Description'] = data['Description'].apply(lambda x: [word for word in x
 if word not in stop_words and len(word) > 2 and word not in color_words])

    # Convert tokenized descriptions back to strings
    data['Description'] = data['Description'].apply(' '.join)

    # TF-IDF vectorization
    tfidf_vectorizer = TfidfVectorizer(min_df=min_df)
    tfidf_matrix = tfidf_vectorizer.fit_transform(data['Description'])

    # Convert TF-IDF matrix to a DataFrame
    tfidf_df = pd.DataFrame(tfidf_matrix.toarray(), columns=tfidf_vectorizer.get_fea-
ture_names_out())

    return tfidf_df

# Load the data from the CSV file using Latin1 encoding
```

```
data_url = "../Datasets/data.csv"
df = pd.read_csv(data_url, encoding='latin1')

# Different values for min_df
min_df_values = [5, 10, 20, 30]

# Store silhouette scores
silhouette_scores = []

# Perform clustering and calculate silhouette scores for different min_df values
for min_df in min_df_values:
    # Preprocess and vectorize the data
    tfidf_df = preprocess_and_vectorize_data(df, min_df)

    # Perform KMeans clustering
    kmeans = KMeans(n_clusters=10, random_state=42)
    cluster_labels = kmeans.fit_predict(tfidf_df)

    # Calculate silhouette score
    silhouette_scores.append(silhouette_score(tfidf_df, cluster_labels))

# Visualize the silhouette scores
plt.plot(min_df_values, silhouette_scores, marker='o')
plt.xlabel('min_df')
plt.ylabel('Silhouette Score')
plt.title('Silhouette Score vs. min_df')
plt.xticks(min_df_values)
plt.grid()
plt.show()
```

在此脚本中，我们遍历不同的 min_df 值（5、10、20 和 30），并为每个值执行以下步骤：

1）使用指定的 min_df 值，通过 preprocess_and_vectorize_data 函数预处理并向量化数据。

2）执行具有 10 个簇的 K-means 聚类（你可根据需要调整聚类数量）。

3）计算聚类结果的轮廓系数，并将其存放在 silhouette_scores 列表中。

最后，我们使用折线图可视化不同 min_df 值的轮廓系数（如图 16.15 所示），这有助于你直观地比较不同 min_df 值对聚类结果质量的影响。

[响应结束]

接下来，我们将研究簇数对聚类结果质量的影响。让我们进行下一步提示：

[提示]

我还想尝试不同的簇数，即 num_clusters=[3, 4, 5, 6, 7]，并直观地比较针对不同 min_df、num_clusters 组合的轮廓系数的输出。请添加生成图的脚本，显示每个 num_clusters 值对应的簇和轮廓系数值。

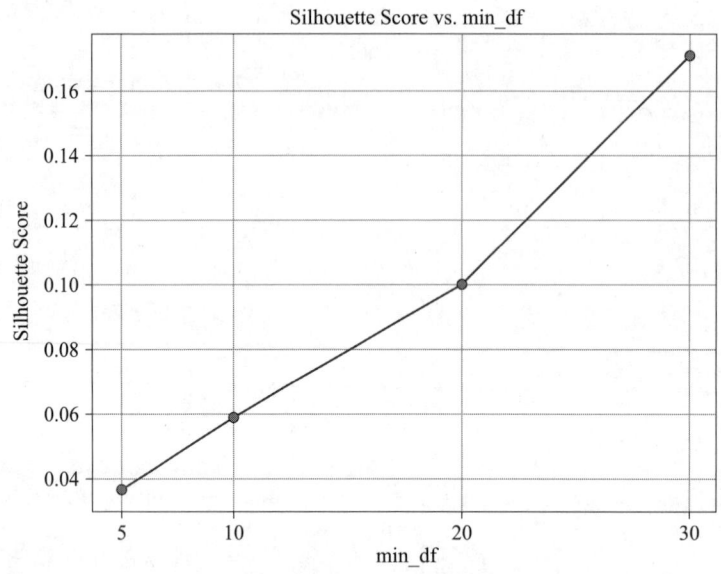

图 16.15 轮廓系数与 min_df 值之间的关系

[提示结束]

[提示响应]

当然可以！以下是更新后的脚本，它生成不同 min_df 和 num_clusters 组合的轮廓系数图：

```
# Different values for min_df and num_clusters
min_df_values = [5, 10, 20, 30]
num_clusters = [3, 4, 5, 6, 7]

# Store silhouette scores for each combination
silhouette_scores = []

# Perform clustering and calculate silhouette scores for different min_df and num_
clusters combinations
for min_df, n_clusters in itertools.product(min_df_values, num_clusters):
    # Preprocess and vectorize the data
    tfidf_df = preprocess_and_vectorize_data(df, min_df)

    # Perform KMeans clustering
    kmeans = KMeans(n_clusters=n_clusters, random_state=42)
    cluster_labels = kmeans.fit_predict(tfidf_df)

    # Calculate silhouette score
    silhouette_scores.append((min_df, n_clusters, silhouette_score(tfidf_df, cluster_labels)))

# Convert silhouette scores to a DataFrame for easier visualization
```

```
silhouette_scores_df = pd.DataFrame(silhouette_scores, columns=['min_df', 'num_
clusters', 'silhouette_score'])

# Plot the silhouette scores
plt.figure(figsize=(10, 6))
for min_df in min_df_values:
    subset_df = silhouette_scores_df[silhouette_scores_df['min_df'] == min_df]
    plt.plot(subset_df['num_clusters'], subset_df['silhouette_score'], marker='o',
label=f'min_df = {min_df}')

plt.xlabel('Number of Clusters')
plt.ylabel('Silhouette Score')
plt.title('Silhouette Score vs. Number of Clusters for Different min_df Values')
plt.legend()
plt.grid()
plt.show()
```

在此脚本中，我们使用 `itertools.product` 函数来创建 `min_df` 和 `num_clusters` 值的各种组合。我们为每一种组合计算相应的轮廓系数，并将其存储在 `silhouette_scores` 列表中。接着，我们将这些轮廓系数转换成 DataFrame，便于我们进行可视化分析。生成的图表（如图 16.16）展示了在不同的 `min_df` 值下，`num_clusters` 的不同值对轮廓系数变化的影响。

[响应结束]

以下是脚本的输出结果：

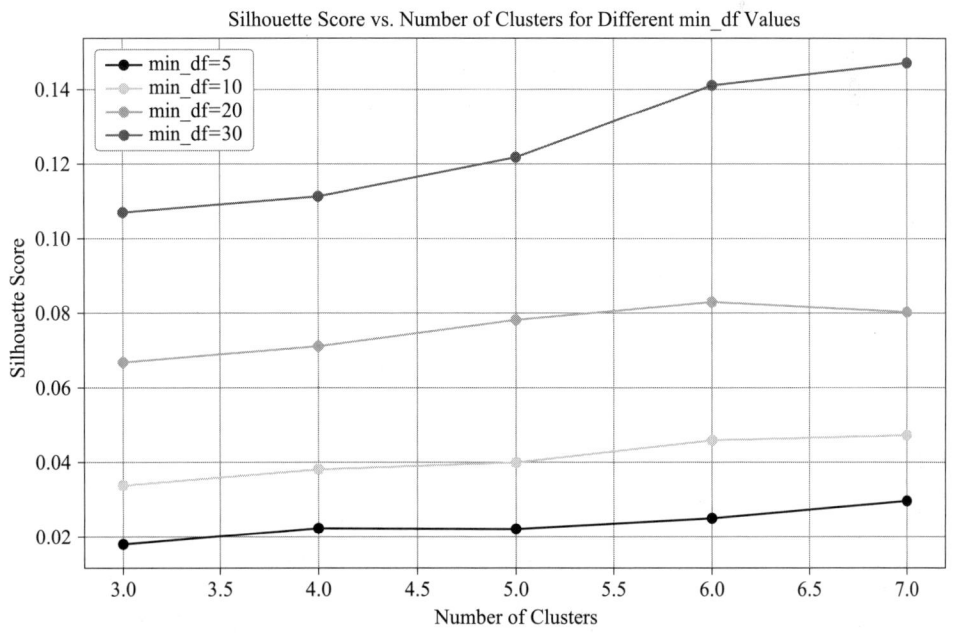

图 16.16　轮廓系数与不同 `min_df` 值之间的关系

让我们来优化这张图，以展示不同 min_fd 数值对应的特征数量。

[提示]

图像非常清晰。我想对每个 min_df 值的标签进行微调，即添加特征数量，标签格式为 label=f'min_df={min_df}

[提示结束]

[提示响应]

当然可以！你可以在图例标签中为每个 min_df 值添加对应的特征数量。

以下是修改后的代码：

```
# ...

# Store silhouette scores for each combination
silhouette_scores = []

# Perform clustering and calculate silhouette scores for different min_df and num_clusters combinations
for min_df, n_clusters in itertools.product(min_df_values, num_clusters):
    # Preprocess and vectorize the data
    tfidf_df = preprocess_and_vectorize_data(df, min_df)
    
    # Perform KMeans clustering
    kmeans = KMeans(n_clusters=n_clusters, random_state=42)
    cluster_labels = kmeans.fit_predict(tfidf_df)
    
    # Calculate silhouette score
    silhouette_scores.append((min_df, n_clusters, silhouette_score(tfidf_df, cluster_labels)))

# Convert silhouette scores to a DataFrame for easier visualization
silhouette_scores_df = pd.DataFrame(silhouette_scores, columns=['min_df', 'num_clusters', 'silhouette_score'])

# Plot the silhouette scores
plt.figure(figsize=(10, 6))
for min_df in min_df_values:
    subset_df = silhouette_scores_df[silhouette_scores_df['min_df'] == min_df]
    
    # Get the number of features for the current min_df value
    num_features = preprocess_and_vectorize_data(df, min_df).shape[1]
    
    plt.plot(subset_df['num_clusters'], subset_df['silhouette_score'], marker='o', label=f'min_df = {min_df}, num_features = {num_features}')

plt.xlabel('Number of Clusters')
plt.ylabel('Silhouette Score')
```

```
plt.title('Silhouette Score vs. Number of Clusters for Different min_df Values')
plt.legend()
plt.grid()
plt.show()
```

在修改后的脚本中,我们利用 TF-IDF DataFrame 的 shape[1] 属性来计算每个 min_df 值的特征数量,然后我们将此信息包含在折线图上每条线的图例标签中(如图 16.17 所示)。这一更改有助于你直观地了解 min_df 值和特征数量对轮廓系数的影响。

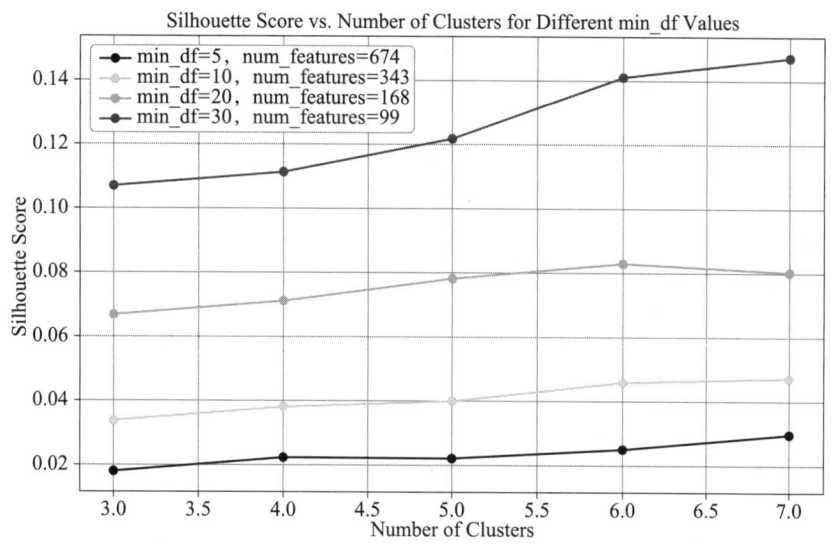

图 16.17 轮廓系数与不同 min_df 值及特征数量的关系

[响应结束]

让我们继续下一条提示词。

[提示]

我将使用 min_df_value=20 和 num_clusters=[3, 4, 5, 6]。我想知道每个簇中的产品数量。你能否在之前的代码中添加一张图,以显示 num_clusters_values 为 [3, 4, 5, 6] 时每个簇中的产品数量?

[提示结束]

[提示响应]

当然可以!你可以添加一张图来可视化不同 num_clusters 值下每个簇中的产品数量。以下是包含所请求更改的修改后的脚本:

```
# ...

# Chosen min_df and num_clusters values
min_df_value = 20
num_clusters_values = [3, 4, 5, 6]

# Store silhouette scores and number of products per cluster
```

```python
results = []

# Perform clustering and calculate silhouette scores for chosen min_df and num_clusters values
for n_clusters in num_clusters_values:
    # Preprocess and vectorize the data
    tfidf_df = preprocess_and_vectorize_data(df, min_df_value)

    # Perform KMeans clustering
    kmeans = KMeans(n_clusters=n_clusters, random_state=42)
    cluster_labels = kmeans.fit_predict(tfidf_df)

    # Calculate silhouette score
    silhouette = silhouette_score(tfidf_df, cluster_labels)

    # Count number of products in each cluster
    cluster_counts = pd.Series(cluster_labels).value_counts().sort_index()

    results.append((n_clusters, silhouette, cluster_counts))

# Convert results to a DataFrame for easier visualization
results_df = pd.DataFrame(results, columns=['num_clusters', 'silhouette_score', 'cluster_counts'])

# Plot the silhouette scores
plt.figure(figsize=(15, 6))

# Silhouette Score plot
plt.subplot(1, 2, 1)
plt.plot(results_df['num_clusters'], results_df['silhouette_score'], marker='o')
plt.xlabel('Number of Clusters')
plt.ylabel('Silhouette Score')
plt.title('Silhouette Score vs. Number of Clusters')
plt.grid()

# Products per Cluster plot
plt.subplot(1, 2, 2)
for n_clusters, cluster_counts in results_df[['num_clusters', 'cluster_counts']].values:
    plt.plot(range(1, n_clusters + 1), cluster_counts, marker='o', label=f'num_clusters = {n_clusters}')

plt.xlabel('Cluster')
plt.ylabel('Number of Products')
plt.title('Number of Products per Cluster')
```

```
plt.legend()
plt.grid()

plt.tight_layout()
plt.show()
```

在此修改后的脚本中，我们使用 pd.Series(cluster_labels).value_counts().sort_index() 计算每个簇中的产品数量，并将结果与轮廓系数一起存储在 results 列表中。然后，我们基于 results 创建一个 DataFrame，以便于可视化。

脚本包括两张并排的图：第一张图展示了不同 num_clusters 值的轮廓系数，第二张图显示了每个簇中相同 num_clusters 值下的产品数量。这有助于你理解簇数、轮廓分数与产品在各簇间分布的关系。

运行脚本后，你应该会看到如图 16.18 所示的输出结果。

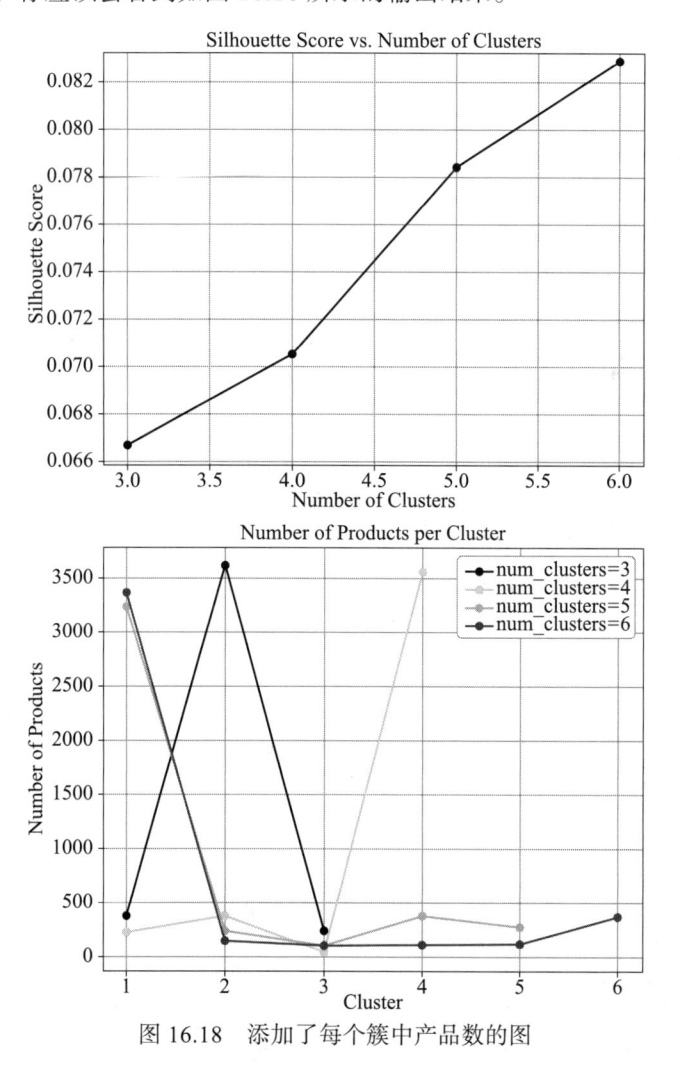

图 16.18 添加了每个簇中产品数的图

[响应结束]

此时，我们将选择簇数和 `min_df` 值，然后继续下一条提示词。

16.5.7 解释簇和可视化结果

我们将探讨如何解释簇并将结果可视化，以及应该注意哪些事项。

1. 解释簇

对于解释簇，我们应该考虑以下几点：
- 内聚性：确保数据点彼此相似。你可以通过检查每个簇中的最具代表性的词来发现这一点。
- 分离性：簇应良好分隔，确保它们各自独特且有意义。
- 标签：簇也应具有描述性标签。
- 异常值：识别不符合任何簇的异常值非常重要。

2. 可视化簇

对于可视化簇，这里有一些需要考虑的事项：
- 降维：如果你希望将高维度的 TF-IDF 矩阵降至 2D 或 3D，以便可视化，那么 PCA 方法非常有用。
- 散点图：散点图非常适合可视化数据点。例如，点可以表示文档，颜色或形状则可以代表不同的簇。
- 词云：如果你查看文本，你也可以使用词云来查看最常用的词汇。
- 热图：热图是一种不错的频率可视化方法，能够突出每个簇中最重要的单词。
- 交互性：确保使用 Plotly 等工具进行探索，来帮助你深入分析特定数据点。

接下来，让我们设计一条用于可视化的提示词。

[提示]

我打算使用 `min_df_value=20` 和 5 个簇。我希望通过具有 3 个组件的 PCA 在 3D 图上可视化产品簇。簇的颜色应映射自 seaborn 的颜色调色板。

[提示结束]

[提示响应]

当然可以！为了在 3D 图上使用 3 个组件的 PCA 并通过 seaborn 的颜色调色板映射簇颜色来可视化产品簇，你可以按照以下步骤进行操作：

1）导入必要的库。
2）预处理数据并进行聚类。
3）应用 PCA 将维度减少到 3 个组件。
4）在 3D 散点图中，使用 seaborn 颜色调色板绘制簇。

以下是实现此目标的代码：

```
from sklearn.decomposition import PCA
import seaborn as sns
```

```python
import matplotlib.pyplot as plt
from mpl_toolkits.mplot3d import Axes3D  # Required for 3D plotting

# Selected min_df and num_clusters values
min_df_value = 20
num_clusters = 5

# Preprocess data and perform clustering
tfidf_matrix, tfidf_vectorizer = preprocess_and_vectorize_data(df['Description'], min_df_value)
kmeans = KMeans(n_clusters=num_clusters, random_state=42)
cluster_labels = kmeans.fit_predict(tfidf_matrix)

# Apply PCA with 3 components
pca = PCA(n_components=3)
pca_result = pca.fit_transform(tfidf_matrix.toarray())

# Create a DataFrame for PCA results
pca_df = pd.DataFrame(data=pca_result, columns=['PC1', 'PC2', 'PC3'])
pca_df['Cluster'] = cluster_labels

# Seaborn color palette for cluster colors
color_palette = sns.color_palette("Set1", n_colors=num_clusters)

# Plot 3D scatter plot
fig = plt.figure(figsize=(10, 8))
ax = fig.add_subplot(111, projection='3d')

for cluster_id in range(num_clusters):
    cluster_points = pca_df[pca_df['Cluster'] == cluster_id]
    ax.scatter(cluster_points['PC1'], cluster_points['PC2'], cluster_points['PC3'],
               color=color_palette[cluster_id], label=f'Cluster {cluster_id}')

ax.set_xlabel('PC1')
ax.set_ylabel('PC2')
ax.set_zlabel('PC3')
ax.set_title('Product Clusters in 3D')
ax.legend()
plt.show()
```

[响应结束]

此代码先预处理数据，并执行聚类操作。接着，它应用 PCA 将数据维度减少至 3 个组件，并使用 seaborn 颜色调色板绘制 3D 散点图以展示产品簇，如图 16.19 所示。可以根据需要调整图的尺寸、标签及其他绘图参数以自定义可视化效果。

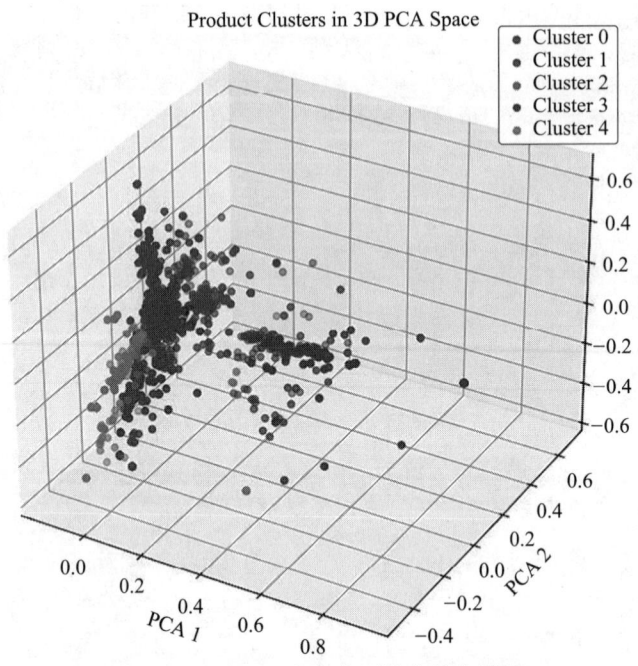

图 16.19 在 3D 空间中可视化的产品簇

3. 创建词云

现在，我们将检查每个簇中最高频的词。让我们继续下一条提示词吧。

[提示]

我想可视化产品描述中分配给簇的最高频的词。我希望你使用 WordCloud 库并创建一个函数，为每个簇输出词云。

[提示结束]

[提示响应]

当然可以！为了可视化产品描述中分配给簇的最高频的词，你可以使用 WordCloud 库。以下是为每个簇生成词云的函数创建方法：

```
from wordcloud import WordCloud

# Create a DataFrame for clustering results
clustering_results = pd.DataFrame(data={'Description': df['Description'], 'Cluster': cluster_labels})

# Function to generate word clouds for each cluster
def generate_wordclouds(dataframe, num_clusters):
    for cluster_id in range(num_clusters):
        cluster_data = dataframe[dataframe['Cluster'] == cluster_id]
        cluster_text = ' '.join(cluster_data['Description'])
```

```
            # Create a WordCloud object
            wordcloud = WordCloud(width=800, height=400, background_color='white',
max_words=100).generate(cluster_text)

            # Plot the WordCloud
            plt.figure(figsize=(10, 6))
            plt.imshow(wordcloud, interpolation='bilinear')
            plt.title(f'Cluster {cluster_id} - Most Frequent Words')
            plt.axis('off')
            plt.show()

# Generate word clouds for each cluster
generate_wordclouds(clustering_results, num_clusters)
```

该代码定义了一个 generate_wordclouds 函数，用于根据分配给每个簇的产品描述生成词云。可以根据你的可视化偏好来调整 WordCloud 对象的参数（例如，宽度、高度、背景色、最大词数）。

该函数将为每个簇绘制词云，如图 16.20、图 16.21、图 16.22 和图 16.23 所示。

图 16.20 第 1 个簇的词云

图 16.21 第 2 个簇的词云

图 16.22 第 3 个簇的词云

图 16.23 第 4 个簇的词云

［响应结束］

16.5.8 为产品分配类别以及评估和改进

为产品分配类别以及评估和改进都不在本章要解决的问题范围内,但我们将对其进行描述,以便你对此有所了解,可以在需要时进一步探索这些内容。

我们的数据集包含发票,要对产品进行分类,首先需要了解可能出现的用例。例如:
- 整理库存
- 改进搜索功能
- 提升用户体验

如你所见,这是一个以产品数据为中心的数据集,意味着我们可能需要一个包含产品标题、描述等内容的完全不同的数据集。让我们使用 ChatGPT 来概述我们的方法。

[提示]

我正在查看电子商务数据集。你能告诉我为产品分配类别的流程吗?

[提示结束]

[提示响应]

在电子商务数据集中,为产品分配类别是一项关键任务,有助于整理库存、改进搜索功能和提升用户体验。以下是帮助你完成此过程的分步指南:

为产品分配类别的步骤:

了解数据:
- 查看产品描述:检查产品标题、描述和所有其他相关属性。
- 确定现有类别:如果存在现有类别,请查看这些类别,并了解现有的分类系统。

定义类别:
- 构建类别层级:构建一个能反映你产品特征的类别和子类别的层级结构。
- 确保完整性:确保你的类别覆盖数据集中的所有产品类型。

特征提取:
- 文本特征:使用 TF-IDF 或词嵌入等技术提取产品标题和描述中的相关文本特征。
- 其他特征:考虑其他属性,如价格、品牌和规格,这些可能有助于分类。

手动标记:

样本标记:手动标记一部分产品以创建训练数据集,这有助于了解每个类别的细微差别。

模型选择:

挑选分类模型:挑选那些适合文本分类的机器学习模型,比如 Naive Bayes、SVM,或者 LSTM 和 BERT 等深度学习模型。

训练模型:
- 训练模型:使用标记数据来训练你的分类模型。
- 评估性能:使用准确率、精确率、召回率和 F1 分数等指标评估模型的性能。

分配类别:
- 预测类别:使用训练好的模型为未标记产品预测类别。
- 查看预测结果:手动审核部分预测结果以确保准确性。

迭代和改进：
- 调整类别：根据结果调整类别定义和模型。
- 持续学习：不断更新模型以改进其准确性。

Python 示例：

下面是一个用 Naive Bayes 分类器进行文本分类的简化示例：

```
import pandas as pd
from sklearn.feature_extraction.text import TfidfVectorizer
from sklearn.model_selection import train_test_split
from sklearn.naive_bayes import MultinomialNB
from sklearn.metrics import accuracy_score

# Sample data
data = {
'Product': ['Red Shirt', 'Blue Jeans', 'Green Hat', 'Black Shoes'],
'Category': ['Clothing', 'Clothing', 'Accessories', 'Footwear']
}

df = pd.DataFrame(data)

# Feature extraction
vectorizer = TfidfVectorizer()
X = vectorizer.fit_transform(df['Product'])
y = df['Category']

# Train-test split
X_train, X_test, y_train, y_test = train_test_split(X, y, test_size=0.2, random_state=42)

# Train the model
model = MultinomialNB()
model.fit(X_train, y_train)

# Predict and evaluate
y_pred = model.predict(X_test)
print(f'Accuracy: {accuracy_score(y_test, y_pred)}')
```

该代码展示了一个基于产品名称进行分类的基础框架。对于实际应用，你需要更大规模的数据集和更复杂的预处理与建模技术。

如果你有任何具体问题或需要更多详细信息，请随时询问！

[响应结束]

我们将把这个问题留给你做进一步研究。希望你从在本章已经了解到的内容出发，先用一条高层次的提示词来说明你拥有什么数据集（你必须为上述问题找到一个数据集）以及你的目标。对于后者，你已经有了步骤，所以建议你设计一条提示词，解释每个步骤的操作及要运行的代码。

评估和改进

这超出了我们讨论的范围，但这里会为你提供一条给 ChatGPT 的提示词，以便你继续完善代码。

[提示]

结合发票上的电子商务数据，描述评估和改进步骤。

[提示结束]

[提示响应]

当然！让我们分解发票上电子商务数据的评估和改进步骤：

评估步骤：

1）**模型性能指标**：
- 准确率：衡量模型正确预测发票类别的频率。
- 精确率和召回率：评估每个类别的精确率（正确的正向预测）和召回率（找到所有相关实例的能力）。
- F1 分数：将精确率与召回率合并为一个指标，以平衡两者。

2）**混淆矩阵**：

借助混淆矩阵，观察模型在哪些地方做了准确的预测和错误的预测，从而帮助识别模型在特定类别上可能表现不佳的情况。

3）**交叉验证**：

稳健评估：执行交叉验证，确保模型在不同数据子集中的性能一致。

4）**错误分析**：

分析错误分类：检查分类错误的发票，了解模型出错的原因，寻找模式或常见问题。

改进步骤：

1）**特征工程**：

增强特征：创建新特征或改善现有特征，为模型提供更多相关信息。例如，从发票描述中提取关键词，或添加发票日期和金额等元数据。

2）**超参数调优**：

优化模型参数：借助网格搜索或随机搜索技术，找到最佳超参数，提升模型性能。

3）**模型选择**：

尝试不同模型：尝试各种算法（如决策树、随机森林、神经网络），观察是否有其他模型表现得更加出色。

4）**数据增强**：

增加数据多样性：通过生成合成数据或使用过采样等技术来提升数据集的多样性。

5）**定期更新**：

持续学习：定期采用新的发票数据来更新模型，确保其实时性并提升准确率。

Python 示例：

以下是使用交叉验证和超参数调优评估和改进模型的示例：

```python
import pandas as pd
from sklearn.feature_extraction.text import TfidfVectorizer
from sklearn.model_selection import train_test_split, GridSearchCV
from sklearn.naive_bayes import MultinomialNB
from sklearn.metrics import classification_report, confusion_matrix
import seaborn as sns
import matplotlib.pyplot as plt

# Sample data
data = {
    'Invoice': ['Invoice for Red Shirt', 'Invoice for Blue Jeans', 'Invoice for Green Hat', 'Invoice for Black Shoes'],
    'Category': ['Clothing', 'Clothing', 'Accessories', 'Footwear']
}

df = pd.DataFrame(data)

# Feature extraction
vectorizer = TfidfVectorizer()
X = vectorizer.fit_transform(df['Invoice'])
y = df['Category']

# Train-test split
X_train, X_test, y_train, y_test = train_test_split(X, y, test_size=0.2, random_state=42)

# Model training
model = MultinomialNB()
model.fit(X_train, y_train)

# Model evaluation
y_pred = model.predict(X_test)
print(classification_report(y_test, y_pred))

# Confusion matrix
conf_matrix = confusion_matrix(y_test, y_pred)
sns.heatmap(conf_matrix, annot=True, fmt='d', cmap='Blues')
plt.xlabel('Predicted')
plt.ylabel('Actual')
plt.title('Confusion Matrix')
plt.show()

# Hyperparameter tuning
param_grid = {'alpha': [0.1, 0.5, 1.0]}
grid_search = GridSearchCV(MultinomialNB(), param_grid, cv=5)
```

```
grid_search.fit(X_train, y_train)
print(f'Best parameters: {grid_search.best_params_}')
```

这段代码帮助我们利用交叉验证和超参数调优来评估和改进模型。

如果你有任何具体问题或需要更多详细信息，请随时询问！

[响应结束]

16.6 对该用例提示词的反思

正如本章的第一个用例一样，我们遵循特定的流程写提示词。首先，设定高层次的上下文，描述角色、数据集的形状以及我们的目标。接着，我们按照流程将问题分解成若干步骤，获取代码并逐步改进和完善，最后可视化结果，该流程如下所示。

（1）**逐步指导**：请求被构建为一系列步骤化的任务，将较大的问题分解为可管理的组成部分。这样就更容易循序渐进地实施解决方案。

（2）**指定输入和要求**：明确提供数据集、列名，以及预处理、聚类和可视化的具体要求。这有助于确保所获得的帮助符合特定需求。

（3）**要求代码包含注释**：要求代码片段包含注释，以解释每个步骤并阐明代码的目的。这有助于我们理解和验证代码，促进学习。

（4）**迭代和改进**：在初步指导之后反复迭代提示词，要求更多调整和可视化。这种迭代方式可以逐步完善和改进解决方案。

（5）**可视化与解释**：通过可视化和解释结果，可以专注于从数据中获取有价值的洞见。

16.7 任务

在上一节，我们采用传统的 TF-IDF 方法将文本数据转为数值形式，数值形式的文本数据可用于执行多种 NLP 任务，如聚类。现在，让我们尝试通过使用更高级的嵌入技术来提升聚类效果。我们将借助 Hugging Face Transformers 库来获取产品描述的预训练嵌入：

（1）请 ChatGPT 解释 Hugging Face Transformers 相比 TF-IDF 向量化在聚类用例中的优势。

（2）使用 ChatGPT 创建并使用 Hugging Face Transformers 嵌入的产品聚类。

（3）将结果与之前使用 TF-IDF 向量化的聚类结果进行比较。

16.8 总结

本章重点讨论了聚类及其在将数据分组到不同区域中的应用。创建这些区域使我们更容易理解数据点。通过热图、词云等可视化方法，你可以了解到以不同方式展示数据的好处。你还看到了聚类过程如何帮助我们识别异常值（即那些与其他数据差异明显且难以归类到任何一个簇的数据）。在 ChatGPT 和提示词部分，你看到了如何通过设置描述数据集的高级上下文来帮助生成一套你可以遵循的步骤。同样的高级上下文也有助于 ChatGPT 推荐聚类算法。

第 17 章

使用 Copilot 进行机器学习

17.1 导论

机器学习（ML）涉及数据和从数据中学习的模式，并利用这些模式进行预测或决策。机器学习包括一系列步骤，从加载数据、清洗数据到最终训练模型，以便从模型中获得所需的洞察。对该问题领域的大多数问题来说，所有这些步骤都大致相同。但是，细节可能有所不同，比如预处理步骤的选择、算法的选择等。像 Copilot 这样的 AI 工具可以从不同角度介入机器学习。

- **建议工作流程**：由于 Copilot 接受过机器学习工作流程方面的训练，因此它能够提供与你问题相关的工作流程建议。
- **推荐工具和算法**：如果你为 AI 工具提供了足够的背景信息，能够说明你的问题所在以及数据的形状，那么像 Copilot 这样的 AI 工具就可以推荐适合你特定问题的工具和算法。
- **代码辅助**：Copilot 的另一个强大功能是为机器学习过程中的各个步骤生成代码。

本章将探讨一个电子商务数据集，并与其他使用 ChatGPT 解决机器学习问题的章节进行有趣的对比练习。

让我们深入了解 Copilot 的建议。

17.2 集成开发环境里的 Copilot Chat

Copilot Chat 是某些集成开发环境（IDE）中的得力工具，用于回答编程问题。这款工具通过提供建议代码、解释代码功能、创建单元测试和修复错误来提供帮助。

工作原理

你可以使用两种不同的方式向 Copilot 提供提示词：

- **编辑器内模式：** 这种模式允许你在提供文本注释的同时，通过 *Tab* 或 Enter 键让 Copilot 生成输出。
- **聊天模式：** 在聊天模式中，你在文本框内输入提示词，随后 GitHub Copilot 会基于当前打开的文件提供建议（使用 @workspace 时，它还会查看整个目录中的所有文件）。

例如，文本文件可以是 app.py 这样的代码文件，也可以是 Jupyter Notebook。Copilot 可以将这两种文件都作为上下文，并结合你输入的提示词将其一起处理，如图 17.1 所示。

图 17.1　左边展示的是 GitHub Copilot 的聊天界面，右边则显示了一个打开的 Jupyter Notebook

17.3　数据集概述

让我们一同深入探索即将使用的数据集。正如在其他关于机器学习的章节中所做的那样，我们将从一个数据集入手，这次选的是一个亚马逊图书评论的数据集。

该数据集包含了不同产品及其评论的信息。它包括以下列：

- marketplace（字符串）：产品的所在地
- customer_id（字符串）：客户的 ID
- review_id（字符串）：评论的 ID
- product_id（字符串）：产品的 ID
- product_parent（字符串）：父产品的 ID
- product_title（字符串）：被评论产品的名称
- product_category（字符串）：产品的类别

- `star_rating`（整数）：产品的评分，范围：1～5
- `helpful_votes`（整数）：评论获得的有用的投票数
- `total_votes`（整数）：评论获得的总投票数
- `review_headline`（字符串）：评论的标题
- `review_body`（字符串）：评论的内容
- `review_date`（字符串）：评论的日期
- `sentiment`（字符串）：评论的情绪（正面或负面）

17.4 数据探索步骤

进行数据探索有助于我们理解数据集及其特征。这包括检查数据、识别模式和总结关键洞察。以下是我们将遵循的步骤：

- **数据加载：** 将数据集读入 pandas DataFrame 中，便于高效处理数据。
- **数据检查：** 显示 DataFrame 的前几行，快速浏览数据。核对列名、数据类型以及是否存在缺失值。
- **汇总统计：** 对数值列进行汇总统计，计算均值、中位数、最小值、最大值和四分位数。这有助于清晰把握数值的分布和范围。
- **分类分析：** 统计分类变量（如 `marketplace`、`product_category` 和 `sentiment`）的唯一值及其出现频率。条形图等可视化工具对此分析极为有用。
- **评分分布可视化：** 绘制直方图或条形图，直观展示 `star_rating` 的分布，有助于把握评论的整体情绪。
- **时间趋势分析：** 通过检查 `review_date` 列来分析数据的时间维度。探索随时间变化的趋势、季节性或任何模式。
- **评论文本分析：** 分析 `review_body` 的长度，以了解评论提供的信息量。计算描述性统计量，如平均长度、中位数长度和最大长度。
- **相关性分析：** 使用相关矩阵或散点图来探究数值变量之间的相互性，从而识别潜在关联。
- **其他探索性分析：** 根据项目需求或对在探索中观察到的有趣模式，进行进一步分析。

请注意，你也可以询问 GitHub Copilot 在进行机器学习时应遵循哪些步骤。

17.5 提示策略

我们即将使用的提示词会为 Copilot 提供高层次的指导，而输出结果则允许进一步调整 Copilot 的响应，以满足特定的数据集和分析需求。

提示方法的关键方面包括：

- 定义任务。明确告知 AI 助手我们正在解决的任务。
- 拆分成步骤。将数据探索分解为逻辑步骤（如数据加载、数据检查、汇总统计）
- 为每条提示词提供上下文或意图。用于指导 Copilot（如请求数值汇总统计信息）。

- 分享先前的结果作为输入。分享 Copilot 代码片段的输出结果,以进一步指导对话(如输出汇总统计信息)。
- 完善。反复完善提示词,并以来回交流的方式与 Copilot 对话。

因此,我们将采用第 2 章中的 TAG 提示模式。下面我们来按照这个模式描述项目,以便了解如何编写初始提示词:

- **任务(T)**:数据探索,在电子商务项目中发现客户评论的模式和见解。
- **行动(A)**:我们在之前的章节中描述了应该采取的步骤,这些步骤应该体现在编写的提示词中。
- **指南(G)**:我们将提供额外的指导,希望它能提供探索性技术建议和代码片段。

17.6 初始数据探索提示词

正如我们在其他章节中使用 ChatGPT 那样,我们的初始提示词为待解决的问题设置了高层次的上下文,包括领域和数据的形态。所有这些上下文信息都有助于 AI 工具在文本和代码中提供正确的步骤。

以下是你可以尝试的初始提示词:

[提示]

我正在为 AwesomeShop 电子商务项目进行数据探索,该数据集涵盖了各种产品及其评论的信息。我希望从中获取洞察,识别模式,并理解评论的特征。你能否提供一些探索性分析技术和代码片段,帮助我从数据中发现有趣的洞察? AwesomeShop 电子商务项目的数据集包含以下列:

- `marketplace`(字符串):产品的所在地
- `customer_id`(字符串):客户的 ID
- `review_id`(字符串):评论的 ID
- `product_id`(字符串):产品的 ID
- `product_parent`(字符串):父产品的 ID
- `product_title`(字符串):被评论产品的名称
- `product_category`(字符串):产品的类别
- `star_rating`(整数):产品的评分,范围:1~5
- `helpful_votes`(整数):评论获得的有用的投票数
- `total_votes`(整数):评论获得的总投票数
- `review_headline`(字符串):评论的标题
- `review_body`(字符串):评论的内容
- `review_date`(字符串):评论的日期
- `sentiment`(字符串):评论的情绪(正面或负面)

但请记住,我想逐步学习,如下所示:

1)**数据加载**:将数据集读入 pandas DataFrame,以便高效处理数据。

2）**数据检查**：展示 DataFrame 的前几行，了解其概况。进一步核对列名、数据类型及缺失值。

3）**汇总统计**：计算均值、中位数、最小值、最大值和四分位数。这有助于理解数值的分布和范围。

4）**分类分析**：分析这些分类变量（如 marketplace、product_category 和 sentiment）的唯一值和频率。使用可视化工具（如条形图）可以更生动地展现分析结果。

5）**评分分布可视化**：绘制直方图或条形图以可视化 star_rating 的分布，有助于直观了解整体评论的情绪走向。

6）**时间趋势分析**：通过检查 review_date 列来分析数据的时间维度，探索趋势、季节性或任何随时间变化的模式。

7）**评论文本分析**：分析 review_body 的长度，以了解评论中信息量的多少。计算描述性统计量，如平均长度、中位数长度和最大长度。

8）**相关性分析**：通过相关矩阵或散点图研究数值变量之间的相关性，从而识别变量间的关系。

9）**其他探索性分析**：根据项目需求或对在探索过程中发现的有趣模式，进行深入分析。每完成一步，都要征求用户反馈。

[提示结束]

17.7　步骤 1：数据加载

我们从 Copilot 获得了相当冗长的回复，因此让我们将回复分解成几个部分，并解释我们得到了什么。

你应该会收到类似于以下的回复：

[提示响应]

好的，让我们从第 1 步开始：数据加载。

```
# Step 1: Load the Dataset
import pandas as pd

# Define the file path
file_path = '/path/to/your/file.csv'  # replace with your file path

# Load the dataset
df = pd.read_csv(file_path)

# Display the first few rows of the DataFrame
print(df.head())
```

请将 /path/to/your/file.csv 替换为你实际的文件名或文件路径。完成这一步后，你就可以运行代码来加载你的数据集了。

你成功加载了数据之后，请告诉我，我们就可以继续进行下一步了。

[响应结束]

运行结果如图 17.2 所示。

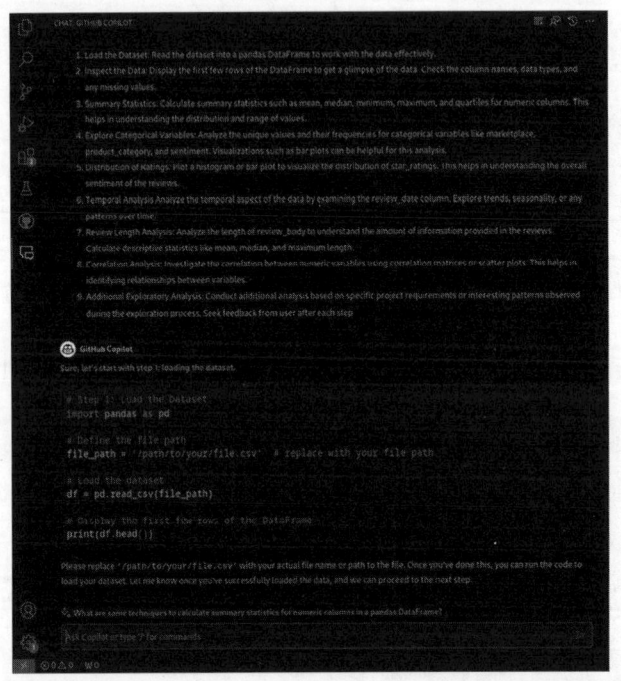

图 17.2 Copilot 的部分提示词以及它在加载数据时的初始结果

让我们试试 Copilot 生成的代码是否有效。修改 `file_path` 变量以指向数据集的位置，然后执行代码。请注意我们是如何编辑文件路径以反映系统中的实际路径的：

```
import pandas as pd

# Define the file path
file_path = '../Datasets/amazon_books_Data.csv'

# Load the dataset
df = pd.read_csv(file_path)
```

运行加载数据的代码

现在，让我们运行 Copilot 提供的代码，并查看 Jupyter Notebook 的输出结果：

```
# Display the first few rows of the DataFrame
print(df.head())
   Unnamed: 0 market_place customer_id    review_id  product_id  \
0           0           US    25933450  RJOVP071AVAJO  0439873800
```

```
1              1              "US"     "1801372"     "R1ORGBETCDW3AI"   "1623953553"
2              2              "US"     "5782091"     "R7TNRFQAOUTX5"    "142151981X"
3              3              "US"     "32715830"    "R2GANXKDIFZ6OI"   "014241543X"
4              4              "US"     "14005703"    "R2NYB6C3R8LVN6"   "1604600527"

   product_parent                                 product_title  \
0      "84656342"   "There Was an Old Lady Who Swallowed a Shell!"
1     "729938122"                                "I Saw a Friend"
2     "678139048"                             "Black Lagoon, Vol. 6"
3     "712432151"                                      "If I Stay"
4     "800572372"                          "Stars 'N Strips Forever"

  product_category  star_rating  helpful_votes  total_votes      vine  \
0          "Books"            1              0            0    0 \t(N)
1          "Books"            1              0            0    0 \t(N)
2          "Books"            1              0            0    0 \t(N)
3          "Books"            1              0            0    0 \t(N)
4          "Books"            1              2            2    0 \t(N)

  verified_purchase                                     review_headline  \
0            1 \t(Y)                                          "Five Stars"
1            1 \t(Y)    "Please buy "I Saw a Friend"! Your children wi...
2            1 \t(Y)                                         "Shipped fast."
3            0 \t(N)                                          "Five Stars"
4            1 \t(Y)                                          "Five Stars"

                                         review_body  review_date  \
0              "I love it and so does my students!"   2015-08-31
1   "My wife and I ordered 2 books and gave them a...  2015-08-31
2   "Great book just like all the others in the se...  2015-08-31
3                                    "So beautiful"   2015-08-31
4   "Enjoyed the author's story and his quilts are...  2015-08-31

  Sentiment_books review_month review_day  review_year
0        positive       August     Monday         2015
1        positive       August     Monday         2015
2        positive       August     Monday         2015
3        positive       August     Monday         2015
4        positive       August     Monday         2015
```

17.8 步骤2：数据检查

接下来，让我们来检查数据。对于检查提示词，我们将使用执行代码的输出结果，看看能否让Copilot告诉我们下一步需要采取的行动。

[提示]

运行正常，以下是输出结果：

```
Unnamed: 0 market_place customer_id review_id product_id 0 0 "US" "25933450" "RJOVP071AVAJO" "0439873800"
1 1 "US" "1801372" "R1ORGBETCDW3AI" "1623953553"
2 2 "US" "5782091" "R7TNRFQAOUTX5" "142151981X"
3 3 "US" "32715830" "R2GANXKDIFZ6OI" "014241543X"
4 4 "US" "14005703" "R2NYB6C3R8LVN6" "1604600527"
product_parent product_title 0 "84656342" "There Was an Old Lady Who Swallowed a Shell!"
1 "729938122" "I Saw a Friend"
2 "678139048" "Black Lagoon, Vol. 6"
3 "712432151" "If I Stay"
4 "800572372" "Stars 'N Strips Forever"
product_category star_rating helpful_votes total_votes vine 0 "Books" 1 0 0 0 \t(N)
1 "Books" 1 0 0 0 \t(N)
2 "Books" 1 0 0 0 \t(N)
3 "Books" 1 0 0 0 \t(N)
4 "Books" 1 2 2 0 \t(N)
verified_purchase review_headline 0 1 \t(Y) "Five Stars"
1 1 \t(Y) "Please buy "I Saw a Friend"! Your children wi...
2 1 \t(Y) "Shipped fast."
... 1 positive August Monday 2015
2 positive August Monday 2015
3 positive August Monday 2015
4 pcsitive August Monday 2015
```

输出被截断。可以将其作为可滚动元素查看或在文本编辑器中打开。调整单元格输出设置……

[提示结束]

你应该会收到类似于以下的回应：

[提示响应]

太棒了！既然你已经成功加载了数据集，让我们继续检查数据。

```
# Step 2: Inspect the Data

# Check the column names
print("Column Names:")
print(df.columns)

# Check the data types of each column
print("\nData Types:")
print(df.dtypes)

# Check for missing values
```

```
print("\nMissing Values:")
print(df.isnull().sum())
```

该代码提供了数据集的概览，包括列名、每列的数据类型以及缺失值的数量。运行后，请告诉我你的发现。

[响应结束]

让我们尝试运行上面的代码来检查数据的有效性。在 Jupyter Notebook 的代码单元中运行以下代码：

```
# Display the first few rows of the DataFrame
df.head()

# Check the column names
column_names = df.columns
print(column_names)

# Check the data types of the columns
data_types = df.dtypes
print(data_types)

# Check for missing values
missing_values = df.isnull().sum()
print(missing_values)
You should see an output similar to below:
Index(['Unnamed: 0', 'market_place', 'customer_id', 'review_id', 'product_id',
       'product_parent', 'product_title', 'product_category', 'star_rating',
       'helpful_votes', 'total_votes', 'vine', 'verified_purchase',
       'review_headline', 'review_body', 'review_date', 'Sentiment_books',
       'review_month', 'review_day', 'review_year'],
      dtype='object')
Unnamed: 0              int64
market_place            object
customer_id             object
review_id               object
product_id              object
product_parent          object
product_title           object
product_category        object
star_rating             int64
helpful_votes           int64
total_votes             int64
vine                    object
verified_purchase       object
review_headline         object
review_body             object
review_date             object
```

```
Sentiment_books           object
review_month              object
review_day                object
review_year               int64
dtype: object
Unnamed: 0                0
market_place              0
customer_id               0
review_id                 0
product_id                0
product_parent            0
product_title             0
product_category          0
star_rating               0
helpful_votes             0
total_votes               0
vine                      0
verified_purchase         0
review_headline           0
review_body               0
review_date               0
Sentiment_books           0
review_month              0
review_day                0
review_year               0
dtype: int64
```

很好！到目前为止，当我们向 Copilot 提供我们即将进行的步骤的状态并让它提出下一步的建议时，它都能很好地为我们服务。让我们继续沿用这种模式吧。

17.9 步骤 3：汇总统计

接下来，我们总结一下情况，并再次提供输出数据，希望 Copilot 能指引我们的下一步行动。

[提示]

没有缺失值。以下是输出结果：

```
Index(['Unnamed: 0', 'market_place', 'customer_id', 'review_id', 'product_id',
'product_parent', 'product_title', 'product_category', 'star_rating', 'helpful_
votes', 'total_votes', 'vine', 'verified_purchase', 'review_headline', 'review_
body', 'review_date', 'Sentiment_books', 'review_month', 'review_day', 'review_
year'], dtype='object') Unnamed: 0 int64 market_place object customer_id object
review_id object product_id object product_parent object product_title object
product_category object star_rating int64 helpful_votes int64 total_votes int64
vine object verified_purchase object review_headline object review_body object re-
view_date object Sentiment_books object review_month object review_day object ...
review_month 0 review_day 0 review_year 0 dtype: int64
```

[提示结束]

你应该会收到类似下面的回应:

[提示响应]

太好了!我们已经检查了数据,接下来让我们进入步骤 3——汇总统计。这将帮助我们掌握数值的分布和范围。

```
# Step 3: Summary Statistics

# Calculate summary statistics for numeric columns
numeric_columns = ['star_rating', 'helpful_votes', 'total_votes']
print(df[numeric_columns].describe())
```

这段代码将为你提供数据集中数值列的计数、均值、标准差、最小值、第 25 百分位数、中位数(第 50 百分位数)、第 75 百分位数和最大值。运行此代码并告诉我你的发现。

[响应结束]

让我们来尝试一下看看是否有效。我们运行下面的代码并调用 df.describe 方法:

```
# Calculate summary statistics
summary_stats = df.describe()
print(summary_stats)
```

你应该会看到以下输出结果:

```
        Unnamed: 0  star_rating  helpful_votes  total_votes  review_year
count   100.000000   100.000000     100.000000   100.000000        100.0
mean     49.500000     0.840000       0.540000     0.960000       2015.0
std      29.011492     0.368453       1.298173     2.420118          0.0
min       0.000000     0.000000       0.000000     0.000000       2015.0
25%      24.750000     1.000000       0.000000     0.000000       2015.0
50%      49.500000     1.000000       0.000000     0.000000       2015.0
75%      74.250000     1.000000       1.000000     1.000000       2015.0
max      99.000000     1.000000       9.000000    14.000000       2015.0
```

太好了!我们能够看到计数、均值、标准差等信息。我们继续使用向 Copilot 提供代码输出的方法,它能够理解我们在机器学习过程中的哪个阶段以及下一步该怎么做。

17.10 步骤 4:分类分析

依照之前的方法,我们构建一个由刚刚运行的代码输出结果组成的提示词,并让 Copilot 告诉我们接下来该做什么:

[提示]

下面是输出结果:

```
Unnamed: 0 star_rating helpful_votes total_votes review_year count 100.000000
100.000000 100.000000 100.000000 100.0 mean 49.500000 0.840000 0.540000
```

```
0.960000  2015.0  std  29.011492  0.368453  1.298173  2.420118  0.0  min  0.000000
0.000000  0.000000  0.000000  2015.0  25%  24.750000  1.000000  0.000000  0.000000  2015.0
50%  49.500000  1.000000  0.000000  0.000000  2015.0  75%  74.250000  1.000000  1.000000
1.000000  2015.0  max  99.000000  1.000000  9.000000  14.000000  2015.0
```

[提示结束]

你应该会收到类似以下的回复：

[提示响应]

很好！现在我们有了汇总统计数据，接下来让我们继续进行步骤4：分类分析。我们将分析分类变量（如 marketplace、product_category 和 sentiment）的唯一值及其频率。

```
# Step 4: Explore Categorical Variables
# Analyze the unique values and their frequencies for categorical variables
categorical_columns = ['market_place', 'product_category', 'Sentiment_books']

for column in categorical_columns:
    print("\n" + column)
    print(df[column].value_counts())
This code will print the unique values and their frequencies for each of the specified
 categorical columns. Run this code and let me know what you find.
```

[响应结束]

让我们试试看是否有效。在代码单元格中运行以下代码，分析分类变量：

```
# Analyze categorical variables
categorical_cols = ['market_place', 'product_category', 'Sentiment_books']

for col in categorical_cols:
    unique_values = df[col].unique()
    value_counts = df[col].value_counts()
    print(f"\n{col} unique values:\n{unique_values}\n")
    print(f"{col} value counts:\n{value_counts}")
```

你应该会看到类似以下的输出结果：

```
market_place unique values:
['"US"']

market_place value counts:
market_place
"US"    100
Name: count, dtype: int64

product_category unique values:
['"Books"']
```

```
product_category value counts:
product_category
"Books"    100
Name: count, dtype: int64

Sentiment_books unique values:
['positive' 'negative']

Sentiment_books value counts:
Sentiment_books
positive    84
negative    16
Name: count, dtype: int64
```

17.11 步骤 5：评分分布可视化

接下来，我们想要了解评分的分布情况。为了更好地了解评分，我们将上次代码执行后的输出结果作为提示词：

[提示]

以下是输出结果：

- `market_place` unique values: ['"US"']
- `market_place` value counts: market_place "US" 100 Name: count, dtype: int64
- `product_category` unique values: ['"Books"']
- `product_category` value counts: product_category "Books" 100 Name: count, dtype: int64
- `Sentiment_books` unique values: ['positive' 'negative']
- `Sentiment_books` value counts: Sentiment_books positive 84 negative 16 Name: count, dtype: int64

[提示结束]

你应该会收到类似于下面的回应：

[提示响应]

太好了！我们已经探索了分类变量，接下来让我们继续步骤 5：可视化星级评分的分布。

```
# Step 5: Distribution of Ratings

import matplotlib.pyplot as plt

# Plot a histogram for star ratings
plt.hist(df['star_rating'], bins=5, edgecolor='black')
plt.title('Distribution of Star Ratings')
plt.xlabel('Star Rating')
```

```
plt.ylabel('Frequency')
plt.show()
```

这段代码将绘制星级评分的直方图，有助于我们理解评论的整体情绪。运行这段代码，然后告诉我你的发现。

[响应结束]

让我们来试试，看看是否奏效。

运行结果如图 17.3 所示。

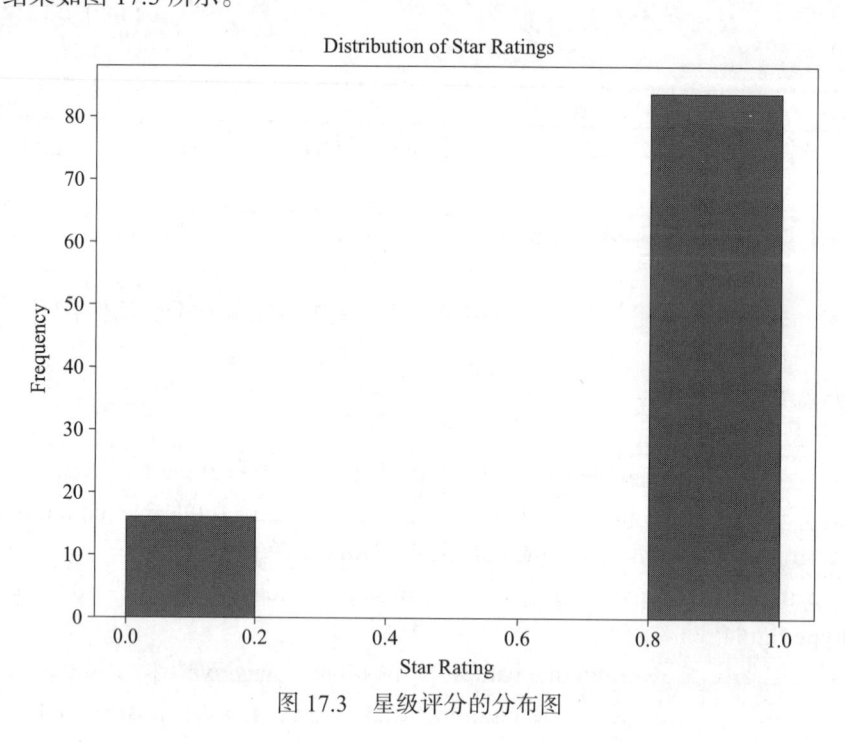

图 17.3　星级评分的分布图

17.12　步骤 6：时间趋势分析

目前，我们对评分的分布已经非常了解：评分似乎要么非常低，要么非常高。让我们继续下一步。

[提示]

继续进行下一步。

[提示结束]

你应该收到类似于以下的回应：

[提示响应]

太好了！现在让我们进入步骤 6：时间趋势分析。我们将分析 `review_date` 列来探索趋势、季节性或随时间变化的任何模式。

首先，我们需要将 review_date 列转换成日期时间格式。然后，我们可以将年、月、日提取为单独的列，以便于分析。

```
# Step 6: Temporal Analysis

# Convert review_date to datetime format
df['review_date'] = pd.to_datetime(df['review_date'])

# Extract year, month, and day into separate columns
df['year'] = df['review_date'].dt.year
df['month'] = df['review_date'].dt.month
df['day'] = df['review_date'].dt.day

# Check the number of reviews per year
print(df['year'].value_counts().sort_index())

# Check the number of reviews per month
print(df['month'].value_counts().sort_index())

# Check the number of reviews per day
print(df['day'].value_counts().sort_index())
```

这段代码会输出每年、每月和每天的评论数量。运行这段代码，告诉我你的发现。

[响应结束]

让我们来试着运行这段代码，看看它是否奏效。

你应该会看到类似于以下的输出结果：

```
year
2015    100
Name: count, dtype: int64
month
8    100
Name: count, dtype: int64
day
31    100
Name: count, dtype: int64
```

17.13 步骤 7：评论文本分析

让我们继续进行分析，接下来是评论文本分析。

[提示]

以下是输出结果：

year 2015 100 Name: count, dtype: int64 month 8 100 Name: count, dtype: int64 day 31 100 Name: count, dtype: int64

[提示结束]

你应该会收到类似于以下的回复：

[提示响应]

非常好！现在我们已经分析了数据的时间趋势，让我们继续进行步骤 7：评论文本分析。我们将分析 review_body 的长度，以了解评论中提供的信息量。

```
# Step 7: Review Length Analysis

# Calculate the length of each review
df['review_length'] = df['review_body'].str.len()

# Calculate descriptive statistics for review length
print(df['review_length'].describe())
```

这段代码将计算每条评论的长度，并提供描述性统计数据，比如平均长度、中位数和最大长度。请运行这段代码，然后讲讲你发现了什么。

[响应结束]

此时，我们希望理解上述代码的功能，接下来让我们求助于 Copilot：

[提示]

在我们进入步骤 7 之前，你能解释一下这个输出结果吗？

[提示结束]

你应该会收到类似于以下的回复：

[提示响应]

当然。你分享的输出结果显示了基于年、月和日的评论频率。

- 年份：数据集中的所有 100 篇评论都写于 2015 年。
- 月份：所有 100 条评论都是在 8 月份写的。
- 日期：所有 100 条评论都是在当月的 31 日写的。

这表明你数据集中的所有评论都写于同一天——2015 年 8 月 31 日。

在更大且更多样化的数据集中，你或许会发现评论分布在不同的年份、月份和日期。分析这些数据有助于识别它们随时间变化的趋势或模式，如某些时期评论数量的增加。

[响应结束]

好的，我们遇到了一个问题——我们的数据集很有限，所有评论似乎都集中在一个时间点，这使得我们无法发现趋势。让我们把这一情况告知 Copilot，看看接下来能做些什么：

[提示]

在这种情况下，我们无法探索这个数据集内的趋势或模式。

[提示结束]

你应该会收到类似于以下的回复：

[提示响应]

确实。由于这个数据集中的所有评论都源自同一天，我们无法追踪随时间变化的趋势或模式。不过，仍然可以进行其他类型的分析，如评论的长度、星级评分的分布，或评论文本中某些词语或短语的频率。

如果你拥有一个更大、更丰富的数据集，你还可以分析随时间变化的趋势、比较不同的产品或类别，或运用机器学习根据评论文本预测星级评分。

让我们按计划继续进行评论长度分析：

```
# Step 7: Review Length Analysis

# Calculate the length of each review
df['review_length'] = df['review_body'].str.len()

# Calculate descriptive statistics for review length
print(df['review_length'].describe())
```

这段代码将计算每条评论的长度，并生成一些描述性统计数据，比如平均长度、中位数和最大长度。运行这段代码后，告诉我你发现了什么。

[响应结束]

那就让我们试试这段代码，看看效果如何。

你应该会看到类似于以下的输出结果：

```
count     100.000000
mean      253.190000
std       420.934403
min         6.000000
25%        36.000000
50%       104.500000
75%       269.750000
max      2685.000000
Name: review_length, dtype: float64
```

[提示]

以下是输出结果：

count 100.000000 mean 253.190000 std 420.934403 min 6.000000 25% 36.000000 50% 104.500000 75% 269.750000 max 2685.000000 Name: review_length, dtype: float64

[提示结束]

你应该会收到类似于以下的回复。

[提示响应]

很好！你分享的输出结果提供了数据集中评论长度的摘要：

- `count`：你的数据集中有 100 条评论。
- `mean`：平均而言，一条评论约有 253 个字符。
- `std`：标准差约为 421，这表明评论长度在平均值附近的波动非常大。
- `min`：最短的评论有 6 个字符。
- `25%`：25% 的评论长度小于或等于 36 个字符。
- `50%`（中位数）：一半的评论长度小于或等于 104.5 个字符。

- `75%`：75% 的评论长度小于或等于 269.75 个字符。
- `max`：最长的评论有 2685 个字符。

这些信息有助于你了解可用于任何文本分析或自然语言处理任务的文本数量。

下一步，你可以尝试将这些数据进行可视化，或分析评论的文本内容。比如，你可以绘制显示评论长度的直方图，或者生成词云来展示评论中最常见的词语。告诉我你接下来想做什么吧。

[响应结束]

17.14 步骤 8：相关性分析

现在，我们希望确定两个或多个变量之间的关系，以了解哪些变量相关。下面的提示词显示了我们的分析过程。

[提示]

继续进行下一步：相关性分析。

[提示结束]

你应该会收到类似于以下的回应：

[提示响应]

好的，让我们继续进行步骤 8：相关性分析。我们将分析 star_rating、helpful_votes 和 total_votes 等数值变量之间的相关性。

```
# Step 8: Correlation Analysis

# Calculate the correlation matrix
correlation_matrix = df[['star_rating', 'helpful_votes', 'total_votes']].corr()

# Print the correlation matrix
print(correlation_matrix)
```

这段代码将计算并输出一个相关矩阵，展示各变量对之间的相关系数。相关系数的范围是 −1～1。接近 1 的值表示高度正相关，接近 −1 的值表示高度负相关，而接近 0 的值则表示没有相关性。运行这段代码，然后告诉我你的发现。

[响应结束]

让我们尝试这段代码，看看是否奏效。

你应该会看到类似于以下的输出：

```
               star_rating  helpful_votes  total_votes
star_rating       1.000000      -0.324371    -0.517002
helpful_votes    -0.324371       1.000000     0.659612
total_votes      -0.517002       0.659612     1.000000
```

接下来，让我们将上述输出结果发送给 Copilot，看看能否得到对相关性的解释：
[提示]
以下是输出结果：
star_rating helpful_votes total_votes star_rating 1.000000 −0.324371 −0.517002 helpful_votes −0.324371 1.000000 0.659612 total_votes −0.517002 0.659612 1.000000
[提示结束]
你应该会收到类似于以下的回应：
[提示响应]
非常好！你分享的输出结果是一个相关矩阵，显示了变量对之间的相关系数。以下是对结果的解释：

- `star_rating` 和 `helpful_votes`：相关系数为 −0.324371，表明二者呈现弱负相关关系。这意味着星级评分增加时，有用的投票数量略有减少，反之亦然。
- `star_rating` 和 `total_votes`：相关系数为 −0.517002，表明中等程度的负相关。这意味着随着星级评分的增加，总投票数（包括有用和无用的投票）趋于减少，反之亦然。
- `helpful_votes` 和 `total_votes`：相关系数为 0.659612，表示中等程度的正相关。这表明有用的投票数量越多，总投票数也会随之增加，反之亦然。

接下来，你可以使用热图来可视化这些相关性，也可以进行另一种类型的分析。告诉我你接下来想做什么。
[响应结束]
接下来，我们打算查看这些相关性的可视化展示，热图就是一种方式。
[提示]
使用热图可视化这些相关性。
[提示结束]
你应该会收到类似于以下的回应：
[提示响应]
当然，我们来使用热图可视化相关矩阵。我们将用 seaborn 库来实现这一点。

```
# Step 8.1: Visualize Correlation Matrix with Heatmap

import seaborn as sns

# Plot a heatmap of the correlation matrix
plt.figure(figsize=(8, 6))
sns.heatmap(correlation_matrix, annot=True, cmap='coolwarm', center=0)
plt.title('Correlation Matrix Heatmap')
plt.show()
```

这段代码将生成相关矩阵的热图。颜色表示相关系数：暖色（红色）表示正相关，冷色（蓝色）表示负相关，中性色（接近白色）表示无相关性。`annot=True` 选项将在热图上显示具体的相关系数。运行这段代码,告诉我你发现了什么。

[响应结束]

我们来试试这段代码,使用 seaborn 库创建热图,看看它是否有效。

你应该会看到类似于图 17.4 的输出结果:

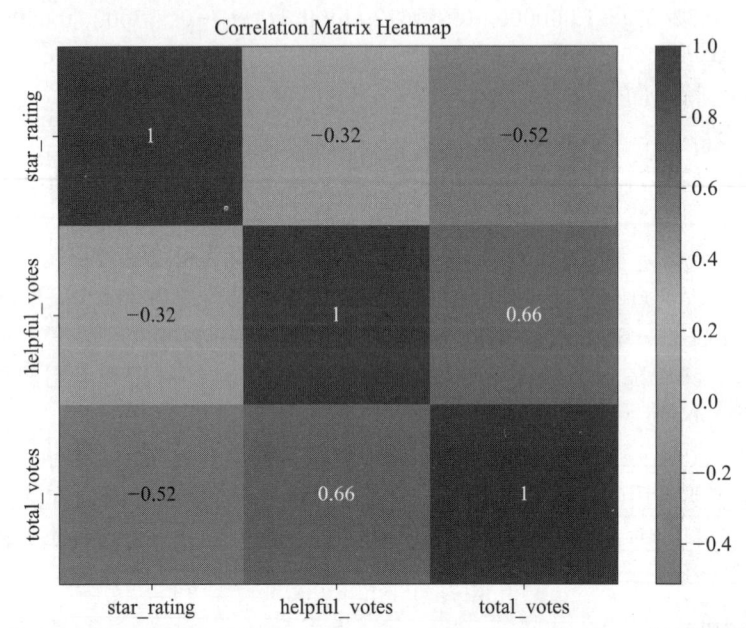

图 17.4 展示 `total_votes`、`helpful_votes` 和 `star_rating` 三个变量相关性的热图

17.15 步骤 9:其他探索性分析

为什么我们要进行其他探索性分析呢?我们这样做出于以下理由。
- 揭示隐藏的用户模式:有时候,一些趋势、模式和关系并不能立即显现,第二次深入分析能够发掘这些信息。
- 验证初步分析结果:通过第二次分析验证初步分析结果,以确保结果的稳健性和可靠性。
- 识别异常值:如果不能有效地找到异常值,就会使结果出现偏差。因此,花更多时间来查找这些异常值是非常值得的。
- 提高模型准确性:可以识别出能提高准确性的其他变量。

以上列出了一些我们需要进行其他分析的原因。让我们看看 Copilot 会怎么帮我们。

[提示]

感谢你的回复。我想知道是否还有关于对这个数据集进行情绪分析的更多深入探究。

[提示结束]

你应该会收到类似于下面的回应:

[提示响应]

当然，情绪分析通常需要对文本数据进行更深入的探索。以下是你可以考虑的几个其他步骤：

1. 文本预处理

在分析文本之前，清理一下文本通常会很有帮助。这可能涉及将所有文本转换为小写、删除标点符号、删除停用词、进行词干提取或词形还原（将单词还原为词根形式）。

```
from nltk.corpus import stopwords
from nltk.stem import PorterStemmer
import re

# Initialize a PorterStemmer object to perform stemming
stemmer = PorterStemmer()

# Define a function to preprocess the text
def preprocess_text(text):
    # Convert to lower case
    text = text.lower()
    # Remove punctuation
    text = re.sub(r'[^\w\s]', '', text)
    # Remove stop words and stem the words
    text = ' '.join([stemmer.stem(word) for word in text.split() if word not in stopwords.words('english')])
    return text

# Apply the function to the review_body column
df['review_body_clean'] = df['review_body'].apply(preprocess_text)
```

2. 词频分析

在预处理文本后，你可以分析评论中的单词频率，这有助于你识别常见的主题或话题。

```
from collections import Counter

# Count the frequency of words in the reviews
word_counts = Counter(' '.join(df['review_body_clean']).split())

# Print the 10 most common words
print(word_counts.most_common(10))
```

3. 情绪得分计算

你可以使用 TextBlob 或 Vader 等情绪分析工具为每条评论计算情绪得分，以量化评论中表达的情绪。

```
from textblob import TextBlob

# Define a function to calculate sentiment
```

```
def calculate_sentiment(text):
    return TextBlob(text).sentiment.polarity

# Apply the function to the review_body_clean column
df['sentiment_score'] = df['review_body_clean'].apply(calculate_sentiment)

# Print the average sentiment score
print(df['sentiment_score'].mean())
```

请注意，你需要安装nltk和textblob库来运行这段代码，可以使用pip来安装：

```
pip install nltk textblob
```

如果你想继续执行这些步骤中的任何一步，或者有其他想做的事情，请告诉我。

[响应结束]

这里给出了三个步骤。让我们试试所有三个步骤的代码，看看是否有效：

（1）文本预处理

```
# uncomment if the nltk and textblob are not installed
# !pip install nltk textblob

from nltk.corpus import stopwords
from nltk.stem import PorterStemmer
import re

# Initialize a PorterStemmer object to perform stemming
stemmer = PorterStemmer()

# Define a function to preprocess the text
def preprocess_text(text):
    # Convert to lower case
    text = text.lower()
    # Remove punctuation
    text = re.sub(r'[^\w\s]', '', text)
    # Remove stop words and stem the words
    text = ' '.join([stemmer.stem(word) for word in text.split() if word not in stopwords.words('english')])
    return text

# Apply the function to the review_body column
df['review_body_clean'] = df['review_body'].apply(preprocess_text)
```

（2）词频分析

```
from collections import Counter

# Count the frequency of words in the reviews
word_counts = Counter(' '.join(df['review_body_clean']).split())
```

```
# Print the 10 most common words
print(word_counts.most_common(10))
```

你应该会看到类似下面的输出结果：

```
[('book', 80), ('read', 25), ('love', 24), ('great', 24), ('stori', 19), ('good', 17), ('page', 16), ('one', 15), ('like', 14), ('realli', 14)]
```

接下来，使用上面的输出结果并构造下一条提示词，以便更好地了解我们的情况：

[提示]

以下是输出结果：[('book', 80), ('read', 25), ('love', 24), ('great', 24), ('stori', 19), ('good', 17), ('page', 16), ('one', 15), ('like', 14), ('realli', 14)]

[提示结束]

你应该会收到类似于下面的回应：

[提示响应]

很好！你分享的输出结果显示了清理后的评论中 10 个最常见的词及其频率：

```
'book': Appears 80 times
'read': Appears 25 times
'love': Appears 24 times
'great': Appears 24 times
'stori': Appears 19 times
'good': Appears 17 times
'page': Appears 16 times
'one': Appears 15 times
'like': Appears 14 times
'realli': Appears 14 times
```

从中可以看出，多数评论都是正面的，"love""great"和"good"频繁出现。同时，"book""read"和"page"这些词也属常见，这在书评数据集中实属意料之中。

下一步，你可以考虑为每条评论计算情绪得分，以便定量衡量情绪。或者，可以使用条形图或词云来可视化词频。告诉我你接下来想做什么。

[响应结束]

让我们尝试运行下面的情绪得分计算代码：

（3）情绪得分计算

```
from textblob import TextBlob

# Define a function to calculate sentiment
def calculate_sentiment(text):
    return TextBlob(text).sentiment.polarity

# Apply the function to the review_body_clean column
df['sentiment_score'] = df['review_body_clean'].apply(calculate_sentiment)
```

```
# Print the average sentiment score
print(df['sentiment_score'].mean())
```

这是输出结果：

```
0.23785470981747298
```

接下来，我们将解析该响应。按照惯例，从响应中提取提示词，看看 Copilot 对此的反应如何：

[提示]

这是输出结果：0.23785470981747298

[提示结束]

你应该会收到类似于下面的回应：

[提示响应]

很好！你分享的输出结果是数据集中评论的平均情绪得分。

情绪得分是取值为 −1～1 的数值。−1 代表极度负面情绪，1 代表极度正面情绪，0 代表中性情绪。

你的数据集的平均情绪得分约为 0.238，显示出评论中正面情绪更多。这与词频分析结果一致，词频分析显示"love"、"great"和"good"等正面词汇在评论中相当常见。

接下来，你可以考虑使用直方图或箱线图来可视化情绪得分的分布。或者，你可以分析情绪得分与其他变量（如星级评分或评论长度）之间的关系。请告诉我你的下一步计划。

[响应结束]

[提示]

请按照以下步骤进行：
- 使用直方图可视化情绪得分的分布。
- 分析情绪得分与其他变量（如星级评分或评论长度）之间的关系。

[提示结束]

你应该会收到类似于下面的回应。

[提示响应]

好的，让我们继续进行这些步骤。

4. 可视化情绪得分的分布

我们可以使用直方图来可视化情绪得分的分布。

```
import matplotlib.pyplot as plt

# Plot a histogram of the sentiment scores
plt.figure(figsize=(8, 6))
```

```
plt.hist(df['sentiment_score'], bins=20, color='skyblue')
plt.title('Distribution of Sentiment Scores')
plt.xlabel('Sentiment Score')
plt.ylabel('Frequency')
plt.show()
```

5. 分析情绪得分与其他变量之间的关系

我们可以使用散点图来直观展示情绪得分与其他变量（如星级评分和评论长度）之间的关系。

```
# Plot a scatter plot of sentiment score vs star rating
plt.figure(figsize=(8, 6))
plt.scatter(df['sentiment_score'], df['star_rating'], alpha=0.5, color='skyblue')
plt.title('Sentiment Score vs Star Rating')
plt.xlabel('Sentiment Score')
plt.ylabel('Star Rating')
plt.show()

# Plot a scatter plot of sentiment score vs review length
plt.figure(figsize=(8, 6))
plt.scatter(df['sentiment_score'], df['review_length'], alpha=0.5, color='sky-
blue')
plt.title('Sentiment Score vs Review Length')
plt.xlabel('Sentiment Score')
plt.ylabel('Review Length')
plt.show()
```

这些图将帮助你理解情绪得分与星级评分或评论长度之间是否存在任何关联。运行这些代码，然后告诉我你的发现。

[响应结束]

让我们试试上面的代码，看看效果如何。将以下代码添加到代码单元格中并运行：

（1）可视化情绪得分的分布

```
import matplotlib.pyplot as plt

# Plot a histogram of the sentiment scores
plt.figure(figsize=(8, 6))
plt.hist(df['sentiment_score'], bins=20, color='skyblue')
plt.title('Distribution of Sentiment Scores')
plt.xlabel('Sentiment Score')
plt.ylabel('Frequency')
plt.show()
```

运行结果如图17.5所示。

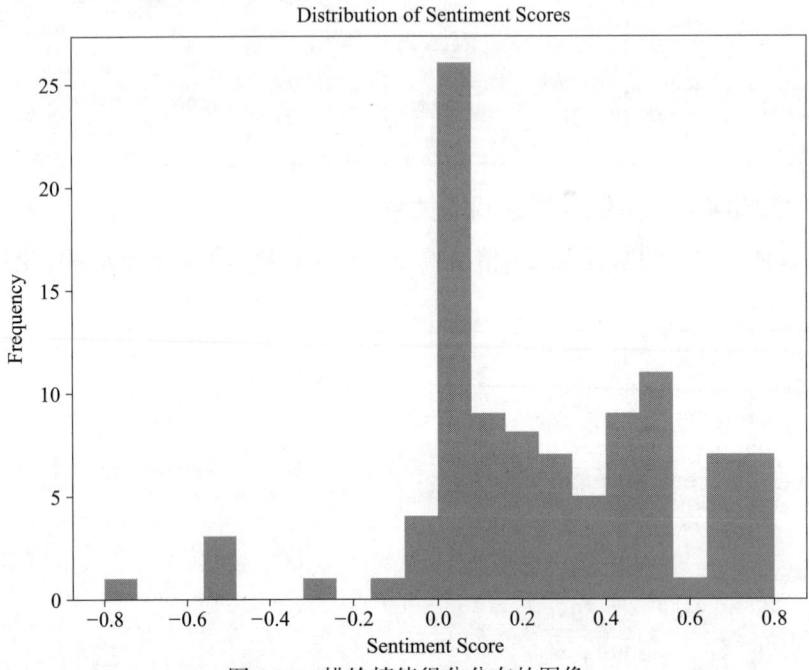

图 17.5 描绘情绪得分分布的图像

（2）分析情绪得分与其他变量之间的关系

```
# Plot a scatter plot of sentiment score vs star rating
plt.figure(figsize=(8, 6))
plt.scatter(df['sentiment_score'], df['star_rating'], alpha=0.5, color='skyblue')
plt.title('Sentiment Score vs Star Rating')
plt.xlabel('Sentiment Score')
plt.ylabel('Star Rating')
plt.show()

# Plot a scatter plot of sentiment score vs review length
plt.figure(figsize=(8, 6))
plt.scatter(df['sentiment_score'], df['review_length'], alpha=0.5, color='skyblue')
plt.title('Sentiment Score vs Review Length')
plt.xlabel('Sentiment Score')
plt.ylabel('Review Length')
plt.show()
```

运行结果如图 17.6 和图 17.7 所示。

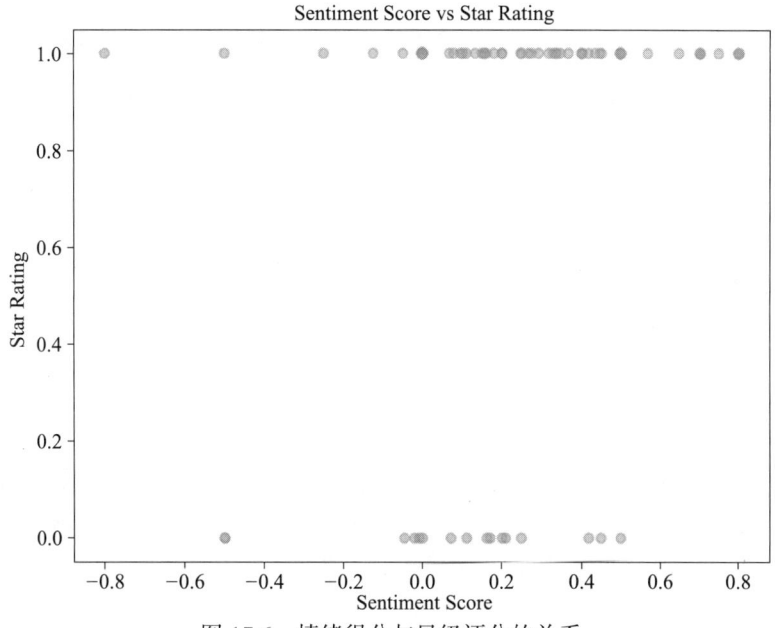

图 17.6 情绪得分与星级评分的关系

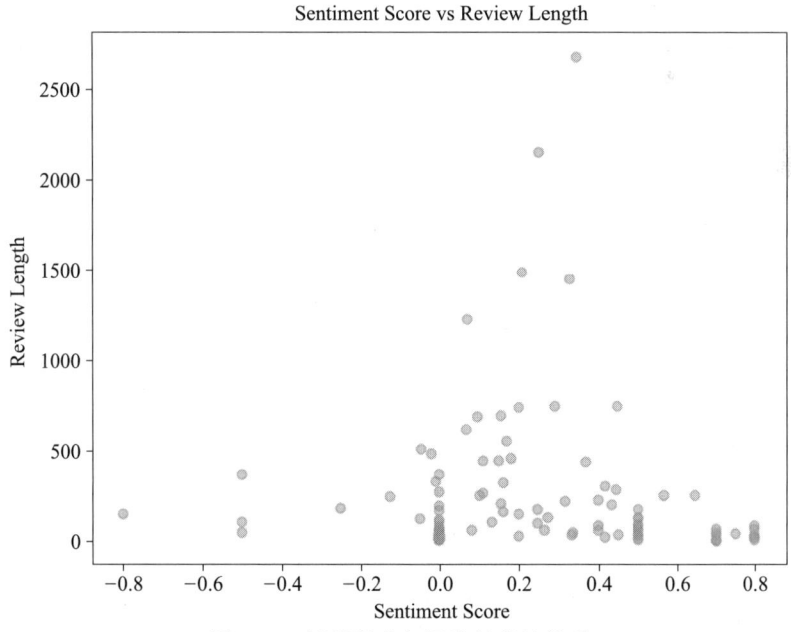

图 17.7 情绪得分与评论长度的关系

17.16　任务

你的任务是思考所采用的方法，并使用波士顿房价的数据集：（链接：https://www.kaggle.com/datasets/vikrishnan/boston-house-prices）进行类似的回归分析。

以下是一些你可以尝试使用上述数据集和回归分析来回答的问题：
- 价格预测：给定一栋房子的特征（如面积、位置和卧室数量），估计房屋的价格是多少。
- 特征重要性：哪些特征对房价影响最大。
- 价格趋势：在特定区域内，房价如何随时间变化。

17.17　总结

本章的一个重要目的就是对比 ChatGPT 与 GitHub Copilot（在本例中为其聊天功能）的使用体验。我们的方法是向 Copilot 提供详细的前置信息，包括对问题的整体描述和数据集结构，并辅以具体指示，让 Copilot 引导我们，在每一步详细展示应该采取的步骤和运行的代码。最终，我们发现，使用 Copilot Chat 的方法与使用 ChatGPT 的方法基本相同。

我们还看到了 Copilot 如何帮助我们解释输出结果，了解我们在过程中所处的位置，并提出下一步行动建议。

为了确保效果，我们应始终测试代码。如果代码无法运行或未产生预期输出结果，我们应寻求 AI 助手的帮助。

第 18 章

使用 Copilot Chat 进行回归分析

18.1 导论

公司的股票象征着对公司的所有权。每一股都代表着按照其在股票总数中的占比对公司资产和收益的部分所有权。例如，如果一个投资者拥有一家公司的 50 股股票，而这家公司总共有 1000 股股票，那么该投资者（或股东）就拥有并有权获得公司 5% 的资产和收益。

公司的股票可以在证券交易所以及包括股东和其他各方的组织之间进行交易，主要的证券交易所包括纽约证券交易所、纳斯达克、伦敦证券交易所集团、上海证券交易所和香港证券交易所。股票交易价格的波动主要受供求法则的影响。供给是指公众投资者持有的股票数量，需求是指投资者想要购买的股票数量，而股票价格则会上下波动，从而实现并维持平衡。

投资者通常希望低价买入，高价卖出。这听起来很简单，但付诸实践却极其困难，因为预测股票价格是非常困难的。基本面分析和技术分析是两个主要的研究领域，旨在了解影响价格波动的原因和情况，甚至预测未来的股票价格。

- **基本面分析：** 该方法关注影响公司价值和运营的核心要素，如宏观经济环境、行业状况、公司管理层和竞争对手等。
- **技术分析：** 这种方法通过统计分析历史交易活动中的价格走势、成交量和时间，来预测未来的价格走势。

在本章中，我们将探讨第二种技术，利用苹果公司的数据集预测股票价格，从而帮助投资者决定是否买入。

18.2 回归

让我们先向 Copilot Chat 询问回归的定义：
[提示]
什么是回归？
[提示结束]
你应该会收到类似于以下的回复：
[提示响应]
回归是一种用于数据分析的统计方法，研究因变量（目标）与自变量（预测变量）之间的关系。这种方法主要应用于预测、时间序列建模，以及揭示变量之间的因果关系。例如，可用于分析降雨量与土壤侵蚀之间的联系，或薪资与工作年限之间的关联。
[响应结束]
你可能会在聊天框中注意到，GitHub Copilot 正在推荐下一个问题，以蓝色高亮显示，问题可能是"有哪些不同类型的回归？"你可以点击它来获取答案。这说明 Copilot 是一款能有效地帮助用户的强大工具。

18.3 数据集概述

这个数据集涵盖了苹果公司（AAPL）十年的股票数据。从这些数据中获得的洞察可以用于构建有效的价格预测算法，从而辅助投资决策。

我们可以对这个数据集做出以下说明：
- 数据从 25 个交易所收集和汇总而来。
- 数据每周更新。
- 这个数据集包含 AAPL 的 1 分钟、5 分钟、30 分钟和 1 小时的时间段数据（开盘价/最高价/最低价/收盘价/成交量）。
- 包括盘后交易。价格已针对股票拆分与分红进行了调整。数据集可在 https://www.kaggle.com/datasets/tarunpaparaju/apple-aapl-historical-stock-data 获取。

探索数据集

为了更好地阐明这种回归方法，我们需要为目标选择合适的预测变量。该数据集记录了与股票直接相关的元素。说明一个时间单位（通常是一天，但也可能是一个星期或一个月）内的价格变动的五个数值是关键的交易指标。

这五个指标如下：
- **开盘价：** 给定交易日的起始价格
- **收盘价：** 当天的最终价格
- **最高价：** 当天股票交易的最高价格

- **最低价**：当天股票交易的最低价格
- **成交量**：当天市场收盘前交易的股票总数

18.4 提示策略

在本章中，我们将采用 TAG 提示模式。我们可以通过以下方法来确定项目的框架，以帮助我们撰写初始提示词：
- **任务（T）**：对苹果股票历史价值进行回归分析
- **行动（A）**：我们需要指示 AI 助手告诉我们应该采取哪些步骤
- **指南（G）**：指南应该是我们对数据集的描述

18.4.1 初始提示词

如同本书的其他章节一样，我们在开始时尽可能多地提供我们想要做什么以及数据集形态的背景信息。这样做的目的是给我们的 AI 工具设定一个高层次的上下文，从而有助于在后续的提示词中指导它。

[提示]

我正在进行一个回归项目，使用苹果公司的历史股票数据集来预测股票价格。这将帮助投资者做出是否买入股票的明智决策。工作流程包括加载数据集、探索数据内容、拆分数据集、构建回归模型和评估性能。但请记住，我希望一步一步地学习。让我们从加载数据集开始。我将数据集存储在 `<filepath>` 中。以下是数据集的结构：
- Open：给定交易日的开盘价
- Close：当天的收盘价
- High：当天股票交易的最高价格
- Low：当天股票交易的最低价格
- Volume：市场收盘前交易的总股数

[提示结束]

你应该会收到类似于以下的回复：

[提示响应]

好的，我们先从加载数据集开始。我们将使用 Python 的 pandas 库来完成这项任务。请将 `<filepath>` 替换为你的文件所在路径。

这里是加载数据集的 Python 代码：

```
import pandas as pd

# Replace <file-path> with the path of your dataset
file_path = "<file-path>"

# Load the dataset
```

```
df = pd.read_csv(file_path)

# Display the first few rows of the dataset
print(df.head())
```

运行这段代码后,你将看到数据集的前几行被打印出来。这将为你提供一个初步的数据概览。

在接下来的步骤中,你或许会想探索数据集,在必要时还需进行数据清洗,将数据集分为训练集和测试集,使用训练集建立回归模型,然后使用测试集评估模型性能。

[响应结束]

让我们试试 Copilot 生成的输出结果是否有效。修改 `file_path` 变量,使其指向数据集的位置,然后在 Notebook 的代码单元格中执行代码。

你应该会看到如下输出结果:

```
        Date  Close/Last     Volume      Open      High       Low
0  02/28/2020     $273.36  106721200   $257.26   $278.41   $256.37
1  02/27/2020     $273.52   80151380    $281.1      $286   $272.96
2  02/26/2020     $292.65   49678430   $286.53   $297.88    $286.5
3  02/25/2020     $288.08   57668360   $300.95   $302.53   $286.13
4  02/24/2020     $298.18   55548830   $297.26   $304.18   $289.23
```

接下来,我们将专注于历史价格(五个记录值)和预测未来价格的性能表现。让我们先检查一下数据类型。

[提示]

检查数据类型。

[提示结束]

你应该会收到类似于以下的响应:

[提示响应]

要检查 DataFrame 中列的数据类型,可以使用 `dtypes` 属性。你只需这样操作:

```
# Check the data types of each column
print(df.dtypes)
```

这将输出每列的名称及其数据类型。因为某些操作只能在特定类型的数据上进行,所以了解这一点非常有用。例如,你无法对字符串进行数值运算。

[响应结束]

让我们试试看效果如何。

```
# Check the data types of each column
print(df.dtypes)
Date          object
Close/Last    object
Volume         int64
Open          object
```

```
High                    object
Low                     object
dtype: object
```

现在，使用上面的输出结果来查询我们的 AI 工具。

[提示]

以下是输出结果：Date object Close/Last object Volume int64 Open object High object Low object，dtype: object

[提示结束]

你应该会收到类似于以下的响应：

[提示响应]

`Date` 列和价格列 (`Close/Last`、`Open`、`High`、`Low`) 似乎是以对象类型读取的，这在 pandas 中基本上是字符串类型。然而，对于你的分析，你希望 `Date` 列为日期时间（datetime）类型，价格列为浮点（float）类型。

下面是转换数据类型的方法：

```
# Convert 'Date' to datetime
df['Date'] = pd.to_datetime(df['Date'])

# Remove $ from price columns and convert to float
price_columns = [' Close/Last', ' Open', ' High', ' Low']
for col in price_columns:
    df[col] = df[col].str.replace('$', '').astype(float)

# Check the data types again
print(df.dtypes)
```

这段代码首先使用 `pd.to_datetime()` 将 `Date` 列转化为 datetime 格式。然后遍历每个价格列，删除每个值中的美元符号，并将列转换为浮点类型。最后，它会再次输出列的数据类型，以确认更改。

[响应结束]

让我们来尝试上面的建议，你将看到以下输出结果，即正确地转换为适当类型而不是字符串类型的列：

```
Date               datetime64[ns]
Close/Last              float64
Volume                    int64
Open                    float64
High                    float64
Low                     float64
dtype: object
```

接下来，让我们把结果告诉 Copilot，确保它告诉我们下一步该做什么。

[提示]

以下是输出结果：Date datetime64[ns] Close/Last float64 Volume int64 Open float64 High float64 Low float64 dtype: object

[提示结束]

你应该会收到类似于以下的响应：

[提示响应]

太好了！现在你的 Date 列是 datetime64[ns] 类型，你的价格列（Close/Last、Open、High、Low）是 float64 类型。这意味着你现在可以对价格列进行数值运算，对 Date 列进行时间序列分析。

下一步可以进行探索性数据分析。例如，检查缺失值、可视化变量分布，或分析不同变量之间的相关性。你可能还想把数据分为训练集和测试集，以便构建回归模型。

[响应结束]

18.4.2 探索性数据分析

在输出结果的指导下，我们决定检查 DataFrame 中的缺失值。

[提示]

检查缺失值。

[提示结束]

你应该会收到类似于以下的响应：

[提示响应]

要检查 DataFrame 中的缺失值，你可以使用 isnull() 函数和 sum() 函数。以下是具体操作：

```
# Check for missing values
print(df.isnull().sum())
```

这将输出 DataFrame 中每一列的缺失值数量。如果某列的缺失值为 0，则表示该列没有缺失值。如果某列的缺失值大于 0，则表示该列中有缺失值。

[响应结束]

Copilot 的响应建议检查空值，并提供了相关代码。

以下是输出结果：

```
Date          0
Close/Last    0
Volume        0
Open          0
High          0
Low           0
dtype: int64
```

将这个输出结果提供给 Copilot，看看下一步该做什么：

[提示]

以下是输出结果:Date 0 Close/Last 0 Volume 0 Open 0 High 0 Low 0 dtype: int64

[提示结束]

你应该会收到类似于以下的响应:

[提示响应]

太好了!输出结果表明你的数据集中没有缺失值。每列的缺失值数量都是 0。这是个好消息,因为你可以省去处理缺失数据的复杂步骤。

下一步分析可能是进行一些探索性数据分析(EDA),如数据可视化、检查异常值或分析变量间的关系。接下来,你可以将数据分割成训练集和测试集,然后构建回归模型。

[响应结束]

太好了,我们的数据集没有缺失值。接下来应该进行可视化分析和检查异常值。掌握这些信息后,我们来制订一条合适的提示词。

[提示]

可视化数据并检查异常值。

[提示结束]

你应该会收到类似于以下的响应:

[提示响应]

我们可以利用 Python 中的多种库,如 Matplotlib 或 Seaborn,来实现数据可视化。箱线图是检查异常值的极佳工具。以下是为价格列创建箱线图的方法:

```
import matplotlib.pyplot as plt
import seaborn as sns

# Set up the matplotlib figure
f, axes = plt.subplots(2, 2, figsize=(15, 10))

# Plot a simple histogram with binsize determined automatically
sns.boxplot(data=df[' Close/Last'], ax=axes[0, 0])
axes[0, 0].set_title('Close/Last')

sns.boxplot(data=df[' Open'], ax=axes[0, 1])
axes[0, 1].set_title('Open')

sns.boxplot(data=df[' High'], ax=axes[1, 0])
axes[1, 0].set_title('High')

sns.boxplot(data=df[' Low'], ax=axes[1, 1])
axes[1, 1].set_title('Low')

plt.tight_layout()
```

这段代码将创建一个 2×2 的图形网格,每个子图展示一个价格列的箱线图。箱线图对于可视化数据分布和识别潜在异常值十分有用。在箱线图中，异常值通常显示为位于箱线图须线之外的点。

[响应结束]

上面的代码建议使用 matplotlib 和 seaborn 库，并且包含创建箱线图可视化的代码。

你应该会看到类似于图 18.1 的箱线图。

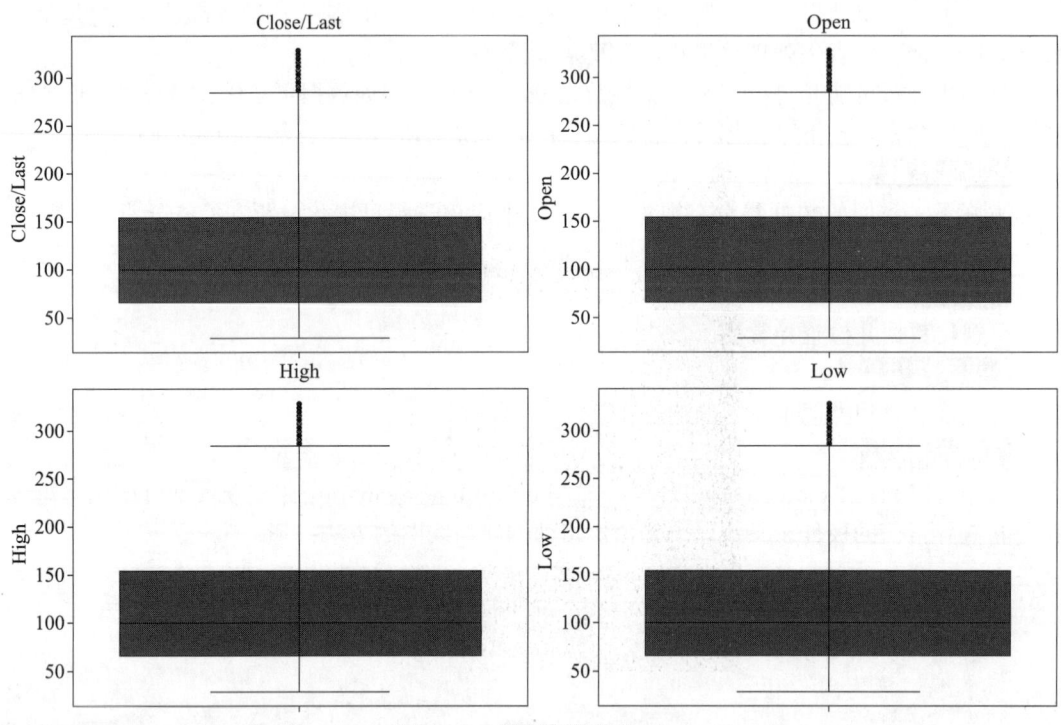

图 18.1 数据集的箱线图

接下来，我们想更多地了解变量及其关系。

[提示]

检查变量之间的关系。

[提示结束]

你应该收到类似于以下的响应：

[提示响应]

为了检查变量之间的关系，你可以利用相关矩阵和热图。相关矩阵会提供数值，显示两个变量之间关系的紧密程度，热图则会将这些关系直观呈现给你。

具体方法如下：

```
# Calculate the correlation matrix
corr = df.corr()
```

```
# Plot the heatmap
sns.heatmap(corr, annot=True, cmap='coolwarm')

plt.show()
```

这段代码首先利用 corr() 函数计算相关矩阵，该函数将返回一个 DataFrame，每个单元格表示两个变量之间的相关系数。接下来，它用这个相关矩阵绘制热图。设置 annot=True 参数可在热图上显示相关系数，使用 cmap='coolwarm' 参数来设定热图的颜色方案。

相关系数的范围为 −1～1。值接近 1，表示高度正相关；值接近 −1，表示高度负相关；值接近 0，则表示没有相关性。

[响应结束]

响应建议我们创建一个相关矩阵，并用热图进行可视化。让我们尝试前面提到的代码，看看会有什么结果。

图 18.2 是上面代码的输出结果。

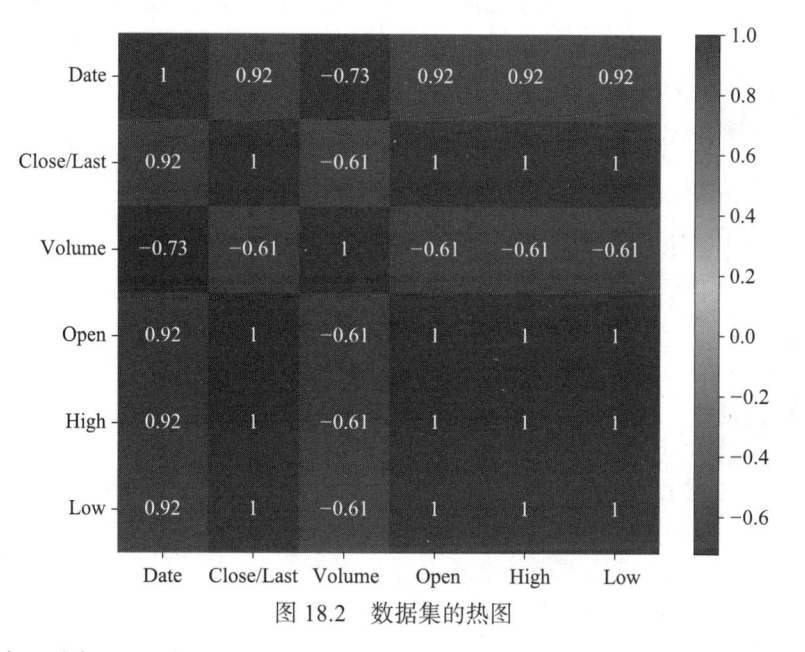

图 18.2　数据集的热图

在热图中，我们可以看到：
- 对角线总是 1，因为它显示了每个变量与自身的相关性。
- 收盘价、开盘价、最高价和最低价之间有很高的正相关性（0.92），表明当其中一个变量增加时，其他变量也趋于增加。这对股票数据来说很典型，因为这些价格在交易日内紧密相关。
- 成交量与收盘价、开盘价、最高价和最低价显示出负相关性（−0.61）。这表明在交易股票数量较多的日子里，价格可能倾向于较低，反之亦然。

Copilot 在分析变量关系后推荐了下一步操作。我们将选择这个建议，看看它会提示什么。

让我们问 Copilot 下一步该做什么。

[提示]
在检查变量之间的关系后,下一步是什么?
[提示结束]

你应该收到类似于以下的响应:
[提示响应]
在检查变量之间的关系后,通常进行的下一步是为建模准备数据。这可能包括以下几个子步骤:

- **特征选择**:依据相关性分析,你可能会删除一些与目标变量不相关的特征,或为了避免多重共线性,删除两个高度相关的特征中的一个。
- **数据拆分**:你需要将数据拆分成训练集和测试集。常见的分割方法是将 80% 的数据用于训练,20% 的数据用于测试。
- **数据缩放**:根据你计划使用的模型,可能需要对数据进行缩放,使所有特征的值范围相近。

一旦你的数据准备好了,你就可以继续构建你的回归模型。
[响应结束]

18.4.3 数据分割

在这一点上,让我们着手准备创建模型。在创建模型之前,我们需要将数据分为训练集和测试集,以便稍后验证模型。

[提示]
让我们继续进行数据拆分的步骤。
[提示结束]

[提示响应]
当然,将数据拆分为训练集和测试集是准备建模数据的关键步骤。我们将使用 `sklearn.model_selection` 中的 `train_test_split` 函数来完成此操作。假设我们将预测收盘价,以下是分割数据的方法:

```
from sklearn.model_selection import train_test_split

# Define the feature variables and the target variable
X = df.drop('Close/Last', axis=1)
y = df['Close/Last']

# Split the data into training set and test set
X_train, X_test, y_train, y_test = train_test_split(X, y, test_size=0.2, random_state=42)
```

这段代码首先定义了特征变量 X 和目标变量 y。接着,它将数据以 80% 和 20% 的比例划分为训练集和测试集。`random_state` 参数可以确保结果的可重复性,即每次运行代码时都会得到一致的训练集和测试集的拆分。

[响应结束]

简言之,这段代码教会我们如何拆分数据集,目前还没有输出结果,因为结果被分配给了变量。不过,我们接下来可以输出这些结果。

[提示]

输出样本的形状。

[提示结束]

你应该会收到与下文类似的响应。

[提示响应]

为了输出训练和测试样本的形状,可以使用 shape 属性。以下是具体实现方法:

```
# Print the shape of the training set and the test set
print("Training set (X):", X_train.shape)
print("Training set (y):", y_train.shape)
print("Test set (X):", X_test.shape)
print("Test set (y):", y_test.shape)
```

这样会输出训练集和测试集的行数和列数。X_train 和 y_train 之间、X_test 和 y_test 之间的行数应一致。X_train 和 X_test 的列数应一致,而 y_train 和 y_test 应各有一列(因为它们表示目标变量)。

[响应结束]

建议的代码十分简单,因为它只由一组 print 语句组成。

你应该看到类似下面的输出结果:

```
Training set (X): (2014, 5)
Training set (y): (2014,)
Test set (X): (504, 5)
Test set (y): (504,)
```

18.4.4 构建回归模型

现在我们已完成了拆分数据,接下来就训练模型吧,或者至少我们要求它进行下一步的话,希望 Copilot 会这么说。让我们创建一条提示词,询问下一步:

[提示]

拆分数据后的下一步是什么?

[提示结束]

你应该会收到一个与下文类似的响应。

[提示响应]

在拆分数据之后,接下来,你需要用训练数据创建并训练你的回归模型。依据数据的性质和问题的需求,你可能会选择简单的线性回归模型,或者更复杂的模型,如多项式回归或岭回归。一旦完成模型的训练,就可以用它对测试数据进行预测。然后,通过将这些预测值与测试数据中的实际值进行比较来评估模型的性能。评估回归模型的常用指标包括 MAE、MSE 和 R^2。

［响应结束］

正如我们所想，接下来的步骤是训练模型。让我们创建一条提示词，询问如何更详细地训练模型。

［提示］

创建并训练回归模型。

［提示结束］

你应该会收到与下文类似的响应：

［提示响应］

当然，让我们利用训练数据来创建和训练一个简单的线性回归模型。我们将用 sklearn.linear_model 中的 LinearRegression 类来实现这个任务。

以下是创建和训练模型的方法：

```
from sklearn.linear_model import LinearRegression

# Create a Linear Regression model
model = LinearRegression()

# Train the model
model.fit(X_train, y_train)
```

这段代码先创建一个线性回归模型，然后利用 fit 方法和训练数据来训练模型。完成此步骤后，你的模型就可以对未见过的数据进行预测了。

请注意，如果你的数据存在非线性关系，你可能需要使用更复杂的模型，如多项式回归（Polynomial Regression）或基于树的模型（Tree-based Model）。此外，如果你的特征不在同一尺度上，则可能需要在训练模型之前对数据进行缩放。

［响应结束］

我们已收到关于使用线性回归和 sklearn 库的回复。请注意，你可能需要在此之前安装该库。

以下是运行代码的输出结果：

```
------------------------------------------------------------
DTypePromotionError                       Traceback (most recent call last)

File ~/.conda/envs/myenv/lib/python3.12/site-packages/sklearn/base.py:1152, in fit_
context.<locals>.decorator.<locals>.wrapper(estimator, *args, **kwargs)
   1145         estimator._validate_params()
   1147     with config_context(
   1148         skip_parameter_validation=(
   1149             prefer_skip_nested_validation or global_skip_validation
   1150         )
```

```
   1151 ):
-> 1152     return fit_method(estimator, *args, **kwargs)

File ~/.conda/envs/myenv/lib/python3.12/site-packages/sklearn/linear_model/_base.
py:678, in LinearRegression.fit(self, X, y, sample_weight)
    674 n_jobs_ = self.n_jobs
    676 accept_sparse = False if self.positive else ["csr", "csc", "coo"]
--> 678 X, y = self._validate_data(
    679     X, y, accept_sparse=accept_sparse, y_numeric=True, multi_output=True
    680 )
    682 has_sw = sample_weight is not None
    683 if has_sw:

File ~/.conda/envs/myenv/lib/python3.12/site-packages/sklearn/base.py:622, in Ba
seEstimator._validate_data(self, X, y, reset, validate_separately, cast_to_ndar
ray, **check_params)
    620         y = check_array(y, input_name="y", **check_y_params)
    621     else:
--> 622         X, y = check_X_y(X, y, **check_params)
    623     out = X, y
    625 if not no_val_X and check_params.get("ensure_2d", True):

File ~/.conda/envs/myenv/lib/python3.12/site-packages/sklearn/utils/validation.
py:1146, in check_X_y(X, y, accept_sparse, accept_large_sparse, dtype, order,
copy, force_all_finite, ensure_2d, allow_nd, multi_output, ensure_min_samples, en
sure_min_features, y_numeric, estimator)
   1141     estimator_name = _check_estimator_name(estimator)
   1142     raise ValueError(
   1143         f"{estimator_name} requires y to be passed, but the target y is
None"
   1144     )
-> 1146 X = check_array(
   1147     X,
   1148     accept_sparse=accept_sparse,
   1149     accept_large_sparse=accept_large_sparse,
   1150     dtype=dtype,
   1151     order=order,
   1152     copy=copy,
   1153     force_all_finite=force_all_finite,
   1154     ensure_2d=ensure_2d,
   1155     allow_nd=allow_nd,
   1156     ensure_min_samples=ensure_min_samples,
   1157     ensure_min_features=ensure_min_features,
   1158     estimator=estimator,
   1159     input_name="X",
   1160 )
```

```
   1162 y = _check_y(y, multi_output=multi_output, y_numeric=y_numeric, estima-
tor=estimator)
   1164 check_consistent_length(X, y)

File ~/.conda/envs/myenv/lib/python3.12/site-packages/sklearn/utils/validation.
py:795, in check_array(array, accept_sparse, accept_large_sparse, dtype, order,
copy, force_all_finite, ensure_2d, allow_nd, ensure_min_samples, ensure_min_fea-
tures, estimator, input_name)
    791 pandas_requires_conversion = any(
    792     _pandas_dtype_needs_early_conversion(i) for i in dtypes_orig
    793 )
    794 if all(isinstance(dtype_iter, np.dtype) for dtype_iter in dtypes_orig):
--> 795     dtype_orig = np.result_type(*dtypes_orig)
    796 elif pandas_requires_conversion and any(d == object for d in dtypes_orig):
    797     # Force object if any of the dtypes is an object
    798     dtype_orig = object

DTypePromotionError: The DType <class 'numpy.dtypes.DateTime64DType'> could not be
promoted by <class 'numpy.dtypes.Float64DType'>. This means that no common DType
exists for the given inputs. For example they cannot be stored in a single array
unless the dtype is `object`. The full list of DTypes is: (<class
'numpy.dtypes.DateTime64DType'>, <class 'numpy.dtypes.Int64DType'>, <class 'numpy.
dtypes.Float64DType'>, <class 'numpy.dtypes.Float64DType'>, <class 'numpy.dtypes.
Float64DType'>)
```

很明显，我们收到了一个错误反馈，让我们看看 Copilot 是否可以帮忙解决它。像往常一样，包含上下文的错误文本可以获得良好的回复。

[提示]

我在运行代码后收到此错误：

```
Cell 39 line 7 4 model = LinearRegression() 6 # Train the model ----> 7 model.
fit(X_train, y_train)
File ~/.conda/envs/myenv/lib/python3.12/site-packages/sklearn/base.py:1152, in fit_
context..decorator..wrapper(estimator, *args, **kwargs) 1145 estimator._validate_
params() 1147 with config_context( 1148 skip_parameter_validation=( 1149 prefer_
skip_nested_validation or global_skip_validation 1150 ) 1151 ): -> 1152 return fit_
method(estimator, *args, **kwargs)
File ~/.conda/envs/myenv/lib/python3.12/site-packages/sklearn/linear_model/base.
py:678, in LinearRegression.fit(self, X, y, sample_weight) 674 n_jobs = self.n_jobs
676 accept_sparse = False if self.positive else ["csr", "csc", "coo"] --> 678 X, y
= self._validate_data( 679 X, y, accept_sparse=accept_sparse, y_numeric=True, mul-
ti_output=True 680 ) 682 has_sw = sample_weight is not None 683 if has_sw: ... 796
elif pandas_requires_conversion and any(d == object for d in dtypes_orig): 797 #
Force object if any of the dtypes is an object 798 dtype_orig = object
DTypePromotionError: The DType <class 'numpy.dtypes.DateTime64DType'> could not
be promoted by <class 'numpy.dtypes.Float64DType'>. This means that no common
```

```
DType exists for the given inputs. For example they cannot be stored in a sin-
gle array unless the dtype is object. The full list of DTypes is: (<class 'numpy.
dtypes.DateTime64DType'>, <class 'numpy.dtypes.Int64DType'>, <class 'numpy.
dtypes.Float64DType'>, <class 'numpy.dtypes.Float64DType'>, <class 'numpy.dtypes.
Float64DType'>)
```

[提示结束]

你应该会收到与下文类似的响应:

[提示响应]

错误消息表明,模型在处理 Date 列时出现了问题,因为该列是 datetime 格式,模型却期望输入数值。

处理 datetime 数据的一种常用方式是从中提取特征,如年、月、日等。以下是实现方法:

```
# Extract features from 'Date'
X_train['Year'] = X_train['Date'].dt.year
X_train['Month'] = X_train['Date'].dt.month
X_train['Day'] = X_train['Date'].dt.day

# Drop the original 'Date' column
X_train = X_train.drop('Date', axis=1)

# Do the same for the test set
X_test['Year'] = X_test['Date'].dt.year
X_test['Month'] = X_test['Date'].dt.month
X_test['Day'] = X_test['Date'].dt.day
X_test = X_test.drop('Date', axis=1)

# Now try to fit the model again
model.fit(X_train, y_train)
```

这段代码首先从 Date 列提取出年、月和日,并将其添加为 DataFrame 的新列。接着删除原始的 Date 列。最后,尝试重新拟合模型。

请注意,这只是一个简单的方法,可能不是处理特定问题的 datetime 数据的最佳方式。最佳方法取决于你的数据性质和要解决的问题。

[响应结束]

因此,我们的问题出在 Date 列上。模型训练只能处理数值数据。显然,按照建议,我们应该从 Date 列中提取特征,如年、月和日,以数值形式保留信息。此外,我们应该删除 Date 列,因为所需信息已经提取完毕。

让我们尝试运行建议的代码。

现在你应该可以看到代码顺利运行了。让我们把这一事实告诉 Copilot,看看它是否会建议我们继续。

[提示]
谢谢,成功了。
[提示结束]

你应该会收到与下文类似的响应:
[提示响应]
不客气!很高兴听到它成功运行了。现在,你的模型已训练完成,通常下一步是使用该模型对测试数据进行预测。之后,你可以将这些预测结果与测试数据中的实际值进行比较,从而评估模型的性能。如果有任何其他问题或需要进一步帮助,请随时询问。
[响应结束]

18.5 评估模型

按照回应建议,Copilot 推荐了以下问题:评估回归模型的一些常见指标是什么?让我们选择这个问题,并看看它会怎么说。

评估指标

让我们向 Copilot 询问评估指标。
[提示]
评估回归模型的常见指标是什么?
[提示结束]
[提示响应]
评估回归模型性能的几个常见指标有:

- **MAE**:预测值与实际值之间绝对差的平均值,揭示预测错误的程度。
- **MSE**:预测值与实际值之间平方差的平均值。平方差会放大误差的影响。
- **均方根误差(RMSE)**:MSE 的平方根。RMSE 与输出变量单位相同,比 MSE 更易理解。
- **R^2**:因变量中可通过自变量预测的方差比例。它衡量了模型预测与实际数据的吻合程度。值为 1 表示模型完全预测了实际值,而值为 0 表示模型完全无法预测实际值。
- **调整后的 R^2**:这是 R^2 的修正版本,已根据模型中预测变量的数量进行了调整。只有当新项比随机预期更能改善模型时,它才会增加。

这些指标各具优劣,选择哪一个取决于具体问题和分析目标。
[响应结束]

既然我们已经掌握了评估方法和指标,现在就让我们基于测试数据进行预测,看看会得到怎样的回应。

[提示]
使用不同的指标对模型进行预测和评估。
[提示结束]

[提示响应]

当然，让我们使用训练好的模型对测试数据进行预测。接着，我们将使用 MAE、MSE、RMSE 和 R^2 来评估预测效果。我们将使用 sklearn 的 metrics 模块来计算这些指标。

具体方法如下：

```python
from sklearn import metrics
import numpy as np

# Make predictions on the test data
y_pred = model.predict(X_test)

# Calculate MAE, MSE, RMSE, and R2
mae = metrics.mean_absolute_error(y_test, y_pred)
mse = metrics.mean_squared_error(y_test, y_pred)
rmse = np.sqrt(mse) # or metrics.mean_squared_error(y_test, y_pred, squared=False)
r2 = metrics.r2_score(y_test, y_pred)

# Print the metrics
print("Mean Absolute Error (MAE):", mae)
print("Mean Squared Error (MSE):", mse)
print("Root Mean Squared Error (RMSE):", rmse)
print("R-squared (R2 ):", r2)
```

[响应结束]

该段代码包含指标计算，并调用了 predict() 函数，该函数会对模型产生响应，让我们试试看它是否有效。

你应该会看到类似下面的响应：

```
Mean Absolute Error (MAE): 0.458844690389933
Mean Squared Error (MSE): 0.4236006011305136
Root Mean Squared Error (RMSE): 0.6508460656180642
R-squared (R2 ): 0.999868004623502
```

让我们向 Copilot 提供该响应，以确定接下来的步骤。

[提示]

```
Below is the output, Mean Absolute Error (MAE): 0.458844690389933 Mean Squared Error (MSE): 0.4236006011305136 Root Mean Squared Error (RMSE): 0.6508460656180642 R-squared (R2 ): 0.999868004623502
```

[提示结束]

[提示响应]

很好！输出结果显示了回归模型的计算指标。

- MAE：预测值与实际值之间的平均绝对差约为 0.46。这意味着，通常情况下，你的预测结果与实际值相差约 0.46 个单位。

- MSE：预测值与实际值之间的平均平方差约为 0.42。这个指标比 MAE 对大误差更为敏感，因为它对差值进行了平方处理。
- RMSE：MSE 的平方根约为 0.65。这个指标与输出变量有相同的单位，因此比 MSE 更容易解读。
- R^2：可从自变量预测的因变量方差的比例约为 0.9999。这非常接近 1，表明模型几乎解释了响应数据围绕其均值的所有变异性。

总的来说，这些指标表明你的模型在测试数据上表现非常好。

［响应结束］

接下来，我们希望通过比较预测值和实际值来了解模型的性能如何，因此让我们创建一条提示词来反映这一要求。

［提示］

显示预测值与实际值的比较。

［提示结束］

你应该会收到类似于以下内容的响应：

［提示响应］

当然，你可以通过在图中进行可视化来比较预测值和实际值。以下是使用 matplotlib 的方法：

```python
import matplotlib.pyplot as plt

# Plot the actual values
plt.scatter(X_test.index, y_test, color='blue', label='Actual')

# Plot the predicted values
plt.scatter(X_test.index, y_pred, color='red', label='Predicted')

plt.title('Actual vs Predicted')
plt.xlabel('Index')
plt.ylabel('Target')
plt.legend()
plt.show()
```

这段代码生成一个散点图，其中 x 轴展示测试集的索引，y 轴展示目标变量。实际值用蓝色绘制，预测值用红色绘制。这样你可以直观地对比模型的预测值与实际值。

［响应结束］

建议的代码似乎是为了创建一个散点图，从而更好地比较我们的预测值和测试数据。

图 18.3 是运行上述代码的输出结果。

通过分析，我们观察到预测数据与实际数据高度吻合。现在，让我们总结一下我们的学习成果。

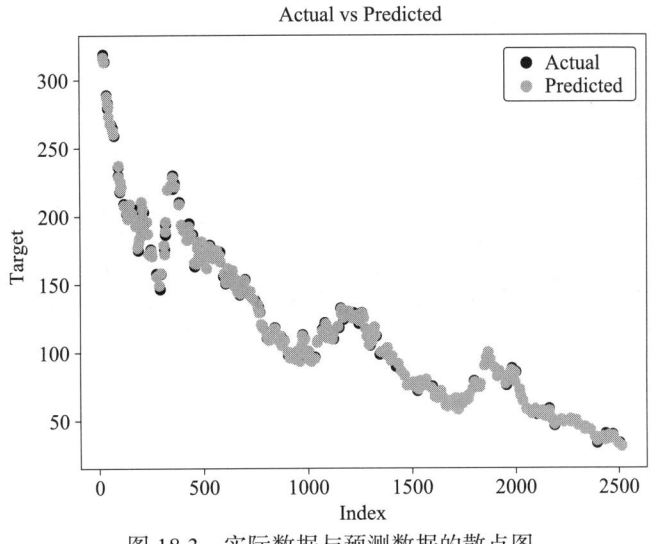

图 18.3　实际数据与预测数据的散点图

18.6　任务

与其使用回归法来预测数值，不如把同样的数据当作一个分类问题来处理，预测第二天的股价会上涨还是下跌。

18.7　总结

回归是机器学习中的一个基本概念，用于根据一个或多个预测变量来预测连续的结果变量。这涉及识别因变量（通常称为目标）与一个或多个自变量（特征）之间的关系。在数据集中，我们能够找到某些变量之间的相关性。此外，我们还发现，可以包含日期等列，但要包含这些列，我们需要从这些列中提取重要的数值部分，即年、月和日。

回归在医疗保健和市场营销等其他领域也有很多应用。从提示词的角度来看，最好能尽早设定上下文并向 Copilot 展示数据的形状，这将有助于你询问 Copilot 下一步该怎么做。

在下一章中，我们将使用相同的数据集，并借助 GitHub Copilot 编写一些代码。

第 19 章

使用 Copilot 建议进行回归分析

19.1 导论

在上一章里，我们使用 GitHub Copilot Chat 构建了一个回归问题，并讨论了 AI 如何在编程中提供支持。而在本章，我们将采取另一种方法。在 GitHub Copilot 的协助下，我们将编写代码，让它引导我们完成编程过程并添加实用的注释。这将是一次互动体验，结合我们的编程技能和 Copilot 的建议，来高效解决回归问题。让我们一起来探索 GitHub Copilot 如何实时助力我们的编程过程。

在这个任务中，我们将利用苹果公司的数据集来预测股票价格，帮助投资者做购买决策。这与第 18 章中使用的数据集相同，当时我们用了 Copilot Chat 进行分析。

19.2 数据集概述

这个数据集为我们提供了自 2010 年以来，10 年内苹果公司（股票交易代码：AAPL）的大量股票信息。这些数据非常有价值，因为它可以帮助我们开发预测算法，预测苹果股票的未来价格，这对我们做出投资决策至关重要。这组数据是从 25 个不同的证券交易所收集和汇总的。

为了有效地进行预测，我们需要理解影响目标（预测股票价格）的关键特征。

该数据集包含 5 个关键值，反映了股票价格在特定时期内的波动，这个特定时期一般为一天，但也可能是一周或一个月。这些值是：

- **开盘价：** 这是交易日开始时的股票价格
- **收盘价：** 这是交易日结束时的股票价格
- **最高价：** 这个值显示了股票在交易日内达到的最高价格

- **最低价**：这表示股票在交易日内触及的最低价格
- **成交量**：这是在市场收盘前全天交易的股票总数

我们的重点将是使用历史价格数据，包括这 5 条记录的值，以及股票过去的表现，来预测其未来的价格。

19.3 提示策略

在本章中，我们将使用第 2 章中描述的"探索性提示模式"。我们对要采取的一般行动很有信心，但也对 AI 助手在我们需要转变方向时会生成什么内容很感兴趣。

19.4 在 Copilot 的帮助下开始编程

安装 GitHub Copilot 后，你就可以开始用 Python 编写回归问题的代码了。在打开的文件中使用建议的方法与使用聊天窗口有些不同。主要差别在于我们依靠输入注释并使用 Tab 键让 Copilot 给出建议。这种方法在 Jupyter Notebook 和普通文本文件中同样有效。下面是其工作原理：

```
# generate import statements for libraries to use with a Regression problem
```

这里，我们有一个打开的文本文件。我们添加了注释以生成导入语句。要让 Copilot 生成响应，我们需要使用 Enter 键，然后使用 Tab 键接受建议。下面是上述文本文件可能发生的变化：

```
# generate import statements for libraries to use with a Regression problem
import pandas
import numpy
import scikit-learn
```

`import` 语句是按下 Tab 键后再按 Enter 键时由 Copilot 生成的内容。

> AI 助手可以帮助完成代码，但请记住，在接受每项建议之前，都要对其进行审查。

19.4.1 步骤 1：在 Copilot 的帮助下导入库

我们可以先用建议注释提示词来描述问题、数据集等，就像我们在本书其他章节中使用 Copilot Chat 时一样。提示词可能如下所示：

```
# generate the steps I need to follow for performing a Regression problem, here's
my dataset and its columns
```

不过，我们将尝试一种方法，即要求得到我们所需要的一切。

让我们开始吧。我们先创建第一个注释（相当于在聊天窗口输入）：

[提示]

```
# import pandas
```

[提示结束]

用 Tab 键接受建议。你应该会看到以下加粗的代码:

[提示响应]

```
# import pandas
import pandas as pd
```

[响应结束]

太好了!我们已经导入了所需的库。接下来,让我们加载并探索数据集。

19.4.2 步骤 2:加载并探索数据集

接下来,我们将加载数据集并探索其特征。继续在同一个文件中添加以下提示词:

[提示]

```
# Load the dataset into a pandas DataFrame
```

[提示结束]

此时,Copilot 理解了我们想要做什么,所以只需输入上述注释提示词的内容即可。然后,按 Enter 键并多次按 Tab 键,就可以得到以下结果:

[提示响应]

```
# Load the dataset into a pandas DataFrame
df = pd.read_csv('enter-your-file-path')

# Print the first 5 rows of the DataFrame
print(df.head())
```

[响应结束]

> 请确保你已经从 Kaggle(https://www.kaggle.com/datasets/varpit94/apple-stock-data-updated-till-22jun2021)下载数据集,并且已将 `read_csv` 中的路径替换为系统中的文件位置。

如果你运行建议的代码,应该会看到类似于以下的输出结果:

```
        Date     Close    Volume      Open      High       Low
0  02/28/2020  $273.36  106721200  $257.26   $278.41   $256.37
1  02/27/2020  $273.52   80151380   $281.1      $286   $272.96
2  02/26/2020  $292.65   49678430  $286.53   $297.88    $286.5
3  02/25/2020  $288.08   57668360  $300.95   $302.53   $286.13
4  02/24/2020  $298.18   55548830  $297.26   $304.18   $289.23
```

如果你看到上面的内容,这意味着数据已成功加载。

1. 获取类型和列

太好了！现在我们已经成功加载了数据，让我们进一步了解更多关于加载的数据集的信息，比如它有哪些列以及列的类型。像往常一样，让我们继续在同一个文件中添加一条提示词作为注释，如下所示：

[提示]

```
# Get the data types of the columns in the dataset
```

[提示结束]

你应该会看到以下结果：

[提示响应]

```
# Get the data types of the columns in the dataset
print(df.dtypes)
```

[响应结束]

现在，让我们运行代码。它将显示列及其数据类型：

```
Date         object
Close        object
Volume       int64
Open         object
High         object
Low          object
dtype: object
```

很好！我们看到了列，但许多列都是 object 类型。这不太友好，它们需要是数值类型才能用于机器学习训练。让我们看看是否可以很快解决这个问题。但首先，让我们了解一下数据集的形状。

2. 数据集的形状

让我们从结构上深入了解我们的数据集，例如，它包含多少列和多少行。这有助于我们评估数据集的复杂性、了解数据量，以及判断它是否足够用于训练一个可靠的模型。让我们编写下一条注释提示词：

[提示]

```
# Get the shape of the dataset
```

[提示结束]

你应该会看到类似以下的建议：

[提示响应]

```
# Get the shape of the dataset
print(df.shape)
```

[响应结束]

运行上面的代码应该会提供以下响应：

```
(2518, 6)
```

这个响应告诉我们有 2518 行和 6 列。

3. 处理列类型

此时，我们意识到需要更多的数值列，所以让我们处理那些非数值列。首先，让我们识别这些非数值列：

[提示]

```
# print the columns in the dataset
```

[提示结束]

你应该会看到类似以下的建议：

[提示响应]

```
# print the columns in the dataset
print(df.columns)
Index(['Date', 'Close', 'Volume', 'Open', 'High', 'Low'], dtype='object')
```

[响应结束]

有趣的是，尽管我们只是要求输出列，但 Copilot 决定只显示对象类型的列。这其实并不奇怪，因为 Copilot 接受过机器学习方面的训练，能够推断出接下来会发生什么，在本例中接下来就是转换列以用于模型训练。

接下来，让我们规范一下，要求它将列转换为数值类型：

[提示]

```
# Replace the $ symbol with an empty string and convert the column to float data type
```

[提示结束]

你应该会看到以下代码（它将几个列转换为数值类型）。

[提示响应]

```
# Replace the $ symbol with an empty string and convert the column to float data type
df['Open'] = df['Open'].replace({'\$': ''}, regex=True).astype(float)
df['Close'] = df['Close'].replace({'\$': ''}, regex=True).astype(float)
df['High'] = df['High'].replace({'\$': ''}, regex=True).astype(float)
df['Low'] = df['Low'].replace({'\$': ''}, regex=True).astype(float)
```

[响应结束]

太好了！接下来让我们检查列，以确保转换已正确执行。

[提示]

```
# Print the first 5 rows of the DataFrame to confirm the changes
```

[提示结束]

你应该会看到类似这样的响应：

[提示响应]

```
# Print the first 5 rows of the DataFrame to confirm the changes
print(df.head())
```

[响应结束]

如果你运行上面的代码，会看到以下响应：

```
        Date    Close     Volume    Open    High     Low
0  02/28/2020  273.36  106721200  257.26  278.41  256.37
1  02/27/2020  273.52   80151380  281.10  286.00  272.96
2  02/26/2020  292.65   49678430  286.53  297.88  286.50
3  02/25/2020  288.08   57668360  300.95  302.53  286.13
4  02/24/2020  298.18   55548830  297.26  304.18  289.23
```

我们可以清楚地看到美元符号已被删除，除了 Date 列，其他列现在都是数值类型的，Date 列我们可以稍后处理。

4. 汇总统计

接下来，借助汇总统计，我们可以进一步了解数据集的相关信息。我们可以期待看到以下值：

- **计数**（count）：非空条目的数量
- **平均值**(mean)：平均值
- **标准差**（std）：数据的分散程度
- **最小值**（min）：最小值
- **25 百分位数**（25%）：25% 的数据小于这个值
- **中位数**（50%）：中间值，也称为 50 百分位数
- **75 百分位数**（75%）：75% 的数据小于这个值
- **最大值**（max）：最大值

考虑到这一点，让我们写一条注释提示词：

[提示]

```
# get the statistical summary of the dataset
```

[提示结束]

你应该会看到类似这样的输出结果：

[提示响应]

```
# get the statistical summary of the dataset
print(df.describe())
```

[响应结束]

如果你运行代码，会看到类似这样的数据：

	Close	Volume	Open	High	Low
count	2518.000000	2.518000e+03	2518.000000	2518.000000	2518.000000
mean	114.769522	7.258009e+07	114.728443	115.766415	113.690582
std	60.662405	5.663113e+07	60.546893	61.134456	60.085105
min	29.835700	1.136205e+07	29.392800	29.928600	28.464300
25%	66.822475	3.053026e+07	66.877150	67.475300	66.372950
50%	101.090000	5.295469e+07	101.115000	102.085000	100.350000
75%					

5. 检查缺失值

要评估数据集的质量，识别缺失值至关重要。大量的缺失值可能表明数据收集或输入存在问题，并可能影响我们的模型，因此我们需要一种方法来处理它们。

[提示]

检查缺失值

[提示结束]

你应该会看到类似这样的响应：

[提示响应]

```
# check for missing values
print(df.isnull().sum())
```

[响应结束]

很好！那么，这段代码是做什么的？让我们来解释一下。假设你有以下数据集：

```
data = {'A': [7, 99, None, 3, None],
        'B': [5, None, 6, 8, 9],
        'C': [10, 15, 12, None, 11]}
```

运行建议的代码将统计每列的缺失值数量，输出结果如下所示：

```
A: 2
B: 1
C: 1
```

你可以做的是用不影响整体分数的数值替换缺失值。例如，可以用均值替换它。

6. 检查重复项

清洗数据的另一种方法是删除重复数据，因为你不希望这些数据对模型产生强化效果。让我们为此创建一条注释，看看 Copilot 是否能帮助我们：

[提示]

```
print(df.duplicated().sum())
```

[提示结束]

此时，Copilot 理解了我们的意图，即识别与删除重复项。因此，你应该会看到如下所示的建议代码，用于这两项操作：

[提示响应]

```
# check for duplicates
print(df.duplicated().sum())

# drop duplicates
df.drop_duplicates(inplace=True)
```

[响应结束]

7. 缩放数值特征

接下来，我们要缩放值，使它们落入特定范围，即 0～1。此类预处理将在多个方面带来益处，比如提升算法性能、加快收敛速度、增强可解释性，并防止某组值过于占优。让我们创建一条缩放特征的提示词：

[提示]

```
# Scale numerical features
```

[提示结束]

注意，当响应有多行时，你可能需要反复按 Enter 键和 Tab 键。你应该会看到类似这样的输出结果：

[提示响应]

```
# Scale numerical features
# import StandardScaler
from sklearn.preprocessing import StandardScaler

scaler = StandardScaler()
df[['Open', 'Close', 'High', 'Low', 'Volume']] = scaler.fit_transform(df[['Open',
'Close', 'High', 'Low', 'Volume']])

# Print the first 5 rows of the DataFrame to confirm the changes
print(df.head())
```

[响应结束]

运行建议的代码应该会得到以下输出结果：

```
         Date     Close    Volume      Open      High       Low
0  02/28/2020  2.614832  0.602988  2.354536  2.660953  2.375094
1  02/27/2020  2.617470  0.133721  2.748359  2.785130  2.651257
2  02/26/2020  2.932884 -0.404481  2.838059  2.979494  2.876649
3  02/25/2020  2.857534 -0.263366  3.076269  3.055571  2.870490
4  02/24/2020  3.024063 -0.300800  3.015313  3.082566  2.922093
```

8. 可视化

接下来，我们要将数据进行可视化。虽然可以给出模糊的指示，但在这种情况下散点图是一个很好的选择，让我们在提示词中反映这一点：

[提示]

```
# Create a scatter plot of the Open and Close columns
```

[提示结束]

你应该会看到类似这样的响应：

[提示响应]

```
import matplotlib.pyplot as plt

# Create a scatter plot of the Open and Close columns
plt.scatter(df['Open'], df['Close'])
plt.xlabel('Open')
plt.ylabel('Close')
plt.title('Relationship between Open and Close')
plt.show()
```

[响应结束]

运行上面的代码应该会得到一张类似图 19.1 的散点图。

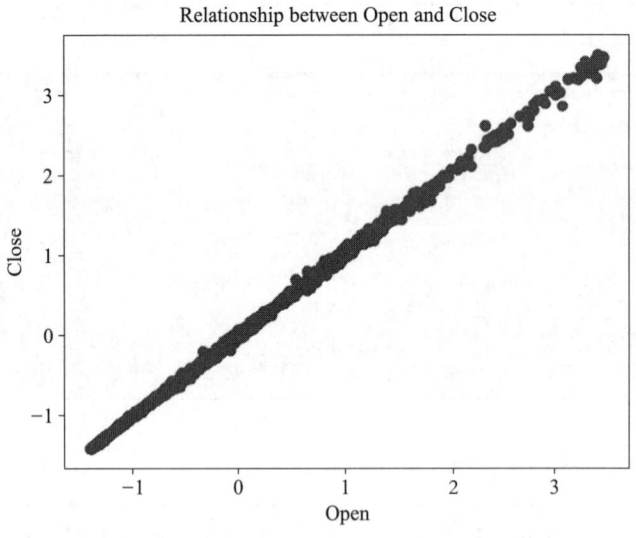

图 19.1　显示 Open 和 Close 列之间关系的散点图

19.4.3　步骤 3：将数据分为训练集和测试集

在训练模型之前，我们需要将数据分为训练集和测试集。让我们创建一条提示词来帮助实现这一点：

第 19 章 使用 Copilot 建议进行回归分析 413

[提示]

利用 scikit-learn 的 train_test_split 功能将数据集进行拆分。

[提示结束]

你应该会看到类似这样的输出结果：

[提示响应]

```
# Use train_test_split from scikit-learn to split the dataset
from sklearn.model_selection import train_test_split

# Drop the Date column from the DataFrame
df = df.drop('Date', axis=1)

# Split the dataset into training and testing sets
X = df.drop('Close', axis=1)
y = df['Close']
X_train, X_test, y_train, y_test = train_test_split(X, y, test_size=0.2, random_state=42)
```

[响应结束]

```
# Print the shapes of the training and testing sets
print('X_train shape:', X_train.shape)
print('y_train shape:', y_train.shape)
print('X_test shape:', X_test.shape)
print('y_test shape:', y_test.shape)
```

如果运行上面的代码，你应该看到类似这样的响应：

```
X_train shape: (2014, 4)
y_train shape: (2014,)
X_test shape: (504, 4)
y_test shape: (504,)
```

提问

就像在 Copilot 的聊天体验中一样，你可以就特定主题提问。如果在问题前加上"Q: "，Copilot 就会理解这是一个问题。让我们试试这种方式，以确定我们的下一步：

[提示]

Q: 将数据分为训练集和测试集后的下一步是什么？

[提示结束]

你应该会看到类似这样的响应：

[提示响应]

```
# Q: what is the next step after splitting the data into training and testing sets?
# A: train the model using the training set and test the model using the tesing set
```

[响应结束]

19.4.4　步骤 4：构建回归问题

现在是训练模型的时候了。你可以在这里模糊说辞，只要求 Copilot 执行训练。不过，我们建议你提出所需的训练类型。在本例中，我们需要线性回归，因此让我们创建一条包含线性回归的提示词：

[提示]

初始化一个 `LinearRegression` 模型。

[提示结束]

你应该会看到类似这样的响应：

[提示响应]

```
# initialize a LinearRegression model
# import LinearRegression
from sklearn.linear_model import LinearRegression

# Instantiate LinearRegression as lr
lr = LinearRegression()
```

[响应结束]

太好了！我们有一些代码可以确保使用了线性回归。不过我们还没有进行任何训练，所以这是下一步的工作。

19.4.5　步骤 5：训练模型

在指定了训练类型后，接下来让我们训练模型：

[提示]

拟合模型

[提示结束]

你应该会看到类似这样的响应：

[提示响应]

```
# Fit lr to the training data
lr.fit(X_train, y_train)

# Predict the labels of the test set
y_pred = lr.predict(X_test)
```

[响应结束]

19.4.6　步骤 6：评估模型性能

太棒了！我们已经训练了模型，但我们还不知道它的性能如何，这是我们接下来需要解决的问题。

[提示]
评估性能指标，如 MSE 或 R^2。
[提示结束]
你应该会看到类似这样的响应：
[提示响应]

```
# evaluate the performance metrics like MSE or R-squared

from sklearn.metrics import mean_squared_error

# Calculate the Mean Squared Error (MSE) of the model on the testing set
mean_squared_error = mean_squared_error(y_test, y_pred)
print('Mean squared error:', mean_squared_error)

# Calculate the Root Mean Squared Error (RMSE) of the model on the testing set
root_mean_squared_error = np.sqrt(mean_squared_error)
print('Root mean squared error:', root_mean_squared_error)
```

[响应结束]
如果运行上述代码，你应该会看到这样的响应：

```
MSE: 0.00011569609998631774
RMSE: 0.010756212157926123
```

我们得到的输出结果代表了两种不同的误差：MSE 和 RMSE。

较低的 MSE 表明模型与数据的拟合程度较好。在这种情况下，MSE 非常低，这表明模型的预测非常接近实际值。

RMSE 值也很低，这表明模型的预测具有高度的准确性。现在让我们来看看本章的任务，并总结一下我们如何利用 Copilot 来学习机器学习的知识。

19.5 任务

尝试使用提示方法来解决这个问题，即预先提供大量信息。我们建议这样编写提示词：
对具有以下结构的数据集进行回归分析：
- Open：这是交易日开始时的股票价格
- Close：这代表交易日结束时的股票价格
- High：这个值显示了股票在交易日内达到的最高价格
- Low：这表示股票在交易日内触及的最低价格
- Volume：这是在市场收盘前全天交易的股票总数量

请详细说明从加载和预处理数据到训练和评估模型的所有步骤。你必须展示每个步骤的代码。

依次查看响应结果，并尝试运行每个步骤的建议代码片段。如果遇到任何问题，请用类似以下的问题提示词向 Copilot 指出错误：

Q: the below/above code doesn't work, please fix

别忘了按 Enter 键和 Tab 键来接受建议。

19.6 总结

在本章中，我们希望利用 GitHub Copilot 的建议功能，即输入注释并使用 Enter 键和 Tab 键接收 Copilot 的建议。这里有一个小技巧，有时你可能需要多次按 Enter 键和 Tab 键才能获得完整的响应。这是一种非常适合在你主动编写代码时使用的 AI 体验。当然，GitHub Copilot Chat 也有其独特作用。事实上，这两种不同的体验是相辅相成的，你可以选择使用每种方法的程度。此外，务必测试 Copilot 建议的代码，并在必要时要求 Copilot 修正代码输出。

第 20 章

利用 Copilot 提高效率

20.1 导论

到目前为止，你已经运用了本书开头介绍的关于 GitHub Copilot 和 ChatGPT 的基础知识。这些基础知识足以指导你编写提示词，并能支持你初步创建针对机器学习、数据科学和网络开发的解决方案。在网络开发方面，你已经明白 Copilot 是一种高效的工具，可用于处理现有的代码库。在本章中，我们期望进一步提升你对 AI 工具的理解，因为还有很多功能等待你去探索。

有许多方法可以提高效率，在本章后面的内容中，你将看到 Copilot 如何帮助你搭建文件，你还将了解到更多关于工作区的信息，以及 Visual Studio Code 作为编辑器的功能，这些都能帮你节省时间。本章将介绍其中一些最重要的功能。

本章涵盖以下内容：
- 学习如何使用 Copilot 生成代码。
- 使用 Copilot 命令来自动执行任务，如生成新项目。
- 运用技术调试代码并排除故障。
- 使用 Copilot 查看和优化代码。

20.2 代码生成和自动化

Copilot 的本质是代码生成器。它可以为你生成文档或源代码中的文本。

使用 Copilot 生成代码主要有两种方式：
- 将提示词作为注释来使用 Copilot 的活动编辑器。
- 使用 Copilot Chat，它会让你输入提示词。

20.2.1 Copilot 的活动编辑器

当你在活动编辑器中时，Copilot 可以生成代码。要生成代码，需要以注释形式写入提示词。在不同的编程语言中，添加注释的方式有所不同。例如，在 JavaScript 和 C# 中，使用 //，而在 HTML 中，输入 <!--。

让我们看一个例子：

[提示]

创建一个名为 add 的新函数，该函数接受两个参数。

[提示结束]

```
//Create a new function called add that takes two parameters
```

上面有一条注释提示词。Copilot 查看提示词并尝试基于此生成代码。此时，Copilot 会将生成的代码作为"建议"发送回来，你可以使用 Tab 键接受它。以下是代码在编辑器中的显示效果：

```
// Create a new function called add that takes two parameters
function add(num1, num2) {
  throw new Error('Function not implemented.');
}
```

此时，你没有得到任何建议。你有两个选择：
- 你可以按 Enter 键获取更多建议。
- 开始输入你想要生成的代码的一部分，Copilot 会根据输入的内容提供代码建议。

20.2.2 Copilot Chat

Copilot Chat 是一种通过聊天界面与 Copilot 互动的方式。激活 Copilot Chat，只需点击 Visual Studio Code（或 VS Code）左下角的图标，如图 20.1 所示，即可打开聊天窗口。

点击上面的聊天图标后，将显示图 20.2 所示的图像。

让我们尝试根据之前的提示词生成一些代码。让我们使用聊天窗口输入提示词：

[提示]

创建一个名为 add 的新函数，该函数接受两个参数

[提示结束]

图 20.1　Visual Studio Code 左侧菜单显示 Copilot Chat 的聊天图标

输出分为两部分，一部分是文本说明，另一部分是代码建议。首先是文本说明：

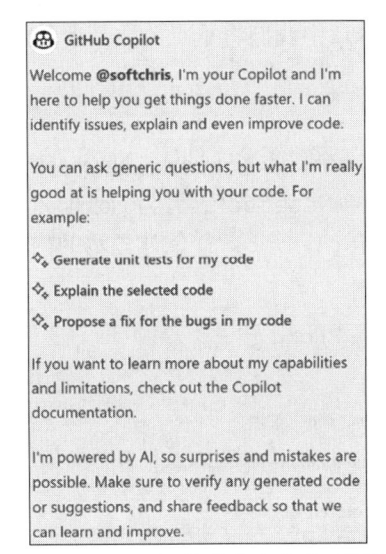

图 20.2 在 Visual Studio Code 左侧菜单中点击聊天图标时弹出的聊天窗口

[提示响应]

当然，这里有一个名为 add 的函数示例，它接收两个参数并返回它们的和：

```
function add(a, b) {
  return a + b;
}
```

[响应结束]

它甚至向你展示了使用这个函数的例子：

```
const result = add(2, 3);
console.log(result); // Output: 5
```

20.3 Copilot 命令

在聊天窗口中输入"/"，就会看到 Copilot 的命令列表，如图 20.3 所示。

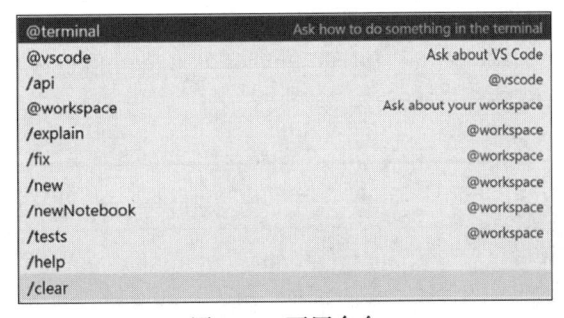

图 20.3 可用命令

有相当多的可用命令，在本章中我们将重点关注其中的几个。

20.3.1 创建 Notebook

使用这个命令，你可以创建一个新的 Notebook。Notebook 是一个存储代码片段和文本的地方。要创建 Notebook，请输入 /newNotebook，并为 Notebook 提供一个名称，如 products。

图 20.4 显示的是键入 /newNotebook 命令时显示的内容，你需要点击创建 Notebook 来确认搭建 Notebook。

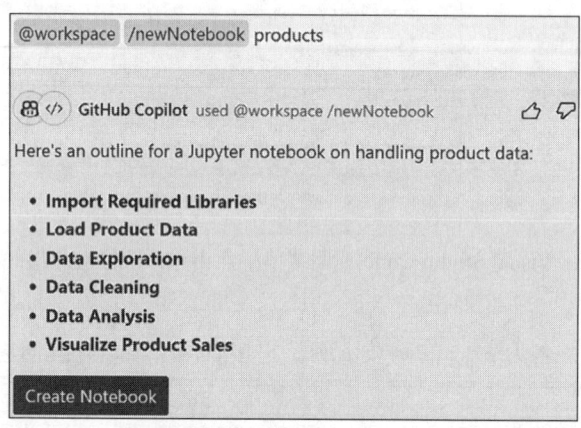

图 20.4　创建 Notebook

这将创建一个包含常用产品代码片段的新 Notebook。接下来让我们查看输出结果。

你的 Notebook 主要包括以下内容：

- 导入库，其中包含处理数据集所需的所有导入内容，以下是代码：

```
import pandas as pd # Import Pandas library
import numpy as np # Import NumPy library
import matplotlib.pyplot as plt # Import Matplotlib library for data visualization
import seaborn as sns # Import Seaborn library for data visualization
```

- 加载数据，其中包含从 CSV 文件加载数据的代码（CSV 文件 product_data.csv 并不存在，但 Copilot 假定你有这样一个文件。请调整这部分代码，以适应你所拥有的 CSV 文件的名称）：

```
# Load product data from CSV file into a Pandas DataFrame
product_data = pd.read_csv('product_data.csv')

# Load product data from JSON file into a Pandas DataFrame
# product_data = pd.read_json('product_data.json')

# Display the first 5 rows of the DataFrame
print(product_data.head())
```

- 分析产品数据,其中包含检查数据的操作:

```
# Use Pandas functions to explore the product data
# Display the last 5 rows of the DataFrame
print(product_data.tail())

# Display the summary information of the DataFrame
print(product_data.info())

# Display the statistical summary of the DataFrame
print(product_data.describe())
```

- 过滤产品数据,其中包含过滤操作:

```
# Filter product data based on specific criteria using boolean indexing
filtered_data = product_data[(product_data['category'] == 'electronics') & (product_data['price'] < 100)]

# Display the filtered data
print(filtered_data)
```

- 为数据排序,其中包含排序操作:

```
# Sort the product data based on one or more columns using the sort_values() function
# Sort by price in ascending order
product_data.sort_values(by='price', ascending=True, inplace=True)

# Sort by category in ascending order, then by price in descending order
product_data.sort_values(by=['category', 'price'], ascending=[True, False], inplace=True)

# Display the sorted data
print(product_data)
```

- 聚合数据,通常,你希望聚合数据以更好地理解它:

```
# Group the product data by category and calculate the total price for each category
category_total_price = product_data.groupby('category')['price'].sum()

# Display the total price for each category
print(category_total_price)

# Group the product data by category and calculate the average price for each category
category_avg_price = product_data.groupby('category')['price'].mean()

# Display the average price for each category
print(category_avg_price)
```

```
# Group the product data by category and calculate the number of products in each
category
category_product_count=product_data.groupby('category')['product_id'].count()

# Display the number of products in each category
print(category_product_count)
```

总之,许多代码你无须亲自编写。你可以将这个 Notebook 作为处理产品数据的起点。

20.3.2 创建项目

另一条非常实用的命令是创建项目。通常,我们要么手动创建文件(这十分耗时),要么依赖 CLI 工具来生成项目。使用 Copilot,只需在聊天窗口中输入 /new 即可创建项目。输入 /new 后,附上描述,比如 React,就能创建一个带有 React 项目模板的新项目。

让我们检查输出结果:

```
my-react-app
├── public
│   ├── index.html
│   └── favicon.ico
├── src
│   ├── App.js
│   ├── index.js
│   ├── components
│   │   ├── Customer.js
│   │   ├── Product.js
│   │   ├── CustomerList.js
│   │   └── ProductList.js
│   ├── data
│   │   ├── customers.json
│   │   └── products.json
│   └── styles
│       ├── App.css
│       ├── Customer.css
│       ├── Product.css
│       ├── CustomerList.css
│       └── ProductList.css
├── package.json
└── README.md
```

上面创建的文件是 React 项目通常所需的文件。它包含:
- `public` 文件夹,其中包含 `index.html` 文件,该文件引用了定位应用程序位置的 JavaScript 文件。
- `src` 文件夹,其中包含所有应用程序文件,本身又分为组件、数据和 CSS 样式等不同文件夹。

所有这些都是起点。你可能需要根据自己的喜好修改文件。

20.4 调试和排除故障

调试和排除代码故障是一项至关重要的技能。在开发代码时，几乎没有代码能够在第一次就完全依照需求运行。因此，你需要具备调试和排除故障的能力，以找出问题所在。同样，对于报告的漏洞，你也需要能够诊断出问题的根源。

Copilot 可以提供帮助，一个好方法是使用 Copilot Chat 工具，要求它添加调试和故障排除支持。

以下是一段示例代码，这是一个使用 Python 的 Flask 框架编写的 REST API。代码是可以运行的，但从调试和故障排除的角度来看，可能不太容易操作：

```python
from flask import Flask, jsonify, request
import sqlite3

app = Flask(__name__)

# Create a connection to the database
conn = sqlite3.connect('products.db')
c = conn.cursor()

# Create a table for products if it doesn't exist
c.execute('''CREATE TABLE IF NOT EXISTS products
            (id INTEGER PRIMARY KEY AUTOINCREMENT,
             name TEXT,
             price REAL)''')
conn.commit()

@app.route('/products', methods=['GET'])
def get_products():
    # Retrieve all products from the database
    c.execute('SELECT * FROM products')
    products = c.fetchall()

    # Convert the products to a JSON response
    response = []
    for product in products:
        response.append({
            'id': product[0],
            'name': product[1],
            'price': product[2]
        })
    return jsonify(response)

@app.route('/products', methods=['POST'])
def add_product():
```

```
    # Retrieve the product data from the request body
    data = request.get_json()
    name = data['name']
    price = data['price']

    # Insert the product into the database
    c.execute('INSERT INTO products (name, price) VALUES (?, ?)', (name, price))
    conn.commit()

    # Return a success message
    return jsonify({'message': 'Product added successfully'})

if __name__ == '__main__':
    app.run(debug=True)
```

上面的代码可以运行,但不支持调试和故障排除。我们来看看如何使用 Copilot Chat 来增加对这方面的支持。

[提示]

添加对故障排除和调试的支持

[提示结束]

Copilot Chat 用文本和代码回答我们:

[提示响应]

当然,这里是更新后的 Flask API 版本,包含了对故障排除和调试的支持:

```
from flask import Flask, jsonify, request
import sqlite3

app = Flask(__name__)

# Create a connection to the database
conn = sqlite3.connect('products.db')
c = conn.cursor()

# Create a table for products if it doesn't exist
c.execute('''CREATE TABLE IF NOT EXISTS products
             (id INTEGER PRIMARY KEY AUTOINCREMENT,
              name TEXT,
              price REAL)''')
conn.commit()

@app.route('/products', methods=['GET'])
def get_products():
    try:
        # Retrieve all products from the database
        c.execute('SELECT * FROM products')
```

```
        products = c.fetchall()

        # Convert the products to a JSON response
        response = []
        for product in products:
            response.append({
                'id': product[0],
                'name': product[1],
                'price': product[2]
            })
        return jsonify(response)
    except Exception as e:
        # Log the error and return an error message
        app.logger.error(str(e))
        return jsonify({'error': 'An error occurred while retrieving products'})

@app.route('/products', methods=['POST'])
def add_product():
    try:
        # Retrieve the product data from the request body
        data = request.get_json()
        name = data['name']
        price = data['price']

        # Insert the product into the database
        c.execute('INSERT INTO products (name, price) VALUES (?, ?)', (name, price))
        conn.commit()

        # Return a success message
        return jsonify({'message': 'Product added successfully'})
    except Exception as e:
        # Log the error and return an error message
        app.logger.error(str(e))
        return jsonify({'error': 'An error occurred while adding the product'})
if __name__ == '__main__':
    app.run(debug=True)
```

改进包括：

- 在 `get_products()` 函数中增添了 `try/except` 块。
- 添加了 `logger` 语句来记录错误。
- 在 `app.run()` 语句中添加了 `debug=True`。

这些更改将有助于我们进行故障排除和代码调试。

[响应结束]

接下来，让我们看看如何使用 Copilot 来协助我们进行代码审查和优化。

20.5 代码审查和优化技术

现在，我们的代码可以正常工作，但没有经过优化。例如，将代码分到不同的文件中通常是个好主意。让我们看看 Copilot 建议如何改进代码。

[提示]

改进所选代码

[提示结束]

跟往常一样，我们收到 Copilot Chat 的响应如下（其中包含文本和代码）：

[提示响应]

当然，以下是一些你可以对所选代码进行的改进：

- 利用上下文管理器处理数据库连接和游标，这样的话即使发生异常，代码执行完毕时也能确保连接正确关闭。
- 使用列表推导式将产品转换为 JSON 响应。这比使用 for 循环更简洁，速度也更快。
- 使用响应对象的 json 参数返回 JSON 响应。这比使用 jsonify 函数更简洁。
- 通过使用 request.json 属性从请求体中提取产品数据，这是一种更简洁且更契合 Python 风格的方式。

生成的代码如下：

```
from flask import Flask, Response, request
import sqlite3

app = Flask(__name__)

# Create a table for products if it doesn't exist
with sqlite3.connect('products.db') as conn:
    c = conn.cursor()
    c.execute('''CREATE TABLE IF NOT EXISTS products
                 (id INTEGER PRIMARY KEY AUTOINCREMENT,
                  name TEXT,
                  price REAL)''')
    conn.commit()

@app.route('/products', methods=['GET'])
def get_products():
    try:
        # Retrieve all products from the database
        with sqlite3.connect('products.db') as conn:
            conn.row_factory = sqlite3.Row
            c = conn.cursor()
```

```
                c.execute('SELECT * FROM products')
                products = c.fetchall()

            # Convert the products to a JSON response
            response = [{'id': product['id'], 'name': product['name'], 'price': product['price']} for product in products]
            return Response(response=response, status=200, mimetype='application/json')
    except Exception as e:
        # Log the error and return an error message
        app.logger.error(str(e))
        return Response(response={'error': 'An error occurred while retrieving products'}, status=500, mimetype='application/json')

@app.route('/products', methods=['POST'])
def add_product():
    try:
        # Retrieve the product data from the request body
        data = request.json
        name = data['name']
        price = data['price']

        # Insert the product into the database
        with sqlite3.connect('products.db') as conn:
            c = conn.cursor()
            c.execute('INSERT INTO products (name, price) VALUES (?, ?)', (name, price))
            conn.commit()

        # Return a success message
        return Response(response={'message': 'Product added successfully'}, status=201, mimetype='application/json')
    except Exception as e:
        # Log the error and return an error message
        app.logger.error(str(e))
        return Response(response={'error': 'An error occurred while adding the product'}, status=500, mimetype='application/json')
if __name__ == '__main__':
    app.run(debug=True)
```

[响应结束]

最大的变化在于借助上下文管理器处理数据库连接和游标。这样一来，即便出现异常，代码执行完毕后连接也能被妥善关闭。

我们仍然希望把代码分到不同的文件中，让我们看看 Copilot 对此有何建议。

让我们从一条提示词开始：

[提示]
根据职责将代码分离到不同的文件中
[提示结束]

生成的代码如下：

[提示响应]

```
# app.py
from flask import Flask
from products import products_bp

app = Flask(__name__)
app.register_blueprint(products_bp)

if __name__ == '__main__':
    app.run(debug=True)
# database.py
import sqlite3

def get_db():
    db = sqlite3.connect('products.db')
    db.row_factory = sqlite3.Row
    return db
# products.py
from flask import Blueprint, jsonify, request
from database import get_db

products_bp = Blueprint('products', __name__)

@products_bp.route('/products', methods=['GET'])
def get_products():
    try:
        # Retrieve all products from the database
        db = get_db()
        products = db.execute('SELECT * FROM products').fetchall()

        # Convert the products to a JSON response
        response = [{'id': product['id'], 'name': product['name'], 'price': product['price']} for product in products]
        return jsonify(response)
    except Exception as e:
        # Log the error and return an error message
        app.logger.error(str(e))
        return jsonify({'error': 'An error occurred while retrieving products'}), 500

@products_bp.route('/products', methods=['POST'])
```

```
def add_product():
    try:
        # Retrieve the product data from the request body
        data = request.json.get('data', {})
        name = data.get('name', '')
        price = data.get('price', 0)

        # Insert the product into the database
        db = get_db()
        db.execute('INSERT INTO products (name, price) VALUES (?, ?)', (name, price))
        db.commit()

        # Return a success message
        return jsonify({'message': 'Product added successfully'}), 201
    except Exception as e:
        # Log the error and return an error message
        app.logger.error(str(e))
        return jsonify({'error': 'An error occurred while adding the product'}), 500
```

[响应结束]

> 如果运行代码遇到错误,你可以向 Copilot 咨询并告知错误情况,请求其解决问题。记住,Copilot 不仅仅是一个代码生成器。

我们现在看到的是职责的分离。`app.py` 文件负责启动应用程序并注册蓝图。`database.py` 文件负责处理数据库连接。`products.py` 文件负责处理产品 API。我们可以使用并维护这些代码。

通过修改 `database.py` 以使用上下文管理器,可以进一步改进这段代码:

```
import sqlite3

def get_db():
    with sqlite3.connect('products.db') as db:
        db.row_factory = sqlite3.Row
        return db

def init_db():
    with sqlite3.connect('products.db') as db:
        db.execute('''CREATE TABLE IF NOT EXISTS products
                    (id INTEGER PRIMARY KEY AUTOINCREMENT,
                     name TEXT,
                     price REAL)''')
        db.commit()

# other code omitted for brevity
```

这里，你可以看到 Copilot 如何分步审查代码，将单个文件拆分成多个文件，然后改进代码。

20.6 工作空间

工作空间包含一个目录中你打开的所有文件。你希望 AI 助手在给出建议时能够考虑这些文件。以下是一个 Web 项目，其中包含以下文件：

```
src/
  app.py
  utils.py
```

app.py 文件中包含一个 API 接口，而 utils.py 则提供了一个电子邮件验证功能。以下是 app.py 的代码：

```python
# create a web api using Flask, should have a products GET route

from flask import Flask, jsonify
app = Flask(__name__)

@app.route('/customers', methods=['GET'])
def get_customers():
    return jsonify({'customers': ['item1', 'item2', 'item3']})
# TODO, create a POST route for products
# Run the app
if __name__ == '__main__':
    app.run(debug=True)
```

请注意 TODO 注释，我们将要添加一个用于存储客户的路由。存储客户时，需确保客户数据含有有效的电子邮箱。幸运的是，utils.py 文件已经包含了这样的函数，但能让 Copilot 使用它吗？我们来看看。

将 app.py 中的注释改为以下内容：

[提示]

TODO，创建一个针对客户的 POST 请求路由。该路由需校验请求体，并确保其中包含一个有效的电子邮箱地址。

[提示结束]

你得到了一个基本的函数，但它并没有真正做它应该做的事：

[提示响应]

```python
@app.route('/customers', methods=['POST'])
def post_customers():
    return jsonify({'message': 'success'})
```

[响应结束]

为了解决这个问题，你需要求助于 GitHub Chat 并输入以下提示词：
[提示]
验证请求主体并确保它有一个有效的电子邮箱地址
[提示结束]
[提示响应]
要验证请求主体并确保它有一个有效的电子邮箱地址，你可以使用 Flask 的 `request` 对象和正则表达式。以下是修改 `post_customers` 函数的方法：

```
from flask import request
import re

@app.route('/customers', methods=['POST'])
def post_customers():
    data = request.get_json()

    if 'email' not in data:
        return jsonify({'message': 'No email provided'}), 400

    email = data['email']
    pattern = r'\b[A-Za-z0-9._%+-]+@[A-Za-z0-9.-]+\.[A-Z|a-z]{2,}\b'

    if not re.match(pattern, email):
        return jsonify({'message': 'Invalid email format'}), 400

    return jsonify({'message': 'success'})
```

[响应结束]

尽管上面的代码能正常运行，但它并未利用我们现有的 utils.py 文件，该文件中已有一个用于解决电子邮件验证问题的函数。那么我们如何让 Copilot 考虑到那个文件呢？答案在于一个叫作 `@workspace` 的命令。`@workspace` 命令将会考虑所有的文件。以下是它的使用方法：

[提示]
`@workspace` 优化选中的代码以验证请求主体，确保其包含有效的电子邮箱地址，并主要调用工作空间中其他文件的功能来完成此任务。
[提示结束]

图 20.5 展示了如何通过 `@workspace` 命令利用工作空间中的现有代码和代码文件来解决问题，而不是编写新代码。

图 20.5　Copilot Chat 的图片

让我们也以代码形式展示响应，并讨论我们可以看到什么：

[提示响应]

```python
from flask import request
from utils import validate_email

@app.route('/customers', methods=['POST'])
def post_customers():
    data = request.get_json()

    if 'email' not in data:
        return jsonify({'message': 'No email provided'}), 400

    email = data['email']

    if not validate_email(email):
        return jsonify({'message': 'Invalid email format'}), 400

    return jsonify({'message': 'success'})
```

[响应结束]

在上面的代码中，位于 utils.py 文件中的 validate_email 被用来验证电子邮箱。这一点很重要，因为第一次尝试和解决这个问题导致了 Copilot 重复代码。因此，当你希望 Copilot 在建议解决方案时考虑工作空间中的所有代码，建议使用 @workspace。

20.7　Visual Studio Code 查询

Copilot 的另一个强大功能是可以快速查找 Visual Studio Code 中的操作方法。比起查阅官方文档，你可能更希望在不离开代码编辑器的情况下快速找到所需内容。要使用这项功能，可以使用 @vscode 命令。让我们确保聊天窗口已打开，并通过下面的提示词看看它是如何工作的：

[提示]

@vscode 如何打开终端窗口？

[提示结束]

响应结果如图 20.6 所示。

图 20.6　Copilot 对上述提示词的响应

这里有两点值得注意：
- Copilot 告诉你如何操作以及在哪里找到相关功能。
- 点击"在命令面板中显示"按钮后，它将直观地向你展示如何找到所需内容。

20.8 终端

我们将向你展示的最后一个非常棒的功能是终端命令。理论上，你可以使用终端，而不需要使用这个特定的命令。但如果你的问题不是必须以"告诉我如何在终端中做某事"为前缀，这样做会更有帮助。要使用该命令，请在提示词前加上 @terminal，如下所示：

[提示]

@terminal 请教我怎样在 Git 中创建一个名为 upstream 的远程仓库，并将其指向一个远程仓库。

[提示结束]
[提示响应]

要在 Git 中创建一个名为 upstream 的远程仓库并指向某个现有远程仓库，你可以使用 git remote add 命令。以下是具体命令：

```
git remote add upstream {remote_repo_url}
```

- 将 {remote_repo_url} 替换为远程仓库的 URL。
- 该命令新添了一个名为 upstream 的远程仓库，指向你指定的远程位置。接下来，你可以根据需要从 upstream 远程仓库获取或推送数据。
- {remote_repo_url}：指向远程仓库的 URL，可以是 GitHub、GitLab、Bitbucket 或其他任何 Git 服务器的 ORL。

[响应结束]

正如你所看到的，你既能得到所需的命令，也能得到关于如何输入的详细解释。

20.9 任务

看看能否通过添加文档、测试或 ORM（对象关系映射器）等方式进一步改进代码。记住要使用本章所介绍的命令。

20.10 挑战

查看 Copilot Chat 支持的其他命令，看看能否用它们改善工作流程。

20.11 测验

Copilot 可以提供哪些帮助？

a. 代码生成、自动化、调试、故障排除、代码审查和优化
b. 部署
c. 以上都不是

20.12 总结

在本章中，我们介绍了 Copilot 的一些高级功能。你学会了如何使用 @workspace 来让 Copilot 考虑所有文件。@vscode 命令是另一个有用的命令，它向你展示了如何使用 Visual Studio Code 进行编码。

我们还研究了如何构建脚手架，特别是为 Web 项目构建文件脚手架，同时探讨了如何创建带有初始代码的 Notebook。当你刚开始一个项目时，这些命令可能会为你节省很多时间。Copilot 有很多命令，我们推荐你都试用一下。

第 21 章

软件开发中的智能体

21.1 导论

本章将向你介绍软件开发中的智能体的概念。我们将探讨什么是智能体、智能体的工作原理以及如何在你的项目中运用它们。此外，我们还将介绍一些最流行的智能体框架，并指导你开始使用这些框架。

让我们先介绍一下智能体所能解决的问题。智能体总体上是有一个能够代表你行事的程序。这样的程序可以为你节省时间，使你的生活更轻松，使你的业务更高效。

本章涵盖以下内容：
- 介绍软件开发中的智能体的概念。
- 解释智能体是什么以及它们如何工作。
- 讨论不同类型的智能体及其用途。

21.2 什么是智能体

如前所述，智能体是可以代表你行事的程序。它们能够执行任务、做出决策，并与其他智能体以及人类进行互动。智能体可应用于广泛的领域。

使程序成为智能体程序而不仅仅是程序的因素有很多：
- **智能体程序具有明确目标**：例如，恒温器智能体采取适当措施将温度保持在 25℃，或者财务智能体可以管理财务并努力使利润最大化。
- **自主性**：智能体会做出必要的决策以确保达到预先设定的目标。对一个财务智能体来说，这可能意味着在股票达到特定触发条件时进行买入和卖出。
- **具有传感器**：传感器可以是物理的，也可以是软件中的 API，它能够使智能体理解

"世界是什么样的"。对恒温器智能体来说，传感器就是温度指示器；但对财务智能体来说，传感器可以是一个连接股票市场的 API，使智能体能够决定自己的目标。

智能体是如何工作的

智能体通过接收输入、处理信息以及产生输出来进行工作，如图 21.1 所示。它们可以被编程以执行特定任务、做出决策，并与其他智能体和人类互动。智能体还能够从互动中学习，并随着时间的推移逐步提升表现。

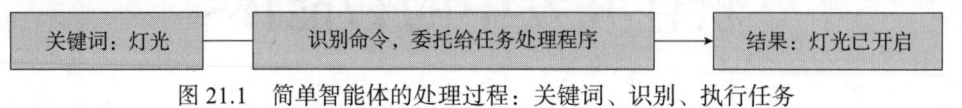

关键词：灯光 → 识别命令，委托给任务处理程序 → 结果：灯光已开启

图 21.1　简单智能体的处理过程：关键词、识别、执行任务

21.3　简单智能体与使用 AI 的智能体

智能体并非新事物，它们早已存在许久。新颖之处在于如今的智能体由 AI 驱动。让我们来比较一下以上两者：
- 简单智能体：传统的智能体程序根据预定义的规则和逻辑来执行特定任务并做出决策。
- 使用 AI 的智能体：由 AI 驱动的智能体能够执行更复杂的任务，并做出更智能的决策。它们不仅能够理解自然语言，还能从交互中学习，并随着时间的推移不断提升表现。

21.4　简单智能体

如前所述，更为简化的智能体专为特定任务设计。与它们的交互通常也很有限——要么使用关键词，要么表达方式受限。

聊天机器人就是一个简单智能体的例子。聊天机器人的程序可以理解有限的一组关键词和短语。

例如，"告诉我更多关于你们产品的信息"，或"你们的退货政策是什么？"。任何超出这些关键词和短语范围的对话都会导致聊天机器人无法理解用户。

21.4.1　简单智能体不是一个优秀的对话者

与人类进行对话时，你希望它们能够深入理解某些话题，至少能够谈及其他话题。对于一个简单智能体，我们可能会遇到以下对话：

用户："请介绍一下你们的产品。"

智能体："我们提供多样化的产品，包括电子产品、服装和配饰。请告诉我你感兴趣的领域。"

用户："我对衣服感兴趣，适合当前天气的衣服。"
智能体："我当然可以给出关于衣服的建议，不过我不知道目前的天气状况。"
我们可以观察到两个有趣的现象：
- 对话显得很简短，关键信息要么出现在句末，要么在逗号前面，这表明该智能体采用了更直接的方式来提取重要信息。
- 它不能处理天气等非产品信息，而这些信息可以帮助缩小回复范围。

21.4.2 通过调用工具和大语言模型提升对话质量

LLM 的改进之处在于，它不仅能够在表达上更自然，还能从流畅的文本中解析和识别意图。你还可以向 LLM 提供额外的知识，通过工具（如服装 API、天气 API 等）调用，你可以告诉 LLM 有关各种功能的信息，这样 LLM 就能更好地处理对话，使对话更像人与人之间的对话。让我们以与 LLM 的相同对话为例，来强调一下两者之间的区别：

用户："你们有什么产品？"
智能体："我们有各种各样的产品，包括电子产品、服装和配饰。"
用户："真棒！我对衣服感兴趣，想要适合当前天气的衣服。你能推荐些什么？"
智能体："你能告诉我你的位置吗？这样我就能更好地给你推荐衣服。"
用户："当然，我在亚利桑那州的凤凰城。"
智能体："我看到凤凰城目前的温度是 90° F。我可以推荐这些短裤吗？"

这次对话表现更好的原因是，这个 LLM 表达得更自然，这要归功于工具调用，它以凤凰城作为输入调用天气 API，然后以天气响应作为过滤条件调用服装 API。

21.4.3 对话智能体的架构

对话智能体通常由以下组件组成：
- **输入**：对智能体的输入，通常采用自然语言的形式。应该说，这可以是多种不同的语言，而不仅仅是英语，因为过去我们不得不对英语进行硬编码。
- **处理**：对输入的处理，通常使用 NLP 技术。
- **委派**：将输入委派给智能体的适当组件。被委派的组件可以是用于特定任务如预订航班或回答问题的智能体。

对话智能体的处理步骤如图 21.2 所示。

图 21.2 显示了一个循环：从输入到处理，再到委派，最终得到结果。那么，为什么会出现循环呢？智能体没有结束的概念，它一直在等待用户输入并做出反应。如本章前文所述，如果智能体的目标是管理财务，这将是一项持续的工作。

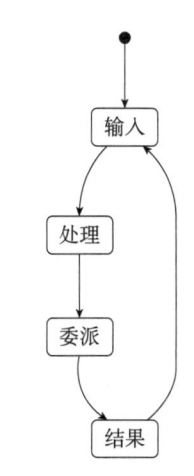

图 21.2 对话智能体的处理步骤

21.4.4 关于 LLM 工具调用的更多信息

本章前文我们已经提到过工具调用，下面我们就来展示一下它是如何为 LLM 添加功能的。

LLM 只知道它已经接受过训练的内容，而对于它没有接受过训练的内容，它在很多情况下会试图为你提供一个并不总是正确的答案，因为这是它编造出来的，这就是所谓的"幻觉"。要改进 LLM，让它提供更准确答案，可以向它提供一个工具。提供工具的过程包括以下几个部分：

- 一个函数的 JSON 描述
- 函数的描述，以便让 LLM 知道应该何时调用这个函数

在提供了上述的组件后，比方说，你提供了一个能够获取天气信息的函数，现在，LLM 可以使用其内置功能，从语义上将下面所有的输入解释为用户想要了解天气情况：

- "今天盐湖城的天气如何？"
- "旧金山的温度是多少？"
- "明天纽约会下雨吗？"
- "伦敦的天气如何？"
- "外面暖和吗？"

21.4.5 使用工具为 GPT 添加功能

它的工作原理是，你提供一个 JSON 格式的函数说明。这种 JSON 函数格式是 GPT 模型可以理解的模式。GPT 模型本质上会为你做两件事：

- 从提示词中提取参数。
- 确定是否调用函数以及调用哪个函数，因为你可以告诉它多个函数。

作为开发人员，如果 LLM 认为应该调用该函数，则需要你主动调用。

你的函数格式遵循这个格式：

```
{
    "type": "function",
    "function": {
        "name": "get_current_weather",
        "description": "Get the current weather",
        "parameters": {
            "type": "object",
            "properties": {
                "location": {
                    "type": "string",
                    "description": "The city and state, e.g. San Francisco, CA",
                },
                "format": {
                    "type": "string",
```

```
                "enum": ["celsius", "fahrenheit"],
                "description": "The temperature unit to use. Infer this
from the users location.",
            },
        },
        "required": ["location", "format"],
    },
}
```

在上述 JSON 格式中，你告诉了 GPT 模型以下几点：
- 有一个名为 `get_current_weather` 的函数。
- 描述是"获取当前天气"。
- 该函数接受两个参数，`location` 和 `format`。
- 还有对参数的描述，它们的类型和允许的值。

让我们根据下面的提示词，描述一下在实际操作中如何进行：

[提示]

今天盐湖城的天气如何？

[提示结束]

以下是 GPT 模型可以从提示词中提取的内容：
- 位置：盐湖城。
- 格式：这没有提供，但 GPT 可以从用户的位置推断出来。
- 要调用的函数：`get_current_weather`。

身为开发者，你需要使用提取的参数值来调用指定的函数。以下是连接 GPT 模型的代码（其中提供了函数描述，并解析了响应）：

```
import open

def get_current_weather(location, format):
    # Call weather API
    response = requests.get(f"https://api.weather.com/v3/wx/forecast/daily/5day?location={location}&format={format}")
    return response.json()

# Call the GPT model

tool = {
        "type": "function",
        "function": {
            "name": "get_current_weather",
            "description": "Get the current weather",
            "parameters": {
                "type": "object",
```

```
                "properties": {
                    "location": {
                        "type": "string",
                        "description": "The city and state, e.g. San Francisco, CA",
                    },
                    "format": {
                        "type": "string",
                        "enum": ["celsius", "fahrenheit"],
                        "description": "The temperature unit to use. Infer this from the users location.",
                    },
                },
                "required": ["location", "format"],
            },
        }
    }

prompt = "What's the weather like today in Salt Lake City?"
response = openai.Completion.create(
    model="text-davinci-003",
    prompt=prompt,
    max_tokens=150,
    tools= [tool]
)

# Parse the response
function_response = response.choices[0].function_response # here we learn what function to call
location = function_response.parameters.location # extracting parameter value for location
format = function_response.parameters.format # extracting parameter value for format
weather = get_current_weather(location, format) # here we get the response from the API
```

这可能是最基本的例子,展示了如何使用 GPT 创建对话智能体。

然而,我们对高级智能体有更高的期待。那么,如果我们想做一些更复杂的事情,比如预订航班、酒店、汽车和餐厅时,该怎么办呢?

21.5　高级对话

人们很容易认为,只要在 GPT 模型中添加更多的函数就可以了,这可能会在一段时间内奏效。然而,随着对话变得越来越复杂,GPT 模型需要记住对话的上下文并跟踪对话的状态。

对于更高级的对话，情况很快变得更加复杂。

想象一下，当你走进一家旅行社的办公室时两个人进行的对话，用户与智能体也需要进行类似的对话：

用户："我想去度假。"

智能体："好的。"

用户："我想去一个温暖的地方。"

智能体："好的，请告诉我更多你想要的。"

用户："我想要有海滩的地方。"

智能体："好的，还有其他细节吗？"

用户："我希望那里至少 25℃。"

智能体："好的，还有其他细节吗？"

用户："不，就这些。"

智能体："我找到了 3 个符合你标准的地方，我可以向你介绍一下吗？"

用户："好的，请介绍。"

智能体："这里有 3 个地方。你想了解哪一个？"

用户："我想要第 1 个。"

智能体："这里是关于第 1 个地方的更多信息。"

用户："很好，你能为我预订第 1 个地方的酒店和航班吗？"

智能体："当然，我会为你安排。"

智能体："我已经为你预订了酒店和航班。"

用户："谢谢，哦，我还需要租一辆车。"

智能体："好的，你有特别想要的车型吗？"

用户："没有特别的要求，我的预算是每天 100 美元。"

智能体："我找到 5 辆符合你要求的车。我可以给你介绍一下吗？"

用户："好的，请介绍。我要第 5 辆。"

智能体："我已经为你预订了这辆车。"

智能体："你的度假行程已经全部安排好了。"

用户："谢谢，等等，我还需要你帮忙预订第一晚的餐厅。"

到这个时候，很明显这段对话可以持续相当长的时间。智能体需要记住对话的上下文并跟踪状态。

智能体还需将众多任务委派给其他智能体或服务，如预订酒店、航班、汽车和餐厅，以及调用天气 API、观光景点 API 等。

问题的关键在于，对智能体来说，需要做的不仅仅是理解初始提示词并将任务委派给另一个智能体或服务。你需要将这种对话视为一个状态机，以及对不同智能体和服务的一种编排。

21.5.1 构建高级对话模型

更高级的对话需要智能体记住上下文和状态。让我们查看上述示例对话的子集,观察状态的变化:

用户:"我想去度假。"

智能体:"好的。"

此时,智能体只记得用户想要度假的意图,其他内容则未被记住。它仅确认了用户的提示词。

用户:"我想去一个温暖的地方。"

智能体:"好的,请告诉我更多你想要的。"

现在情况变得有趣了。智能体已经记住"温暖",把它作为一个标准,并需要把"温暖"转换成一个温度范围,用来过滤太冷的地方。

用户:"我想要有海滩的地方。"

智能体:"好的,还有其他细节吗?"

这又向前迈进了一步:智能体已经记住"海滩"把它作为筛选地点的另一个标准。

用户:"我希望那里至少25℃。"

又增加了一个标准,"25℃"。让我们看看之前的标准"温暖",它被定义为20℃~40℃,新增的标准将范围调整为25℃~40℃。

智能体:"好的,还有其他细节吗?"

用户:"不,就这些。"

此时,智能体认识到用户没有更多标准要添加,可以使用"温暖""海滩"和"25℃~40℃"的过滤条件进行搜索/决策。现在,调用 API 获取地点列表,智能体可以向用户展示供选择的地点。

"我找到了 3 个符合你标准的地方,我可以向你介绍一下吗?"

重要的是,智能体不仅要记住这次用于特定行程检索的标准,还需要记住下一步的标准,除非用户更改了标准。

希望你通过前面的例子看到,状态是逐步建立起来的,智能体需要记住对话的上下文。将更高级的对话视为由以下步骤组成,可能会有所帮助:

- **输入:** 智能体的输入,通常以自然语言的形式呈现。
- **处理:** 对输入的处理,通常使用 NLP 技术。
- **确定下一步:** 智能体需要根据输入和对话的当前状态确定下一步的行动。此处的答案可能是请求更多信息、提供选项列表、做某些预订等。
- **结束对话或继续(请求用户输入):** 智能体需要确定对话是否应当结束或继续。如果继续,它需要请求用户输入。

21.5.2 高级对话的伪代码

智能体可能有几种不同的状态,例如:

- **请求任务**：这通常发生在对话开始时，或在执行任务并完成用户选择之后进行。
- **请求用户提供更多信息**：这通常在执行任务之前提出，这样可以确保智能体拥有执行任务所需的所有信息。
- **呈现选项列表**：执行任务后，向用户提供选择内容。
- **执行任务**：在此状态下，智能体会执行任务，如预订酒店、航班、汽车或餐厅。
- **结束对话**：当对话结束时，用户以某种方式表示，智能体会进入此状态。

这段伪代码可能如下所示：

```
# enum
class State(Enum):
    ASK_FOR_TASK = 1
    ASK_FOR_MORE_INFORMATION = 2
    PRESENT_TASK_RESULT = 3
    PERFORM_TASK = 4
    END_CONVERSATION = 5

# initial state
state = State.ASK_FOR_TASK

def ask_for_task():
    # ask the user for a task
    pass

def ask_for_more_information(task):
    # store filter criteria
    pass

def present_task_result(task):
    # presents the result so the user can choose
    pass

def perform_task(task):
    # Perform a task
    pass

def end_conversation():
    # End the conversation
    pass

while state != State.END_CONVERSATION:
    if state == State.ASK_FOR_TASK:
        # Ask for a task
        task = ask_for_task()
        state = State.ASK_FOR_MORE_INFORMATION
    elif state == State.ASK_FOR_MORE_INFORMATION:
```

```
        # Ask the user for more information on a task
        task = ask_for_more_information(task)
        state = State.PERFORM_TASK
    elif state == State.PRESENT_TASK_RESULT:
        # Present a list of options to the user
        task = present_task_result(task)
        state = State.ASK_FOR_MORE_INFORMATION
    elif state == State.PERFORM_TASK:
        # Perform a task
        perform_task(task)
        state = State.PRESENT_TASK_RESULT
    elif state == State.END_CONVERSATION:
        # End the conversation
        end_conversation()
```

上述代码已经是高级对话的一个良好起点。然而，我们应当牢记，人类行为并不总是可预测的，智能体需要能够处理意外情况。例如，人类可能随时改变主意或添加新的标准。

21.6 自主智能体

自主智能体是指在不需要人工干预的情况下能自主行动的智能体。它们能执行任务、做出决策，并与其他智能体和人类互动，而不需要人工输入。自主智能体的应用范围广泛，从自动驾驶汽车到虚拟助手都是自主智能体。

自主智能体的例子包括以下几种：
- **自动驾驶汽车**：自动驾驶汽车是一种能够在没有人工干预的情况下进行自行驾驶的自主智能体。它们能够导航、避开障碍物，并根据周围环境做出决策。
- **虚拟助手**：虚拟助手是能够在没有人工输入的情况下执行任务、做出决策并与人类互动的自主智能体。它们可以理解自然语言，从互动中学习，并随着时间推移提高自身性能。举例来说，设想你有一个财务智能体，你可能给了它一个高层次的目标，即管理你的财务并确保每年价值增长 8%。你或许已经授权这个智能体在某个价值以下买卖股票，但对于超过某个限额的大额买卖需要征询你的意见。

我们很可能在未来见证对话智能体和自主智能体的崛起。这些智能体能够在诸多有趣的领域得到应用，从客户服务到医疗保健，再到金融和交通。试想一下，一个自主智能体可以帮你处理税务、预订旅行线路，或者在掌握你的医历和偏好后，协助你管理健康问题。

21.7 任务

根据以下对话，推断可能涉及的是哪种类型的智能体，以及如何对这个对话进行建模：
用户："我想烤一个蛋糕。"

智能体:"好的,你想烤哪种类型的蛋糕?"
用户:"我想做一个巧克力蛋糕。"
智能体:"好的,你有心仪的食谱吗?"
用户:"没有,你能帮我找一个食谱吗?"
智能体:"当然可以,你有什么我需要知道的过敏症或偏好吗?"
用户:"我对坚果过敏,更喜欢简单易做的食谱。哦,我还想着做个素食蛋糕。"
智能体:"明白了!我找到了 3 个符合你标准的食谱。我可以展示给你看吗?"
用户:"好的,请展示。"
智能体:"这里有 3 个食谱。你想要哪一个?"
用户:"我要第 2 个。"
智能体:"就这些吗?"
用户:"不,我需要购买食材吗?还有,你能帮我设置烤箱温度吗?"
智能体:"是的,看来你还缺一些食材。我可以帮你订购原料。我还可以帮你设置烤箱温度,你需要什么时候调温?"
用户:"好的,请下单,等食材送到后我们就设置烤箱温度。"
智能体:"我已经下单了,正在等待配送。食材到达后,我会设置烤箱温度。"
用户:"谢谢。"
智能体:"不客气,还有其他需要吗?"
用户:"没有了。"

21.8 挑战

你能想到一个可以用智能体来解决的问题吗?你会如何使用智能体来解决这个问题?你会使用什么类型的智能体?

21.9 测验

在 LLM 中,什么是工具调用?
a. 当 LLM 调用内置工具来提供响应时。
b. 当你通过向 LLM 提供 JSON 格式的函数描述和语义描述(说明何时应调用该函数),让 LLM 了解一项新功能时。
c. 当你使用函数对 LLM 进行微调时。

21.10 总结

在本章中,我们介绍了软件开发中的智能体概念,并详细解释了什么是智能体及其工作原理。我们讨论了不同类型的智能体及其具体用途。希望你现在能展望未来，理解像 GPT 这样的 LLM 的发展方向，以及它们将如何改变你的未来。

21.11 参考文献

如果你感兴趣，不妨查阅一些关于智能体的资源：
- **Autogen:** `https://github.com/microsoft/autogen`
- **Semantic Kernel:** `https://learn.microsoft.com/en-us/semantic-kernel/overview/`

第 22 章

结论

亲爱的读者，感谢你读到这里。希望你现在已经能自信地在项目中使用 GitHub Copilot 和 ChatGPT 这样的 AI 工具了。

22.1 本书回顾

让我们回顾一下本书的内容。首先，我们进入了 AI 的世界，向你介绍了我们是如何建立 LLM 的。之后，我们介绍了当今世界上最受欢迎的两大 AI 工具——GitHub Copilot 和 ChatGPT。这两个工具不仅很受欢迎，而且对比起来也很有趣。ChatGPT 自带聊天界面，可以处理各种任务；GitHub Copilot 同样具备聊天界面和编辑器内模式，但它更侧重于解决软件开发问题。这两个工具的一个重要共同点是，你可以使用提示词即自然语言作为输入，而你最终收到的输出结果能让你更接近于问题的解决方案。这两种工具都依赖于提示词输入，因此我们可以决定需要哪种类型的提示词和多少提示词，调整提示词，甚至使用提示词来验证 AI 工具的响应。

接着，我们向你介绍了多种提示策略，以确保你能高效运用这些 AI 工具。随后，我们通过几个章节展示了如何在一个包含前后端的 Web 开发项目中实践这些提示策略。紧接着，我们展示了同样的提示策略如何应用于数据科学和机器学习项目。这两个问题领域是随机选择的，本书的重点在于展示生成式 AI 工具的能力，而了解如何将其与提示策略搭配使用将大大增强你的能力。

使用 AI 工具的好处在于，无论在哪个问题领域，你现在都有一个工具可以完成代码开发的大部分繁重工作。对开发者来说，这意味着你可以更多地专注于声明性地描述需求，而不是逐行输入代码。有效地使用 AI 工具可以大大加快你在编程方面的工作进程。

在本书结束之前，我们向你展示了对未来的一瞥——智能体，这是一种可以替你行动的程序，代表了我们认为的 AI 的下一个方向。

最后，我们详尽介绍了 AI 工具及其功能，为你在未来的项目中取得成功做好准备。

22.2　主要结论

那么，从这本书中可以得出哪些主要结论呢？
- 像 GitHub Copilot 和 ChatGPT 这样的 AI 工具会继续存在，并且只会随着时间的推移变得更出色。
- 世界正朝着更具声明性的编程方式转变，这会让 AI 为你完成大部分繁重的工作。你的新角色是与 AI 工具迭代合作，从而获得最佳结果。
- 不论你是 Web 开发人员、数据科学家还是机器学习工程师，你都应制订一个提示策略来解决你所在领域的问题。
- 提示词编写本身正在迅速成为一种技能，尽管我们认为未来改进后的模型可能会让其重要性降低。但就目前而言，它依然是你应该掌握的一项技能。我们希望本书能在你熟练掌握提示方法的道路上助你一臂之力。

22.3　未来趋势

在第 21 章中，我们探讨了智能体，这正是 AI 工具领域未来发展的主要趋势，你应该对此保持关注。智能体已经被纳入牛津大学的课程内容。想要了解更多信息，请查看此课程链接 https://conted.ox.ac.uk/courses/artificial-intelligence-generative-ai-cloud-and-mlops-online。

Autogen 是一个非常有趣的项目，它可以用于引入智能体。我们建议你去看看它（https://github.com/microsoft/autogen），如果感兴趣的话，还可以在自己的项目中使用它。

22.4　写在最后

AI 的世界发展迅猛。昨天的完美工具和策略，几个月后可能就不再是最佳选择。因此，我们希望你能以本书为起点，不断关注最新的研究成果和见解。衷心希望本书对你有所帮助。